网络安全

国际学术研究进展

段海新 主 编

苏璞睿 万 涛 武成岗 杨 珉 张玉清 副主编

人民邮电出版社

北 京

图书在版编目（CIP）数据

网络安全国际学术研究进展 / 段海新主编. -- 北京：
人民邮电出版社，2022.8
ISBN 978-7-115-58894-4

Ⅰ. ①网… Ⅱ. ①段… Ⅲ. ①计算机网络－网络安全
－国际学术会议－文集 Ⅳ. ①TP393.08-53

中国版本图书馆CIP数据核字(2022)第044115号

内 容 提 要

本书是网络安全研究国际学术论坛（InForSec）近年组织的一部分学术报告的汇编，主要介绍网络和系统安全领域华人学者在国际学术领域优秀的研究成果，内容覆盖创新研究方法及伦理问题、软件与系统安全、基于模糊测试的漏洞挖掘、网络安全和物联网安全等方向。

本书面向研究网络和系统安全领域的高校教师和学生、研究所或其他科研机构的研究人员。阅读本书，读者可以了解安全领域的世界前沿课题，还可以学习安全研究人员在研究过程中的心得体会和经验教训，包括如何寻找创新的研究思想、如何处理安全研究的伦理和法律问题等。

◆ 主　　编　段海新
　　副 主 编　苏璞睿　万　涛　武成岗　杨　珉　张玉清
　　责任编辑　孙喆思
　　责任印制　王　郁　胡　南
◆ 人民邮电出版社出版发行　　北京市丰台区成寿寺路 11 号
　　邮编　100164　电子邮件　315@ptpress.com.cn
　　网址　https://www.ptpress.com.cn
　　北京捷迅佳彩印刷有限公司印刷
◆ 开本：800×1000　1/16
　　印张：23.5　　　　　　　　2022 年 8 月第 1 版
　　字数：484 千字　　　　　　2024 年 7 月北京第 6 次印刷

定价：128.80 元

读者服务热线：**(010)81055410**　印装质量热线：**(010)81055316**
反盗版热线：**(010)81055315**
广告经营许可证：京东市监广登字 20170147 号

本书编委会

总顾问： 吴建平　王小云

主　编： 段海新

副主编： 苏璞睿　万　涛　武成岗　杨　珉　张玉清

成　员： （按姓氏拼音为序）

序

做世界的“蓝军”

非常荣幸能够为段海新教授主编的新书作序，我从这本书中感受到的是一如既往地前瞻与务实并重，既有高度又有实战。

毫无疑问，网络安全是最近几年备受关注的网络技术研究领域。从社会层面到你我个人，网络安全已无处不在。

长期以来，网络安全尤其是 AI 安全一直是我们重点投入的研究领域之一。2017 年，百度研究团队首次在“BIG4”（网络安全国际四大顶级会议）完成论文“大满贯”时，我们意识到，来自中国的研究成果正在被全世界认知和认可，同时也意识到，来自全球的学术界声音，也应该被更多中国的网络安全从业者关注和了解。

这一变化，我们大家都能看到。而在这当中，不仅有着学术界和工业界的努力，亦有着你我在内的每一位网络安全人的努力、每一个或大或小的网络安全社区的努力。

然而，随着万物互联和大规模智能协作的深入，全球范围内的网络安全环境正在发生深刻的变革。在很多不同的场合，大家都在呼吁，网络安全已不再是一个人、一家公司或一个机构能够独立维护的事情。繁荣网络安全社区，持续与网络黑产作战，持续推动更多“蓝军”的出现，不仅关乎保护网络安全防线本身，也关乎保护我们所热爱的这个世界。

在这样的背景下，网络安全研究国际学术论坛（InForSec）无疑为我们提供了这样一个平台。InForSec 集结了网络安全学术研究领域最顶尖的专家学者，也汇集了在网络安全研究领域，特别是在“BIG4”上分享的一系列最前沿的研究成果。这些内容不仅是专业性的，更是趋势性的。而将它们集合成册，不仅能帮助我们系统地梳理近 3 年来的研究工作，也必然能帮助我们更好地打开视野。

对过去的总结是为了迎接更具挑战的明天。随着我们逐步进入一个社会深度智能化的发展阶段，我们需要去连接更多的社区，集结更强大的力量，去应对来自 Security（强对抗安全）、Safety（非对抗安全）和 Privacy（隐私与数据安全）三大维度的全新挑战，并给出我们自己的解决方案。

　　Keep Hungry，Stay Foolish。让我们从这本书开始，做一个终身学习者，做网络世界的"蓝军"。我们坚信，我们能够守护一个更安全的网络空间、一个更安全的智能时代。

2022 年 4 月 29 日

前　言

　　网络安全研究国际学术论坛（InForSec）从 2016 年年初成立至今已经 6 年了。InForSec 由长期活跃在网络安全学术前沿的专家学者发起，通过学术报告会、学生夏令营、微信公众号等形式传播国际最新的研究成果和经验，建立起一座沟通学术和工业、国外与国内、老师和学生的桥梁。InForSec 的学术交流侧重于介绍并分享网络安全最新的、实用性的研究成果，为学术界、工业界提供借鉴和学习。成立以来，共有近 400 名来自海内外的学者（主要是华人学者）在 InForSec 论坛上进行研究成果的分享，超过 10 万人参与了论坛的分享和讨论。

　　在本书中，我们整理和汇总了从 2019 年到 2021 年在 InForSec 论坛上分享过的网络安全国际四大顶级会议（IEEE S&P、USENIX Security、ACM CCS 和 NDSS）的研究成果，主要分为"软件与系统安全""基于模糊测试的漏洞挖掘""网络安全""物联网安全"4 个部分，以中文的形式解读这些成果，以期为国内研究网络安全的人士提供参考和借鉴。

　　另外，本书"创新研究方法及伦理问题"部分的内容来自 InForSec 组织的一次网络安全研究中的伦理问题研讨会。近年国际学术领域对研究的伦理道德要求越来越高，而我国绝大多数高校和研究机构没有类似国外的伦理审查委员会这样的专业机构提供指导和帮助。为此，InForSec 组织了专题研讨会，探讨和分享如何处理网络安全研究过程中的道德伦理问题，研讨会内容既包括国际知名研究者介绍美国、新加坡等国外成熟的制度，也包括中国博士生在研究过程中的探索和自学的经验与教训。

　　我们希望本书的内容能够给学术界和工业界的交流和学习提供一些参考，通过交流分享促进学术、技术的更多创新和快速发展。

段海新

2022 年 1 月

目 录

第四篇　网络安全　　　　　　　　　　　　　　　　　　　　　　247

第五篇　物联网安全　　　　　　　　　　　　　　　　　　　　　317

01

第一篇

创新研究方法及伦理问题

如何在计算机应用领域寻找研究想法

钱志云

多年以来，我指导了十几位博士生并与他们合作，在这个过程中我发现了一些常见的问题，这些问题阻碍了他们在研究中取得更好的进展。作为一名博士生导师，在本文中我将尝试给予计算机科学领域的学生一些指导建议。我的研究领域是网络安全，从事这一特定领域研究的学生可能会发现本文所给出的示例与他们更为相关（但也应该推广到其他实用性的领域，如网络、系统和体系结构等方向）。本文的观点大多是基于个人经验，可能会有失偏颇。尽管如此，我还是希望它能够对一些研究人员有用。对那些在攻读博士学位之前从未做过任何研究的人来说，考虑从哪里入手研究可能都会令他害怕。关于这一点，存在两种情况。第一种，你有幸（或不幸）身处一个工作十分高效的团队，有很多想法向你抛来——当你与青年教师一起工作时，这种情况经常发生（当然也有例外）。第二种，你身处一个研究体系非常成熟的团队，你的导师不再给学生提供具体的研究思路。相反，他们会做的可能是给出一个非常高水平的方向，连同几篇相关的论文。这就是你思考出一个研究思路所能用到的全部资料。

如果你属于第一种情况，那么你的第一个研究项目从获得、推进到完成的整个研究过程将会是令人满意的，除非你并没有真正地从头至尾完成整个研究过程。事实上，在我看来，直接接受别人提供的研究想法是在逃避一个研究项目中最困难的一步——想出一个好的研究思路。凡事都有取舍，根据你的导师（或者博士后、高年级研究生）选定的思路，你确实能够更早地发表论文，而且可能还能发表一篇非常优秀的论文。但是，你却失去了训练自己独立寻找研究思路的机会，而独立寻找研究思路是一个博士必备的重要技能。在这种情况下，作为一名导师，我会觉得内疚，例如，我完成了发现漏洞过程中的困难部分，然后让学生执行其余内容。

如果你属于第二种情况，则可能会成败参半。要么你想出了一个好思路去执行，要么你浪费了博士生涯的前一两年，在研究过程中意识到这一思路没有任何用处然后决定放弃。我读博士的时候，目睹了第二种情况的博士生大约有一半选择退学。在上述任何一种情况的团队中（或介于两者之间的情况），你都应该尽早开始训练自己寻找研究思路的能力。否则，我认为这会是一个很大的缺陷，并可能会在未来毕业后对你造成很大的影响，例如，作为学术界的教授或工业界的研究员，在独立领导研究项目时你可能会进行得很艰难。

下面是我觉得很有用的一些小贴士。

↘ 一、学会阅读论文，培养自己的兴趣

思路不是突然冒出来的。产生新思路常见的方法之一是阅读其他论文并获得灵感。你需要特别关注相关的研究课程，并开始阅读大量的论文。同时，你需要写论文阅读笔记来表达你的观点、意见和任何有建设性的想法。最初，每节课读 3 ～ 4 篇论文是有压力的（我还是学生时在同一学期上过两节这样的课），但要坚持住。一个常见的误区是：你必须理解一篇论文的全部技术细节，才算完成论文阅读。不，那既不是主要目标，也不是在有效利用你的时间！在这样的课程中，欣赏和批判研究想法是一个学习的过程，例如，一篇论文为什么是好的或坏的？是什么使得一篇论文吸引人？你不必阅读论文的每一处细节来回答这些问题。关于如何阅读论文，其实有很多有帮助的文章，例如，S.Keshav 写的"How to Read a Paper"（如何阅读论文）。

更重要的是，找到你最感兴趣的论文类型，多问问自己"为什么"。以网络安全领域为例，其涵盖的子领域十分广泛，甚至我都无法掌握所有研究内容。在研究领域上，任何计算机科学领域，如操作系统、网络协议，或者任何软硬件，都有其相应的"游戏规则"和"安全威胁"可以研究。在网络安全中，人类往往是最薄弱的一环，但同时扮演着重要的角色。就研究范围而言，网络安全涉及的范围从新型攻击和利用技术、对新型系统或算法的分析，到防御方案、测量分析等。另一个维度是一篇论文中所使用的研究方法，如人工分析、逆向工程、程序分析、形式化方法、基于硬件的系统设计、数据驱动方法。找到你喜欢的论文类型将有助于你培养研究兴趣，缩小研究范围并最终形成一个新的研究思路。

在我职业生涯的早期，我沉迷于可以攻破最新防御体系的新型攻击技术。这是创造性的、优雅的、极度让人满足的技术，通过这些技术能够发现其他人看不到的安全缺陷。当我读到这样的论文时，我总是问自己，这些人是如何找到缺陷的？开展这样的研究需要什么技能？这种研究风格，在有意或无意间引导我培养出了攻读博士学位所必需的思维定式和各种技能。由于我的导师当时的研究专注点在于网络，因此我很自然地致力于研究网络领域的安全问题，如 TCP 安全。然而，当时我并没有机会掌握如程序分析、形式化方法和机器学习这类过硬的技术。当我即将毕业时，我的研究兴趣开始发生转变，因为我意识到，在解决安全问题方面，如果没有适当的自动化技术，是不可能真正做到可持续或可扩展的。因此，我开始学习程序分析，模型检查和机器学习、人工智能方面的知识。这对我个人来说非常有帮助。每个人情况各异，我们总能找到自己的兴趣，并以此发展出一条独特的研究之路。其实，这正是学术自由之美！

↘ 二、认清产生研究思路的范式

每一篇论文背后都有一个独特的故事，但它们产生的方式往往可以归类为几种范式，其中大部分是我从研究经验中提炼出来的，也有一些是从其他研究者那里借鉴得来的。例如，来自加州大学圣地亚哥分校的 Philip Guo 教授曾写过一篇很棒的关于各种研究范式的博客文章，这些范式引起了我的共鸣。以下是我提供的版本，并且我将通过具体的例子加以说明。注意，这些范式可能并非完全契合，它们只是一些简单的方式，用来展示一个研究思路是如何产生的。一旦你掌握了其中某几个范式，想出新的研究思路将是小菜一碟（在决定实现这个想法之前，仍然需要对它的价值进行评估）。

1. 填补空白

这是我上大学期间，在 Harry Shum 博士关于研究的报告上听到的一个简单的范式。这个想法在概念上其实很简单。读几篇关于某一主题的论文，记录下这些论文在系统、方法、技术、数据集等方面提供的前提假设、证明支撑、属性特点等方面的差异，即下面所提到的"维度"，然后画一张表（不一定是二维的）来进行"维度"比较。找到其中的"空白"，即未被考虑或涉足的部分，这些都是潜在的新的研究思路（事实上，许多好的论文都使用这样一张表来清晰地表明自己的研究与相关研究的区别）。

以对抗机器学习领域为例，许多研究人员最初关注的是图像，例如，如何扰乱一张猫的照片，使它被错误地识别为香蕉。很快，其他领域如视频、音频和恶意软件也被用来做对抗研究，例如，如何通过注入无意义的指令来欺骗恶意软件分类器。另一个简单的例子是，研究人员可能已经应用静态分析技术来自动发现某些类型的漏洞，但还没有人应用动态分析技术来做这件事。接下来，你可以调研静态分析与动态分析在发现特定类型漏洞上的优缺点。当然，现实中也存在各种类型的静态分析和动态分析技术。你可以制作一个更细粒度的表格来发现更多的"空白"部分。同样地，如果你已经研究过某种特定类型的漏洞，还可以研究其他不同类型的漏洞。

成功应用此范式的关键是绘制出该对比空间中存在的"维度"。你研究得越深，就越有可能找到可以被研究的"空白"部分。例如，你必须熟悉不同种类的程序分析技术，才能绘制出一张表格并确定某项特定的技术没有被用来解决过某个问题。同样地，你需要了解不同类型的漏洞（仅内存损坏漏洞就有十几种类型）。

识别"维度"有两种常用的方法。第一种方法是广泛阅读大量论文，寻找类似主题论文之间的差异。相信我，当有一天你需要用到相关的论文知识时，这将会给你带来方便。另一种方法是阅读综述文章，因为它们通常已经从多个"维度"进行了总结梳理。在网络安全领域，IEEE 安全与隐私会议（网络安全国际四大顶级会议之一）每年以知识体系化的形式接收并发表若干篇论文。如果你感兴趣的话，它们绝对值得一读。

2. 扩充延伸

这是"填补空白"范式的自然递进。绘制空间中一些好的"维度"可能是最具挑战性的一步。但是，如果你在某个方向已经有了一些研究思路，例如发表了一两篇论文，那么你就可以从特别的角度看到别人不容易找到的"维度"。

我们发表在 USENIX Security 2016 上关于进行 TCP 侧信道攻击的论文 "Off-Path TCP Exploits：Global Rate Limit Considered Dangerous"（路径外 TCP 漏洞：全局速率限制是危险的）就是基于这个范式驱动的。我们之前的工作（发表于 IEEE S&P 2012 和 ACM CCS 2012），对攻击条件要求非常高（有人可能认为这是不现实的），即假设一个非特权级别的恶意软件已经安装在受害者的智能手机上，或者网络中部署了某种类型的防火墙。而这篇论文则试图努力减轻对这样苛刻条件要求的依赖，这也使得我们发现了一个全新的攻击侧信道。实际上，我已经基本绘制出了关于攻击需求的"维度"，即"攻击需求：恶意软件；防火墙；无"。

我们发表在 ACM CCS 2020 上的论文 "DNS Cache Poisoning Attack Reloaded: Revolutions with Side Channels"（重新加载 DNS 缓存中毒攻击：侧信道革命）也属于这一类。这是另一篇侧信道文章，文中将侧信道经验从 TCP 迁移到 UDP，漏洞利用的本质其实是非常相似的。实际上，这两篇文章是在 Linux 内核实现中寻找 TCP/UDP 套接字之间的共享资源（即全局变量）。所以这里的"维度"是关于不同类型的网络协议。

3. 造锤找钉

该范式也是在 Harry 博士的演讲中学到的，我将其进行了归纳介绍。概括性的想法是，如果你拥有独一无二的专业知识、系统，甚至数据集（其他人无法轻易得到的），那么你就可以充分利用它们寻找有趣的问题来解决（幸运的是，计算机科学领域中有许多这样的实际问题）。例如，密歇根大学 Peter Chen 教授的团队在虚拟机方向（和其他方向）拥有充足的专业知识，并且开发了许多有趣的应用程序。如果我没记错的话，Peter 的团队构建了世界上第一个完整的虚拟机记录和重播功能。这对于调试、入侵追踪具有十分重要的作用，该领域已经有许多高质量的论文发表。

我的团队也在网络侧信道领域发表了一系列论文，从 2012 年的 TCP 方向到 2020 年的 UDP 和 DNS 方向（在 IEEE S&P、USENIX Security 和 ACM CCS 会议上发表了 7 篇论文），在这个过程中我们掌握了充足的关于发现网络侧信道的专业知识。网络侧信道领域是一个公认的小领域，没有太多的竞争。通过这种方式积累专业知识的好处是，一旦你深入某一个主题，你会更容易找到新的问题来解决。

在网络安全领域，加州大学圣塔芭芭拉分校研究人员开发的名为 Angr 的系统也值得一提。Angr 是现今技术最为成熟的二进制分析框架（包括一个符号执行引擎），最初是为 DARPA 计算机网络挑战大赛（一个百分百自动化 CTF 竞赛）开发的。自 2016 年论文发表以来，该系统一直是开源的。由于它的工程设计和开发都十分完善，因此它很快就在学术界（截至 2020 年

12 月 28 日已被引用 540 次）和工业界流行起来。事实上，我们也在一些项目中使用了它。这个工具的作者也利用该工具为多种安全应用构建了后续项目。

最后一个例子是关于数据集的，即加州大学圣地亚哥分校的应用互联网数据分析中心（CAIDA）。CAIDA 的研究人员开发并部署了若干个基础测量设施，持续运行着多个互联网测量项目，收集了大量互联网数据。由于其他研究人员并未拥有这些数据（至少在学术界），因此他们能够基于这些大量的独特的数据集展开很多有趣的测量研究。

在我看来，尽管这是一种很好的研究方式，有一定的影响力并且可持续研究，但并不一定适合所有人。首先，构建专业知识、系统或基础设施直到开始有收益，可能会非常耗时。其次，这类研究有时需要整个团队来进行构想、计划和组织（通常超过博士生个人的能力）。最后，只有少数群体主导着一个领域，除非你有独特的视角，否则要超越他们是非常困难的。换句话说，如果你能找到很多人需要的东西，但目前还没有好的解决方案，那么它可能是值得考虑的。

4. 以小见大

一个研究想法通常从一些微小或偶然的发现开始，而你需要将这个想法加以深入研究以确定其是否足以支撑一篇可被发表的文章。确认是否需要深入研究或投入多少时间进行深入研究是需要技巧的。根据我的经验，以下信号预示着这个想法或许是值得深入研究的：

（1）当你第一次发现该现象时（不管这是一个多么细微的现象），你觉得这个现象是如此有趣、如此让你惊喜；

（2）当你深入挖掘时，你发现这一现象背后有深层次的解释（如某一安全漏洞是由某一类型的设计缺陷导致的）；

（3）你能发现与之类似的现象。

以我所在团队发表在 ACM CCS 2016 上的论文 "Android ION Hazard: the Curse of Customizable Memory Management System"（Android ION 的危害：可定制内存管理系统的诅咒）为例，在测试 Android 操作系统中可能被潜在恶意程序利用的接口时，我的学生 Hang 偶然发现了一个有趣的设备文件 "/dev/ion"：该接口允许任何应用程序在 "预先存在的堆" 中分配内存并将其映射至用户空间。令人惊讶的是，我们发现，该接口返回的内存并未被 "清零"，即能看到该片内存的使用者之前存储在内存中的数据（信号（1））。这意味着我们发现了一个信息泄露的漏洞，尽管该漏洞类型已经存在而且漏洞自身并不能直接形成一个研究项目，但通过进一步的研究发现严重性远不止于此：该接口的引入暴露了操作系统内核所使用的内存（信号（2））。确认这一点是基于如下事实：与被设计用来与用户态软件交互的接口不同，出于性能考虑，这类内部接口不会主动将重新分配的内存清零。更糟糕的是，不同的 Android 智能手机对 "/dev/ion" 有其自定义的实现，这也意味着该接口存在着更大的研究空间（信号（3））。

5. 推陈出新

你可能会想，如何才能找到这些细微却有潜力的想法？方法之一是复现前人论文的成果。

事实上，论文中的结果和你所复现的结果可能并非完全一致。其背后的原因可能是：第一，作者无意中犯下的错误；第二，结果本身便不是能够百分之百复现的，如对某些随时间变化的互联网现象的测量；第三，论文中提出方法的基准有失偏颇或数据集相对片面。事实上，前人工作的局限意味着有提升的空间。即使你设法按照预期百分之百地复现出了论文中相同的结果，在复现的过程中你也可能得到全新的灵感。

对于上述范式，在由清华大学牵头、我所在的团队深度参与的发表在 USENIX Security 2020 的论文 "Poison Over Troubled Forwarders：A Cache Poisoning Attack Targeting DNS Forwarding Devices"（对问题转发器投毒：针对 DNS 转发器的缓存投毒攻击）的相关研究中，学生曾被要求复现 ACM CCS 2018 的论文 "Domain Validation++ For MitM-Resilient PKI"（针对 MitM-Resilient 公钥基础设施的域验证 ++）。ACM CCS 2018 的论文使用了一种特殊的测量手段来展示其所提到的攻击方法的普适性。有趣的是，复现的结果要比原文所展示的结果消极许多。对造成这一消极结果的原因的深入挖掘促成了一种可以绕过现有防范体系的新的攻击方法的提出。

6. 外部资源

对于网络安全这种实践性较强的领域，与业内人士建立联系、了解其需求和痛点可能会给你的研究带来全新思路。相比学术界，工业界拥有更多的资源，但其思维方式与处理技术问题的优先级却和学术界有所不同：工业界通常强调抗拒风险，对方案的可靠性要求较高。而学术界的好处是：探索性的工作是被允许的，不会要求一次性解决所有的问题。如果我们需要解决某个问题，某种意义上甚至可以自己定义"解决"的标准。如果你正在研究一个行业中亟待解决的问题，并且该问题尚无完善的解决方案，那么对这个研究项目来说，其"成功"门槛（相对其他较为成熟的领域）会大为降低。

我经常会从由外部资源得到的灵感中获益。几年前，通过与业内人士的交谈，我发现软件的"打补丁"流程存在巨大的问题。以 Linux 和 Android 内核为例，当一个补丁被提交到上游 Linux 内核中时，下游内核分支（如 Linux LTS、Ubuntu 和 Android）的维护者需要手动检查这些补丁是否需要"应用"他们的内核。这是一个耗时且容易出错的过程，重要的安全补丁可能会延迟应用甚至直接丢失。更糟糕的是，下游内核分支的使用者很难对内核分支的补丁情况进行审核。以 Android 为例，绝大多数内核分支供应商并不提供其源代码的完整提交记录。这促使了自动化测试二进制内核中是否存在补丁的工具的开发，该项工作被发表在 USENIX Security 2018 的论文 "Precise and Accurate Patch Presence Test for Binaries"（精确的二进制补丁存在性测试）中。随后，我们完善了该工具，并在 USENIX Security 2021 上发表了另一篇论文 "An Investigation of the Android Kernel Patch Ecosystem"（Android 内核补丁生态系统调研），进一步研究了补丁传播缓慢的根本原因。

而新闻作为另外一个外部资源，同样能够给人带来灵感。事实上，我从几位教授那里学到了这一点，他们使用推特作为其科技新闻源。我们做的一个有趣的项目就是这样从"民情"中得到了启发，这项工作发表在 ACM CCS 2015 的论文"Android Root and its Providers: A Double-Edged Sword"（Android root 及其提供商：一把双刃剑）中。当时"root"Android 手机很流行，用户借此自定义操作系统并解锁非"root"时无法实现的新功能。在这样的需求下，许多"一键 root"应用程序被开发出来，而这些应用程序所适配的手机型号种类繁多（root 本质是获取系统最高权限的过程）。"一键 root"本质上是对手机操作系统内核发起的（便利的）攻击。我不禁思考，"一键 root"应用程序的开发者究竟掌握了多少能够提升权限的漏洞？其中是否存在未被公开的漏洞？攻击者是否能够窃取这些漏洞并发动攻击（如勒索软件）？经研究发现，这些 root 应用程序中有一部分是由业内顶级黑客开发的，其可利用的漏洞超过 100 种，而攻击者确实能够通过某些手段（如逆向工程）窃取并利用这些漏洞，这是非常可怕的。

7. 网络安全研究中特有的其他范式

对抗性研究。由于安全在本质上是攻防对抗，我们总是可以尝试攻破现有的防御机制或者针对已有的攻击技术建立防御方案。实际上，我经常看到一篇新奇的攻击论文发表后，相关的防御论文尾随其后（论文可能来自同一团队，也可能来自不同团队）。

流程自动化。许多系统安全分析（例如，逆向工程、漏洞发现、错误分类和检查补丁是否应用）总是需要一些人工操作，至少在某些设置中是这样。使这些过程（即使是部分）自动化起来的应用技术，如程序分析，具有重要的研究价值。这可能是一种在网络安全之外但在系统安全中非常常见的范式。

还有一些其他的范式没有提到，我鼓励你去思考一篇论文的思路是如何产生的，一有机会就和作者交谈，并关注喜欢的研究人员，在他们的论文中寻找研究思路（有时是一系列相关的论文）。我相信你会在某一时刻走上自己的研究之路！

↘ 三、养成思考研究思路的好习惯

到目前为止听起来还不错吧？问题是，如果你不去实践，那就只是一句空话。如果没有一个好的习惯，很可能会忘记去实践。这里有几个建议可以帮助你养成思考研究思路的好习惯。

要认识到一个项目的落地和一个想法的产生及形成是根本不同的。不要完全沉浸于你所进行的项目中并把自己和外界割裂开来（很多学生都会犯这个错误）。要坚持定期阅读论文，尤其是当某一会议刚刚举行、论文大量公布的时候。你可以至少把这些论文的标题都"扫"一遍，并阅读你感兴趣的论文的摘要。如果阅读完摘要，你发现这篇论文确实是你感兴趣的，那你应该更为深入地阅读。你需要确保自己了解论文作者的研究思路，而不能仅仅停留在了解论文中提到的技术的层面。

你需要严肃对待论文审稿。导师经常将论文审稿的工作交给学生，然后与学生讨论这些待审稿的论文。参与论文审稿是学习"如何写好一篇论文"的好机会。这是因为，通常情况下，你只会阅读到新奇的、有影响力的，且文风优雅的论文；而论文审稿时，你将通过审视被拒收的论文，了解其为何被拒收，进而提升你的论文写作能力。

你需要对不同领域的论文保持好奇和开放的心态。我的建议是，你应该"博览群书"。计算机科学的每个单独的领域（如系统、网络、安全、软件工程）都处在越来越成熟的阶段，许多令人惊艳的想法来自不同领域交叉时碰撞出的思维火花。在我读书期间，尽管我的导师的主要研究方向是计算机网络，但我一直在研读系统和程序分析方向的论文，我认为这种所谓"跨领域"的阅读对我后来的教授生涯帮助很大。

你需要多参加阅读小组、多参与讨论并多提出问题。对于一些讨论量很大的会议（如你所在的研究小组举办的会议），一定要尝试参加。如果你害怕表达自己的意见（这可能是因为你觉得自己知识不足或经验欠缺），你需要记住：你的导师正在努力帮助小组中的每一个人（尤其是低年级学生）成长和进步，没有人会因为你问一个所谓"愚蠢"的问题而嘲笑你。如果你真的觉得腹中无物不知从何问起，那在讨论前你可以试着阅读将要讨论的论文。这样，你至少可以在会上讨论"何种思维令该文章得以成型"。当你经过一两次这样的尝试后，你会感受到这样做的回报（即获得了能进行良好讨论的能力）。长此以往，你便会越来越适应"讨论"这件事本身。对我个人而言，我非常喜欢的事情之一就是辩论某个想法是否"足够优秀"（尽管其已经在相当高级的会议上发表）。一些学生扮演攻击者的角色，指出这个想法的弱点和局限性；其他学生则负责"捍卫"这个想法。这种论文审稿模拟有助于养成判断某个想法是否足够完善的眼力。

多和你的实验室伙伴们聊天，去了解他们并和他们保持良好的关系。你和他们共处的时间可能会超过你和导师相处的时间，所以为什么不让这种共处成为一种愉悦的体验呢？就某一个研究课题开展一场天马行空的对话，就某篇论文进行一个小小的辩论，在交流中碰撞出思维的火花——这种感觉真是太棒了。建立起这种人际关系的方法之一是定期与他们交谈：向他们询问项目进展，提供给他们真诚的反馈。他们很可能会用相同的方式回馈于你，最终有利于你的研究进展。除此之外，当你因为某些原因感到"卡住"时，和他人的交谈可能能带给你一个审视问题的全新视角，进而帮助你走出困境，我自己便曾在这样的场景中获益。

↘ 作者简介

钱志云，加州大学河滨分校副教授。他的研究兴趣在于网络、操作系统和软件安全，其中涉及 TCP/IP 的设计与实现、Android 操作系统的漏洞挖掘和分析，以及侧信道在网络系统领域的安全性研究。他的研究曾获得 ACM CCS 2020 杰出论文奖（Distinguished Paper Award）、IRTF 应用网络研究奖（Applied Networking Research Prize）、Facebook 互联网防御奖（Internet Defense Prize），以及 GeekPwn 最大脑洞奖。

从一次失败的投稿经历谈网络安全研究中的伦理合规

张一铭

随着网络信息技术的高速发展，计算机网络已渗透到人们生活的方方面面，网络安全成为关乎国家安全和人民权利的重要问题。然而，由于网络信息技术的研究存在扩散性、渗透性和极大的不确定性，科研人员在研究过程中需要具有强烈的责任感和道德伦理操守。特别是网络安全领域的研究人员，往往需要直面研究问题、方法、数据等多方面伦理道德问题的挑战。

当前，国内在信息技术领域的法律规范尚在完善中，研究领域也尚未形成规范化、共识性的伦理道德标准。那么，作为普通研究人员，如何在网络安全和网络测量研究中兼顾道德伦理？本文我将从一个博士生的角度，结合自身在研究过程中经历的探索与曾有过的困惑，对该问题进行讨论。

一、一次失败的投稿经历

2020 年 5 月 26 日，我参与的一项对某种新型网络诈骗犯罪进行检测和测量的论文投稿到了网络测量领域的顶级学术会议 IMC。2020 年 8 月，在会议原定的审稿结果公布日期前几天，我却收到了拒稿邮件。原因是审稿人认为该工作在伦理（道德）方面存在风险，经伦理审查委员会（Institutional Review Board，IRB）审查认定工作不符合道德规范。

由于该工作研究问题的独特性——与真实世界网络犯罪事件密切相关，我的确收集了大量来自真实用户的数据，并基于此展开研究。被拒稿具体"违规"细节包括缺少数据收集的细节、缺少关于 IRB 审查环节，以及未提供研究人员处理数据的详细流程，尤其是如何处理用户身份相关的敏感信息。

事实上，作为网络安全专业的博士生，我虽未受过专业的"伦理合规"培训，但也并非对其一无所知。相信大部分研究人员都对已有研究因伦理道德问题引发的学术界讨论有所了解。近年来，也有越来越多的学术会议将"伦理合规"写入了征稿需求。此外，我们能够看到，许多已发表论文以独立章节的形式，多角度阐述了在"伦理合规"方面做了哪些努力。

此次被拒稿的文章中，其实已经提供了（当时）对于该工作道德伦理合规性的理解和说明。但显然，从实验设计到文章写作，我对于"什么是伦理合规"的认识是不够深刻的。也就是说，仅仅依靠"收集数据前需要经过用户同意""网络扫描需要控制发包速度"这样常识性的理解，不足以指导网络安全领域的研究人员开展规范的研究。

那么，当前各大学术会议对伦理合规要求有何异同、除常识性要求之外具体还有哪些规定、有没有权威的规范或者标准可以参考，以及论文中应该如何组织伦理合规性的写作呢？在这些问题的驱动下，我展开了一次较为全面的调研，并以此文作为分享，希望能给遇到类似困惑的同学一点启发和帮助。

二、会议要求和权威参考

本文主要关注网络安全与网络测量研究领域的顶级会议：IEEE S&P、USENIX Security、ACM CCS、NDSS 和 IMC。其中，最早在征稿意见中明确提出伦理要求的是 IMC 2009，随后的几年内，网络安全国际四大顶级会议也陆续增加了相关要求，USENIX Security 于 2013 年提出，NDSS 于 2016 年提出，ACM CCS 和 IEEE S&P 于 2017 年提出，网络安全与网络测量顶级会议提出伦理要求的时间线如图 1 所示。

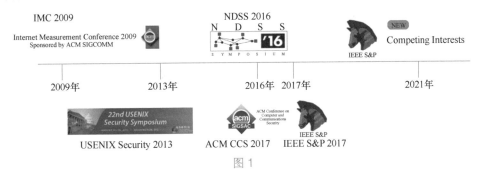

图 1

作为可考证的最早提出伦理要求的学术会议，IMC 2009 关于该问题的具体描述仅有一段，要求研究人员遵守行业使用规范、尊重数据隐私和匿名性，以及共享测量数据的原则，而在文章发表前是否进行漏洞通知，并明确提出道德规范将成为文章是否会被拒稿的标准之一。

十余年后的今天，其征稿规范增加了诸多细节（参考 IMC 2021 Call For Paper），强调以贝尔蒙特报告为基本原则（即对人的尊重、仁慈和公正）；如果是与人类受试者相关的研究，必须经过 IRB 审核；而对于与人类受试者不直接相关的研究，也希望研究者能够对可能的伦理问题深思熟虑；研究人员需要在论文提交页面主动说明工作可能涉及的道德问题，并在附录中以"伦理"为标题进行具体说明。此外，学术会议程序委员会保留对研究工作道德性进行独立判断和额外审查的权利。

USENIX Security 于 2013 年第一次在征稿要求中指出，任何与人类受试者相关的实验均需提供伦理审查证明，并讨论研究人员采取了何种措施以缓解可能的伦理风险。同样地，其 2021 年版本要求更加明确，要求说明如何处理漏洞（漏洞披露是否合规）和如何处理敏感数据。

NDSS 从 2016 年起对伦理提出要求，包括是否提供 IRB 审查支持、是否给出缓解伦理问题的措施、是否进行了合理的漏洞披露等，申明程序委员会保留评判伦理道德合规性并因此拒稿的权利。

ACM CCS 从 2017 年开始在征稿要求中提及道德问题，是网络安全国际四大顶级会议中对伦理描述最简略的。ACM CCS 要求涉及道德问题的工作必须能够说服审稿人、已经采取了充分的措施缓解危害且该工作是明显利大于弊的（即值得承担一定的道德风险）。

目前来看，最严格的是 IEEE S&P，它也是从 2017 年开始在征稿意见中对伦理提出要求，其内容借鉴了 USENIX Security 2016 的版本。发展至今，IEEE S&P 的征稿要求在道德伦理方面的描述更加详尽，其中与人类受试者相关的要求基本保留了 USENIX Security 的内容；而针对漏洞披露，则提出了非常具体的要求，如时间方面，至少应在发表前 45 ～ 90 天完成漏洞披露。此外，IEEE S&P 还增加了一项新的内容，要求在终稿论文中提供竞争利益方面的描述，原因是研究人员可能出于某种经济利益（如受基金支持、被雇用、参会报销等）或者非经济利益（如属于商业组织的成员等）的考虑，在数据的分析、解释、结果展示方面存在倾向性。

除上述 5 个会议外，本文还对网络与信息安全的 B 类会议，以及计算机网络的 A 类会议征稿要求进行了调研，目前明确提出伦理规范要求的会议包括但不限于 DSN、SOUPS、PETS、RAID、ACSAC、PAM、AsiaCCS、SIGCOMM、NSDI、WWW 等。此外，人工智能领域的顶级学术会议 AAAI、IJCAI、EMNLP 等也对伦理提出了具体要求。

整体而言，道德的合规性已经成为学术界评价研究工作的普遍标准之一。

↘ 三、权威参考

然而，尽管各个会议征稿启事中关于伦理的描述愈发详尽，但仅以其作为开展工作的具体指导标准显然不够充分。为此，本文调研了关于伦理规范"可能的"权威参考，主要来源于顶级学术会议的征稿启事和已发表文章中伦理部分引用的参考文献。

由于计算机科学涉及的领域很广，不同领域可能有各自的伦理标准。本文只选取其中与网络安全和网络测量相关的文献或报告进行研究学习，大概将其分为通用规范、测量数据共享规范、网络测量规范等。

1. 通用规范

首先要介绍的是贝尔蒙特报告，其最初版本发布于 1978 年，由美国国家保护生物医学与行为研究人类受试者委员会发表。最初目的是为生物或者医学实验的人类受试者提供伦理保护准则。该报告提出的 3 项基本原则已经被各领域的伦理规范采用。

其次需要参考的 2012 年由美国国土安全部发布的 Menlo 报告，是专门针对信息技术领域提出的伦理原则指导报告。该报告提出了 4 项基本原则，在继承贝尔蒙特报告内容的基础上增加了"对法律和公共利益负责"，具体内容如下。

（1）对人的尊重：参与者必须是自愿的，拥有决定是否参加实验的权利；必须提供给参与者知情内容，说明研究内容及可能的负面影响，必须易于理解并强调自愿参与，不能用利诱的方式争取受试者同意；尤其是，如果实验中存在欺骗参与者的行为，需要在实验后与参与者进行详尽解释。

（2）仁慈：最大化实验的正面作用，最小化实验的负面影响；制定缓解负面影响的措施，考虑到最坏的情况并做好相应准备。

（3）公正：虽然研究结果会带来一定的利益，研究过程也可能造成一定的危害，要求利益、危害对所有人都是公平的，即不能牺牲部分人的利益而为另一部分人服务。

（4）对法律和公共利益负责：包括公开自己的方法和结果，对自己的行为负责等。

2. 测量数据共享规范

在网络测量领域，IMC 创办人之一 Vern Paxon 教授于 2007 年发表的 "Issues and etiquette concerning use of shared measurement data"（共享测量数据使用中的问题和规则）也常被列为参考。这篇文章的写作动机，是为共享和使用测量数据提供行业参考标准。

文章指出，数据发布时，研究人员需要充分考虑信息泄露的风险。具体包括对数据做充分的匿名化处理（信息泄露的途径总是多于想象）；要给出关于数据集使用的详细指导，即其可用来做何种研究，如不允许对数据做去匿名化相关的研究、数据集只有部分属性可以使用等。

此外，数据提供者需要给出充分的上下文信息，如数据采集的环境、方法、过滤的策略、数据清洗的步骤等，并告知该原始数据是否被保留、会被保留多久，以及如何对数据集加以引用。

作者呼吁研究人员在使用公开数据集进行研究时，体谅公开数据的困难（例如作者发布某个数据集时，为了达到充分匿名化，花费了数月的时间进行数据处理），本着充分负责的态度，完全遵守提供者要求的数据使用原则，如只能在授权范围内进行研究、不能直接将其用于研究未被允许的问题，以及不得对授权数据集私自进行二次传播。作者也鼓励数据集的发布者和使用者在后续研究过程中不断保持沟通。

3. 网络测量规范

网络测量领域道德规范的一篇常用参考文章，是 2015 年的 "Addressing Ethical Considerations in Network Measurement Papers"（网络测量论文中的伦理思考）。

在文章中，作者直截了当地指出，网络测量领域的文章缺少主动描述伦理问题的习惯。这不仅对论文评审和工作评价本身造成困扰，且可能由于作者未明确指出缓解伦理风险的措施，使得复现该工作的人忽略相关问题，进而产生更多不良效应。因此，任何与人类受试者相关的工作都应当详细描述相关的道德考量。

具体来说，文章首先对什么是"安全风险"和如何定义"危害"进行了讨论。作者认为，研究工作潜在的伦理风险是"光谱状"的，即最好、最差的情况，间接造成危害的情况都需要讨论。其次，被动的数据收集方式不代表不产生伦理风险，数据集公开前一定要做匿名化处理，并讨论可能出现的去匿名化问题（这里并不要求研究人员完全解决道德问题，但起码应该明确指出，并给出一定的讨论或者缓解措施）。

此外，文章还给出了在论文中研究人员需要回答的基本问题，具体如下。

（1）数据收集过程是否由作者完成，会对任何第三方造成可能的危害吗？

（2）如果数据收集不直接由作者完成，该收集过程的安全性是否由其他责任方提供保证？如果有，需要在文中给出引用；如果没有，需要由作者完成相关讨论。

（3）研究所使用的数据是否涉及任何个人隐私相关的信息？如果有，请作者讨论采取了哪些方式对这些隐私信息加以保护。

↘ 四、写作指导

上述调研结果对"研究过程如何更好地遵守伦理规范"给出了一定的解答。但实验设计规范仅是研究工作合规的必要条件，论文中做好伦理道德的描述和讨论也是非常重要的。一份系统全面的道德考量（Ethics Consideration），既能方便审稿人对工作的道德性进行审查、提出意见，也可为其他研究人员在复现、扩展或者从事类似研究时提供参照。

因此，我调研了发表在网络安全国际四大顶级会议上的论文，试图从实践中寻找答案。发表于网络安全国际四大顶级会议的 IRB 相关论文数量统计如表 1 所示。图 2 展示了已发表的顶级网络安全学术论文中，用于讨论伦理问题的内容篇幅。可见，目前已经有相当数量的研究工作在写作过程中对道德伦理规范性给予足够的重视，这也为我这样的年轻研究人员提供了很好的写作参照。

表 1

年份	IEEE S&P	USENIX Security	ACM CCS	NDSS
2020	10	19	3	7
2019	8	12	11	10

图 2

在阅读学习了部分论文的写作思路后，我就可能的要点进行了总结，分享如下。

（1）梳理实验都有哪些环节、操作步骤可能涉及伦理风险。该部分要尽量考虑全面，不仅是直接引起风险的操作，间接造成风险的操作和存在潜在风险的操作都要指出。

（2）根据参考标准，逐条对照自己的实验是否符合相关规定，还可以找到已经发表的、存在类似伦理问题的文章，借鉴其处理思路。

（3）实验设计步骤中是否提供了用户同意说明，详细到何种程度（给出截图、引用），是否进行了充分的匿名化处理（如何保护用户隐私），数据使用过程中的隐私保护措施（存储、访问权限管理等）。

（4）明确研究的收益如何、风险如何，找到有趣的发现与伦理之间的平衡。

（5）寻求可能的第三方的帮助。例如，高校有 IRB，特别是专门针对信息技术行业的 IRB，委托其审核实验流程并提供证明是最好的；其次，还可以与大学的法律部门、经验丰富的老师和同事等讨论，专门讨论如何缓解伦理风险。

当然，"以评促建"才是最重要的目的，写作仅仅是研究的一个环节，更重要的是要依据这些条目来改进自己的实验设计和数据处理的流程。

↘ 五、总结

经过了上述探索学习后，我对拒稿工作的实验设计进行了全面修改，对文中相关的讨论进行了补充优化，并在后续的投稿中得到了审稿人对于文章伦理合规方面内容的认同。感谢这次经历给了我系统调研、学习伦理合规的机会，也希望本文能够给经历同样困惑的同学一点启发。关于安全研究的伦理合规性，尚有诸多问题等待解决，如目前国内高校及研究机构鲜有（信息技术相关）IRB 成立，缺少对研究人员进行培训与指导的专业人士，也无法在投稿时给出相关证明。希望随着相关法律制度的完善和学术界对伦理问题重视程度的提升，这些问题能够早日得到解决。

↘ 作者简介

张一铭，清华大学计算机科学与技术系博士生。她的研究方向为网络空间安全，研究课题集中于数据驱动的安全研究及网络协议安全研究。她目前已在 ACM CCS、NDSS、IJCAI 等会议及期刊发表若干学术论文。

法律视角下的网络安全

劳东燕

很多技术专家认为技术是中立的，但是否真的如此呢？

2020 年，一篇影响甚广的文章《外卖骑手，困在系统里》详细分析了外卖骑手在系统算法驱使下所面临的困境。大家可能认为算法是中立的，只是一项技术而已。从法律角度而言，平台的算法涉及多方主体，包括外卖平台、骑手、顾客和店家，容易被忽视的在事故中伤亡的第三方，以及因此损耗大量行政资源、司法资源来处理事故的政府部门。

表面上看似中立的算法其实是有偏向性的，它主要表现为利益和风险分配方面的不公平。这种算法的最大受益者是平台，其后依次为店家、顾客和骑手。

那么，算法带来的风险由谁承担呢？平台为了规避法律责任，将骑手外包给其他的劳务公司，从而使得平台与骑手之间表面上不存在劳动关系。相应地，一旦发生事故，无论是骑手还是第三方伤亡，平台都不用承担任何责任。店家和顾客，自然也不会被当作责任主体来追究。因此，算法实际上将主要的风险分配给了骑手与更为无辜的第三方。

在这一事例中，对于现行算法，最大受益者是平台，而风险的承担者则主要是骑手、公众，可能还有政府部门。不难发现，算法绝非中立，而是具有偏向性的，它进行了不公平的利益和风险分配。

↘ 一、技术中立是一个伪命题

所谓技术中立，其实是个伪命题，关键在于以什么为参照系。如果从科技系统内部来看，技术自然是中立的，没有好坏之分。但技术不只涉及科技系统，它也作用于现实社会。立足于经济系统的角度，技术会被分为营利的技术和非营利的技术。从伦理系统的角度来观察，技术必然被分为善的技术和恶的技术。而以法律系统为参照系，所有的技术都会被分为两类，也就是合法的技术和非法的技术。

在目前的法律中，相应技术如果主要用于违法犯罪，则其开发、使用本身就会引发刑事责任。如果某项技术既可用于合法途径，也可用于违法犯罪，则决定技术合法与否，需要考察行为人的主观明知和故意。当前涉及的网络技术大多属于第二类。例如，支付宝和微信平台都存在被违法犯罪分子利用的问题，包括用于洗钱和传播诈骗信息等。

我国《刑法》第 285 条与第 286 条分别将提供侵入、非法控制计算机信息系统的程序、工具和故意制作、传播计算机病毒等突破性程序规定为犯罪。根据前述规定，开发、提供相关技术会构成犯罪。如果技术本身既可为善也可作恶，针对提供此类技术性帮助的行为，《刑法》中有一个独立罪名，即第 287 条之一的"帮助信息网络犯罪活动罪"，具体表现为明知他人利用信息网络实施犯罪，而为其犯罪提供互联网接入、服务器托管、网络存储、通信传输等技术支持或提供广告推广、支付结算等帮助。

同时，刑法中还有关于共同犯罪的条款，明知他人实施特定犯罪而提供相应的技术支持，还可能与相应的下游人员构成诈骗等犯罪。例如，为电信诈骗提供技术支持，会构成诈骗罪共犯；开发网络游戏的外挂程序，开发人员与提供人员可能被认定构成非法经营罪、侵犯著作权罪或破坏生产经营罪等。

因此，从法律的角度而言，技术不可能是中立的，不能任由其作用于社会而不加约束。技术所带来的很多社会问题，并不能借助技术来解决。所以，在做技术研发时，应当遵守相应的伦理限制。

当然，在网络风险方面，我国现有的法律往往实行一禁了之的传统规制思路。在网络时代，这样的规制思路可能反而对网络安全不利。因为一味禁止的态度，也可能导致网络的整体安防能力难以得到有效提升，从而"道高一尺，魔高一丈"。一旦有人无视禁令，开发与运用相关技术进行破坏，可能会对网络系统形成毁灭性的攻击。基于此，我们需要在遭遇网络攻击的过程中不断提升安防能力。正如纳西姆·尼古拉斯·塔勒布在《反脆弱》中定义的反脆弱性那样，如果火势微弱，很容易被风吹灭，反之，如果火势很旺，风的加入会促使其燃烧得更旺。就此而言，当前法律体系对于网络安全的规制思路与方法，可能需要进一步改进和完善。

二、网络安全需要伦理与法制双管齐下

在网络安全领域必须对技术进行相应的规制。

首先，在技术研发与运用上应坚持基本的伦理要求。如果借鉴医疗领域中的生命伦理原则，与网络安全相关的技术同样应坚守以下原则：尊重人性尊严原则，不能把人当作工具；人的利益高于科学和社会利益原则，民众是由个人集成的，没有个人何谈国家利益、社会利益；行善和不伤害原则、不歧视和不侮辱原则等。

其次，在法律层面也要形成制约。技术是一把双刃剑，但不同类型的技术，双刃剑的效应大不相同。因此，法律上的规制措施也会有所差别，大致可分成三类：一是被法律完全禁止的技术；二是原则禁止例外允许，例如欧盟对于人脸识别技术便采取原则禁止的态度；三是允许合规情况下进行推广使用，例如自动驾驶技术。

以人脸识别技术为例，国内有关人脸识别技术的争论，往往停留于保护个人隐私还是保护公共安全的层面。实际上，如果这项技术全面推广运用，不仅所有人的隐私得不到保障，其人身与财产安全也会受到重大威胁。将人脸识别当作预防违法犯罪的手段，只会带来更多更严重的违法犯罪。

如何在法律上对人脸识别等技术进行规制？目前主要有以下几种做法：一是类似欧盟的方案，即原则禁止例外允许，只在打击恐怖犯罪，或刑事案件取证，以及失踪儿童追踪等情况下允许使用；二是一般允许同时强化过程中的监管；三是自由放任加技术手段监管。此前我国大体上采纳的是第三种模式。由于这种模式给个人信息保护带来了极大的威胁，今后可能会走上一般允许同时强化过程中的监管这一模式。

然而，这种模式存在一定的挑战。因为前端如此巨量的信息收集，后端的监管成本势必大大提高，执法资源有限，难以实现有效监管。如果无法采取欧盟的模式，我建议在人脸识别技术的运用上，采取特别许可制度，也就是相关企业与部门必须具备相应资质，经过特别许可才允许收集与使用个人的生物识别信息。据我所知，现在有一种观点认为，既然分散地收集人脸数据风险很大，不如统一收集到政府的某个职能部门，这种方案虽然在一定程度上有助于减少信息泄露的风险，但会带来其他方面的问题，相关职能部门权力过大，过于集中，无疑会形成更大的潜在风险。

在信息时代，数据被认为是比石油更为珍贵的资源，而作为一个超大规模的复杂社会，中国在国情方面的特殊性，以及网络化与信息化发展程度的差异，使得在网络空间治理上，我们并无现成的方案可照搬。《中华人民共和国网络安全法》《中华人民共和国数据安全法》和《中华人民共和国个人信息保护法》的陆续出台，是我国在网络和数据合理化治理道路上的重要里程碑。然而，网络安全事业无法做到一劳永逸，未来对于相关法律规制的探索将不断持续。

↘ 作者简介

劳东燕，浙江绍兴人，北京大学法学博士，清华大学法学院长聘教授，博士生导师，兼任最高人民检察院法律政策研究室副主任（挂职），曾任北京市海淀区人民法院副院长（挂职）。她的主要研究领域为刑法学，出版了《功能主义的刑法解释》《风险社会中的刑法》《罪刑法定本土化的法治叙事》等专著，在《中国社会科学》《法学研究》《中国法学》《中外法学》等权威与专业刊物上发表论文 80 余篇。

↘ 附录　一场关于网络安全伦理审查的对话

前不久，明尼苏达大学卢康杰教授的研究团队针对 Linux 操作系统审核流程的研究事件，在安全界掀起轩然大波。在网络空间安全国际学术研究交流会上，近期热点事件的当事人对其经验和教训进行了分享，中国顶级的法学专家也从法律角度介绍了科学研究的伦理和法律边界，希望引起国内安全研究领域的重视，给技术研究人员处理伦理问题提供一些参考。

1. 缘起：针对 Linux 操作系统审核流程的研究

2021 年，卢康杰教授研究组在国际安全会议 IEEE S&P 上发表了一篇研究论文 "On the Feasibility of Stealthily Introducing Vulnerabilities in Open-Source Software via Hypocrite Commits"（能否通过提交看似合理的补丁向项目中注入潜在的漏洞）。

这篇论文讨论了一个新型安全威胁——如果攻击者不能直接影响开源软件的代码，即不能增加或者修改任何功能，他们是否可以通过提交看似合理的、只修改一两行代码的补丁来向项目间接引入潜在的漏洞？

这项研究正是致力于回答这个问题。该研究首先揭示了一种新的漏洞引入技术，然后基于历史数据对这种漏洞引入的可行性做了系统化分析。最后该项目还进行了案例分析，进一步证实其可行性。论文的结论是这种新的漏洞引入技术确实可行，代码审计的安全性有待提升。例如，历史数据表明，释放后重用漏洞的捕捉率不到 50%。

"因为案例分析涉及 Linux 代码维护人员，这项研究在 2020 年 11 月及 2021 年 4 月的社交媒体平台引发了大量讨论和争议。值得大家注意的是，该项目并没有试图引入 Linux 漏洞，也确实没有引入漏洞。"卢康杰教授说。

2. 卢康杰：技术意义不能代表全部

明尼苏达大学卢康杰教授作为此次事件的当事人，他不仅向大家解释了此项研究的目的和意义，也对整个事件造成的社会影响进行了客观的分析和总结。

我们今年发表的一篇研究论文，由于伦理方面的原因，在网络上遭遇了很多批评和攻击，那么回过头来看，这项研究工作是否有意义？

我认为，它是非常有意义的，这项研究揭示的是一种低门槛、更隐秘、可否认、更系统化的新的漏洞研究方法，研究目的是提升安全技术人员的安全意识。

作为安全研究人员，我们都有一种理念，解决一个问题前应先发现或理解这个问题。很多研究都有很好的立意，而且很多安全问题的解决也都是从学术论文研究开始的。这项研究工作是具有一定意义的，但并不能仅单纯地考虑其技术方面的意义，还要考虑社区层面甚至社会层面的影响。然而，对于这一方面的影响，我们在研究过程中其实是欠考虑的，今后一定要吸取教训并改进。

经过此次事件，我希望今后能以更为成熟的方法来研究技术问题。对于实验本身，我认为可以从两个方面进行改进。

　　□ 对论文而言，回顾整篇文章，我们其实可以选择不做这个实验。因为文章的其他章节已经提供了大量信息，印证这种漏洞的研究方法是可行的。

假设必须要进行该项实验，那应该怎么做呢？在我看来，首先不要太相信自己的判断力，而要主动与 Linux 方进行沟通，不论对方是否同意，首要应征询其意见；其次，在实验设计环节，也要寻求更多专业人员的意见，包括 Linux 核心开发人员的意见，确保实验过程是安全的，不会浪费太多维护人员的时间和精力。

3. 周亚金：整个领域对伦理审查问题并非足够重视

浙江大学研究员周亚金——2021 年 IEEE S&P 程序委员会（PC）的成员，从 PC 的角度分析了应如何考虑论文中伦理的问题。

我主要分享我们从这次事件中得到的教训。

（1）其实伦理问题在计算机领域并没有得到足够的重视。

卢教授这篇投稿的 4 个审稿人中，曾有一人在审稿阶段提到，论文中的内容可能会引起伦理审查问题；但因当时大家给予了这篇论文非常高的评分，所以伦理问题并没有在组委会展开进一步讨论，导致论文中存在的伦理问题没有及时被大家发现。

另外，由于疫情原因，IEEE S&P 没有举行现场 PC 会议，因此没有针对论文中的伦理问题进行足够的讨论，实际上相关问题都被大家忽略了。

因此，在 2022 年的投稿和审稿程序中，IEEE S&P 增加了一个新的选项：如果有任何一个审稿人对投稿论文存在伦理方面的质疑，可以对该论文进行标记，这篇论文将会由一个伦理审查委员会进行进一步的讨论和评审，这样会将之前被大家忽视的伦理问题提到一个足够重要的地位。

（2）作为会议的审稿人和程序委员会成员，是否有足够的专业知识来认定某项研究工作是否存在伦理问题，或者他们是否能够承担起伦理审查委员会的职责？

答案是不能肯定的。

事实上，会议的 PC 委员和审稿人来自世界各地，很多国家并没有成熟的伦理道德审查组织。而即使学校有相应的伦理审查委员会，对于伦理问题是否有足够到位的评判，也不是非常确定的。

所以，会议的 PC 是不是能很好地组织相应的专家，判断投稿论文中的伦理问题，这一点是值得商榷的。

基于此，我认为会议的组织方需要引入更为专业、有伦理判断能力的专业评审人员补充进审稿队伍，这样，评审人员不需要对专业的技术内容进行评审，但可以从伦理角度对论文进行更多的考虑和评判。

4. 李卷孺：研究人员应主动发声

上海交通大学的李卷孺从媒体报道的角度，为大家梳理了整个事件的前因后果。

我们很早就阅读了卢康杰教授团队发表的这篇论文，从研究人员的角度来看，我认为这是一项很好的研究。

实际上，该研究的舆情发酵始于 2021 年 4 月，国内很多公众号在自媒体平台发表了大量文章，这些文章普遍存在引起歧义或偏激的内容和观点，在网络上引发了网友大范围的讨论和传播。

问题的关键是，这些传播是在没有充分了解事实真相的情况下进行的。例如，一些文章的标题命名为"蓄意引入漏洞"或"华人教授"之类的用语，并且很多内容都是从国外的报道中断章取义或者翻译过来的。

这种报道给自媒体带来了很多的流量关注，也引发了轰动效应，但实际上这些内容并没有遵守尊重事实真相这一新闻报道应该遵守的基本准则。此外，还有不少专家转发评论，但他们在没有了解清楚事实的细节或真相的情况下，就进行了主观传播，也有失偏颇。

我们看到相关报道后，第一时间发表了很多关于客观真相的解释和说明，其实这也代表了网络安全社区的反击，让大家了解客观真相后进行更为理性的评价，避免盲目随从舆论，无意识地传播扩散。

另一个细节是，在事件过去半个月后，在 LWN 网站上很多网友对该事件进行评论，其中也存在不少有争议或者与事实不符的讨论。

在 Linux 对事件进行了二次澄清和解释之后，大家开始重新讨论这篇论文的研究是否真有如此大的危害性，很多人才开始意识到事实并非如此。

其中有用户发表了一篇很长的评论，批评 LWN 网站之前的报道，认为其对于安全研究人员的评论是不客观的。其实这个用户正是 Linux 技术指导委员会成员之一。这时，很多人才开始意识到自己曾经的评论存在问题。于是事情开始反转，出现了一些客观和理性的讨论和发声。

因此，从整个事件来看，我们作为安全技术人员，更应该主动发声，公布事件的细节和真相，让大家更加客观地了解和评价这项工作。

5. 梁振凯：应从广义概念来看系统或技术对社会的影响

新加坡国立大学的梁振凯教授介绍了新加坡国立大学伦理审查委员会的组织架构和流程，以及他们在研究中碰到伦理问题是如何处理解决的。

大家之所以探讨计算机领域的伦理问题，其实是由于计算机如今变得非常重要。过去计算机只是一个系统工具，但是现在它已变成了社会的一个主要载体，一个社会生存平台，所以需要承担的责任就变得更多。

现在的问题是，系统对人有什么影响？这里有一些比较棘手的问题，类似人脸识别等，技术如果任由它发展，它的影响力会越来越大，那么作为安全研究人员，我们应该怎么办？

还有一个维度是人和人之间的关系对技术、安全有哪些影响，这其实也是研究系统和人的关系。

由于我们开展的研究对社会的影响越来越显著，更应该从广义概念来看系统或技术对社会的影响，相关影响也决定我们用什么样的规则去看待安全研究。

简单介绍新加坡国立大学伦理审查委员会的发展过程：新加坡国立大学的伦理审查委员会成立于2003年9月，主要分成两部分：一部分是传统的伦理道德审查研究，包括常见的生命医学和人体组织等相关内容；另一部分是研究人和人的行为，包括新型的法案和个人信息保护等。

国际上，它还在美国卫生与公众服务部下属的数据库进行注册，以保证有同样的标准。

如果在学校开展相关安全研究，研究开始前的步骤：首先要把研究需求提交到院系，经同意后再提交到学校，之后伦理审查委员会的秘书会反馈结果。全部流程通过之后，就可以开始展开相关的研究了。

我们过去一直在从事系统方面的研究，所以并没有遇到太多伦理问题，直到最近我们和心理学同事合作开展相关研究。这项研究开始前，我们做了大量准备工作，包括需要解释清楚整个研究的来龙去脉，实验的目的、步骤、结果、保存路径，提交到学校审批通过之后，才能开始这项研究。

在研究的过程中，我们也碰到了一些问题。例如，不久前还收到一封用户投诉邮件，指出我们收集个人的信息不符合伦理道德规则，因此我们还需要向用户解释证明整个实验的流程和目的。

这实际上是一个非常烦琐的过程，但因为这个研究已经触及社会层面，所以向用户解释是我们应尽的责任。

6. 劳东燕：建议在计算机领域设立伦理审查委员会

清华大学的劳东燕教授作为法学界专家，分析了当前国内安全研究中会遇到的一些伦理问题。

很多企业在收集个人信息时，仅是单方面通知，默认对方没有反对意见就代表同意，这种情况在美国或者欧盟的标准下是不成立的。

《中华人民共和国个人信息保护法》在2021年出台，国家会继续加强对个人信息的保护。今后的研究工作中，如果企业合法收集的数据要转让或提供给第三方，也需要征求原有信息主体的同意才能继续使用。目前的研究涉及的都是百万级或者千万级的数据，如何让如此数量级的原始信息主体同意，对研究人员来说，其实是一个很大的问题。

此外，对国内的研究人员来说，可能仅仅符合国内法律规定是远远不够的。尤其在人脸识别、个人信息保护方面，如果研究是同欧盟机构合作，他们关于通用数据保护的规则要严格得多。

今后可以考虑在计算机领域设立一个伦理审查委员会，研究美国和欧盟关于伦理的法律和标准，以便国内同行参考和学习。

7. 张一铭：审稿专家应提前介入指导伦理审查

清华大学计算机科学与技术系博士生张一铭分享了其在调研研究伦理时的发现，提出了相关建议。

我在调研中发现，有一些会议在论文通知中留有组委会的联系方式，指出如果研究人员在研究中遇到伦理问题，可以与组委会工作小组提前联系沟通；而部分会议也提供了一些网址，相关网页上列出了关于伦理的政策和参考意见。

因此，我想在今后会议的投稿中，如果审稿专家可以在审稿中留下一个关于伦理问题的沟通联系方式，那么当研究人员在研究中涉及伦理问题时，可以提前向审稿专家征询意见。即使不如伦理审查委员会那样提供法律咨询意见，只要能对相应的研究方法给出一些指导性意见，也能避免浪费大量的时间和精力，这对研究人员来说也会有很大帮助。

8. 段海新：网络安全研究领域对于伦理的研究处在探索阶段

清华大学的段海新教授分享了在日常研究中存在伦理问题的困惑，并提出了一些可行的建议。

网络安全研究领域对于伦理的研究也处在探索阶段，实际是问题多于解决方案。

经过这次事件后，清华大学研究组同学做了相关调研，针对这个话题做了集中讨论，并提醒大家在今后的研究工作中高度重视伦理问题。

目前，我们和工业界的合作研究比较多，工业界也愿意对伦理问题进行讨论，而这些问题都经过了其公司法务的审核，并不存在太大的伦理问题。

然而，在实际的论文投稿过程中，我们还是会遇到伦理问题，关键问题在于我们并没有类似伦理道德审查机构可以提供意见。我也曾向清华大学计算机系学术委员会提问，计算机领域为什么没有像医学领域那样的伦理审查委员会，但实际上该问题非常复杂。

正是因为这个原因，我们也在考虑能否同清华大学法学院合作建立一个义务组织，对伦理问题进行探讨，同时能够为计算机系的师生提供一些法律方面的咨询意见。

值得探讨的是，即使学校有类似伦理审查委员会等的组织机构，它的意见能否真正被采纳？例如，2018 年有一篇被国际安全会议录用的论文，论文后补充了审稿人的意见，审稿人认为该研究存在伦理问题，但是研究人员所在学校的伦理审查委员会却认为这篇论文不存在该问题。

所以，当遇到类似情况时，例如法律专家认为有伦理问题，但是安全专家却持相反意见，两者存在矛盾的情况下，究竟应该怎么做？是否有一些变通的办法，能为研究人员提供相关参考，这也是一个值得探讨的问题。

第二篇

软件与系统安全

PalmTree：一种面向指令嵌入的汇编语言模型

屈　宇

本文根据论文原文 "PalmTree: Learning an Assembly Language Model for Instruction Embedding" 整理撰写。原文发表于 ACM CCS 2021。本文较原文有所删减，详细内容可参考原文。

↘ 一、介绍

近年来，有大量的研究工作将深度学习理论应用于各种二进制代码分析任务中，包括函数边界识别、二进制代码相似性检测、函数原型推断、值集分析（VSA）、恶意代码分析等任务。在上述任务中，深度学习展示出了显著优于传统程序分析和机器学习方法的效果。

当我们将深度学习应用于二进制代码分析时，需要回答的第一个问题是：应该将什么形式的输入数据送入深度神经网络模型中？总体来讲，存在 3 种选择：一是将原始字节流直接输入神经网络中（如 αDiff、DeepVSA、MalConv）；二是输入人工设计的特征（如 Gemini、Instruction2Vec）；三是使用如 word2vec 的某种表示学习方法，将每一个汇编指令自动映射为一个向量表征，然后再将该向量表征（或称嵌入）输入下游模型中。

和前两种选择相比，自动进行指令级别的表征学习是更有效的方法。这是由于其无须对特征进行人工设计，人工设计特征需要丰富的领域知识，过程枯燥且易出错；指令表征能够学习到高层次的特征而不仅仅是句法信息，并且能够对下游任务进行更好的支持。为学习汇编指令的表征，研究者们将二进制汇编代码视为自然语言文档，并使用自然语言处理中的算法（如 word2vec 和 PV-DM）将指令映射到向量空间中。

虽然近期在指令表征（或称指令嵌入）学习方面取得了令人瞩目的进展，但仍存在一些没有解决的问题，这些问题可能会严重影响指令嵌入的质量。这些问题具体如下。

首先，已有方法忽略了汇编指令内部的复杂结构。例如，在 x86 汇编代码中，操作数的个数可能从 0 到 3；1 个操作数可以是 1 个 CPU 寄存器、1 个内存地址表达式、1 个立即操作数等；一些指令也存在隐性操作数等。然而，已有的方法或者忽略上述结构信息，将整个指令视为自然语言中的 1 个词（如 InnerEye 和 EKLAVAYA）；或者仅仅考虑了简单的指令格式（如 Asm2Vec）。

其次，已有方法通常使用控制流图（CFG）来提取指令之间的上下文信息（如 Asm2Vec

和 InnerEye）。但是由于编译器优化的存在，控制流上的上下文信息可能存在噪声，因此无法反映指令之间真正的依赖关系。

另外，近年来，预训练的深度学习模型在计算机视觉和自然语言处理等领域得到了长足的发展。预训练的出发点是，随着深度学习的进展，模型的参数快速增加，因此需要大规模的数据集以充分训练模型参数并避免过拟合。大规模、无标注的语料库和自监督训练任务的预训练模型（PTMs）在自然语言处理等领域的使用得到了广泛的关注。自然语言处理领域代表性的深度预训练语言模型包括 BERT、GPT、RoBERTa 和 ALBERT 等。考虑到包括汇编语言在内的编程语言的"自然性"，预训练一个汇编语言模型将对不同的二进制代码分析任务具有重要且深远的意义。

为了解决指令表征学习中存在的问题，并刻画汇编指令的本质特征，在本文中，我们提出了面向通用指令表征学习的预训练的汇编语言模型，并称之为 PalmTree（Pre-trained Assembly Language Model for InsTRuction EmbEdding）。PalmTree 基于 BERT 模型，但使用了多个新设计的预训练任务，这些任务有效地利用了汇编语言的内在特点。PalmTree 使用了 3 个预训练任务以更好地描述汇编语言的特点，例如由编译器优化带来的指令重排序和长距离的数据依赖关系。这 3 个预训练任务工作于不同的粒度，以使 PalmTree 有效地描述汇编指令的内部格式、控制流依赖的上下文信息，以及指令间的数据依赖关系。

我们设计了一系列内部评估和外部评估，以系统性地评价 PalmTree 和其他指令嵌入模型。实验结果表明，和已有的模型相比，PalmTree 在内部评估中有最好的性能。在外部评估中，PalmTree 也优于其他指令嵌入模型，并显著地提升了下游应用的效果。实验结果表明，PalmTree 能够有效生成有助于不同下游二进制代码分析任务的高质量指令嵌入。

↘ 二、背景

在本节中，我们首先总结指令嵌入方面的已有方法及知识，接着讨论已有方法存在的问题。

1. 已有方法

（1）原始字节编码。指令嵌入最为基础的方法是将简单的编码规则应用于每个指令的原始字节，然后将编码后的指令输入深度神经网络模型中。其中的一种方法叫作独热编码（one-hot encoding），即将每字节转为一个 256 维的向量，其中一维为 1，其余各维均为 0。MalConv 和 DeepVSA 分别使用这种方法进行恶意代码分类和粗粒度的值集分析。

总体而言，此类方法较为简单和有效，因为其并不需要反汇编过程，而反汇编一般具有较高的复杂度。然而，其缺点是没有提供关于每个指令的语义层次的信息。例如，在分析过程中无法得知每一个指令的类型和相关的操作数。深度神经网络有可能学习到一些语义层次的信息，但是，深度神经网络很难完整地理解所有指令的语义信息。

（2）反汇编指令的手动编码。考虑到反汇编代码包含关于一个指令的更多语义信息，这种方法首先反汇编每个指令，其次对反汇编代码的特征进行编码。

和原始字节编码相比，此类方法能够描述关于指令操作符和操作数的更多信息。然而，此类方法无法包含每个指令的高层语义信息。例如，此类方法将每个操作符同等对待，因而此类方法无法描述如下情况：add 和 sub 均为算术操作，因此和 call 这一控制转移操作相比，前两者应更为相似。虽然可以通过人工设计对一些高层语义信息进行编码，但这一过程往往需要大量的领域专家知识，并且很难保证其正确性和完备性。

（3）基于深度学习的编码方法。受到近年来在其他领域（如自然语言处理）中表征学习的启发，此类方法自动对每一个指令生成包含高层次语义信息的表征。学习到的表征能够被任意的下游二进制代码分析任务使用，从而实现较高的准确度和可泛化性。

多项研究曾尝试使用 word2vec 来自动学习指令级别的表征（或称嵌入），并在代码相似性检测、函数原型推断等任务中应用。此类方法的主要思想是将每一个指令看作一个自然语言文档中的词，而将每一个函数看作一个文档。通过将 word2vec 算法（包括 Skip-gram 和 CBOW 模型）应用于反汇编代码，我们将能够得到每一个指令的数值化向量。

2. 已有方法存在的问题

虽然基于深度学习的编码方法在近年来取得了显著进展，但仍存在以下问题和挑战。

（1）复杂和多变的指令格式。汇编指令，特别是 CISC 架构下的汇编指令，通常具有多变的格式和较高的复杂性。图 1 给出了 x86 架构下的多个指令的例子。

```
1  ; memory operand with complex expression
2  mov [ebp+eax*4-0x2c], edx
3  ; three explicit operands, eflags as implicit operand
4  imul [edx], ebx, 100
5  ; prefix, two implicit memory operands
6  rep movsb
7  ; eflags as implicit input
8  jne 0x403a98
```

图 1

在 x86 架构中，一个指令可以有 0 ～ 3 个操作数。操作数可以是 CPU 寄存器、内存地址表达式、立即操作数等。一个内存操作数通过表达式 base + index × scale + displacement 进行计算。其中 base 和 index 是 CPU 寄存器，scale 是一个常数，displacement 可以是常数或字符，并且所有字段都是可选的。因此，指令的内存地址表达式存在很多变化，一些指令还存在隐式操作数。算术指令隐式地改变了 EFLAGS，而条件跳转指令将 EFLAGS 作为一个隐式的输入。

一个有效的指令级别的表征需要理解上述这些关于每个指令的细节信息。但是，已有的基于深度学习的编码方法并不能很好地处理上述复杂性。例如，被多项研究使用的 word2vec

将整个指令看成一个词，从而完全忽视了上述复杂的指令内部结构。

Asm2Vec 对指令内部进行了有限的分析，它认为一个指令由一个操作符和最多两个操作数组成。一个有复杂表达式的内存操作数被认为是一个词符（token），因此其无法理解内存地址的计算过程。同时，Asm2Vec 没有考虑其他的复杂性因素，如前缀、第三个操作数、隐式操作数、EFLAGS 等。

（2）存在噪声的指令上下文。指令上下文的定义为"在控制流图中目标指令之前和之后的少数指令"。上下文中的指令通常和目标指令存在一定的关系，因此能帮助我们推断目标指令的语义。

上述假设总体而言是成立的，然而，编译器优化往往会破坏这一假设，以最大化指令级别的并行化程度。编译器优化选项（如 GCC 中的 "-fschedule-insns" "-fmodulo-sched" "-fdelayed-branc"）为避免指令执行流水线中的阻塞，会将寄存器和内存地址的加载操作和其最后一次存储操作相远离。这种优化通过在操作之间插入无关的指令来实现。

以图 2 所示的代码段为例，第 10 行的 test 指令和其前后的 call 指令、mov 指令是没有关系的。test 指令将其结果存入 EFLAGS，因此被编译器提前到了 mov 指令之前，以使其远离第 14 行的 je 指令。而第 14 行的 je 指令将会加载第 10 行的 test 指令存入 EFLAGS 的结果。通过这一示例，我们可以得知，控制流图中的上下文关系可能会由于编译器优化而存在噪声。

```
1  ; prepare the third argument for function call
2  mov rdx, rbx
3  ; prepare the first argument for function call
4  mov rsi, rbp
5  ; prepare the second argument for function call
6  mov rdi, rax
7  ; call memcpy() function
8  call memcpy
9  ; test rbx register (this instruction is reordered)
10 test rbx, rbx
11 ; store the return value of memcpy() into rcx register
12 mov rcx, rax
13 ; conditional jump based on EFLAGS from test instruction
14 je  0x40adf0
```

图 2

↘ 三、PalmTree 模型设计

为应对在指令嵌入方面存在的问题和挑战，我们提出了 PalmTree 模型。PalmTree 是一种新的指令嵌入框架，其能够自动学习汇编代码的语言模型。PalmTree 基于 BERT 模型，并融合了以下重要的设计考虑。

（1）为了描述指令内部的复杂格式，我们使用了更细粒度的策略对汇编指令进行分解：

我们将每一个指令看作自然语言处理中的一个句子，并将其分解为基本的词符。

（2）为了训练深度神经网络以使其理解指令内部的结构，我们使用了近期在自然语言处理领域提出的训练任务：掩码语言模型（MLM）。该训练任务训练语言模型预测指令中被掩码的（即被隐藏的）词符。

（3）我们希望训练该语言模型，以使其捕捉到指令之间的关系。为此，我们设计了一个新的训练任务，该训练任务受到了 word2vec 和 Asm2Vec 的启发。在 Asm2Vec 中，其模型试图通过预测在控制流上的滑动窗口中的两个指令的共现性来学习指令的语言。我们将该训练任务称为上下文窗口预测（CWP），该任务类似于 BERT 模型中的下一句预测（NSP）。具体而言，如果两个指令 i 和 j 处于控制流的同一个滑动窗口中，并且 i 出现在 j 之前，我们称 i 和 j 有上下文关系。值得注意的是，和 NSP 相比，上述关系更为松弛。在 NSP 中，两个句子需要彼此紧邻。这样的设计选择是由于编译器优化的存在，指令可能被重排，因此紧邻的指令可能并没有语义上的相关性。

此外，和自然语言不同，指令的语义被清楚地记录在汇编语言中。例如，每个指令的源操作数和目的操作数都被清晰地表示。因此，指令之间的数据依赖（或定义使用）关系都被清晰地记录，而且不会被编译器优化干扰。基于这样的事实，我们设计了另一个训练任务，并称其为定义使用预测（DUP），以进一步提升我们的汇编语言模型。总体而言，在该训练任务中，我们训练语言模型来预测两个指令间是否存在定义使用关系。

图 3 展示了 PalmTree 模型的整体设计，其由 3 个模块组成：指令对采样（instruction pair sampling）、词符化（tokenization）和汇编语言模型。

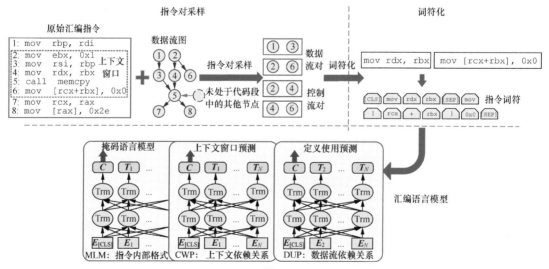

图 3

该系统中的主要模块，即汇编语言模型（assembly language model）基于 BERT 模型。在训练过程后，我们使用 BERT 模型的倒数第二层的隐藏状态（hidden states）的均值池化（mean pooling）作为指令嵌入的结果。指令对采样模块主要负责从二进制代码中基于控制流和数据流关系采样指令对。

在词符化模块中，指令对被分割为词符。词符包括操作符、寄存器、立即数、字符串和符号等。特殊的词符如字符串和内存偏移量，将在这一模块中被编码和压缩。之后，我们使用本节提及的 3 个训练任务来训练 BERT 模型：MLM、CWP 和 DUP。在模型被训练之后，我们使用训练后的语言模型生成指令嵌入。总体来说，词符化策略和 MLM 有助于我们应对复杂多变的指令格式，而 CWP 和 DUP 有助于我们应对存在噪声的指令上下文。

在本文的后续部分，我们将对 PalmTree 和已有的指令嵌入模型进行评估。为了更好地评估 3 个训练任务对 PalmTree 的贡献，我们提供了 3 种 PalmTree 的模型设置。

- PalmTree-M：仅使用 MLM 训练的 PalmTree 模型。
- PalmTree-MC：使用 MLM 和 CWP 训练的 PalmTree 模型。
- PalmTree：使用 MLM、CWP 和 DUP 训练的完整 PalmTree 模型。

四、模型评估

在本文中，我们设计了一个完备的评估框架，以系统性地评价 PalmTree 和其他的指令嵌入基线方法。评估可以分为两大类：内部评估和外部评估。

1. 内部评估

（1）离群点检测。在此项内部评估中，我们随机构造一个指令集合，其中有一个指令为离群点。也就是说，这个指令和集合中的其他指令有显著不同。为了检测该离群点，我们计算集合中任意两个指令的向量表示的余弦距离，并选出和其他指令距离最远的指令。我们设计了两组离群点检测实验，其中一组是针对操作符的离群点检测，另一组是针对操作数的离群点检测。

基于 x86 汇编语言参考手册，我们将指令根据其操作符分为 12 类。我们构造了 50 000 个指令集合，每个指令集合包括了 4 个来自同一类操作符的指令和 1 个来自其他类的指令。类似地，我们也根据操作数对指令进行了分类。总体而言，我们根据操作数个数和操作数类型对操作数列表进行分类。我们创建了涵盖 10 类的 50 000 个指令集合，在每一个集合中，4 个指令来自同一类，1 个指令来自其他类。离群点检测内部评估的实验结果如表 1 所示。

表1

模型	操作符 离群点检测		操作数 离群点检测		基本块 相似度搜索
	准确率	标准差	准确率	标准差	AUC
Instruction2Vec	0.863	0.052 9	0.860	0.036 3	0.871
word2vec	0.269	0.086 3	0.256	0.087 4	0.842
Asm2Vec	0.865	0.042 6	0.542	0.023 8	0.894
PalmTree-M	0.855	0.033 3	0.785	0.065 6	0.910
PalmTree-MC	0.870	0.044 9	0.808	0.043 5	0.913
PalmTree	**0.871**	0.044 0	**0.944**	0.034 3	**0.922**

表 1 的第一列和第二列分别展示了操作符离群点检测和操作数离群点检测的准确率及其标准差。我们可以得到如下结论。

　□ word2vec 在两项实验中均表现较差,这是由于其没有考虑指令的内部结构。

　□ 作为一种人工设计的指令嵌入方法,Instruction2Vec 在两项实验中均有较好的表现,因为其的确考虑到了不同的操作符和操作数种类。

　□ Asm2Vec 在操作符离群点检测中的表现略优于 Instruction2Vec,但是在操作数离群点检测的表现远差于 Instruction2Vec,这是由于其对操作数的建模没有达到足够细的粒度。

　□ 尽管 PalmTree-M 和 PalmTree-MC 并没有显著地优于 Asm2Vec 和 Instruction2Vec,但 PalmTree 在两项实验中均取得了最好的结果,证明这一自动学习到的表征能够有效地区分操作符和操作数间的语义差别。

　□ 3 个预训练任务均对 PalmTree 的最终性能有所贡献。特别地,预训练任务 DUP 在两个模型中均显著提升了模型的准确率,说明定义使用的确有助于语言模型的训练。

（2）基本块相似性搜索。在此项内部评估中,我们通过对其内部的指令嵌入进行平均,计算每一个基本块(即 1 个仅有 1 个入口和 1 个出口的指令序列)的嵌入。给定 1 个基本块,我们通过计算两个基本块嵌入的余弦距离来寻找和其语义等价的基本块。我们使用 openssl-1.1.0h 和 glibc-2.29 作为测试集(这两个项目没有包括在我们的训练集中)。我们使用 O1,O2 和 O3 优化等级对上述两个项目进行编译。Instruction2Vec、word2vec、Asm2Vec 和 PalmTree 在基本块相似度搜索中的 ROC 曲线如图 4 所示。

表 1 的第三列给出了每一种嵌入模型的 AUC 评分。基于以上结果,我们有如下观察。

　□ word2vec 的表现依然最差。

　□ 人工设计的嵌入模型 Instruction2Vec 的表现优于 word2vec。

- Asm2Vec 有相当好的表现，但是依然比 PalmTree 的 3 种配置要差。
- 和其他基线方法相比，3 种配置的 PalmTree 有更好的 AUC 得分，同时，随着预训练任务的增加，PalmTree 的性能也越来越好。

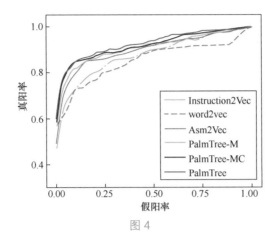

图 4

结论：PalmTree 在所有的内部评估中均有最好的表现，说明其自动学习到了汇编语言的语义；在不同的配置之间性能的增加，也展示了每种预训练任务都对模型的最终表现有着积极的贡献。

2. 外部评估

外部评估反映了指令嵌入模型能够被下游机器学习算法在一个或多个任务中使用的能力。我们选择在二进制代码分析领域的 3 个下游任务，分别是二进制代码相似性检测、函数原型推断和值集分析。

（1）二进制代码相似性检测。Gemini 是一个基于神经网络的跨平台二进制代码相似性检测模型。该模型基于 Structure2Vec，并且将属性控制流图（ACFG）作为输入。在每一个 ACFG 中，一个节点表示一个基本块的由人工构造规则形成的特征向量。

在本实验中，我们测试当使用 Intruction2Vec、word2vec、Asm2Vec 和 PalmTree 分别作为输入时 Gemini 的表现。此外，我们使用独热向量加嵌入层作为另一个基线方法。该嵌入层将参与 Gemini 的训练。图 5 展示了我们如何将不同的指令嵌入模型应用于 Gemini。在实验中，我们也将 Gemini 原有的基本块特征作为另一个基线模型。

为真正评估 Gemini 模型在不同输入下的可泛化性，我们将被 Clang 编译的 binutils-2.26、binutils-2.30，以及 coreutils-8.30 作为训练集（包含 237 个二进制文件），而将被 GCC 编译的 openssl-1.1.0h、openssl-1.0.1 和 glibc-2.29.1 作为训练集（共包含 14 个二进制文件），也就是说测试集、训练集、编译器均不相同。表 2 展示了当不同模型被用来生成其输入时 Gemini 的 AUC 评分。

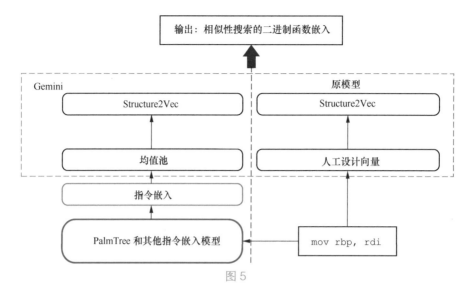

图 5

表 2

模型	AUC	模型	AUC
one-hot	0.745	Gemini	0.866
Instruction2Vec	0.738	PalmTree-M	0.864
word2vec	0.826	PalmTree-MC	0.866
Asm2Vec	0.823	PalmTree	**0.921**

基于表 2，我们有如下观察。

⊔ 人工设计的嵌入模型 Instruction2Vec 和独热向量的表现均较差，说明人工设计和选择的
特征可能并不适用于一些下游任务（如 Gemini）。

⊔ 虽然测试集和训练集完全不相同，但 PalmTree 依然具有较好的表现，并且优于其他模
型，这一结果说明 PalmTree 可以有效地提升下游任务的可泛化性。

⊔ 所有的 3 个预训练任务均对 PalmTree 在 Gemini 中的最终表现所有贡献。然而，
PalmTree-M 和 PalmTree-MC 并没有显著优于其他基线模型，这说明在该下游任务中，
只有基于所有 3 个预训练任务的完整的 PalmTree 模型才能够产生比基线模型更好的嵌
入结果。

（2）函数类型签名推断。函数类型签名推断是一项推断函数的参数个数及参数原始类型
的任务。为了评估指令嵌入在该任务中的质量，我们选择了由 Chua 等人提出的 EKLAVYA
模型。该模型基于 1 个多层 GRU 网络并使用 word2vec 作为指令嵌入的方法。依据原论文，
word2vec 是在整个训练集上预训练得到的。然后，论文作者使用了 1 个 GRU 网络来推断函数
类型签名。

在此项评估中，我们使用EKLAVYA作为下游任务来评估不同类型的嵌入的性能，如图6所示。

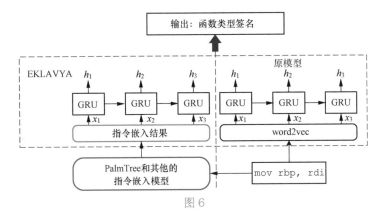

图 6

我们将原 EKLAVYA 模型中的 word2vec 分别替换为独热编码、Instruction2Vec、Asm2Vec、PalmTree-M、PalmTree-MC 和 PalmTree。类似地，为评估下游模型的可泛化性，我们使用了完全不同的训练集和测试集（分别和 Gemini 实验中使用的训练集和测试集相同）。EKLAVYA 实验的准确率和标准差结果如表 3 所示。

表3

模型	准确率	标准差
one-hot	0.309	0.033 8
Instruction2Vec	0.311	0.040 7
word2vec	0.856	0.088 4
Asm2Vec	0.904	0.068 6
PalmTree-M	0.929	0.055 4
PalmTree-MC	0.943	0.047 6
PalmTree	**0.946**	0.047 5

从表 3 我们有如下观察。

- PalmTree 和 Asm2Vec 能够实现比原 EKLAVYA 模型中 word2vec 更高的准确率。
- PalmTree 在测试集上具有最好的准确率，说明了当 EKLAVYA 使用 PalmTree 作为指令嵌入模块时具有最好的可泛化性。此外，CWP（和 PalmTree-MC 相对应）对模型的提升具有更多的贡献，这说明了控制流信息在 EKLAVYA 中起到了更重要的作用。
- 在此项评估中 Instruction2Vec 表现得很差，说明了如果不能恰当进行设计，人工特征构造将会对下游模型产生负面影响。
- 独热编码的结果较差表明，一个好的指令嵌入模型的确是非常必要的。至少在此项任务中，很难仅依靠深度神经网络通过端到端训练学习到指令语义。

（3）值集分析。DeepVSA 使用一个层次化的 LSTM 网络进行粗粒度的值集分析，即将内存访问分为全局、堆、栈和其他区域。其将指令的原始字节流作为输入送入一个多层 LSTM 网络来生成指令嵌入，然后再将所生成的指令表征送入另一个多层双向 LSTM 网络中，希望通过该网络提取指令之间的依赖关系，并最终预测内存访问区域。

在我们的实验中，我们使用不同的指令嵌入来替换 DeepVSA 中已有的指令嵌入生成模型。我们使用了 DeepVSA 原有的测试和训练数据集，并比较不同嵌入的预测精度。由于原有的数据集仅包含原始字节，因此我们首先对这些字节进行了反汇编。我们在 LSTM 网络之前增加了一个嵌入层以进一步调整指令嵌入，如图 7 所示。

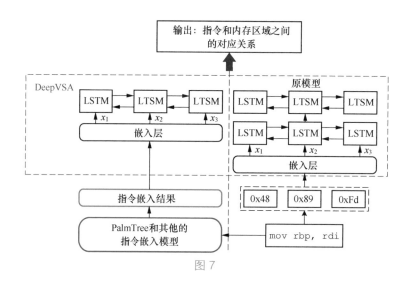

图 7

表 4 列出了 DeepVSA 的实验结果。我们使用准确率（P）、召回率（R）和 F1 值来度量模型的表现。

表4

模型	全局			堆			栈			其他		
	P	R	F1	P	R	F1	P	R	F1	P	R	F1
one-hot	0.453	0.670	0.540	0.507	**0.716**	0.594	0.959	0.866	0.910	0.953	0.965	0.959
Instruction2Vec	0.595	0.726	0.654	0.512	0.633	0.566	0.932	0.898	0.914	0.948	0.946	0.947
word2vec	0.147	0.535	0.230	0.435	0.595	0.503	0.802	0.420	0.776	0.889	0.863	0.876
Asm2Vec	0.482	0.557	0.517	0.410	0.320	0.359	0.928	0.894	0.911	0.933	0.964	0.948
DeepVSA	**0.961**	0.738	0.835	0.589	0.580	0.584	0.974	0.917	0.944	0.943	0.976	0.959
PalmTree-M	0.845	0.732	0.784	0.572	0.625	0.597	0.963	0.909	0.935	0.956	0.969	0.962

续表

模型	全局			堆			栈			其他		
	P	R	F1	P	R	F1	P	R	F1	P	R	F1
PalmTree-MC	0.910	0.755	0.825	**0.758**	0.675	0.714	0.965	0.897	0.929	0.958	**0.988**	**0.972**
PalmTree	0.912	**0.805**	**0.855**	0.755	0.678	**0.714**	**0.974**	**0.929**	**0.950**	**0.959**	0.983	0.971

图 8 展示了 DeepVSA 在训练过程中的损失函数变化情况。

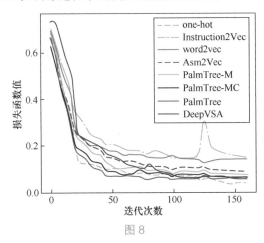

图 8

基于以上结果，我们有如下的观察。

- 在全局和堆区域预测中，PalmTree 显著优于原 DeepVSA 及其他的基线方法。在栈和其他区域的预测中略优于其他的方法。
- PalmTree 的 3 个预训练任务确实都对最终结果产生了贡献，这说明 PalmTree 的确捕捉到了指令之间的数据流信息。相比之下，其他的指令嵌入模型并不能很好地捕捉定义使用信息。
- 和原 DeepVSA 相比，PalmTree 的收敛速度更快（如图 8 所示），这说明指令嵌入模型的确能够加速下游任务的训练过程。

结论：在所有的外部评估中，PalmTree 均显著优于其他的指令嵌入模型；通过提供高质量的指令嵌入，PalmTree 能够提升下游模型的训练速度和表现；相比之下，word2vec 和 Instruction2Vec 在所有的 3 个下游任务中的表现均较差，说明质量较差的指令嵌入反而会损害下游模型的整体表现。

五、总结

在本文中，我们总结了在指令表征学习方面尚未解决的问题和面对的挑战。为解决存在的问题,并描述汇编语言指令的本质特点,我们提出了一个预训练的汇编语言模型并称之为 PalmTree。

PalmTree 可以通过自监督的训练任务在大规模、无标注的二进制语料库上进行预训练。 PalmTree 基于 BERT 模型,但使用了新设计的、能够捕捉汇编语言内在特点的预训练任务。 具体而言,我们提出使用 3 个预训练任务来训练 PalmTree:MLM、CWP 和 DUP。我们设计 了一系列的内部和外部评估,以系统性地评价 PalmTree 和其他指令嵌入模型。实验结果表明, 和已有模型相比,PalmTree 在内部评估中有最好的表现。而在使用多个下游任务的外部评估 中,PalmTree 显著优于其他基线模型,并且能够显著提升下游应用的效果。因此可以得出结 论:PalmTree 能够产生高质量的指令嵌入,其生成的指令嵌入对不同下游二进制代码分析任务 均有提升作用。

↘ 作者简介

屈宇,加州大学河滨分校尹恒教授组博士后。他的研究方向为软件安全、机器学习及深 度学习理论在软件工程中的应用。屈宇博士在 ACM CCS、ICSE、ASE、TSE 等国际知名网络 安全及软件工程会议及期刊上发表论文近 30 篇,参与多项国家自然科学基金及美国国家科学 基金项目。作为主要完成人,他曾获 2017 年国家科技进步二等奖、2016 年教育部科技进步一 等奖。

CROSSLINE 攻击：打破 AMD 安全加密虚拟化的 "通过崩溃实现安全"的内存壁垒

李梦源　张殷乾　林志强

随着大家对数据安全性重视程度的提升，云平台的数据安全性获得了工业界广泛的关注。AMD 安全加密虚拟化（secure encrypted virtualization，SEV）技术就是 AMD 在服务器级可信计算领域给出的答案。AMD 安全加密虚拟化技术旨在保护云平台上的虚拟机中的数据安全并抵挡来自其他恶意用户甚至恶意虚拟机管理器的攻击。不同于 Intel Software Guard Extension（SGX）针对单个应用程序并且需要对源代码进行重构，AMD 安全加密虚拟化技术通过在处理器芯片集成系统中内嵌的安全处理器（secure processor）和内存加密引擎（memory encryption engine）对整个虚拟机的内存实现实时加密，从而部署者只需要在内核层面适配 AMD 安全加密虚拟化技术而不需要重新撰写和编译应用程序的源代码。

AMD 安全加密虚拟化技术因为其广泛的应用场景和对部署者友好的使用模式，自 2016 年在 Zen 架构下的 AMD EPYC（霄龙）服务器级处理器首次推出之后，主流云公司就逐渐开始在商用云上部署 AMD 安全加密虚拟化技术了。其中谷歌云和微软云已经率先开始提供基于 AMD 安全加密虚拟化技术的商用可信虚拟机，百度云、阿里云、亚马逊云和思科也在近几年开始部署 AMD 霄龙处理器，并可能在未来正式提供商用可信虚拟机的服务。

与此同时，学术界也对 AMD 安全虚拟化技术的安全保证进行了深入的探索。研究表明，AMD 安全加密虚拟化技术虽然使用便捷，但面临着可信计算基（trusted computing base）过大带来的种种威胁。其中未被加密的虚拟机控制单元（virtual machine control block）、未经保护的虚拟机页表、未经保护的 I/O 接口等弱点均威胁了受 AMD 安全加密虚拟化技术保护的虚拟机中的数据安全。在这样的背景下，AMD 于 2017 年及 2020 年推出了安全加密虚拟化的第二代和第三代扩展，分别叫作 SEV Encrypted States（SEV-ES）和 SEV Secure Nested Paging（SEV-SNP）。其中 SEV-ES 解决了未被加密的虚拟机控制单元和密文篡改的威胁，而 SEV-SNP 在 Zen3 架构下进一步增强了虚拟机管理器和虚拟机之间的数据隔离。

本文介绍了俄亥俄州立大学的博士生李梦源、南方科技大学的张殷乾教授，以及俄亥俄州立大学的林志强教授合作发表在 ACM CCS 2021 的文章 "CrossLine-Breaking "Security-by-Crash" based Memory Isolation in AMD SEV."。在这篇文章中，作者探究了 AMD 安全加密虚拟化技术中采用的"通过崩溃实现安全"的设计理念，并提出了一种基于未经授权的密钥使用的 CROSSLINE 攻击。通过 CROSSLINE 攻击，攻击者能将攻击者控制的攻击者虚拟机（attacker VM）伪装成受害者虚拟机（victim VM），进而以欺骗安全处理器和内存加密引擎的方式来利用受害者虚拟机的密钥进行一系列加解密操作，并在攻击者虚拟机崩溃之前泄露部分受害者虚拟机的内存信息。值得注意的是，以往的攻击需要依赖于虚拟机和虚拟机管理器之间的 I/O 交互并且存在被虚拟机使用者发现的可能性，而 CROSSLINE 攻击利用了不安全的"通过崩溃实现安全"的内存壁垒的设计理念，实现了理论上不可能被虚拟机使用者侦测到的完全隐秘的攻击。

一、虚拟机"身份证"及相关设计理念

作者首先介绍了 AMD 安全加密虚拟化技术中设计的虚拟机的"身份证"和基于此采用的"通过崩溃实现安全"的设计理念。

在虚拟机的运行过程中，软件层面的虚拟机管理器以及硬件层面的安全处理器都使用 ASID 作为虚拟机的标识符。ASID 由软件层面的虚拟机管理器来管理并分发，同时 ASID 又作为虚拟机的标识符，被硬件用来提供虚拟机 - 虚拟机和虚拟机 - 虚拟机管理器的数据机密性隔离，如图 1 所示。

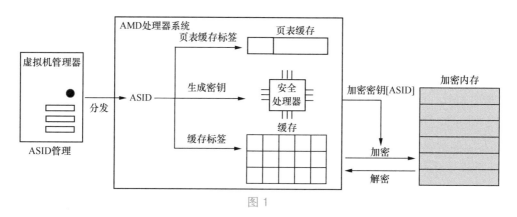

图 1

具体地讲，ASID 在运行过程中存储在软件层面无法直接修改的寄存器中，而在从虚拟机到虚拟机管理器世界切换（world switch）的时候，虚拟机的 ASID 将被存储在未经加密的虚拟机控制单元中。而在虚拟机运行的过程中，ASID 将从内存、页表缓存、缓存这 3 个方面帮助受 AMD 安全加密虚拟化技术保护的虚拟机实现数据隔离。

（1）基于 ASID 的内存隔离。受安全加密虚拟化技术保护的虚拟机存储在内存中的数据是由其对应的虚拟机加密密钥加密过的密文。所有虚拟机加密密钥均由安全处理器存储和调用，

在内存自动加解密的过程中，安全处理器通过当前 ASID 的值来调用相应的虚拟机加密密钥。通过这样的方式，ASID 帮助虚拟机实现内存中的数据机密性隔离。

（2）基于 ASID 的页表缓存隔离。为了避免在虚拟机退出事件和虚拟机执行时清空所有的页表缓存，AMD 在页表缓存的标签区域中加入了 ASID 标签。通过这样的设计，在虚拟机或者虚拟机管理器运行的时候，虽然页表缓存可能存在不属于自己的页表条目，但是由于 ASID 标签的存在，将不会出现错误使用他方页表条目的情况，进而实现页表缓存的隔离。

（3）基于 ASID 的缓存隔离。与页表缓存类似，AMD 在处理器缓存的标签区域也同样加入了 ASID 标签。由于安全加密虚拟化的设计，在处理器缓存中存储的是未经加密的明文，而 ASID 标签的设计将帮助提供处理器缓存之间数据的机密性隔离。值得注意的是，硬件将不会维护同一物理地址但是不同 ASID 标签的处理器缓存行之间的一致性。

由于在实际的云平台中，需要动态地创建和删除虚拟机，AMD 安全加密虚拟化将 ASID 的管理和分发赋予软件层面的虚拟机管理器。考虑到 AMD 安全加密虚拟化的设计中，虚拟机管理器不会拒绝服务但是本身并不可信，AMD 依赖于"通过崩溃实现安全"的设计理念，来确保虚拟机管理器不会恶意地分发或者修改 ASID。AMD 安全加密虚拟化的白皮书指出，如果虚拟机管理器在虚拟机退出事件发生时修改虚拟机的 ASID，将大概率导致虚拟机立刻崩溃，而虚拟机管理器将不会得到任何有用的信息。

二、虚拟机崩溃原因分析及 CROSSLINE 攻击

作者接着探究了在篡改虚拟机 ASID 之后，虚拟机立刻崩溃的原因，并在此基础上提出了 CROSSLINE 攻击。在攻击者于虚拟机退出事件发生时篡改虚拟机的 ASID 之后，硬件将在下一个虚拟机执行事件发生时，从虚拟机控制单元中读取 ASID 并写入 ASID 寄存器中，同时虚拟机将开始尝试从退出事件发生的断点继续执行。由于 ASID 的改变，之前存储在页表缓存、处理器缓存中的数据将无法被读取，因此虚拟机将尝试通过读取页表的方式来尝试寻找并执行下一个指令。其中，由于虚拟机中嵌套页表的结构设计（如图 2 所示），虚拟机将首先找到 gCR3（guest CR3）寄存器中存储的最高层页表的虚拟机物理地址（gPA），然后由硬件在嵌套页表中找到对应的系统物理地址（sPA）。在定位到顶层页表的系统物理地址之后，硬件会通过下一条指令的逻辑地址在当前内存页中找到对应偏移量的页表条目并尝试读取下一层页表的虚拟机物理地址。但是虚拟机内存中存储的页表是由被篡改前的 ASID 对应的虚拟机加密密钥加密之后的密文，而在虚拟机读取页表的过程中，安全处理器将使用被篡改后的 ASID 对应的密钥进行解密，这将获得没有意义的内容。虚拟机将尝试去处理该异常，但是错误的加密密钥将使得虚拟机无法正常执行任何指令，最终产生 3 次错误带来虚拟机的崩溃。

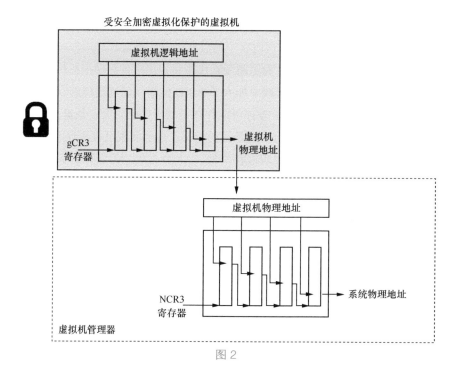

图 2

　　CROSSLINE 攻击首先创建一个攻击者控制的攻击者虚拟机，之后将攻击者虚拟机的 ASID 篡改成受害者虚拟机的 ASID。同时，精细地修改嵌套页表和存储在虚拟机控制单元的寄存器。通过这样的方式，攻击者将在攻击者虚拟机崩溃前实现短暂执行，这将帮助攻击者获取或者篡改受害者虚拟机中的数据。假设受害者虚拟机的 ASID 是 1，攻击者虚拟机的 ASID 是 2，攻击者尝试解密在内存中系统物理地址是 sPA_0 的 8 字节内存单元，其所在的页帧号是 sPN_0，攻击的具体流程如图 3 所示。

　　（1）在一次攻击者虚拟机触发虚拟机退出事件的时候，攻击者首先清除属于攻击者虚拟机嵌套页表上的所有 P bit 来持续性地监视虚拟机的运行，如图 3 中①所示。在 P bit 缺失的情况下，攻击者虚拟机在第一次访问某个内存页的时候，将触发一个嵌套页表的缺页异常。

　　（2）攻击者接着在嵌套页表中将攻击者虚拟机最顶层的页表映射到 sPN_0，具体的实现方式是在嵌套页表中将存储在虚拟机控制单元中的 gCR3 寄存器的虚拟机物理地址重新映射到 sPN_0，如图 3 中②所示。

　　（3）攻击者将存储在虚拟机控制单元的攻击者虚拟机的 ASID 改写成受害者虚拟机的 ASID（由 2 改写成 1），如图 3 中③所示。

　　（4）攻击者通过改写 NRIP 寄存器中存储的下一条指令的逻辑地址来确定需要解密的内存单元在内存页中的偏移。虚拟机将尝试以 sPN_0 为起始来读取页表映射。而在多级页表中，由逻辑地址来确定页表条目在页表中的偏移。通过修改 NRIP 寄存器中存储的指令的逻辑地址，虚拟机将尝试从 sPA$_0$ 的 8 字节内存单元中读取下一层页表的物理地址。攻击者通过图 4 所示的算法来确定 NRIP 寄存器需要修改为什么值，并以此精准定位需要解密的内存单元。

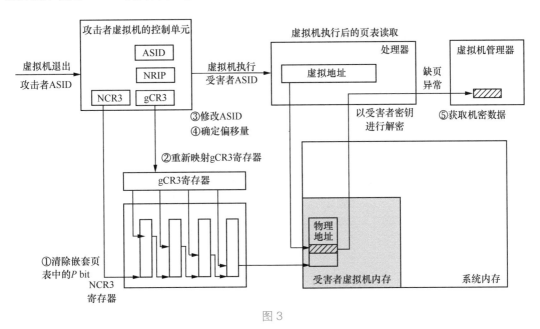

图 3

```
算法1：如何在解密一个页表时确定对应NRIP的值
(4 096字节)

初始化；
while解密一个页表do
    解密一个系统物理地址为sPA0的8字节内存单元；
    ifsPA0 % 0x1000<0x800 then
        NRIP=0x8000000000*(sPA0%0x1000/0x8);
    else
        NRIP=0xffff000000000000+0x8000000000*(sPA0%0x1000/0x8);
    end
end
```

图 4

（5）在完成以上修改之后，攻击者将能在虚拟机尝试执行之后，通过嵌套页表的缺页异常来获取需要解密的内存单元存储的数据。在攻击者虚拟机的下一次虚拟机执行之后，攻击者虚拟机将尝试使用受害者虚拟机的密钥来获得下一条指令。具体来说，硬件在从虚拟机存储单元中读取顶层页表的物理地址之后，将尝试从 sPA$_0$ 的内存单元中读取第二层页表的物理地址。硬件会自动对 sPA$_0$ 的内存单元进行解密，而如果解密出来的数据满足页表条目的格式，虚拟机将自动尝试访问第二层页表的内存页。但是由于攻击者在（1）中已经清除所有内存页的 P bit，一个指向 sPA_0 存储数据的嵌套页表的缺页异常将被触发，攻击者也将从该缺页异常中获得 sPA_0 存储的数据。

通过以上的攻击步骤，CROSSLINE 攻击将获取内存中满足图 5 所示的类似页表条目格式的内存数据。这将帮助攻击者读取受害者虚拟机的页表内容，破解其地址空间配置随机化和辨识虚拟机内部运行的程序。

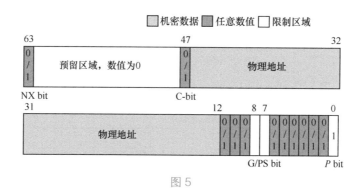

图 5

作者将上述攻击命名为 CROSSLINE V1，并进一步提出了 CROSSLINE V2。CROSSLINE V2 将通过使攻击者虚拟机执行一条指令的方式来读写受害者虚拟机中的任意数据。与 CROSSLINE V1 类似，攻击者通过将攻击者虚拟机的 ASID 篡改成受害者虚拟机的 ASID 并精细修改嵌套页表和存储在虚拟机控制单元的寄存器的方式，在攻击者虚拟机崩溃前实现短暂执行。与 CROSSLINE V1 着眼于读取页表的过程不同的是，在 CROSSLINE V2 中，攻击者将让攻击者虚拟机完成对指令的读取并完整地执行一条指令。我们假设攻击者想要执行的指令的逻辑地址是 gVA0，对应的 gCR3 的值是 $gCR3_0$。攻击者通过以下步骤来让攻击者虚拟机执行一条受害者虚拟机的指令。

（1）在一次攻击者虚拟机触发虚拟机退出事件的时候，攻击者首先清除嵌套页表上所有的 P bit。同时攻击者需要在攻击者虚拟机的嵌套页表中修改 5 个页表映射（包含 4 个针对虚拟机页表的映射和 1 个针对指令内存页的映射）。这 5 个页表映射将帮助攻击者虚拟机完成读取页表的过程并最终定位到指令内存页。

（2）攻击者同时将 NRIP 寄存器中存储的下一条指令的逻辑地址更改为 gVA0。同时攻击者需要清除存储的 RFLAGs 寄存器中的 IF 位来确保在虚拟机执行后，攻击者虚拟机将直接执行 NRIP 寄存器指向的下一条指令。

（3）攻击者最后将存储在虚拟机控制单元的攻击者虚拟机的 ASID 改写成受害者虚拟机的 ASID（由 2 改写成 1）。

而攻击者选择一些特殊指令执行能帮助其建立起使用受害者虚拟机密钥的解密器和加密

器。其中如果指令的格式类似于“mov (%reg1)，%reg2”，那么攻击者将读取 reg1 寄存器指向的内存单元的值，并将其解密至 reg2 代表的寄存器中；如果指令的格式类似于“mov %reg1，(%reg2)”，那么攻击者将加密 reg1 寄存器存储的值，并将其写入 reg2 指向的内存单元。作者在文中以 OpenSSH 服务器为例，具体介绍了如何在常用的应用程序中定位类似指令，并读取或写入受害者虚拟机任意内存单元。

作者在 AMD 安全加密虚拟化的第二代扩展 SEV-ES 上复现了 CROSSLINE V1 的攻击并讨论了 CROSSLINE 攻击在 AMD 安全加密虚拟化的第三代扩展 SEV-SNP 的局限性。作者将不安全地“通过崩溃实现安全”的设计；缺少对于虚拟机运行错误的记录，使得攻击者虚拟机可以任意且重复地利用虚拟机控制单元；在 SEV-ES 中对于虚拟机存储区域缺少所有权的记录，使得攻击者虚拟机可以使用受害者虚拟机的存储区域的问题，以及 CROSSLINE 攻击报告给了 AMD。AMD 公司表示了对于相应问题的重视，并表示可能在未来的版本中以其他方式进一步提升虚拟机间数据隔离。

↘ 作者简介

李梦源，俄亥俄州立大学博士研究生，博士生导师是张殷乾教授。他的主要研究方向包括可信计算、云计算、基于硬件的内存加密和侧信道攻击。他在 USENIX Security, ACM CCS 等信息安全顶级会议及期刊发表过相关论文。

张殷乾，南方科技大学计算机科学与工程系教授。他的研究领域为体系结构安全、软件和系统安全、分布式系统和应用安全、安全与人工智能、安全系统的形式化验证等，研究目标为解决云计算、物联网、区块链等关键领域的可信与安全问题，为数据隐私、智能终端、金融科技、车载系统等应用场景提供技术支持。他曾获奖项包括 2020 年的 AMiner 最具影响力的安全和隐私学者提名；2019 年的北美计算机华人学者协会明日之星奖；2019 年的 IEEE MICRO Top Picks 提名；2019 年的 IEEE 计算机体系结构快报最佳论文；2018 年的美国国家科学基金青年科学家奖。

林志强，俄亥俄州立大学计算机科学与工程系教授。他的研究领域为可信计算、系统和软件安全，主要的研究目标包括开发自动化程序分析和逆向工程技术，并将其用于保护包括移动应用程序在内的程序安全、包括操作系统内核和虚拟机管理器在内的底层系统安全。他曾获奖项包括 NSF 职业奖和 AFOSR 青年研究员奖。林志强教授同时还是数据及转化分析研究所（TDAI）、汽车研究中心（CAR）和最近在俄亥俄州立大学成立的网络安全和数字信任研究所（ICDT）的教员。

微服务间访问控制策略的自动生成

李　星

本文根据论文原文"Automatic Policy Generation for Inter-Service Access Control of Micro-services."整理撰写。原文发表于 USENIX Security 2021，作者在完成论文工作时为浙江大学在读博士生。本文较原文有所删减，详细内容可参考原文或作者的博士学位论文。

↘ 一、研究背景

随着云计算技术的发展，云应用的架构也在不停地演进，云应用架构的演进如图 1 所示。起初，云应用采用传统的单体架构，所有模块被作为一个整体打包并部署在云端，用户无须在本地部署程序，便可以通过浏览器和网络访问云服务。那时云应用程序的结构相对简单，这种单体架构十分高效。但随着云应用的复杂性逐步增加，这一架构变得十分不灵活：修改单个模块的代码需要重新测试、重新打包和重新部署整个应用；当需要对系统瓶颈进行弹性伸缩时，需要伸缩整个应用程序，包括那些目前压力并不大的模块。

因此，为了灵活地开发和维护复杂的云应用程序，微服务架构出现了。它将一个庞大的云应用程序沿业务边界拆分为多个微服务，它们运行在不同的物理机、虚拟机或容器上，每个微服务都可以被独立地开发、部署、升级和伸缩，这极大地提高了软件开发和维护的灵活性。然而，随着微服务数目的增加，服务间通信的复杂性增长迅速，服务变得极难管理。为了解决这一问题，服务网格出现了，它作为一个专用的基础设施层增强了微服务架构。它使用边车代理管理微服务之间的全部网络流量，并在服务间通信中透明地加入了访问控制、流量管理、监控追踪等一系列通用功能。得益于此，微服务应用的业务逻辑和对服务间通信的管理分离开来，研发人员可以全心专注于业务逻辑的开发，极大地提升了微服务的开发效率。

微服务的生命周期非常灵活，使用了持续集成 / 持续部署（CI/CD）的理念，通过一系列自动化工具构建了一个能够自动测试、打包和部署服务的管道，实现了高效的程序构建和发布。为了防止服务中断，在实际应用中，微服务通常采用一种渐进式的更新方式。管理员首先在系统中部署新版本的微服务，然后，把一部分业务流量导入新版本。当确认新版本的微服务工作正常后，所有的流量将逐渐被迁移到新版本，旧版本随之下线。如果新版本微服务出现了异常，也会用同样方式回滚到旧版本。

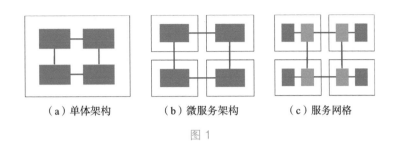

（a）单体架构　　　　（b）微服务架构　　　　（c）服务网格

图 1

目前，微服务在产业界获得了广泛应用，2018 年的一项调研显示，有 91% 的公司正在使用或计划使用微服务架构，Kubernetes 和 Istio 是最流行的基础设施平台。

二、研究动机

这种分布式的软件组织方式带来了新的安全问题。在微服务架构下，各个服务相对独立，与传统单体应用的各模块通过本地调用进行通信相比，微服务通过网络 API 调用进行交流，这就带来了潜在的攻击面。2018 年的一项研究显示，超过 92% 的容器镜像中包含未被修补的软件漏洞，说明部署在生产环境中的容器存在被渗透的可能。

一旦有微服务被渗透，它可以通过向其他微服务发送恶意请求来窃取信息或发起攻击，因为微服务通过服务间合作共同完成业务流程，这种相互间的天然信任使整个应用非常容易因为单个或少量被渗透的微服务实例而受损。

一个典型微服务应用的架构及微服务越权攻击示例如图 2 所示。正常情况下，用户可以通过前端服务访问后端服务，进而访问数据库并记录日志。但是，一旦日志服务被渗透，它可能直接向数据库服务发送请求，从而获取保存在其中的敏感信息。因为攻击者位于服务内，仅通过身份认证和信道加密是无法防御这种攻击的。

对于此类攻击，当前的解决方案是在微服务间进行细粒度的访问控制。通过访问控制策略，管理员可以指定各个微服务的权限，从而约束微服务的行为，防止恶意服务对敏感资源的非法访问。在示例中，管理员可以配置只有后端服务能访问数据库服务的 API，这样就阻止了来自日志服务的攻击。

目前，这些基于策略的访问控制机制都设计得非常精巧，提供了很高的管理灵活性和很细的授权粒度。但是，微服务应用具有规模庞大、频繁更新的特点，而当前对访问控制策略的配置仍然依赖管理员人工进行。这不仅容易出错，非常耗时，而且十分不灵活。推特后端在 2016 年就已经包含了 10^3 级别的微服务，服务实例更是高达 10^5 级别。通过人工的方法细致地配置和管理数以千计的微服务的访问控制策略并不可行。更糟糕的是，微服务频繁迭代的特点要求这些访问控制策略能被快速及时地更新，这对人工配置方法来说也同样是无法完成的任务。因此，要想让强大的微服务间访问控制机制在生产中真正发挥作用，必须探索自动化的策略生成方案，否则一切只能是空中楼阁。

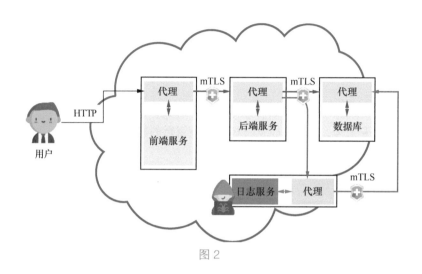

图 2

现有的分布式系统安全策略的自动化方案主要可以被分为三类。第一类是基于文档的方法，它们使用自然语言处理技术，从应用的文档中推理安全策略。虽然文档确实能够很好地反映开发人员的高层次管理意图，但是文档并不总是存在，把这些意图从文档中精确地提取出来也并不容易。这类方法通常准确率不高，且粒度较粗。第二类是基于历史的方法，它们致力于在历史操作中挖掘安全策略。但是，这类方法非常依赖训练数据的质量，只有充足的历史数据才能导出完备的安全策略。在生产环境中，这一点也很难保证。最后一类是基于模型的方法，它们对系统行为进行形式化建模，然后据此生成安全策略。但对于微服务应用这种频繁迭代的大规模分布式系统，这类人工建模的方法在敏捷性和可伸缩方面都存在短板，因而也并不适用。

实际上，不同于其他分布式系统，微服务应用有其独有的特点可以被我们利用。首先，微服务相对较小，这意味着单个服务具有较低的内部复杂度。其次，根据我们对流行的开源微服务应用的调研，在单个应用内，微服务间的调用方式相对统一，涉及的服务间调用协议和调用库数量也十分有限，这就给了我们通过静态分析从微服务代码中提取正常系统行为进行服务间访问控制的机会。

↘ 三、研究思路

　　总的来说，我们的目标是自动生成、维护和更新微服务间的访问控制策略。具体来说，我们试图应对云服务间访问控制自动化的两个关键挑战：

　　☐ 如何获取完整的、细粒度的服务间调用逻辑；

　　☐ 如何有效生成和更新服务间访问控制策略。

　　对于第一个挑战，我们设计了一个请求提取阶段，利用静态分析从微服务的代码和配置文件中提取服务间的调用逻辑。对于第二个挑战，我们设计了一个策略管理阶段，使用基于图的方法，将服务间调用逻辑转换成相应的服务间访问控制策略，并进行维护和更新。设计思路如图 3 所示。

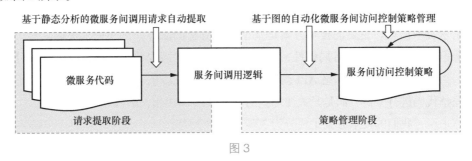

图 3

　　根据这一思路，我们提出了 AutoArmor，一个微服务间访问控制策略自动化工具。AutoArmor 的系统架构和服务 E 的部署过程如图 4 所示，AutoArmor 包括 3 个主要组件：1 个离线的静态分析引擎，负责提取微服务代码中的服务间调用请求；1 个权限引擎，负责维护和更新权限图，描述服务间的调用逻辑；1 个策略生成器，负责将权限图及其中的改变翻译成相应的访问控制策略。

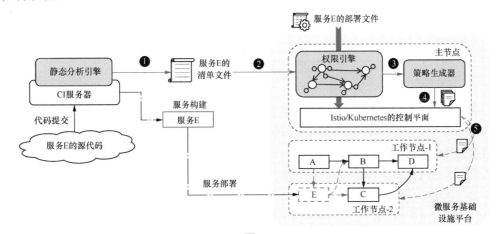

图 4

我们可以通过服务 E 的部署过程了解 AutoArmor 的工作流程。首先，服务 E 的源代码被提交到 CI 服务器进行自动审计和测试。静态分析引擎在 CI 服务器对服务 E 的源代码进行分析，并生成一个清单文件来指出服务 E 能够发起哪些服务间调用。在服务 E 部署时，权限引擎调取了静态分析引擎生成的清单文件，为服务 E 生成了一个权限节点，插入当前的权限图中。感知到权限图中发生了修改后，策略生成器根据权限图的变化计算出应该添加或修改的服务间访问控制策略，然后下发到微服务基础设施中，进行后续的策略实施。

由于 AutoArmor 的系统架构与 CI/CD 工作流结合在了一起，这样当后续 E 的服务更新，也就是代码修改的时候，它也可以自动地根据新的代码对访问控制策略进行更新。

↘ 四、设计细节一：请求提取阶段

在请求提取阶段，主要的技术方案是基于静态分析的服务间调用请求提取。这里，我们需要克服静态分析方法的固有局限性，也就是说，要尽量减少状态空间，减少静态分析的复杂度。因为微服务之间通过网络 API 调用相互通信，如 HTTP、gRPC 等，我们可以不用对微服务的完整代码进行分析，而是只关注那些与网络 API 调用相关的代码。

具体来说，我们的技术方案主要分为 3 步，如图 5 所示。

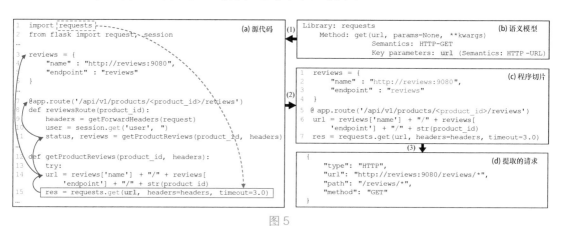

图 5

（1）扫描微服务的代码，找出网络 API 调用语句，也就是发起服务间调用的关键语句。在扫描代码的过程中，对于用静态语言编写的微服务，因为有函数签名对方法进行唯一标识，所以可以直接找到调用关键方法的语句。但对动态语言来说，当发现一个方法调用语句时，无法确定当前方法是否是我们关注的服务间调用方法。因此，对于这类微服务，我们从源文件的"import"语句出发，扫描方法使用的完整过程，从而判断当前语句是否是我们需要识别的关键语句。

（2）从第（1）步中获得的关键语句出发，沿数据流反向进行污点传播，获得与该服务间调用相关的程序切片。为了进一步减少静态分析的复杂性，我们不需要追踪所有变量的定义和使用，可以只关注那些能被用于服务间访问控制的关键变量。当遇到控制流分支时，如果控制流的多条分支中都包含被污染的变量，我们需要创建程序切片副本，分别跟踪不同的控制流。这种情况一般出现在一个条件分支语句产生的多个路径中都有变量被污染，或者一个服务间调用语句所在的方法被多个其他方法调用的时候。它代表了可能有多个不同的服务间调用通过同一条语句被发起了，因此要分别对它们进行程序切片。通过这一步，静态分析引擎为每个服务间调用请求提取了一个精简的程序切片，其中包含对访问控制来说足够充足的信息。

（3）通过语义分析在程序切片中提取服务间调用的详细属性。因为有的属性，例如 URL 可能在定义后进行了多次修改，涉及一系列字符串操作，所以需要对这种属性变量进行重构。在这个过程中，我们从污点传播的终点出发，沿数据流的正向扫描整个程序切片，完成变量的构建，将一个服务间调用和它的详细属性提取出来。

在知道了每个微服务能够发起哪些服务间调用后，我们就能构建整个应用内部的服务间调用逻辑，进行访问控制。

五、设计细节二：策略管理阶段

在运行时，微服务实例的边车代理会将输入请求与安装在代理上的访问控制策略一一对比，从而完成策略实施。这意味着边车代理上安装的策略数目可能是影响策略实施的性能的一项重要指标。我们测量了这一影响，结果显示，运行时的策略检查时间随着安装的服务间访问控制策略数目线性增加，这意味着冗余的服务间访问控制策略会造成整个微服务应用的性能下降。

在微服务应用中，同一个微服务可能同时存在多个版本，它们可能有不同的服务间依赖关系，因此需要在授权时进行区分。微服务应用的权限图构建示例如图 6 所示。在图 6 中，服务 A 的 V1、V2 和 V3 这 3 个版本都可以向服务 B 发起 r1 请求，但 V2 版本还能够向服务 C 和服务 D 分别发起 r3 和 r2 请求。但在实际应用中，因为属于同一个微服务，它们的职责和功能是相似的，发起的服务间调用也大多是一致的。因此，为各个版本分别生成访问控制策略会带来冗余。

在策略管理阶段，我们设计了一个权限图来描述应用中各个服务的权限，并将同一服务各个版本共有的权限进行整合，用于生成优化的访问控制策略集，尽可能地减少冗余策略的出现。它包含两类节点，一类是"服务节点"，用来描述同一个服务的各个版本共有的权限；另一类是"版本节点"，描述各个版本独有的权限。这样，一方面消除了冗余，减少了策略总数；另一方面，当服务更新不涉及独特的权限时，无须进行实际的策略更新，减少了对性能的影响。

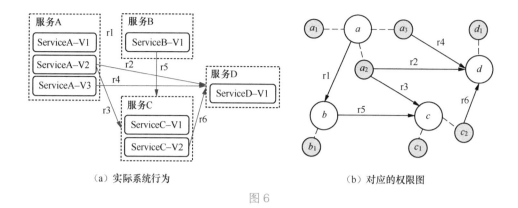

（a）实际系统行为　　　　　　　　　　　（b）对应的权限图

图6

因为微服务采用渐进式的版本更新和版本回滚，版本更新可以被转化为版本节点的添加和删除，版本回滚可以被转化为版本节点的删除和添加。因此，在服务更新时，只需要处理这两类原子操作即可。为了保证服务节点包含的权限集合是该微服务的各个版本所共有的权限的最大子集，在添加和删除某个版本节点时，可能涉及对服务节点的拆分和更新。这里限于篇幅，就不详细展开相应的算法了。根据权限图及其变化，AutoArmor 对访问控制策略集不断进行维护和更新。

六、实验评估

我们实现了 AutoArmor 的原型系统，并基于 5 个流行的开源微服务应用对它的功能和性能进行了评估，如表1所示。这些应用中有 3 个是多语言微服务应用，还有 1 个是工业级应用，一共包含 64 个微服务。

表1

微服务应用	包含的微服务数目	代码行数	应用类型	是否多语言	GitHub上的★数目
Bookinfo	6	2 702	Demo	√	24.7k
Online Boutique	11	23 219	Demo	√	8.8k
Sock Shop	13	20 150	Demo	√	2.5k
Pitstop	13	45 028	Demo	×	630
Sitewhere	21	53 751	Industrial	×	717

请求提取的有效性可以由两个指标度量，一是它是否能在微服务代码中识别出服务间调用请求，二是它是否能够提取出这些服务间调用请求的详细属性信息。实验结果如表2所

示，对 755 个服务间调用请求的识别率是 100%，而对这些服务间调用请求的参数的提取率是 99.5%。这是因为有一个微服务直接访问了它所收到的请求中包含的 URL。这些 URL 直接来自输入请求，在它的代码中并不存在，因此无法被静态地提取出来。

表 2

应用程序	微服务	编程语言	代码行数	识别的服务间调用请求			提取出的属性			分析时间
				HTTP	gRPC	TCP	URL	Method	Port	
Bookinfo	productpage	Python	2 061	3/3	—	—	3/3	3/3	N/A	21秒
	details	Ruby	122	1/1	—	—	1/1	1/1	N/A	4秒
	reviews	Java	301	1/1	—	—	1/1	1/1	N/A	27秒
	ratings	JavaScript	218	—	—	2/2	2/2	N/A	2/2	27秒
Online Boutique	frontend	Go	3 666	—	11/11	—	11/11	N/A	N/A	35秒
	cartservice	C#	5 941	—	—	7/7	7/7	N/A	7/7	38秒
	productcatalogservice	Go	2 460	—	—	—	N/A	N/A	N/A	18秒
	currencyservice	JavaScript	359	—	—	—	N/A	N/A	N/A	25秒
	paymentservice	JavaScript	343	—	—	—	N/A	N/A	N/A	26秒
	shippingservice	Go	2 458	—	—	—	N/A	N/A	N/A	18秒
	emailservice	Python	2 146	—	—	—	N/A	N/A	N/A	20秒
	checkoutservice	Go	2 816	—	8/8	—	8/8	N/A	N/A	21秒
	recommendationservice	Python	2 112	—	1/1	—	1/1	N/A	N/A	28秒
	adservice	Java	918	—	—	—	N/A	N/A	N/A	29秒
Sock Shop	front-end	JavaScript	9 922	33/33	—	—	33/33	33/33	N/A	125秒
	orders	Java	2 187	6/6	—	2/2	4/8	6/6	2/2	55秒
	payment	Go	863	—	—	—	N/A	N/A	N/A	11秒
	user	Go	2 515	—	—	24/24	24/24	N/A	24/24	33秒
	catalogue	Go	1 439	—	—	8/8	8/8	N/A	8/8	23秒
	carts	Java	1 840	—	—	7/7	7/7	N/A	7/7	48秒
	shipping	Java	929	—	—	3/3	3/3	N/A	3/3	34秒
	queue-master	Java	926	—	—	3/3	3/3	N/A	3/3	31秒
Pitstop	webapp	C#	40 461	16/16	—	—	16/16	16/16	N/A	52秒
	customermanagementapi	C#	423	—	—	5/5	5/5	N/A	5/5	19秒
	vehiclemanagementapi	C#	451	—	—	5/5	5/5	N/A	5/5	18秒

续表

应用程序	微服务	编程语言	代码行数	识别的服务间调用请求			提取出的属性			分析时间
				HTTP	gRPC	TCP	URL	Method	Port	
Pitstop	workshopmanagementapi	C#	1 563	4/4	—	20/20	24/24	4/4	20/20	46秒
	workshopmanagementeventhandler	C#	685	10/10	—	14/14	24/24	10/10	14/14	30秒
	auditlogservice	C#	136	1/1	—	2/2	3/3	1/1	2/2	7秒
	notificationservice	C#	511	7/7	—	12/12	19/19	7/7	12/12	42秒
	invoiceservice	C#	641	9/9	—	14/14	23/23	9/9	14/14	45秒
	timeservice	C#	157	1/1	—	1/1	2/2	1/1	1/1	7秒
Sitewhere	web-rest	Java	6 648	—	215/215	—	215/215	N/A	N/A	242秒
	instance-management	Java	4 069	—	—	35/35	35/35	N/A	35/35	99秒
	event-sources	Java	6 619	—	1/1	3/3	4/4	N/A	3/3	130秒
	inbound-processing	Java	825	—	2/2	4/4	6/6	N/A	4/4	49秒
	device-management	Java	6 381	—	—	74/74	74/74	N/A	74/74	156秒
	event-management	Java	4 799	—	4/4	60/60	64/64	N/A	60/60	204秒
	asset-management	Java	5 993	—	—	10/10	10/10	N/A	10/10	142秒
	schedule-management	Java	1 964	—	—	10/10	10/10	N/A	10/10	77秒
	batch-operations	Java	2 122	—	6/6	16/16	22/22	N/A	16/16	105秒
	device-registration	Java	1 075	—	10/10	4/4	14/14	N/A	4/4	57秒
	device-state	Java	1 739	—	1/1	7/7	8/8	N/A	7/7	61秒
	event-search	Java	769	4/4	—	—	4/4	4/4	N/A	34秒
	label-generation	Java	1 379	—	10/10	—	10/10	N/A	N/A	66秒
	rule-processing	Java	1 091	—	2/2	2/2	4/4	N/A	2/2	50秒
	command-delivery	Java	3 417	—	6/6	3/3	9/9	N/A	3/3	123秒
	streaming-media	Java	736	—	—	10/10	10/10	N/A	10/10	49秒
	outbound-connectors	Java	4 125	—	13/13	2/2	15/15	N/A	2/2	145秒
总计	48个独特的微服务	6种编程语言	—	96/96	290/290	369/369	751/755	96/96	369/369	—

在静态分析时间方面（评估结果如表 2 所示），因为我们的设计极大地减少了静态分析的搜索空间，所以对每个微服务的平均分析时间仅为 57 秒。这对一个离线过程来说是完全可以接受的。

为了评估策略生成的正确性，我们模拟了 3 种越权攻击，并在部署和未部署生成的策略集这两种情况下进行了测试。同时，我们使用了这些应用自带的负载生成器来触发合法的服务间调用。实验表明，全部的合法请求都通过了，全部的越权攻击都被阻挡住了。基于提取出的微服务间调用逻辑，我们也可以进一步绘制出微服务应用的实际系统行为模型，帮助管理员更好地理解微服务应用的实际运行逻辑，及时地识别和定位那些与设计不一致的系统行为。

为了评估策略管理的性能（评估结果如图 7 所示），我们分别测试了策略生成、更新和移除的时间延迟。为了衡量权限图的使用给策略管理带来的优势，我们实现了"分别为每个微服务版本生成访问控制策略"的策略管理机制，并将其作为基准方法，和我们的解决方案在同一情况下进行测量和比较。实验表明，在初始部署阶段，由于权限图的构建，我们的方案相对基准方法略慢。但在策略更新和策略移除时，我们的方案有显著的性能提升。

在具体的时间延迟方面，对于包含 200 个以上服务间访问控制请求的单个微服务，策略生成的时间小于 540 毫秒。有研究显示，一个微服务的部署通常需要 40 秒到 1 分钟，与此相比，我们在策略管理阶段引入的运行时开销几乎是可以忽略不计的。

为了评估我们的技术方案是否能被应用于大规模的微服务应用上（评估结果如图 8 所示），我们利用了 Istio 的性能和可伸缩性测试工具——Istio load tests mesh 生成大规模的微服务应用。实验结果显示，策略生成、更新和移除的时间随微服务应用的规模增大而线性增加。不过，即使面对包含 1 000 个微服务的大型云应用，它也能在 12 秒内生成全部的访问控制策略。这证明了它具有在大规模微服务应用中实际应用的潜力。

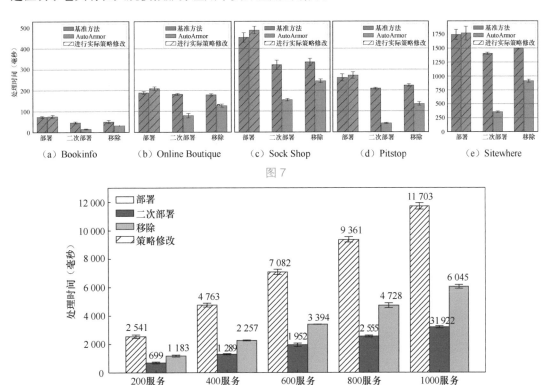

图 7

图 8

　　为了验证权限图确实可以生成优化的访问控制策略集，减少服务间访问控制对微服务应用性能的影响，我们分别测试了在部署基线方法生成的策略集和我们的方法生成的策略集时整个应用的端到端性能。结果显示，在部署了基线方法生成的策略集后，各应用整体的端到端时间延迟均有提升；当用我们生成的优化的策略集替换基线方法的策略集之后，各应用的端到端时间延迟呈现下降的趋势。这说明通过减少冗余的访问控制策略，权限图可以加速微服务基础设施在运行时的策略检查，使微服务应用实现更好的整体性能。

七、总结

　　总的来说，AutoArmor 是第一个微服务间访问控制策略自动生成解决方案，它包含两个关键技术，一个是基于静态分析的微服务间调用请求提取机制，用于提取服务间的调用逻辑；另一个是基于图的微服务间访问控制策略管理机制，用于为各个服务生成访问控制策略，并随着云应用的变化进行策略更新。实验表明，它可以有效地实现微服务间访问控制策略的自动生成、维护和更新，并且仅引入极小的性能开销。

作者简介

　　李星，浙江大学计算机科学与技术学院博士。他的研究方向为云计算系统中的自动化安全管控，包括对 SDN 等新型云网络架构和服务网格、无服务器等新型云应用架构的安全性与可靠性研究。

使用插件飞地实现高性能机密服务器无感知计算

李明煜

本文根据论文原文 "Confidential Serverless Made Efficient with Plug-In Enclaves" 整理撰写，原文发表在 ISCA 2021。本文较原文有所删减，详细内容可参考原文。

↘ 一、概述

服务器无感知计算作为一种全新的云计算范式，在公有云服务上的应用越来越普遍，如 Amazon AWS Lambda、Microsoft Azure Functions、Google Cloud Functions 等。服务器无感知应用可以处理来自用户的敏感数据，如人脸识别、语音识别等场景。体系结构支持下的硬件飞地可以很好地保护此类敏感应用免受不可信云的影响，保证用户隐私数据的机密性和处理过程的完整性。Intel SGX 是一种典型的硬件飞地，提供了内存加密、远程验证、物理隔离等诸多安全特性，目前也在云上得到了较为广泛的部署。

本文工作首次系统性地研究了在硬件飞地平台运行服务器无感知应用的性能问题。本文作者在 Intel SGX 中运行了开源的服务器无感知应用程序。性能分析报告表明，在飞地保护下的安全应用程序的性能损失高达 5.6 ～ 422.6 倍。进一步分析得出，性能损失主要和硬件的架构特性有关，具体来自硬件飞地的初始化过程（包括地址空间的创建和远程验证哈希的生成）。本文工作重新审视了 Intel SGX 的硬件设计，并对其飞地模型进行了适当扩展。本文提出了名为插件飞地（plugin enclave，该方案中将其简写为 PIE）的硬件原语，插件飞地可以映射到多个宿主飞地（host enclave）的地址空间，从而在多个安全应用之间重用公共状态。通过在同一宿主飞地中映射不同的插件飞地，机密数据可以实现"原位计算"，进而避免了服务器无感知函数链式调用导致的昂贵的数据移动开销。实验表明，本文设计能将飞地运行服务器无感知函数的延迟降低 94.74% ～ 99.57%，并将自动缩放吞吐量提高 19 ～ 179 倍。

↘ 二、问题描述

服务器无感知计算允许开发人员编写细粒度的函数作为服务，让开发人员能够更好地专注于业务逻辑，同时最小化开发者对部署、管理、可扩展性的投入。随着服务器无感知计算平台的蓬勃发展，服务器无感知计算正成为新时代云计算的主流。

服务器无感知计算中的函数是由事件触发的实例：只有在请求到来时才会被生成并被调用，生成时会启动在任意一台可用的服务器上。这便是其"服务器无感知"的名字由来。触发的事件可以是用户请求，也可以是另一个函数的调用（即链式调用），函数间通过组织成链来处理复杂的业务逻辑。

服务器无感知计算的函数实例通常有低时延的要求。先前的相关工作研究了 Microsoft Azure 云平台上真实场景下的服务器无感知应用程序特点。研究结果表明 54% 的服务器无感知应用程序仅包含一个函数，而 50% 的函数执行时间不到 1 秒，因此服务器无感知应用程序对服务的延迟非常敏感。工业界和学术界一直在尝试优化服务器无感知计算的性能。

服务器无感知应用程序可能会处理隐私敏感的工作负载。根据 Amazon AWS Lambda 和 Google Cloud Functions 的用例，服务器无感知计算可用于安全或隐私相关的应用程序，如 Auth0（用于身份验证）、Alexa 聊天机器人（用于分析用户意图）、人脸识别（用于获取生物信息）等。在复杂的云环境中，需要小心谨慎地保护用户隐私，使其免受存在漏洞的云软件栈、恶意的租户甚至是可疑的云管理员的破坏。可信执行环境（trusted execution environment，TEE），如 Intel SGX，能很好地提供与系统其余部分完全隔离的安全飞地，并允许远程用户通过身份验证确认飞地内容的真实性。因此，TEE 被认为是一种颇有前景的隐私保护技术，可用于服务器无感知应用程序的隐私保护。现在学术界已提出一部分基于 Intel SGX 的服务器无感知计算平台。

↘ 三、基于 Intel SGX 的服务器无感知计算的性能分析

在本文工作中，作者将 5 个真实世界的服务器无感知工作负载（如表 1 所示）移植到安全飞地内的库操作系统中（类似于 Graphene-SGX，但支持 SGX2 功能）。

表1

服务器无感知应用程序	语言运行时	主要用到的共享库	共享库个数	代码段+只读段	可写数据段	堆内存
登录认证	Node.js 14.15	basic-auth, tsscmp, passport	6	67.72MB	0.23MB	1.85MB
文件加密	Node.js 14.15	libicuata, libicui18n, crypto	13	68.62MB	0.23MB	1.90MB
人脸监测	Python 3.5	TensorFlow, NumPy, OpenCV	53	66.96MB	2.38MB	122.21MB
情感分析	Python 3.5	NumPy, SciPy, NLTK, TextBlob	152	113.89MB	5.61MB	19.34MB
智能语音	Python 3.5	TensorFlow, Pandas, llvmlite, sklearn	204	247.08MB	9.53MB	55.90MB

经过详尽的性能剖析，作者发现大部分开销来自飞地的初始化：创建硬件飞地和生成验

证哈希所花费的时间占据飞地函数启动时间的绝大部分（如图 1 所示）。此外，性能分析结果还表明了另一个导致性能下降的因素，即函数之间的数据传输，占据端到端执行时间的4.4% ～ 29.8%。对于长函数链的调用情况，性能影响将变得更加明显。函数链式调用下的开销情况如图 2 所示。

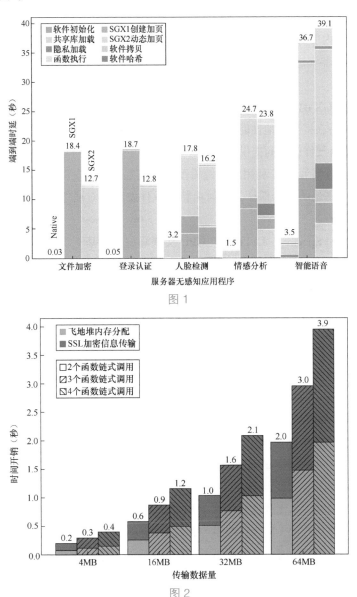

图 1

图 2

通过回顾 Intel SGX 的硬件设计，作者发现基于飞地的服务器无感知应用效率低下的根本原因是当前的 SGX 设计（无论是 1 代还是 2 代）都禁用了飞地实例之间的内存共享。这种无共享设计提供了强大的安全保证，但会导致显著的启动延迟，这不适合当今服务器无感知计算的低时延要求。

↘ 四、PIE 方案设计

基于以上飞地内服务器无感知应用程序的性能问题，本文提出了一种全新的飞地模型 PIE，它使面向服务器无感知计算的安全应用变得高效。

1. 威胁模型

PIE 遵循当前 SGX 的威胁模型：所有飞地内代码和数据都是可信的，包括插件飞地中的代码和数据。与先前旨在提高飞地性能的其他方案相比，PIE 旨在提供更好的兼容性和实用性。

PIE 的信任根由硬件供应商提供。用户在发送他们的机密数据前必须远程认证宿主飞地的状态（包括代码和数据）。PIE 利用信任链模型，由宿主飞地负责在本地证明所有使用的插件飞地，以提供整个飞地的安全保证。任何由特权软件发起的对插件飞地管理行为的非法干扰都可以被检测或中止。

侧信道问题（如 Spectre、L1TF）和 CPU 实现漏洞（如基于功率的故障注入）不在考虑范围内。这部分架构上的问题可以通过改进处理器的内部电路设计来解决，或者通过更新相应微码（Microcode）来缓解。不考虑拒绝服务，因为远程用户可以很容易地检测到云服务的不可用性。

2. 观察

通过对现有服务器无感知函数实例的分析，本文作者得出如下两个观察。

（1）服务器无感知应用程序普遍使用高级语言进行开发，如 Python、JavaScript。这些应用程序使用了大量第三方库。而这些共享库虽然参与了隐私数据的处理，但本身并不是隐私数据。其"共享库"的名字也暗含着这些库本该在不同实例间进行共享。

（2）高级语言的共享库占据了大量的代码段，TensorFlow 的机器学习程序的代码段大小甚至可达 100MB。这些代码段在安全飞地的启动过程中都必须参与验证度量，因此在启动过程中会消耗大量时间。

综合以上两点观察，本文作者认为，对服务器无感知计算的安全实例提供共享库的共享，这本身并不会泄露隐私数据（因为大量共享库是开源的），其次如果能提供共享库的复用，可以很好地规避函数频繁启动时必要的哈希验证时间，为应用程序提供低时延的保证。

3. 设计描述

当前 SGX 仅提供私有的安全内存页：EPC。每个 EPC 只能由一个飞地实例访问，不存在共享的可能。PIE 引入了新的安全内存页的硬件抽象：共享 EPC。这个抽象允许飞地开发人员构建两种逻辑飞地：一种是由共享 EPC 组成的插件飞地，包含可复用的公共状态，如 Python

语言运行时、TensorFlow 机器学习框架和第三方共享库（如 OpenSSL）等；另一种是宿主飞地，宿主与当前的 SGX 设计一样，由私有 EPC 组成，彼此严格隔离，但可以将插件飞地映射到自己的飞地地址空间内。宿主飞地用于处理用户的隐私信息，并保护整体的函数处理流程。

　　为了支持高效映射，PIE 引入了新指令：EMAP。与 SGX 现有的逐页映射指令（一次只处理一个 EPC 页）不同，EMAP 是一种基于"域"的操作指令，能将一整块插件飞地一次性映射到宿主飞地中。映射后的插件飞地允许访问宿主飞地的整个虚拟地址空间，如图 3 所示。为了有选择地解除不必要的插件飞地的映射，PIE 提供了另一条反向指令：EUNMAP。EUNMAP 用于回收先前分配的插件飞地的对应区域。

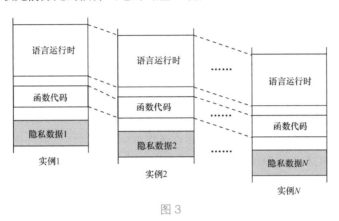

图 3

　　EMAP/EUNMAP 这对指令也提供新的优化机会：通过重新映射不同应用逻辑的插件飞地，可以将隐私数据保留在同一个宿主飞地内不变，而通过动态改变插件飞地来实现新的函数调用链。这一做法很好地消除了数据传输瓶颈。我们称该新型函数调用链的计算模型为面向服务器无感知计算的"原位计算"模型，如图 4 所示。第一阶段中，宿主对插件的修改触发了写时复制（COW）；第二阶段中，宿主用 EUNMAP 将插件移除，并复用现有 EREMOVE 指令移除 COW 页面；第三阶段中，宿主用 EMAP 加载了新的插件。全过程隐私数据不参与移动。

　　为了保证整体模型的安全性，PIE 必须保证插件飞地的度量和内容之间的一致性，否则复用一个可以被任意修改的插件飞地是没有意义的。为此，PIE 会阻止对插件飞地的任何更新，使用硬件强制的写时复制机制来确保插件飞地的不可更改特性。本质上，PIE 使飞地内存具有正常内存操作的能力，即动态映射和写时复制。

　　4. 安全分析

　　问：共享插件飞地是否存在安全问题？

　　答：PIE 的插件飞地只包含非敏感的公共环境，如语言运行时和框架，因此可以安全地在不同函数之间共享。

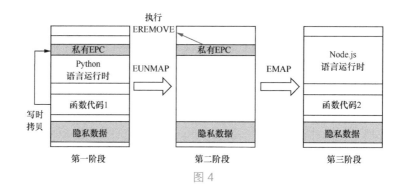

图 4

问：是否可以攻击插件飞地的哈希度量？

答：插件飞地一旦被初始化，其度量和内容都会被锁定。来自宿主飞地的任何写入都将触发硬件的写时复制。该模型保障了使用插件飞地的可信度。

问：如何防止未刷新的 TLB 映射？

答：被 EUNMAP 的插件飞地，如果 TLB 尚未刷新，宿主飞地仍然能够访问该插件飞地的数据。针对多线程宿主飞地，可使用静止点来保证多线程都达到该静止点后强制刷新所有 TLB，或在硬件上直接定义 EUNMAP 时自动触发所有 CPU 核上的飞地退出，飞地退出后会自动刷新 TLB 映射。

问：如何防御来自操作系统的恶意映射？

答：即使操作系统为宿主飞地配置了错误的页表，该飞地也无法访问未 EMAP 的共享 EPC，因此不存在恶意映射页表导致飞地被随意访问的可能。

问：如何防御恶意的插件飞地？

答：由于 PIE 的威胁模型假设飞地里的所有代码都是可信的，因此 PIE 开发人员应该让宿主飞地的清单中只包含可信的插件飞地。宿主飞地必须在 EMAP 插件飞地之前验证它们的度量值，由此排除恶意的插件飞地。

问：如何实现地址空间布局随机化（ASLR）？

答：恶意攻击者可能会结合暴力破解和内存探测来绕过飞地内的 ASLR，进而破坏 PIE 的安全性。本文提出的共享特性确实不易支持 ASLR。这里讨论一种可行的缓解措施，由于真正的攻击通常需要对相同的内存布局进行数千次的探测，因此可以为每 1000 个插件飞地应用一次 ASLR，一旦插件飞地被用过 1000 次，就重新创建一个新的插件飞地。动态 ASLR 也可用于提高针对攻击的门槛。

问：是否引入了新的侧信道？

答：与原有 SGX 的无共享模型相比，PIE 确实带来了新的页面共享侧信道。在 PIE 中，两个相邻的宿主飞地共享一个带有写时复制的、包含库代码的插件飞地。宿主飞地可以借助共享了解库内存页是如何映射的，以及另一个宿主飞地的库内存页是否在内存中（借助时间通道）。先前针对恶意操作系统的缓解措施，可以同时阻止来自操作系统和相邻宿主飞地的攻击。

↘ 五、实验效果

为了展示 PIE 改进服务器无感知工作负载的效果，我们使用了 SGX 云机器，并添加指令精确的 EMAP/EUNMAP 操作来模拟 PIE 的行为。我们将服务器无感知应用程序的公共部分（如语言运行时、第三方库）放入宿主飞地，而将用户的机密数据放入插件飞地。对于服务器无感知程序之间的链式调用，我们使用原位计算。

我们比较了 3 种启动模式。

（1）基于 SGX 的冷启动：沿用现有 SGX 硬件设计，每个飞地根据请求按需创建。

（2）基于 SGX 的热启动：维护一池启动就绪的飞地，随时准备为请求提供服务。

（3）基于 PIE 的冷启动：基于 PIE 的新型设计，其中预先创建了许多插件飞地，但用于服务器无感知函数的宿主飞地是按需创建的。

我们评估函数启动延迟、水平扩容吞吐量和函数链数据传输等场景。评估结果表明，PIE 可以减少 94.74% ～ 99.57% 的函数启动延迟（如图 5 所示），在函数水平扩容方面与基于 SGX 的冷启动相比实现 19 ～ 179 倍的吞吐量提升（如图 6 所示），在函数链数据传输方面实现 16.6 ～ 20.7 倍的加速（如图 7 所示）。此外，由于 PIE 的安全共享设计减少了 EPC 冗余，基于 PIE 的服务器无感知可以扩展到比当前 SGX 硬件高 4 ～ 22 倍的飞地实例密度（如图 8 所示）。

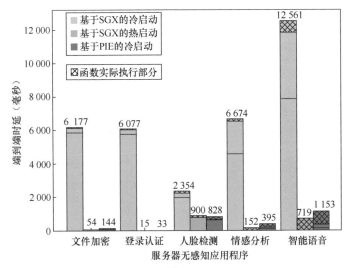

图 5

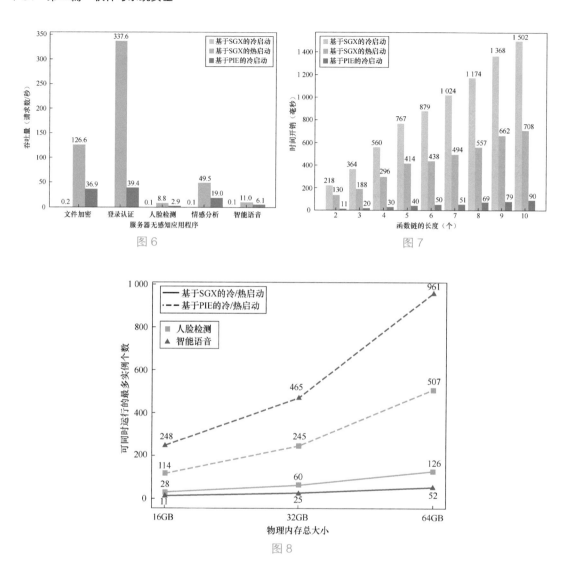

图 6

图 7

图 8

作者简介

李明煜，上海交通大学 IPADS 实验室博士研究生。他的主要研究方向为系统安全、机密计算，其研究成果发表于 OSDI、ISCA 等系统方向和体系结构方向的学术会议。

移动操作系统代码漏洞挖掘及研究

张　磊

移动操作系统通常采用权限模型对敏感系统接口进行保护，以限制恶意软件访问系统敏感资源的能力。但是，权限本身并不能很好表述系统接口的代码逻辑。因此，在满足权限要求的情况下，恶意软件仍然可以让系统接口执行进入异常的代码逻辑，从而实现提权、资源滥用等攻击。我们从敏感系统接口的输入空间出发，通过程序分析、机器学习等技术对操作系统代码异常行为进行表征，在主流移动操作系统中发现数百个代码漏洞，并获得华为、谷歌等厂商的高危漏洞证明与致谢。部分研究成果已发表在网络安全国际顶级学术会议 ACM CCS 2018 上，论文名为 "Invetter: Locating Insecure Input Validations in Android Services"。

移动应用程序通过系统服务提供的公开接口访问系统能力。作为向上层应用提供服务的基础，Android 向系统服务中添加大量功能，以在保护系统敏感资源安全的前提下，为用户提供更加丰富和流畅的用户体验。同时，为了防止不可信的应用程序滥用这些系统服务，Android 在系统组件层（又称 Android 框架层）实现了一套对敏感资源的访问控制机制。虽然已有很多相关研究聚焦在 Android 框架层的访问控制问题，但这些研究主要集中在基于权限的显示访问控制，对隐式的输入验证问题缺乏充分研究。

相比权限验证，输入验证分散在 Android 框架层的安全检查代码中，被使用的次数更多，是 Android 系统安全的重要保障。不幸的是，这些输入验证缺乏统一的格式规范和定义标准，并且分散在 Android 系统服务中，使得对输入验证问题的分析成为一个十分具有挑战性的问题。为了解决该问题，我们结合机器学习和程序分析等技术，对系统代码进行特征提取并尝试理解其语义信息，在 Android 系统服务中定位可能存在安全问题的敏感输入验证。通过对来自谷歌、华为、小米等知名厂商的 8 个 Android 系统镜像进行测试，我们发现：

- 大量输入验证存在安全问题，并核实了其中至少 20 处可以被用于提权或隐私泄露等攻击的问题；

- 目前的输入验证主要聚焦于对输入数据的数值或格式等进行检查，忽略了对应用程序输入数据大小的限制，导致超过 35% 的 Android 系统服务接口（包括高权限等级的系统接口）存在资源滥用的风险，可以被恶意攻击者利用发起拒绝服务等攻击，甚至发起针对移动设备的永久性拒绝服务攻击。

我们将这些发现报告给了相关厂商，得到了积极的反馈与致谢以及高危漏洞的证明。

一、研究背景

1. Android 系统服务

Android 框架层包含上百个系统服务，它们提供了访问各种系统资源的功能，如获取用户地理位置信息、发送短信、检查网络连接等。这些系统服务及其相关进程的执行环境享有更多的特权并与应用层软件相互隔离。例如，多媒体系统服务执行在名为 media_server 的系统进程中，该进程享有系统级权限，可以执行很多威胁命令。为了方便应用层获取可用的系统服务，系统服务会先在 ServiceManager 中进行注册。

实际运行中，应用层进程通过系统服务开放的一系列公开接口访问系统资源，这些接口由 Android 接口描述语言（AIDL）来定义。在 Android 框架层代码的编译过程中，被 AIDL 语言定义的接口会被编译成两个 Java 类，即 Stub 和 Proxy。它们分别扮演着服务器 Server 和客户端 Client（可以是应用层进程或其他系统服务的进程）的角色进行跨进程通信。具体而言，Stub 继承了系统服务类并实现了服务的具体功能和开发接口，而 Proxy 封装了跨进程间通信的逻辑及协议（RPC），以便 clients 访问。

在向系统服务发起一个访问请求时，客户端必须先向 Android ServiceManager 发送查询以获得该系统服务对应的 Android Binder 对象（ServiceManager 维护着系统服务与 Binder 对象的映射关系），如图 1 所示。接着客户端通过 ServiceManager 返回的 Binder 对象去调用服务器开放的接口（即在 Proxy 中定义的接口），以获得系统服务提供的功能接口。但是，在这样一个接口访问的流程中，因为 ServiceManager 无法制止应用层软件伪造其输入的数据，所以原则上它不应该信任任何应用层提供的数据。

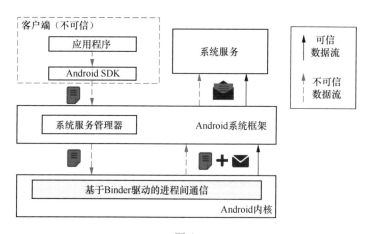

图 1

此外，为了方便开发者使用，在 Proxy 包装并抽象了系统接口之后，Android SDK 也提供了一系列系统服务对应的管理器作为封装，并提供了与之对应的另外一套 API 以简化开发者的使用。不同于系统服务本身具有的代码，这些管理器与应用层软件代码运行在同一进程空间，所以恶意软件开发者可以重写这部分代码。由此可见，系统服务也不能信任应用层软件可控代码内的任何安全验证，即这些管理器中的安全验证也都应当不可信。

2. Android 系统服务中的敏感输入验证

敏感输入验证对于 Android 服务的安全性起着至关重要的作用。通常，输入验证一般是将输入数据与一系列预先定义的期望值进行对比或与可信数据源进行交叉验证，然后根据对比结果再执行一系列的对应代码行为。因此，我们更关心的是与安全相关的敏感输入验证。

为此，我们总结了两种与安全相关的输入验证模式：

（1）对输入者的身份 / 属性的验证；

（2）约束敏感资源的使用。

对于模式（1），在 Android 系统中，输入者的身份 / 属性标识主要包括广泛使用的几个输入字段，如 uid、pid、package name，也包括一些比较模糊的字段，如 token、cert 等。对于（2），系统中很多共有资源的使用也依赖于特定的检查，例如，可以通过检查应用层进程所提供的唯一资源定向符号（URI）的范围，来实现对系统服务所持有的内容提供器（content provider）中资源的访问限制。

↘ 二、输入验证相关的安全漏洞模型分析

基于实验和观察，我们总结了 4 类可能导致安全问题的输入验证缺陷。

1. 不正确地信任来自应用层的数据

一些系统服务将应用程序提供的输入数据作为对其身份验证的依据。显然，由于该输入来源于不可信的应用程序，其应该也为不可信数据，不应作为敏感输入验证的判断依据。因此，如果一个敏感的输入验证使用了应用软件提供的输入数据，那么该输入验证可能是存在漏洞的。

2. 不正确地信任来自应用层的代码

由于输入验证的非结构化特点，权限检查的验证逻辑代码经常会被错误放置在应用进程中。具体而言，Android SDK 中存在与各系统服务对应的管理器，它运行在应用层进程空间充当服务代理的角色，通常它会先对应用程序的输入数据进行包装，再通过进程间通信的方式将数据转发到系统服务进程。在数据包装过程中，这些管理器也会执行部分输入验证，而这些输入验证由于运行在应用层进程空间内，可以被开发者利用反射等技术进行绕过。如果这部分在 Android SDK 中执行的输入验证在 Android 系统服务中不再进行同样的输入检查，则可以认为是存在漏洞的。

3. 系统定制化引入的输入验证弱化

定制化系统为实现更加丰富的业务需求，会对 Android 原生系统服务的功能进行修改，这部分修改可能会导致系统原有的输入验证被弱化。通过识别定制化系统和原生 Android 系统对应的系统服务接口，比较二者安全验证的差异，如果存在不一致，则认为可能存在漏洞。

4. 输入数据大小检查缺陷

系统中大部分输入检查聚焦于客户端输入数据的语义信息，忽略了对客户端输入数据大小的限制。但是，由于应用程序的输入数据需要通过进程间通信的方式发送到系统服务进程，涉及跨 Java 和 C 的数据传输，服务器很难甚至无法对应用软件的原始输入数据大小进行检查，从而导致应用程序可以对系统服务进程中的资源进行无限制消耗。

三、漏洞挖掘思路

漏洞挖掘的工作流程主要包括 3 个步骤，如图 2 所示。首先，它从 Android 系统镜像中提取所有系统服务及其对应的接口，并使用程序分析技术基于代码结构特征在 Android 系统服务中识别所有输入验证。接着，这些被提取出的输入验证将传入一个基于关联规则挖掘的机器学习模块，用以辨别哪些属于与"敏感输入"相关的验证，即敏感输入验证。值得注意的是，虽然定位现有的敏感输入验证比识别所有的敏感输入要容易，但这个问题仍然不简单。这是因为在 Android 系统中敏感输入的验证形式是非结构化的，目前没有统一的定义，并且具有分布分散化的特点，所以目前没有简单的结构模式可以直接将其识别出来。最后，基于上述的安全漏洞模型来检测不安全的输入验证，并将其标注为潜在的安全漏洞，再经过进一步人工安全分析来判断其是否可以被攻击利用，以确定是否为真实可触发的漏洞。

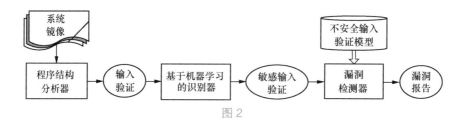

图 2

四、总结

我们通过对 Android 框架中的输入验证进行系统性研究，设计并实现了一套基于程序分析技术和机器学习技术的漏洞挖掘框架，通过对 Android 框架和定制化的第三方系统服务中的敏感输入进行分析，发现了至少 20 个可以被利用的验证缺陷漏洞，漏洞危害涉及权限提升、隐私泄露、资源耗尽等。此外，我们发现约 35% 的系统接口缺少足够的输入验证，这一问题可造成被拒绝服务攻击甚至是永久性拒绝服务攻击、导致用户数据丢失等危害。实际场景下，攻击者也不需要特殊的权限，可由任意移动软件完成。我们的研究表明，移动操作系统想要实现更好的访问控制，需要完成更加严格和完备的输入验证。

↘ 作者简介

张磊，复旦大学助理研究员，主要在移动安全、系统安全和区块链安全领域进行安全漏洞相关研究，包括程序代码分析技术、软件自动化测试技术以及漏洞挖掘技术等。他目前已在 IEEE S&P、ACM CCS 等网络安全顶级学术会议上发表多篇一作文章，并获得 2020 年 ACM SIGSAC 中国优博奖和 ACM 中国优博提名奖。

PatchScope：基于内存对象访问序列的补丁差异性比对方法

王笑克

本文根据论文原文 "PatchScope: Memory Object Centric Patch Diffing" 整理撰写，原文发表于 ACM CCS 2020。作者是赵磊（武汉大学），朱云聪（武汉大学），明江（得克萨斯大学艾灵顿分校），张羿辰（武汉大学），张浩天（得克萨斯大学艾灵顿分校），尹恒（加州大学河滨分校）。

↘ 一、基本背景

补丁是修复软件漏洞的重要机制，安全补丁可以说是安全分析的结晶，天然携带了安全相关的信息，除了其自身带来的安全影响，安全补丁还可以揭示对应漏洞的细节。利用这些信息可以做很多事情，例如可以用于评估补丁是否有效阻断了原来的漏洞，甚至会不会带来新的安全威胁；通过提取补丁的特征，也可以用来辅助挖掘 "n-day" 漏洞和构造类似类型的安全补丁。

然而，补丁所携带的信息往往不能够轻易获取，目前常见的两个信息渠道为软件供应商与漏洞数据库。但软件供应商在更新公告或补丁公告中有时会有意无意地掩盖补丁细节，而不会直接揭露具体修改的内容和修改的理由，并且由于新版本发布往往伴随着大量业务逻辑的更新，这使得获取以二进制发布的软件中指定补丁的信息更加困难；而漏洞公告和一些漏洞相关报告往往也只是对漏洞的基本信息进行描述，其他附加信息通常以链接形式给出，但漏洞的根本原因和对应的补丁信息的链接存在缺失的现象，甚至不同漏洞数据库对同一漏洞的描述与提供的信息都不一致。

针对这一现象，有研究人员尝试使用二进制比对的技术来揭示补丁的信息。简单来讲，在此场景下，通过比较未打补丁的程序和打补丁的程序，根据得到的差异信息来分析补丁携带的信息。

↘ 二、大规模的补丁实证调研

为了更好地理解补丁究竟会做什么、执行怎样的操作，以及对代码带来怎样的影响，本文基于 2 000 多个公开的补丁信息展开了大规模的实证调研。

本文大体将调研的结果细分为了 9 类，如图 1 所示。但概括来看，基本可以分为三大类，其中有很大一部分是用于截断不安全的输入，如添加安全检查等；其次是用于修改数据结构来对数据进行规范化处理；还有一部分是用于修改函数或修改函数的方式，这一类和程序自身逻辑关联更紧密。这里需要说明的是，这些比例加在一起并不是 100%，因为有一些补丁可能同时存在多种情况的修改。总的来讲，从调研的结果可以看到补丁代码模式及类型是非常复杂的。

No.	Category	Percentage	
1	add input sanitization checks	43.5%	截断不安全的输入
2	change input sanitization checks	25.1%	
3	add data structures	6.1%	修改数据结构
4	change data structure definitions	6.5%	
5	change data structure references	22.3%	
6	change function parameters	10.9%	修复漏洞所在函数
7	add or change function calls	15.3%	
8	add functions	4.7%	
9	change functions	7.6%	

图 1

接下来，本文评估了这些改变对代码变动带来的影响。本文发现很大一部分补丁的确能够引起控制流变化。但是，也有相当部分的补丁不会导致控制流变化，即补丁实际带来的可能只是基本块内个别指令的变化，甚至一部分补丁（6.5%）根本不会引起指令的变化，如图 2 所示。

总的来讲，经过本次调研可以发现，若仅关注控制流及指令层面则难以充分描述补丁带来的差异。考虑到现有方法即便能够找到差异也难以提供给分析人员便于理解的高层次语义信息，那么能不能在适应不同补丁模式的情况下，还提供丰富的语义信息帮助分析人员更好地理解呢？

No.	Category	Percentage	
1	add input sanitization checks	43.5%	
2	change input sanitization checks	25.1%	
3	add data structures	6.1%	
4	change data structure definitions	6.5%	控制流未产生变化
5	change data structure references	22.3%	
6	change function parameters	10.9%	
7	add or change function calls	15.3%	控制流产生变化
8	add functions	4.7%	
9	change functions	7.6%	

图 2

三、基于内存对象访问序列的补丁差异性比对

针对上述问题，本文的基本思路主要基于两个出发点展开：

　　　　程序对输入的操作能够揭示丰富的语义；

　　　　安全补丁通常通过修改对数据结构的操作来规范输入的传播。

　　因此，本文使用补丁前后的程序来运行 PoC，进而根据运行时数据结构访问与输入字段之间的关系来得到补丁携带的语义信息。

　　但二进制通常缺失符号和类型信息，那么如何表达数据结构访问与输入字段的关系呢？为了回答该问题，本文提出了内存对象访问序列的概念，这也是本文的核心。

　　在正式介绍内存对象访问序列的概念之前，本文提出了下述两个定义。

　　（1）内存对象 mobj 的表示方法为：mobj = (alloc, size, type)，其中 alloc 表示分配内存对象时的上下文信息；size 表示内存对象的大小；type 表示内存对象的类型。其中，type 包括静态变量、栈中的局部变量和堆上的动态变量。

　　（2）内存对象访问的表示方法为：A(mobj) = (mobj, cc, op, optype, α)，其中 mobj 为定义 1 中的内存对象；cc 表示内存对象访问时的上下文信息；op 表示在内存对象 mobj 上进行的相关操作，包含具体指令及其地址，本文主要关注在显式输入传播中涉及的数据移动指令、算术指令和库 / 系统调用指令；optype 表示内存对象 mobj 的访问类型，包含读和写两种；α 表示能够影响该内存对象操作的输入字段。

　　而将运行时的每个内存对象访问按照发生顺序排列，即构成了内存对象访问序列。基于上述定义，本文提出了基于内存对象访问序列的补丁差异比对的工作方案，如图 3 所示。

　　在图 3 中，首先通过运行监控与多源污点跟踪获取补丁前后程序执行 PoC 的执行序列与污点标签传播情况；基于上述信息，随后通过对函数调用栈进行识别、根指针提取、推断内存对象大小、根指针传播和污点标签关联等步骤来还原内存对象与内存对象访问，从而构建出补丁前后的两条内存对象访问序列，经过序列对齐后，即可用其揭示的高层次差异来帮助分析人员理解补丁所携带的信息。

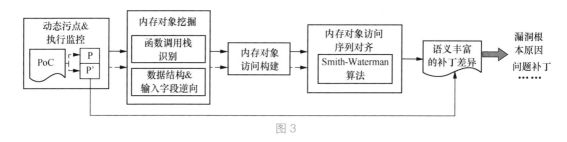

图 3

四、案例分析

　　本文提出方案的案例如图 4 所示。

mobj	alloc	size	type
L1	<main-serveconnection>:ebp-0x4151	0x2000	stack
L2	<main...Log>:ebp-0x172	0xc8	stack
L3	<main...Log>:ebp-0x23a	0xc8	stack

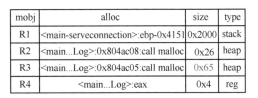

mobj	alloc	size	type
R1	<main-serveconnection>:ebp-0x4151	0x2000	stack
R2	<main...Log>:0x804ac08:call malloc	0x26	heap
R3	<main...Log>:0x804ac05:call malloc	0x65	heap
R4	<main...Log>:eax	0x4	reg

(a1) 针对ghttpd-1.4.3的内存对象表示示例　　　　(b1) 针对ghttpd-1.4.4的内存对象表示示例

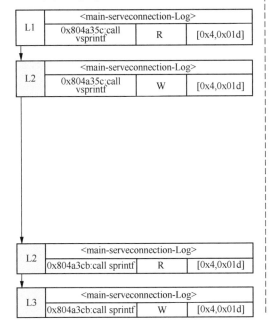

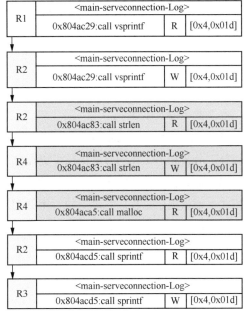

(a2) 针对ghttpd-1.4.3的内存对象访问序列示例　　　(b2) 针对ghttpd-1.4.4的内存对象访问序列示例

图 4

　　在图 4 中，左右两列分别是补丁前后（ghttpd-1.4.3 与 ghttpd-1.4.4）的内存对象及内存对象访问序列信息，其中 a1 与 b1 表示内存对象的信息，受输入影响的字段使用了红色标识；而 a2 与 b2 表示内存对象访问序列的信息，两者的差异信息使用了黄色标识。

　　根据上述信息，分析人员可以轻松察觉 L2\L3 与 R2\R3 的类型从栈上的局部变量变成了堆上的动态变量，大小也发生了变化，由此即可初步推测出此前漏洞与栈溢出有关。在此基础之上，从中间 3 个新增的内存对象访问来看，针对 R2 的字符串长度计算结果在调用 malloc 时被使用，且由调用地址可知 malloc 将内存分配给了 R3，R3 的大小也因此受输入影响。同时，结合最后两条内存对象访问的内容来看，可进一步判断该补丁通过为 R3 分配合适的大小，来避免 sprintf 对 R3 进行写入操作时出现溢出。此外，敏感的分析人员可能还会注意到 R2 的类型尽管变成了堆上的动态变量，但其被分配的大小依旧是固定的（不受输入影响），这意味着在 vsprintf 对 R2 进行写入（受输入影响）时仍可能会出现溢出，即该补丁的修复并不完整。

通过分析可以看到内存对象访问对象能够表达更方便安全分析人员理解的高层次语义信息，通过使用这些信息，可以较好地减轻分析人员的负担，帮助分析人员更快地达到分析目的。更多案例可以在论文原文中查看，论文原文中也对照比较了一些现有的二进制比对工具，较好地说明了此方法相较其他方法更适用于揭示补丁差异，对差异信息的提供更为精准，能够应对多种补丁模式，识别不产生控制流与指令变化的补丁差异。此外，此方法在揭示高层次语义的同时，稍作处理（如将内存对象访问展开为对应的指令）后亦可得到细粒度的信息。

↘ 五、总结

本文的主要贡献如下。

（1）进行了大规模的补丁模式实证调研，总结了多种补丁模式及其对代码带来的影响，为后续补丁分析相关工作的开展提供了更充分的理论支撑。

（2）提出了基于内存对象访问序列的补丁差异性比对方法。该方法能够应对不同类型的补丁模式，通过揭示"程序在动态执行中如何通过访问各种内存对象来操作输入字段"，可为分析人员提供携带高层次语义的补丁差异信息。

使用 PatchScope 的安全分析人员将享受比以往更简单、更精简的补丁分析过程。

↘ 作者简介

王笑克，武汉大学国家网络安全学院博士生。他的研究兴趣包括二进制比对，围绕代码库的安全攻防（API 误用检测、针对代码库的漏洞挖掘、代码库瘦身）等。

基于 cache 的中间人攻击：操纵隔离执行环境中的敏感数据

雷灵光

ARM TrustZone 技术被广泛用于为移动终端及嵌入式平台提供基于硬件的安全防护。传统的保护方式采用图 1（a）所示的可信执行环境（TEE）架构，将敏感应用直接部署在安全世界（secure world）中，以 TrustZone 的硬件隔离保证敏感应用的安全。但 TEE 架构下，安全世界的可信计算基（TCB）会随着敏感应用的增加而增加；而且安全世界的应用需要通过设备制造商来部署，这样不方便。为解决这些问题，研究人员提出了图 1（b）所示的基于隔离执行环境（IEE）架构的保护方案，安全世界中仅运行一个 IEE 监控程序（IEE monitor），负责在普通世界构建 IEE 给敏感应用运行。IEE 监控程序确保所构建的 IEE 能够免受来自普通世界恶意程序或操作系统的攻击。

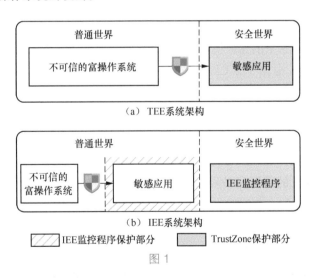

图 1

然而，现有的 IEE 方案并未充分考虑对 cache 的保护。通过对 IEE 方案中的数据保护机制及 ARM Cache 特性的系统化研究，本文提出了基于 cache 的中间人攻击（CITM），利用 cache 与 memory 在读写操作、安全和隔离属性等方面的不一致，攻破 IEE 中的数据保护机制。我们以典型的 IEE 方案 SANCTUARY（发表于 NDSS 2019）、Ginseng（发表于 NDSS 2019）和 TrustICE（发表于 DSN 2015）为例，阐述 3 种类型 CITM 攻击的原理，证明 CITM 攻击的广泛性和实际可行性。最后，在深入分析 CITM 攻击的原因之后，提出相应的防护措施，并进行性能评估。本文发表于 ACM CCS 2020，更多内容可参考论文原文 "Cache-in-the-Middle (CITM) Attacks：Manipulating Sensitive Data in Isolated Execution Environments"。

↘ 一、CITM 攻击

总体来说，IEE 监控程序需要在如下两种场景保护 IEE 中数据的安全。

场景 1：不受信任的程序与 IEE 在不同的 CPU 核上并行运行。在多核平台上，不受信任的程序可能与 IEE 并行运行在不同的 CPU 核上。出于安全性考虑，IEE 监控程序需要确保 IEE 存储（即为 IEE 分配的存储）是核隔离的，即该存储只有运行 IEE 的核才能访问，其他核无权访问。例如，SANCTUARY 以硬件方式确保 IEE 内存只有 IEE 所在的核才能访问。

场景 2：不受信任的程序与 IEE 在同一个核上以时分复用的方式运行。IEE 监控程序需要在上下文切换时做好保护：

⊣ 当 IEE 的执行被挂起或终止时（以下简称"切出"），备份和清理 IEE 数据以防止其被随后运行的不可信程序访问；

⊣ 当 IEE 恢复执行或启动时（以下简称"切入"），恢复 IEE 数据至 IEE 存储来保证 IEE 的正确执行。

然而，上述两种场景下的保护机制都可能遭受 CITM 攻击并威胁 IEE 数据的机密性和完整性。总体来说，我们提出 3 类 CITM 攻击，下面分别以 SANCTUARY、Ginseng 和 Trust-ICE 这 3 个 IEE 系统为例来介绍 CITM 攻击的原理。

1. 类型一：跨核操纵核隔离的 IEE 存储

该类型攻击针对场景 1，即当两个核并行运行时，跨核操纵核隔离的 IEE 存储。我们以 SANCTUARY 系统为例介绍具体的攻击原理。

（1）SANCTUARY 的数据保护机制。SANCTUARY 使用图 2 所示的架构，通过内存及 L2 cache 两级控制来保护 IEE 数据。首先，它以硬件模拟的方式实现核隔离的内存分配。具体来说，它为每个核分配一个唯一的非安全访问标识符（NSAID），并通过配置 TrustZone 地址空间控制器①（TZC-400）为每个 NSAID 分配隔离的内存区域。由于现有的 ARM 平台不支持为 CPU 的核单独分配 NSAID（即一个 CPU 的所有核共享 NSAID），因此 SANCTUARY 通过 ARM Fast Models 虚拟化工具模拟实现 CPU 核级别的内存隔离。其次，由于 L2 cache 是所有核共享的，因此为了防止攻击者通过 L2 cache 破坏 IEE 数据的安全性，SANCTUARY 配

---

① TrustZone 地址空间控制器以硬件方式保证分配给某一 NSAID 标识的存储区域只有该标识对应的设备能够访问。

置 IEE 内存的访问不经过 L2 cache。因为每个核有自己的 L1 cache，而且无法直接跨核访问，SANCTUARY 未对 L1 cache 提供额外的保护。

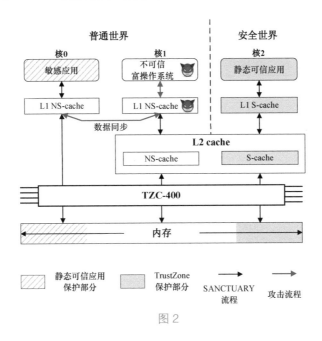

图 2

（2）共享属性。在系统化地研究了 ARM 平台上的 cache 特性后，我们发现了一种用于实现数据一致性保证的属性——共享属性。当处理器运行在对称多处理 SMP 模式时，共享属性保证不同的核在访问同一物理内存时从其 L1 Data Cache 获得数据是一致的。出于安全原因，Non-secure cache[①] 上的数据不会被同步到 Secure cache，反之亦然。在图 2 所示的架构中，IEE 和不可信程序都运行在普通世界，因此执行过程中涉及的 cache 均为 Non-secure，共享属性的一致性保证可能导致跨核的 L1 cache 操纵。

我们在 i.MX6Quad sabre 开发板上进行如下实验来确认共享属性对 Non-secure L1 Data Cache 的影响。简单来说，我们让所有 4 个核都运行在普通世界，访问相同的物理内存（以下简称测试内存），并且所有核的访问都不经过 L2 cache。我们先把所有核上测试内存对应的 L1 Data Cache 都清零，然后向核 0 的 L1 Data Cache 写入 0xffff 并观察其他核上对应的 L1 Data Cache 数据变化；之后，向核 1 的 L1 Data Cache 写入 0xdddd 并观察其他核上对应的 L1 Data Cache 数据变化。实验结果是，当所有核的内存都被配置为可共享时，一个核上的 L1 Data

---

① TrustZone 机制下，L1 和 L2 cache 都额外添加了一个 NS 比特位来记录 cache 的安全状态。当 cache 在普通世界被访问时，对应 cache 属性被设置为 Non-secure；当 cache 在安全世界被访问时，对应 cache 属性将被设置为 Secure。NS 位的设置由硬件自动完成。

Cache 数据会泄露到其他核，也会被其他核影响，如表 1 所示。反之，当一个核的内存被配置为不可共享时，其上的 L1 Data Cache 数据不会泄露到其他核，也不会被其他核影响，如表 2 所示。

表1

CPU核 共享属性配置	CPU核L1 Data Cache中的值	
	向核0写入0xffff之后	向核1写入0xdddd之后
核0（共享）	0xffff	0xdddd
核1（共享）	0xffff	0xdddd
核2（共享）	0xffff	0xdddd
核3（共享）	0xffff	0xdddd

表2

CPU核 共享属性配置	CPU核L1 Data Cache中的值	
	向核0写入0xffff之后	向核1写入0xdddd之后
核0（不共享）	0xffff	0xffff
核1（共享）	0x0	0xdddd
核2（共享）	0x0	0xdddd
核3（共享）	0x0	0xdddd

（3）攻击流程。共享属性默认都是开启的（即处于使能状态），因此可按照图 2 红线所示进行攻击。其中，核 0 和核 1 运行在普通世界，核 2 运行在安全世界；IEE 运行在核 0，不受信任的操作系统（Rich OS）运行在核 1。我们首先为核 1 构造一个页表条目，将内存页配置为可共享的，并使其物理地址指向核 0 的内存页（即 IEE 内存）。那么，当我们核 1 访问该内存时，核 0 的 L1 Data Cache 中的敏感数据将通过共享属性被窃取或修改。

在上面的攻击过程中，我们需要获得 IEE 内存的物理地址。由于 SANCTUARY 将 IEE 内存的相关页表维护在 IEE 中，攻击者无法直接获取其物理地址范围。然而，整个物理内存被分为 3 个部分，即 IEE 内存、TEE 内存（分配给安全世界的内存）和未受保护的内存（分配给不受信任的操作系统的内存）。恶意的操作系统可以简单地获取未受保护的内存地址范围。剩下的两个内存区域可以通过判断对应的 cache 是 Secure 还是 Non-secure 进行区分。TEE 内存对应的是 Secure cache，当从普通世界读取 TEE 内存总是会返回 0 或产生异常。IEE 内存对应的是 Non-secure cache，当 IEE 运行时，攻击者读取 IEE 内存可能获得真实的数据。因此，通过内存访问的返回值可判断某一地址是 IEE 内存还是 TEE 内存。

2. 类型二：绕过 IEE 切出时的保护机制

该类型攻击针对场景 2，即当一个核以时分复用的方式运行 IEE 和不可信程序时，攻击者可通过操纵 cache 绕过 IEE 切出（IEE 被暂停或终止）时的保护措施（如加密备份 IEE 数据并清空

IEE 存储），使得不可信程序可以访问 IEE 数据。我们以 Ginseng 系统为例介绍具体的攻击原理。

（1）Ginseng 的数据保护机制。Ginseng 将 IEE 构建在寄存器中，由于寄存器是每个核独享的，可以阻止来自其他核上不可信程序的攻击。然而，由于寄存器的容量很小，Ginseng 系统只能用来保护普通 APP 中的一些敏感函数，而且 Ginseng 构建的 IEE 运行在用户态。当 IEE 中运行的敏感函数调用不可信函数时需要进行切出保护，即将寄存器中的 IEE 数据加密并清空寄存器。为了确保安全性，该切出保护需要在安全世界或 IEE 中完成。由于寄存器容量太小，Ginseng 系统的 IEE 切出保护措施在安全世界中完成，需要将控制权直接从 IEE 转移到安全世界。通常情况下，触发跨域（即普通世界和安全世界之间）跳转的常用方式是从内核态调用特权 SMC 指令。然而，这种方法不适用于 Ginseng，因为其所构建的 IEE 运行在用户态，无法调用特权 SMC 指令。

Ginseng 采用图 3 所示方案来完成跨域跳转。当 IEE 中的敏感函数要调用不可信函数时，先读一个安全内存（步骤①②），从普通世界访问安全内存，将触发一个安全中断异常，该异常被安全世界的 GService（Ginseng 系统的 IEE 监控程序）捕获（步骤③）。GService 将寄存器中的 IEE 数据加密备份到内存，并清空相应的寄存器（步骤④）。随后，将控制流跳转回敏感函数（步骤⑤）并由其调用不可信函数（步骤⑥）。

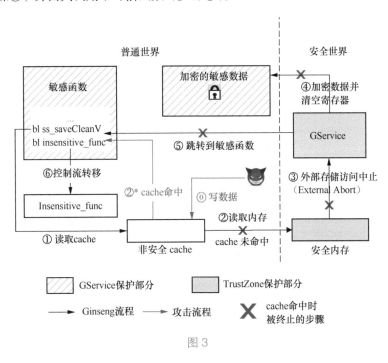

图 3

（2）攻击流程。由于步骤①的内存读取操作是从普通世界发起的，所访问的 cache 是 Non-secure，因此可以被普通世界的恶意程序读写。具体来说，攻击者在步骤①之前将安全内存对应的 cache 填上数据（即步骤⓪）。此后，步骤①的内存读取操作将碰到一个 Cache Hit（而非 Cache Miss）导致步骤②＊而非步骤②被执行。由于步骤②被绕过，步骤③④⑤也均被绕过。由此，在敏感寄存器未被清空的情况下，不可信函数将被执行并可访问其中的 IEE 数据。类似攻击类型一，在填充安全内存对应的 cache 之前攻击者也需要获得安全内存的物理地址。实际上，由于 Ginseng 系统构建的 IEE 运行在用户空间，其所有的页表都维护在不可信的普通世界操作系统内核中，因此攻击者可以很容易获得该地址。

3. 类型三：利用上下文切换过程中不完备的 cache 保护

该类型攻击针对场景 2，当上下文切换期间的保护措施可以有效实施的情况下，攻击者仍然可能利用上下文切换过程中对 cache 保护的不完备实施攻击。我们以 TrustICE 系统为例介绍具体攻击原理。

（1）TrustICE 的数据保护机制。TrustICE 是针对单核平台设计的 IEE 系统，通过动态配置 IEE 内存的安全属性来实现 IEE 数据保护。具体如图 4 所示，当 IEE 程序运行时，IEE 内存被设置成 Non-secure，以允许 IEE 从普通世界进行访问；当不可信的富操作系统运行时，IEE 内存将被设置成 Secure。

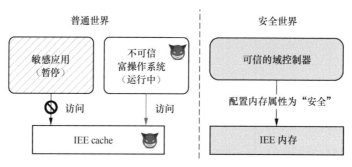

（a）不可信富操作系统运行时操纵IEE cache

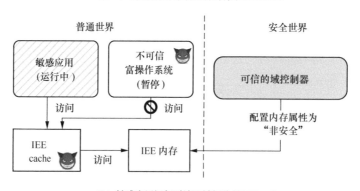

（b）敏感应用运行时读取被污染的IEE cache

图 4

（2）攻击原理。在上下文切换过程中，虽然 IEE 内存受到了保护，但是对应的 cache 始终是 Non-secure，而且未被正确处理。如图 4（a）所示，当 IEE 暂停时，IEE 内存被配置为 Secure，但 TrustICE 未清除对应 cache 中的数据，因此可通过访问 cache 窃取 IEE 数据。同理，攻击者可以将恶意数据预先写入 IEE 内存对应的 cache 中，当 IEE 恢复执行时，它将首先读取驻留在 cache 中的恶意数据，而不是内存页中的合法数据，如图 4（b）所示。该攻击过程也需要获得 IEE 内存的物理地址。与 SANCTUARY 类似，TrustICE 将 IEE 内存的相关页表维护在 IEE 中，攻击者可以采取本文描述的方法来获得 IEE 内存的物理地址范围。

↘ 二、CITM 攻击防御机制

最直接的防御策略是完全禁止 IEE 使用 cache，但这会产生较大的性能开销。通过分析 CITM 攻击的根本原因，我们提出配置 cache 属性和清理 cache 的方案来防止 CITM 攻击。总体来说，CITM 攻击的主要原因是 cache 和主存这两个存储体系之间的不一致性。因此，我们的防御重点是消除这些不一致。

第一类攻击的根本原因是内存隔离不自动保证 cache 隔离。例如，当通过 TZC400 实现核间的内存隔离时，相应的 L1 cache 数据仍然可以通过共享属性在核之间共享。该类攻击可通过将 IEE 内存的 cache 属性配置为不可缓存到 L2 cache 和非共享来消除。

第二类攻击的主要原因是内存和 cache 之间的读写操作没有同步。例如，在对 Ginseng 的攻击中，我们通过预先写数据到安全内存对应的 cache，使得读取操作因 Cache Hit 未传导到内存。该类攻击可通过将关键内存（如 Ginseng 中的安全内存）的 cache 属性配置为通写模式来消除。通写模式保证每次对 cache 的写操作直接被同步到内存（即攻击者在步骤⓪的操作中就会触发安全异常）。

第三类攻击的原因是安全属性的不一致。内存的 Secure 或 Non-Secure 属性是通过配置 TrustZone 地址空间控制器完成，但是 cache 的安全属性是由访问它的核的状态决定的。换句话说，在普通世界访问内存，对应 cache 将被自动标识为 Non-secure；而在安全世界访问内存，对应的 cache 将被标识为 Secure。由于 cache 的安全属性无法通过软件进行配置，我们通过在上下文切换过程中清除 cache 数据来消除该类攻击。

综上所述，本文提出的 3 种 CITM 攻击可以通过以下方法消除：将关键内存（如 IEE 内存或 Ginseng 的安全内存）的 cache 属性配置为通写、不可缓存到 L2 cache 和非共享，以及在上下文切换时清理关键内存对应的 cache。清理 cache 的操作可以通过在 IEE 中调用 Cache Invalidation 指令实现。而如何确保 cache 属性被正确配置，不同的 IEE 系统实现方式不一样。当关键内存的页表由安全世界或 IEE 自己维护时（如 SANCTUARY），正确配置 cache 属性即可。但当关键内存的页表由恶意操作系统维护时（如 Ginseng），我们需要拦截普通世界的页表更新操作，并在安全世界进行页表管理和 cache 属性配置。

我们在 i.MX6Quad SABRE 开发板（配备 1.2GHz 和 1GB DDR3 SDRAM 的 4 核 ARM Cortex-A9 处理器）上实现了该防御方案的原型并进行性能评估。其中，我们重点评估了拦截普通世界的页表更新操作造成的性能开销，结果如表 3 所示，总体开销在 2.65%。其中，数据库读写操作产生较大（17.74%）的开销，主要原因是将数据从磁盘复制到内存时，需要大量构建页表映射。

表 3

测试项	关闭保护机制	开启保护机制	性能开销
内存操作	486	475	2.26%
CPU 整数操作	698	692	0.86%
CPU 浮点数操作	567	564	0.53%
2D图像操作	282	281	0.35%
3D图像操作	861	852	1.05%
数据库输入输出操作	310	255	17.74%
SD卡写操作	38	36	5.26%
SD卡读操作	186	182	2.15%
总体	**3 428**	**3 337**	2.65%

↘ 三、总结

基于 IEE 架构的 ARM TrustZone 保护方案能够在不增加 TCB 的情况下为敏感应用提供安全的运行环境。然而，现有的 IEE 系统更多关注对内存的保护，而对 cache 的安全性研究还不够深入。本文在对 IEE 系统的数据保护机制和 ARM 平台上的 cache 属性进行系统化研究后，提出了 3 种基于 cache 的中间人攻击（CITM）。我们以 3 个典型的 IEE 系统为例阐述攻击的原理，并在分析攻击的主要原因（即内存和 cache 之间的不一致性）之后，提出防御方案并进行性能评估。

↘ 作者简介

雷灵光，中国科学院信息工程研究所，副研究员，主要从事系统及终端安全方面的研究，包括移动终端安全、可信计算技术、容器安全等。在 ACM CCS、TDSC、ESORICS、ACSAC 等期刊 / 会议上发表论文 20 余篇。她的相关研究成果获得省部级密码科技进步一等奖。她参与编制信息安全相关国家标准多项，还主持国家自然科学基金课题、网络空间安全重点研发计划子任务、密码基金课题等。

SecTEE：一种软件方式的 Secure Enclave 架构

赵世军

本文的论文原文 "SecTEE：A Software-based Approach to Secure Enclave Architecture Using TEE" 发表于 ACM CCS 2019，作者是 Shijun Zhao、Qianying Zhang、Yu Qin、Wei Feng、Dengguo Feng，来自中国科学院软件研究所、首都师范大学。

一、背景

电路板级物理攻击和软件侧信道攻击等新型攻击手段具有工具简单、低成本、易流程化等特点，是现代计算机软件系统甚至 TEE 等硬件安全架构（如 ARM TrustZone、SGX）面临的严重威胁。为提供高安全的运行环境，产业界和学术界提出了现代 Secure Enclave 架构，并且已经部署到主流 CPU 架构中，如苹果处理器的 Enclave 技术、Intel 的 SGX 技术和 RISC-V 的 Key Stone 技术。ARM 处理器在智能终端和嵌入式领域具有统治地位，并且越来越广泛地应用到服务器领域。但是在安全性方面，ARM 处理器只提供了 ARM TrustZone 技术，其威胁模型只考虑了软件攻击，完全达不到现代 Secure Enclave 在物理攻击和软件侧信道攻击方面的安全要求。

针对 ARM 处理器的安全问题，本文设计了一种基于软件方式的 Secure Enclave 架构，称为 SecTEE。该架构设计了软件方式的抗板级物理攻击和内存侧信道攻击的安全机制，并且提供了基础可信计算机制，从而为 ARM 处理器提供了完善的 Secure Enclave 解决方案。SecTEE 以软件方式为 ARM CPU 提供了一种与 Intel SGX 方案同等安全水平的安全解决方案，适用于主流 ARM 设备，其优势在于只依赖 CPU 上通用的硬件资源，不需要专用安全硬件，具有很好的实际意义和应用前景。

二、设计与实现

SecTEE 架构如图 1 所示，包含抗板级物理攻击、内存侧信道防御、可信计算机制和 Enclave 管理等几方面。首先构建可运行在片上存储的轻量级操作系统，对片上系统之外的数据提供机密性和完整性保护，将可信边界限定在片上系统，以抵抗冷启动、总线窃听等板级物理攻击；基于 Page Coloring 机制和缓存锁定机制设计将安全敏感应用固定在缓存并且不受外部攻击程序影响的缓存锁定机制，以抵抗目前流行的基于页表的侧信道和缓存侧信道攻击；实现可信度量、远程证明、数据封装等核心可信计算机制，为敏感应用提供高安全并且可证明的可信执行环境；只将 Enclave 创建、执行、销毁等基本接口暴露给宿主操作系统，从而防止利用宿主操作系统的控制能力实施侧信道攻击。

　　SecTEE 编程模型与 ARM TrustZone 类似，Enclave 实现为安全世界的可信应用（TA），Enclave 服务以 TA command 的形式提供给宿主应用，宿主应用通过调用 TEE Client API 的方式调用 Enclave 服务。另外，可信计算机制以 TEE 操作系统调用的方式提供给 Enclave，Enclave 可以通过这些系统调用实现对 Enclave 的身份识别、完整性度量和远程证明。

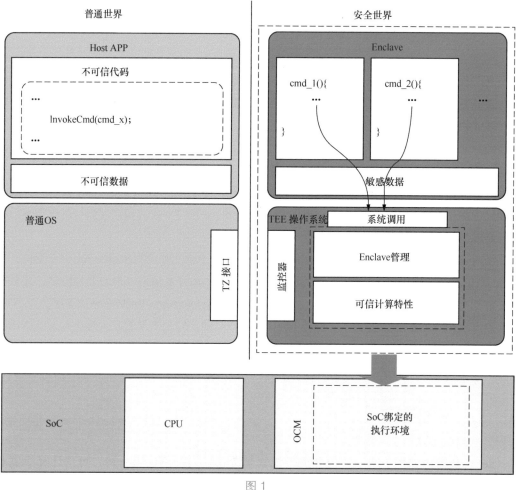

图 1

1. 板级物理攻击防御

SecTEE 的板级物理攻击防御利用了我们前序基于片上内存（OCM）的工作 Minimal Kernel。Minimal Kernel 针对 ARM CPU 架构不能抵抗板级物理攻击的安全弱点，提出使用片上内存保护整个 TEE 软件系统的方法，通过构建能够运行在片上内存的最小内核，并在该内核上构建片外内存加密方案，对所有存储在 CPU 外部的数据和代码进行机密性和完整性保护，从而全面抵抗只能实施在 CPU 外部组件的板级物理攻击。Minimal Kernel 提出了最小核构建原则，从理论上可构建需要最小工作内存的操作系统内核，从而减少对片内存储的占用，将更多的内存资源提供给 Enclave，提高 Enclave 的运行效率。

2. 软件侧信道防御

SecTEE 只关注基于页错误的侧信道和 cache 侧信道的防御。由于 SecTEE 中 Enclave 的页错误都由 SecTEE 内核来处理，宿主操作系统无法通过操控页表来实施基于页错误的侧信道攻击。在 cache 侧信道防御方面，SecTEE 考虑了从安全世界和普通世界发起的侧信道攻击：

- SecTEE 基于 Page Coloring 机制对 OCM 进行分组，保证 Enclave 之间不能共享 cache，从而抵抗安全世界的 cache 侧信道攻击；
- SecTEE 通过在 Enclave 上下文切换时清空 cache 和在 Enclave 加载时锁定 cache，保证普通世界代码无法实施同核和跨核的 cache 侧信道攻击。

3. 可信计算机制设计

SecTEE 在 TEE 操作系统内核层提供了平台身份证明、完整性度量、数据封装、远程证明和机密数据提供（secret provisioning）等 5 种基本可信计算机制。其中可信计算机制的信任根由设备根密钥（DRK）、设备封装密钥（DSK）和生产厂商的公钥（PubMRK）这 3 个密钥构成，不依赖其他硬件资源。平台身份证明机制基于厂商的 PKI 实现，用于验证 Enclave 开发者的身份；完整性度量机制在 Enclave 加载时对其完整性进行度量和验证，保证 Enclave 未被篡改；数据封装机制将 Enclave 的机密数据绑定在平台上，保证只能由指定平台和指定 Enclave 访问该机密数据；远程证明机制实现为一个特权 Enclave，可对证明密钥进行管理，并可向远程验证方提供 Enclave 的完整性状态和身份的证明；机密数据提供机制基于 SIGMA 密钥协商协议和可信计算远程证明协议实现，可向远程数据提供方证明 Enclave 的完整性状态和身份，并构建安全信道，从而保证数据方安全地将私有数据传递给 Enclave。上述可信计算机制实现为 7 个 TEE 操作系统调用，供 Enclave 调用。SecTEE 系统调用如表 1 所示。

4. Enclave 管理设计

在 Enclave 整个生命周期管理中，SecTEE 将核心的管理接口，包括资源分配、内存管理、中断处理、调度、资源释放等，都交由 SecTEE 内核处理；只将创建、调用和关闭 Enclave 等基本接口暴露给宿主操作系统，这极大降低了宿主操作系统对 Enclave 的操控能力，可避免类似针对 Intel SGX 的侧信道攻击。

表1

系统调用	SecTEE操作描述
syscall_request_AK(void*pubAK,void*sigDRK)	生成证明密钥AK并使用设备根密钥对其进行签字
syscall_seal_AK（bool flag,void*SealedAK）	接收一个判断生成的证明密钥是否得到生产厂商批准的标志，如果得到批准，则封装密钥
syscall_import_AK(void*SealedAK,void*sigDRK)	导入一个封装的证明密钥SealedAK
syscall_remote_attestation(char*report_data, void*attest_sig)	对report_data进行证明，并将证明结果存储在attest_sig中
syscall_seal(char*data,char*ciphertext)	封装数据并将结果返回给调用的Enclave
syscall_unseal(char*ciphertext,char*data)	解封封装的数据密文，并将结果返回给调用的Enclave
syscall_provisioning(void*DH_A,void*DH_B,void*sigAK,void*DH_shared)	向远程方证明调用Enclave的可信性，为数据传输建立安全信道

↘ 三、实验评估

论文从 TCB、可信计算性能负载、基准测试、Enclave 性能和侧信道防御等方面对 SecTEE 进行了评估。

1. TCB

SecTEE 增加了大约 7 400LOC，其中内存保护组件大约 2 000 LOC；侧信道抵御组件大约 200 LOC；可信计算原语大约 1 700 LOC；密码学原语大约 3 500 LOC。

2. 可信计算性能负载

论文以调用可信计算系统调用的方式评估可信计算引入的性能负载，具体性能评估如表 2 所示。

表2

	基于RSA的证明密钥	基于ECC的证明密钥
TEEC_OpenSession	90.73	—
syscall_request_AK	23 254	744.37
syscall_seal_AK	1.40	—
syscall_import_AK	10.47	—
syscall_remote_attestation	196.61	507.69
syscall_seal	0.90	—
syscall_unseal	0.90	—
syscall_provisioning	1 186	1 508.89
World Switch	0.08	—

3. 基准测试

论文使用 Xtest 基准测试工具对 SecTEE 的性能进行测试，Xtest 基准测试工具从存储性能（Benchmark 100X）、密码算法性能（Benchmark 200X）、操作系统相关特性性能等几个方面进行测试。论文的测试情况分为没有物理攻击防御和侧信道防御、只有物理攻击防御、只有侧信道防御、物理攻击防御和侧信道防御都具备等 4 种。分别对这 4 种情况进行性能评估，评估结果显示 SecTEE 对数据使用频繁的应用影响较大，极端情况负载涨幅可达 50 倍，对于其他应用引入的负载大约为原负载的 2 ～ 4 倍。SecTEE 性能评估如图 2 所示。

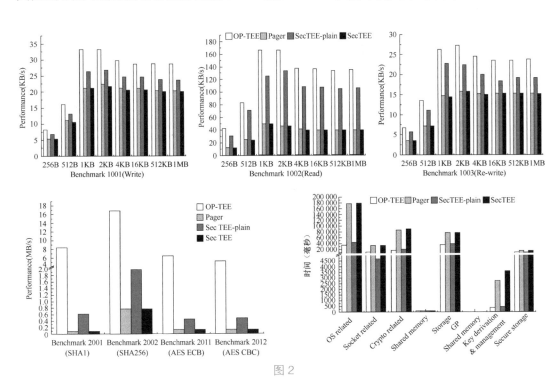

图 2

4. Enclave 性能

论文构建了 3 个 Enclave 测试其性能，包括随机数 Enclave、数据保护 Enclave 和 HOTP Enclave，测试包括 Enclave 全部执行时间（包含 Enclave 加载、资源分配、执行服务和销毁等）和 Enclave 服务执行时间两方面。对于全部执行时间 SecTEE 引入负载大约为原负载 40 倍，而在 Enclave 服务执行时间内 SecTEE 仅引入大约 12% 的性能开销。SecTEE 中 Enclave 性能评估如图 3 所示。

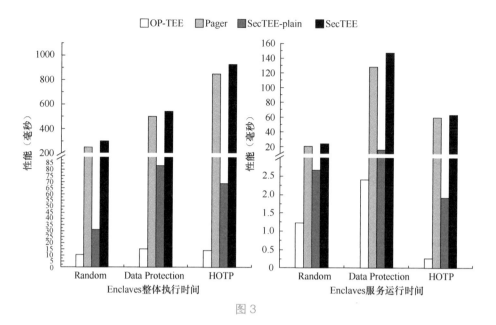

图 3

5. 侧信道攻击防御评估

论文使用 cache 攻击对基于 T-table 方式的 AES 实现进行攻击，从而评估 SecTEE 的侧信道防御能力，实验方案包含了普通世界和安全世界的侧信道防御能力评估。

在普通世界的 cache 攻击防御方面，论文通过实施 Prime+Probe 攻击来检查普通世界能否检测到安全世界的内存访问。实验结果显示在没有任何防御的情况下，普通世界的侧信道攻击者确实能够获取安全世界的一些信息，同时证明 SecTEE 对 cache 的清空和锁定操作能够抵抗 cache 攻击。普通世界和安全世界 cache 攻击检测结果如图 4 所示。

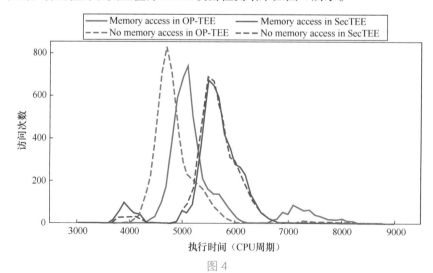

图 4

在安全世界 cache 攻击防御方面，实验结果证明恶意 Enclave 在 SecTEE 内运行时无法获取其他 Enclave 的内存访问模式，无法推测 AES 密钥任一比特的信息。SecTEE 侧信道防御能力检测结果如图 5 所示。

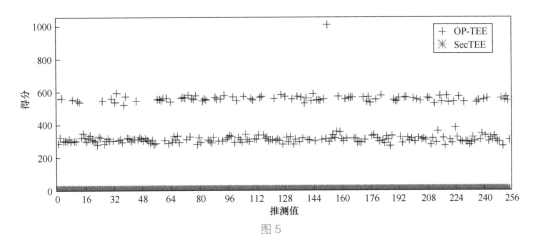

图 5

四、评价

SecTEE 基于 ARM TrustZone 和通用硬件资源为 ARM CPU 架构设计了 Secure Enclave 架构，提供了抗板级物理攻击和内存侧信道攻击的防御机制，并提供了核心可信计算功能，达到了现代 Secure Enclave 技术的最高安全要求，为 ARM 处理器提供了一种构建高安全计算环境的选择。由于方案不需要修改硬件，SecTEE 可广泛应用于已经出厂的 ARM 处理器。

SecTEE 只对隔离能力、设备根密钥等通用资源有要求，因此可以应用到具有隔离能力的其他 CPU 架构（如具备 TEE 扩展的 RISC-V CPU 架构），或带有强隔离能力的微内核架构等计算平台中。

实验结果表明，SecTEE 的性能负载主要来自内存保护机制，这种负载可以通过增加硬件加密引擎来缓解，这种设计符合软硬件协同设计的发展趋势。

作者简介

赵世军，研究领域包括信息安全、系统安全和可信计算，他在 ACM CCS、RAID、Computer Networks 等国际学术会议和期刊发表论文二十余篇。本论文发表时作者任中国科学院软件研究所副研究员，现为华为技术有限公司技术专家。

安全漏洞报告的差异性测量

欧国亮

本文的论文原文"Towards the Detection of Inconsistencies in Public Security Vulnerability Reports"发表于 Usenix Security 2019。

虽然公共漏洞库（如 CVE 和 NVD）极大地促进了漏洞披露和缓解，但是随着漏洞库大量数据的积累，漏洞库信息的质量越来越受到人们的关注。论文作者把 CVE 漏洞描述、CVE 参考报告分别与 NVD 漏洞描述、NVD 参考报告进行差异性测量，发现 CVE 漏洞描述、CVE 参考报告与 NVD 漏洞描述、NVD 参考报告的平均严格匹配率只有 59.82%，NVD 存在高估或低估软件版本的错误信息。

↘ 一、软件名称提取

为了量化差异性，需要从非结构化漏洞报告中提取出存在漏洞的软件名称和版本。由于漏洞报告的独特性，传统的 NLP 工具很难处理这个任务，论文作者提出了一个名为 VIEM 的系统来提取漏洞报告中的信息。VIEM 由命名实体识别（NER）模型和关系抽取（RE）模型组成。该模型可以识别出漏洞报告中存在漏洞的软件名称和版本，如图 1 所示。

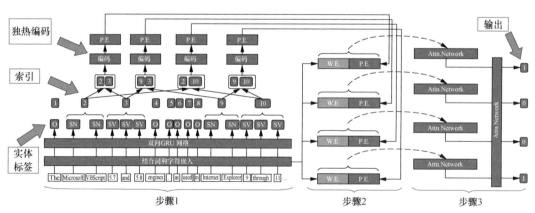

图 1

NER 模型的输入是报告中的句子，如句子 "The Microsoft VBScript 5.7 and 5.8 engines，as used in Internet Explorer 9 through 11 …"，首先将它导入 NER 模型中，NER 模型将输出句子中存在漏洞的软件名称和版本。在这个例子中，"Microsoft VBScript" "Internet Explorer" 是软件名称，"5.7 and 5.8" "9 through 11" 是版本。在模型内部，使用双向 GRU 来识别软件名称和版本，使用词向量和字符向量进行预处理，并使用字典进一步提高精度。在识别出软件名称和版本之后，把它们输入 RE 模型，识别出每个软件名称对应的软件版本，在例子中，把软件名称 "Microsoft VBScript" 和软件版本 "5.7 and 5.8" 识别为一对，把软件名称 "Internet Explorer" 和软件版本 "9 through 11" 识别为一对。在 RE 模型中，使用独热编码来对每种可能的软件名称版本对进行编码。然后将这个编码输入一个层次注意力网络，以预测出软件名称对应的软件版本。

通过训练内存崩溃这个类型漏洞的 NER 模型、RE 模型来捕获这类漏洞的特征。然后，使用迁移学习为其他类型漏洞训练模型，如 SQL 注入。这不仅缩短了训练时间，而且解决了某些类型漏洞训练数据不足的问题。

为了测量 VIEM，论文作者收集了过去 20 年的 7 万多个漏洞报告。每个 CVE ID 所对应的网页还包含外部漏洞报告的链接。论文作者的研究重点是 5 个具有代表性的来源网站，这些漏洞网站包括 SecurityTracker、SecurityFocus、ExploitDB、Openwall 和 SecurityFocus 论坛。另外，他们还人工标记了大约 2 000 个漏洞报告来训练模型。在内存崩溃这种漏洞上训练 NER 和 RE 模型，在 ground-truth 数据集中，有接近 3 500 个 CVE ID，以 8∶1∶1 的比例对模型进行训练、验证和测试。

经过测试，NER 模型、RE 模型表现得很好，准确率达到了 97.6%，而之前最先进技术的准确率不超过 90%。

对于迁移学习，论文作者使用内存崩溃作为教师模型，其他类型漏洞作为学生模型。对于每个学生模型，用 145 个漏洞报告作为 ground-truth 数据集，以 1∶1 的比例进行预训练和测试。在内存崩溃外的其他 12 种类型漏洞模型的平均准确率通过迁移学习把准确性从 87.6% 提高到了 90.4%。

↘ 二、差异性测量

在使用 VIEM 提取出存在漏洞的软件名称和版本之后，论文作者进行了大规模的差异性测量。

首先定义了差异性的测量标准。差异性测量结果分为严格匹配（两个版本集合完全相同）和松散匹配（一个版本集合是另一个版本集合的子集）。论文作者使用这两个参数来测量差异性，并得到了一些有趣的发现。

通过把各个网站与 NVD 进行对比，发现差异性是普遍存在的。从图 2 中看到，对严格匹配来说，匹配率最高的是 ExploitDB，它的匹配率不超过 80%。即使使用松散匹配，匹配率也没有达到 100%。此外，论文作者还研究了为什么 ExploitDB 优于其他漏洞网站。他们发现，ExploitDB 的大多数漏洞报告都是在 NVD 条目创建之后发布的。

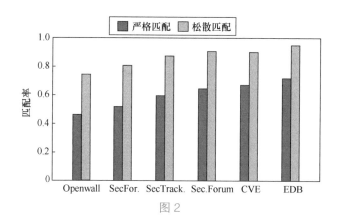

图 2

论文作者研究了不同类型漏洞的匹配率，发现每种类型的漏洞都存在差异性。在图 3 中，虽然松散匹配率仍然相似，但严格匹配率存在明显差异。"SQL 注入"和"文件包含"具有最高的严格匹配率，数值超过了 75%。"内存崩溃"的类型具有低得多的严格匹配率，只有 48%。进一步人工验证表明，"内存崩溃"漏洞通常比"SQL 注入"和"文件包含"类型的漏洞更复杂，因此需要更长的时间来重现和验证。由此可知，NVD 可能随着时间的推移，并未加入新发现的存在漏洞的版本。

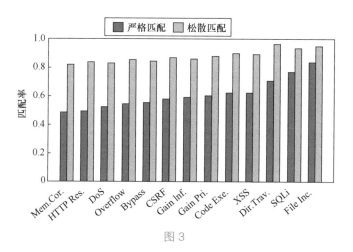

图 3

把松散匹配细分为高估和低估，在图 4 的例子中，把 NVD 和 CVE 的 CVE-2005-4134 进行比较，NVD 高估了图 4 软件 "Mozilla Firefox" 和 "Netscape Navigator" 的版本，因为 NVD
列出的版本比 CVE 列出的要多。相反，对于软件 "K-Meleon"，NVD 低估了存在漏洞的软件
版本范围。

NVD数据

软件	版本
Mozilla Firefox	直到（包括）1.5
Netscape Navigator	直到（包括）8.0.40
K-Meleon	直到（包括）0.9
Mozilla Suite	直到（包括）1.7.12

CVE摘要

软件	版本
Mozilla Firefox	1.5
Netscape Navigator	8.0.4和7.2
K-Meleon	0.9.12之前

高估

低估

图 4

　　图 5 中给出了松散匹配中，高估和低估的 NVD 条目所占的比例。此分析中不包含严格匹
配的软件名称版本对。论文作者发现 NVD 条目可能会高估存在漏洞的版本，这是合理的。因
为 NVD 理应搜索不同的漏洞信息源以使得 NVD 条目及时更新，所以 NVD 条目可能覆盖更
多存在漏洞的版本号。即使对 5 个网站和 CVE 摘要中存在漏洞的版本取并集，NVD 仍然有
覆盖更多存在漏洞的版本的情况。更有趣的发现是，与每个外部信息源相比，NVD 仍然会存
在低估存在漏洞版本的情况。这意味着 NVD 要么延迟更新数据条目，要么不能及时追踪外部
报告的漏洞数据更新。只有小部分 NVD 条目同时包含低估和高估的版本。

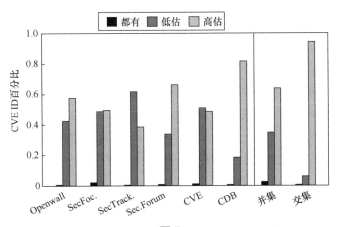

图 5

论文作者测量了一致性随时间的变化情况，根据图 6 蓝色虚线可以发现，NVD 与其他 6 个信息源之间的一致性水平随着时间的推移而逐渐降低。对两种匹配率进行线性回归，发现两者都为负斜率。结果表明，在过去的 20 年中，整体的一致性随着时间的推移而下降。但是，近几年（2016 年至 2018 年）整体的一致性水平开始升高，这是一个好兆头。

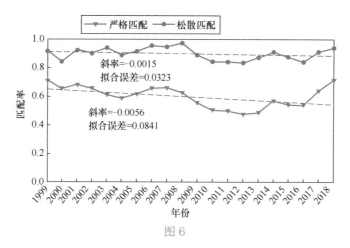

图 6

论文作者找出了造成差异性的一些原因，其中一个原因是笔误。在图 7 中，正确的版本是 0.8.6，然而 SecurityFocus 将版本写成了 0.6.8。笔误是其中一个原因。

图 7

另一个原因是 NVD 的大多数报告在创建后很少更新。作者随机选择了 5 000 个存在差异性的 CVE ID，发现 66.3% 的 NVD 报告从未更新。例如在图 8 中，2010 年 SecurityFocus 添加了存在漏洞的新版本 1.11。然而，NVD 仍然认为 1.16 是存在漏洞的唯一版本。

为了更好地理解信息差异性造成的影响，论文作者做了一个案例研究，收集了 7 个漏洞，覆盖了 47 个报告，报告来源不限于之前介绍的 5 个漏洞报告网站，如表 1 所示。在这 185 个版本中，只有 64 个版本被确认是存在漏洞的。论文作者发

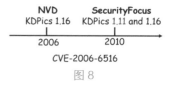

图 8

现了 12 个存在漏洞的新版本，这些版本并没有被漏洞报告网站收录。

表1

CVE ID	NVD	5个网站的交集	5个网站的并集	真实情况
CVE-2004-2167 latex2rtf	1.9.15（1）	1.9.15（1）	1.9.15和可能的其他版本(40)	1.9.15(1)
CVE-2008-2950 poppler	≤0.8.4（34）	≤0.8.4（34）	≤0.8.4（34）	0.5.9-0.8.4（16）
CVE-2009-5018 gif2png	0.99-2.5.3（36）	≤2.5.3（36）	≤2.5.3（36）	2.4.2-2.5.6（13）
CVE-2015-7805 libsnfile	1.0.25（1）	1.0.25（1）	1.0.25（1）	1.0.15-1.0.25（11）
CVE-2016-7445 openjpeg	≤2.1.1（16）	2.1.1（1）	2.1.1（1）	1.5-2.1.1（7）
CVE-2016-8676 libav	≤11.8（47）	11.3, 11.4, 11.5, 11.7（4）	11.3, 11.4, 11.5, 11.7, 11.8, 11.9（4）	11.0-11.8（9）
CVE-2016-9556 ImageMagick	7.0.3.8（1）	7.0.3.6	7.0.3.6, 7.0.3.8（2）	7.0.3.1-7.0.3.7（7）

论文作者通过人工验证确认了 ground-truth 数据，并把数据与 NVD 进行了比较。表 1 中的红色字体表示高估，蓝色表示低估，绿色表示两个版本集合都有对方不包括的版本。一方面，"低估"的问题可能会导致存在漏洞的软件系统的漏洞未被完全修补，因为一些存在 bug 的版本没有被记录。另一方面，"高估"的问题可能会导致在进行风险评估时，浪费安全分析人员的大量人工工作，让他们徒劳地测试一些不存在漏洞的软件版本。另外，论文作者还将 ground-truth 和 5 个网站的交集、并集分别进行了比较，发现仍然存在高估低估的问题。

三、总结

在本文中，论文作者设计和开发了 VIEM 来自动化地提取存在漏洞的软件名称和版本，然后将 VIEM 应用于大规模的差异性测量中，结果表明差异性的信息是普遍存在的。最后，作者还做了一个案例研究，表明不一致的信息有严重的安全影响。

作者简介

欧国亮，中国星网网络应用有限公司软件开发工程师，毕业于西安电子科技大学网络与信息安全学院。他曾在中国科学院大学国家计算机网络入侵防范中心实习，实习期间研究方向为信息安全与机器学习。

谁在篡改我的可信根证书仓库

张一铭 刘保君

或许曾经在 12306 网站购票的过程中,你已经习惯于随手下载并信任陌生根证书。但是你是否也思考和怀疑过:信任陌生根证书对终端设备而言究竟意味着什么?攻击者有没有可能同样隐蔽地植入恶意根证书?

本文的论文原文 "Rusted Anchors: A National Client-Side View of Hidden Root CAs in the Web PKI Ecosystem" 发表于 ACM CCS 2021。这项研究工作是由来自清华大学和加州大学尔湾分校等多位研究人员共同完成的。

↘ 一、研究背景

HTTPS 是互联网基础网络协议之一,它为客户端和服务器之间数据传输的机密性和完整性提供了安全保障。互联网公钥证书安全信任模型如图 1 所示,实际上,HTTPS 的安全特性是由数字签名证书提供的(图 1 绿色区域)。可信第三方证书颁发机构(Certification Authority,CA)签名的数字证书,在网络交互过程中可以通过验证。

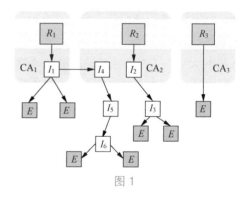

图 1

考虑到数字签名证书的重要作用,可信第三方证书颁发机构必须经过严格的安全性审查,并受到规范监管。作为当前最佳安全实践,主流操作系统通常会维护可信证书颁发机构的根证书列表(图 1 红色区域),并将其存储为终端设备的可信根证书仓库,即 Root CA Store。由该列表内根证书签发的数字证书链将被用户视为安全可信。

截至目前,关于"如何管理本地可信根证书仓库"仍然缺乏统一的标准或规范。例如,尽管 Windows 系统会为用户预置 Root CA Store,却为其保留了修改 Root Store、植入第三方根证书的权限,并将判断第三方根证书是否可信的责任交给互联网用户。这种安全性设计并不合理。事实上,政府机构、企业、本地软件,甚至是恶意软件,都可能将其持有的根证书植入操作系统的 Root CA Store。此类由第三方植入的根证书未经严格安全审查，其签发行为亦不受社区监管，安全风险极高。而信任存在安全性缺陷的根证书，将从根本上破坏 HTTPS 的信任模型，使网络通信面临窃听或劫持风险。2015 年，联想电脑即在设备出厂时默认安装广告软件，植入不可信的根证书，使得即使用户访问加密后的网页内容也可被篡改。

我们认为，作为网络通信的安全根基，用户实际使用的（可能已被第三方修改后的）本地根证书仓库或许并不可靠。而该问题尚未获得安全社区的足够重视。我们的研究工作主要试图回答以下问题。

（1）在互联网用户的本地根证书仓库中，究竟存在多少未受监管的第三方根证书？

（2）上述根证书存在何种安全性缺陷，影响了多少 HTTPS 网络流量？

（3）此类根证书包含哪些类型，主要来源或途径是什么，以及谁是背后的操控者？

↘ 二、主要研究结论

结论一：在互联网用户本地根证书仓库中，我们发现了至少 117 万个未受监管的根证书，影响了约 0.54% 的 HTTPS 网络链接。

通过对大量异常 HTTPS 网络链接的分析，对比公共可信根证书列表，我们定位出 119 万未受监管的根证书。值得注意的是，其中绝大部分（117 万个）已经植入本地根证书仓库，正在被终端设备所信任。

结论二：通过对上述根证书进行聚类关联分析，我们识别出了持有这些根证书的 5005 个组织/团伙，其在实际影响与规模方面呈现出显著的长尾效应。

图 2 展示了未受监管的根证书组织的规模与影响分布，位于头部的 100 个组织持有 97.5% 未受监管的根证书，影响了超过 98.9% 的不安全 HTTPS 网络链接。

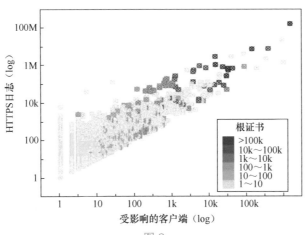

图 2

结论三：关于未受监管根证书的类别和来源，除典型的企业或安全软件自建根证书以外，我们还发现了攻击者仿冒知名证书颁发机构伪造恶意根证书的现象，影响颇为严重。

通过对影响最大的组织进行逐一分析，未受监管的根证书组织来源类别、影响规模及典型案例如表 1 所示。我们发现，目前未受监管的根证书来源主要包括如下 3 种：

- 企业及政府机构的自建根证书；
- 攻击者仿冒知名证书颁发机构伪造的根证书；
- 本地安全软件或网络代理软件生成的根证书。

表 1

类别	组织数量	根证书数量	影响终端规模	典型案例
Enterprise Self-built	24	48	199 743 (3.94%)	CN = SZSE ROOT CA, O = Shenzhen Stock Exchange
Digital Authentication	13	18	539 711 (10.65%)	CN = CFCA ACS CA, O = China Financial Certificate Authentication
Government Self-built	13	16	62 032 (1.22%)	O = National E-Government Network Administration Center
Fake Authentications	11	817 532	2 798 985 (55.21%)	CN = VeriSlgn Class 3 Public Primary Certification Authority - G4
Packet Filter	11	15 587	73 725 (1.45%)	CN = NetFilterSDK 2
Proxy/VPN	10	90 131	1 029 648 (20.31%)	CN = koolproxy.com, O = KoolProxy inc
Security Software	2	7 187	4 719 (0.09%)	O = Beijing SkyGuard Network Technology Co., Ltd
Parent Control	1	7 554	7 787 (0.15%)	CN = UniAccessAgentFW 2
Unknown	15	207 957	289 198 (5.07%)	CN = VRV NDF RootCA 2

其中特别值得注意的是虚假根证书仿冒知名证书颁发机构的现象。攻击者利用根证书字段伪装为知名权威认证机构，仿冒权威机构的虚假根证书示例如表 2 所示，这有利于逃逸安

全厂商检测。此外，数据显示，虚假根证书签发了大量知名域名的数字证书。而由于其已被广泛植入本地信任列表，终端设备对此类非法证书几乎不会产生任何告警信息。

表2

攻击者仿冒的根证书名称（红色为修改部分）	根证书数量	影响域名规模
GlobalSignature Certificates CA 2	1	74 555
VeriSlgn Class 3 Public Primary Certification Authority - G4	2	210
GlobalSign Root CA	1 419	6 023
Small DigiCert Baltimore Root 2	135 258	30 316
GlobalSign Root CA R3	136 196	47 347
Certum Trusted NetWork CA 2	254 414	1 137 121

↘ 三、讨论与总结

本研究通过测量研究披露了客户端可信根证书仓库的脆弱性，大量第三方根证书存在于网络用户本地信任列表，带来了严重的安全隐患。因此，安全社区应当重新审视互联网公钥基础设施中本地可信根证书仓库的安全特性。操作系统及浏览器等应用应当采用更为严苛的检查与限制策略，并在本地根证书仓库被修改时更为明确地告知终端用户安全风险。

在后续的工作中，我们将探索客户端可信根证书仓库管理的最佳安全实践，努力清除终端设备中的非法根证书，尽最大可能改善我国互联网用户终端的安全性现状。

↘ 作者简介

张一铭，清华大学计算机科学与技术系博士研究生，她的主要研究方向为网络安全。

刘保君，清华大学网络研究院博士后，他的主要研究方向为网络安全与网络测量。

03

基于模糊测试的
漏洞挖掘

Fuzzing 的研究之旅

郑尧文　刘杨

　　模糊测试（Fuzzing）是一种软件与系统的安全测试技术。它通过发送随机变异的输入给被测试软件或系统，并实时监控被测试对象的异常状态（如崩溃等），从而发现潜藏在软件与系统中安全漏洞。相比其他安全测试技术（如数据流分析、污点分析、符号执行等），Fuzzing具备高效、准确率高等特点，它在学术界与工业界都得到了广泛的应用。AFL（America fuzzy lop）作为最广泛使用的 Fuzzing 工具，已经发现超过 15 000 个漏洞，且基于 AFL 做二次开发的研究工作在这 3 年已经有超过 100 篇文章发表，可见 Fuzzing 技术在软件安全领域的重要价值。

　　Fuzzing 根据软件信息的收集情况，可以分为黑盒测试、灰盒测试、白盒测试这 3 个类别。其中，黑盒测试将软件作为"黑盒子"，不收集软件的任何信息对软件进行测试。白盒测试对软件做复杂的静态分析，包括污点分析、符号执行等，获取丰富的软件信息，从而引导测试用例的生成。灰盒测试介于黑盒测试与白盒测试之间，通过轻量级的方式获取软件执行信息，如代码覆盖率、路径等信息，用于引导测试用例的生成。黑盒测试的优势在于不需要了解软件具体运作原理即可对其进行测试。而灰盒测试的优势在于轻量级地获取软件运行情况，以极小的性能开销辅助生成更有价值的测试用例，从而更快地发现深层次的软件安全缺陷与漏洞。

　　已有的 Fuzzing 技术在软件与系统的安全测试中已具备很好的泛用性，然而在测试特定目标对象、解决特定问题上仍然存在一定的不足。因此，我们的研究从黑盒与灰盒测试两方面入手，一方面研究如何在不同测试目标的黑盒测试中生成高质量的测试用例。另一方面，研究基于反馈的灰盒测试中，如何充分利用程序反馈的信息，研究高效的种子选择、调度、变异策略，定向测试，以及针对特定漏洞类型的高效发现方法。

↘ 一、黑盒测试中高质量测试用例的生成

　　针对黑盒测试的高质量测试用例生成，我们的研究主要分为两个方面。一方面，面向特定测试目标，研究如何基于已有的大规模原始数据，生成高质量的测试用例，保证其能够通

过测试目标的语法与语义检查，从而执行到程序的深层次状态，并以此挖掘代码的深层次漏洞。另一方面，分析测试目标的状态与行为并生成高鲁棒性模型，在此基础上，研究基于模型的高效测试用例生成方法。

我们对现实世界中各类型的软件进行分析，涉及程序语言的解析引擎、移动 APP、Web 应用、大型网络游戏、macOS SDK 库等，研究出针对各类型软件的 Fuzzing 高质量测试用例的生成方法。研究结果表明，这些高质量种子可以快速、高效地发现这些软件中的安全缺陷与漏洞。

1. 语言解析引擎的测试

针对被测程序生成高质量的测试用例时，需要保证测试用例能够通过语法的解析，以及语义的分析，执行到程序真正和核心代码部分进行动态测试，从而发现影响力大的漏洞。通常来说，同类型的被测程序的输入有相似的语法结构，但由于程序功能的多样性，在语义实现上差异较大，因此手动生成满足语义的输入非常困难，需要消耗大量的人力。由此可知，针对特定类型软件，如何生成高质量满足语义规则的输入是一个重要的研究问题。

针对程序语言解析引擎的测试，我们提出研究 "Skyfire: Data-Driven Seed Generation for Fuzzing"，并发表在 2017 年 IEEE S&P 会议上。Skyfire 针对 XML、XSLT 等语言解析引擎，研究如何根据大量的开源项目的数据，生成能够通过语法解析与语义分析，且具有高覆盖率的种子集合。后续在测试过程中使用这些生成的种子，快速地发现被测引擎的漏洞。具体来说，本研究创新性地提出 PCSG（基于概率的上下文敏感的文法），先从数据样本中抽取出抽象语法树，然后根据推导法生成原始种子。在此基础上，优先选择高代码覆盖率的种子，并随机的变异种子的叶子节点，从而构造满足语法条件的测试用例。最后，本研究集成 AFL，并对开源的 libxslt、libxml2 和 sabotron 等引擎进行测试。结果表明，相比使用爬取的网络数据作为种子，本研究生成的种子在内存破坏和拒绝服务类的漏洞发现能力都有很大的提高。同时，Skyfire 在代码覆盖率和函数覆盖率上分别有 20% 和 15% 的提高。Skyfire 的工作流程如图 1 所示。

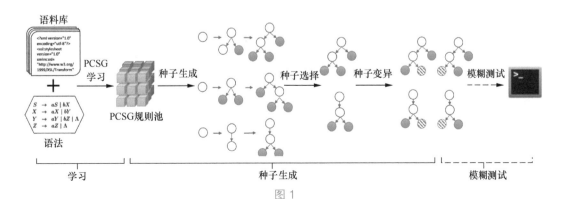

图 1

2. Android 应用 GUI 的测试

针对 Android 应用 GUI 的测试，我们提出研究"Guided, Stochastic Model-Based GUI Testing of Android Apps"，并发表在 2017 年 FSE 会议上。该研究针对 Android 移动端的 APP，研究高质量测试用例生成方法。在针对移动端 APP 的测试，目前主要有模糊测试（代表工作有谷歌的 Monkey，2016 年 FSE 的 WCTester，2013 年 FSE 的 Dynodroid）、符号执行（代表工作有 2012 年 FSE 的 ACTeve，2012 年 SSEN 的 JPF-Android）、基于进化算法的测试方法（代表工作有 2014 年 FSE 的 Evodroid，2016 年 ISSTA 的 Sapienz）、基于模型的测试方法（代表工作有 2015 年 IEEE Software 的 MobiGuitar，2016 年 ASE 的 AMOLA）等。

本研究属于基于模型的测试方法，主要以 APP 为输入，通过动静态的分析生成 APP 的行为模型，并以此为指导生成高质量的测试用例。具体来说，在动静态分析阶段，通过静态分析提取 APP 的事件，通过动态的 UI 探寻获取 APP 的状态信息，并在此基础上构建初始的有限状态机器。紧接着，在有限状态机的基础上，通过调整状态之间的转移概率，生成新的测试用例进行测试。另一方面，对测试用例的执行结果进行监控，获取测试覆盖度和差异度，从而对模型进行调整。在测试的过程中，对监测的异常进行分析从而发现漏洞。

本研究在 3 个数据集上进行了验证。

（1）首先测试了 93 个 benchmark APP，相比已有工作，测试覆盖度提高了 17% ～ 31%，发现程序崩溃数量提高了 3 倍。

（2）接着对谷歌商店的 1 661 真实 APP 进行测试，发现 2 210 个未知异常，其中包括大量空指针引用漏洞、窗口组件泄露漏洞、Activity 组件未找到漏洞等。而漏洞涉及有大量用户群体的 APP，其中包括 1 个微信漏洞，1 个 gmail 漏洞，2 个 google+ 漏洞。

（3）通过测试 2 104 个 F-droid 的 APP，发现 3 535 个程序崩溃，涉及 75 种类型的错误。

3. macOS 闭源 SDK 库测试

针对 macOS 闭源 SDK 库的测试，我们提出研究"APICRAFT: Fuzz Driver Generation for Closed-source SDK Libraries"，并发表在 2021 年 USENIX Security 会议上。通常来说，fuzz driver 用于测试闭源的 SDK 库，其通过调用 SDK 库中的库函数，将 fuzzer 的输入数据投喂给库函数，从而进行安全测试。由于 fuzz driver 由安全专家手动编写，其质量取决于专家的水平和对库的熟悉程度。为了减轻人力消耗并提高 fuzz driver 的质量，一些自动化生成 fuzz driver 的技术被提出。然而，这些技术采用对源代码进行静态分析的方法来生成，并不适用于闭源 SDK 库 fuzz driver 的生成。fuzz driver 的生成主要有两个挑战：

⊐ 闭源 SDK 库能提取的信息有限；

⊐ SDK 库里的 API 调用关系复杂且正确性需要保证。

为了解决这两个挑战，论文提出针对闭源 SDK 库的 fuzz driver 自动化生成技术 APICRAFT。APICRAFT 采用收集 - 合并的核心策略，首先利用静态与动态信息（头文件、二进制、执行序列）来收集 API 之间的控制与数据依赖关系，接着使用多目标遗传算法来组合依赖的 API，从而生成高质量的 fuzz driver。在实验部分，APICRAFT 通过对 macOS SDK 库的 5 个攻击面进行测试，相比手动编写的 fuzz driver，测试代码覆盖率平均提升 64%。在长达 8 个月 Fuzzing 测试中，APICRAFT 发现 142 个漏洞（包含 54 个 CVE），漏洞涉及广泛使用的苹果产品，如 Safari、Messages、Preview 等。

4. 网络游戏测试

针对大型复杂对抗类网络游戏的测试，我们提出研究"Wuji: Automatic Online Combat Game Testing Using Evolutionary Deep Reinforcement Learning"，并发表在 2019 年 ASE 会议上。Wuji 针对大体量的商业网络对抗类型游戏，实现了高效、智能的自动化测试。由于当前的大型游戏具有非常复杂且持续的决策过程，因此普通的测试方法很难发现游戏的深层次漏洞。该研究通过分析 4 款网易游戏的真实漏洞，总结出 4 个检测 bug 的方法。在此基础上，该研究提出 Wuji 游戏测试引擎，采用深度强化学习算法和多目标优化算法，实现了对游戏胜利和状态空间的多重探索，保证对游戏进展和状态空间测试的平衡性。进一步地，传统的游戏测试仅以胜率作为唯一反馈，导致测试用例只具备取胜的能力，而忽略了对更多状态的空间的探索。而 Wuji 将胜率和状态空间探索能力同时作为衡量指标，用于生成后续的测试用例，既保证了测试用例具有促进游戏剧情任务发展的能力，同时保证了对状态空间的大量探索，从而提升发现漏洞的能力。

该研究使用 Wuji 对网易游戏公司的大型游戏倩女幽魂和逆水寒，以及仿真游戏 Block Mase 进行测试，相比只使用强化学习算法、基于单目标优化的进化算法、基于多目标优化的进化算法和单目标优化算法 + 强化学习算法，Wuji 的漏洞检测能力都有极大地提高。

5. 自动化 Web 测试

针对 Web 应用，我们提出研究"Automatic Web Testing using Curiosity-Driven Reinforcement Learning"，并发表在 2021 年 ICSE 会议上。该研究针对 Web 应用，研究高质量测试用例生成方法。为了实现此目标，该研究提出 WebExplor，采用基于好奇心驱动的强化学习算法，实现对更多的 Web 状态进行测试，避免陷入局部状态测试。具体来说，该研究分为 3 个步骤。

（1）状态提取。由于 Web 应用的状态非常多，为了能够使用强化学习技术，我们将业务逻辑相同的页面归结为一个状态。同时，将页面中的具体内容过滤，只保留按钮、文本框、选择器等可操作元素，然后将页面进行相似度匹配，划分出不同的状态集合。

（2）基于好奇心驱动的强化学习。在强化学习中，除了动作和状态集合，还需要定义奖励函数。不同于有明确奖励机制的应用（如游戏的奖励机制是胜利或分数），Web 应用并没有明确的奖励机制。因此，本研究提出好奇心驱动的奖励函数，主要的思路是若某状态转移次数较高，则对该状态转移的好奇心降低，导致奖励降低。在该机制的激发下，能够测试更多的状态。

（3）基于有限状态机的引导。若在步骤（2）下无法发现新的状态，则利用被测试应用的有限状态机，选择好奇心度最高的状态进行进一步的探索。该研究对 GitHub 上排名前 50 的 Web 项目进行测试，相比基于模型的方法和基于模型导航的方法，在代码覆盖率和错误检测率上都有一定的提升。

↘ 二、基于反馈的灰盒测试

除了研究黑盒测试高质量种子的生成，我们同样研究了基于反馈的灰盒测试中的重要研究问题。已有的基于反馈的灰盒测试技术（如 AFL、AFLGo 等）在安全测试上具备很强的泛用性，但在处理特定问题，以及发现特定类型漏洞上，仍然存在较强的局限性。因此，我们研究了通用灰盒测试在特定问题上（种子选择、调度与变异策略、定向灰盒测试）和针对特定漏洞类型的高效挖掘方法。图 2 所示为基于反馈的灰盒测试工作流程。其中，种子评估、变异、多类型反馈信息收集都是重要的核心部件，其好坏影响整个测试的效率。

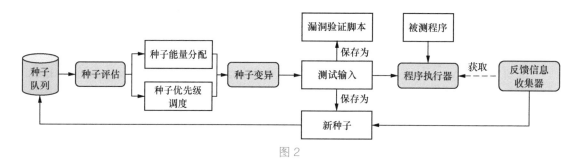

图 2

1. 种子的选择、调度和变异

在基于反馈的灰盒测试中，AFL 将提升代码覆盖率的种子作为"感兴趣的"，并存放在种子队列中，用于后续测试输入的生成。然而 AFL 在后续种子的选择与调度上却采取随机选择与同等策略分配的原则，导致一些潜力更高的种子没有更多机会进行变异与测试。为了进一步提升灰盒测试的效率，我们提出研究"Cerebro: context-aware adaptive fuzzing for effective vulnerability detection"，并发表在 2019 年 FSE 会议上。该研究利用测试程序反馈的信息，分析判断种子的后续潜能，挑选出潜能高的种子并为其分配更多的测试时间。具体来说，灰盒测试在运行的过程中会维护一个测试种子队列，而这里有两个阶段的策略将影响到整个灰盒测试过程的效率。第一个阶段是种子优先级调度，即在输入队列中如何选取下一个测试种子。第二个阶段是种子能量分配，即针对这个被选择的种子生成多少个新的输入。若在灰盒测试过程中，选择一个潜能低的种子（如让程序输出错误信息的种子），并对其进行大量变异生成输入，那么程序将长时间进行低效率的测试。为了选择高潜能的种子，并对其进行高效地变异，Cerebro 根据种子的属性和在执行过程产生的一些信息，利用多目标优化算法来评价种子的质量和潜力。其中属性信息涉及的目标包括种子文件大小、种子执行时间，以及执行序列的特性（路径覆盖率、是否提升代码覆盖率、被覆盖的代码的复杂度等）。通过在 8 个真实程序中测试，Cerebro 发现了 14 个未知漏洞（包含 1 个 CVE）。同时，与 AFL 和 AFLFast 相比，Cerebro 在相同时间内能够有更高的代码覆盖度并发现更多的漏洞。

除了种子的选择与调度，高效的种子变异也是提高测试效率的重要环节。对于一些结构化的输入，AFL 的随机变异方式会完全破坏输入本身的结构，导致生成的输入不满足语法结构而被测试程序直接丢弃。为了提升对有结构化输入程序的测试，我们提出研究"Superion: Grammar-Aware Greybox Fuzzing"，并发表在 2019 年 ICSE 会议上。具体来说，根据测试输入的语法结构，我们提出基于抽象语法树的语法感知输入修剪策略，并在此基础上提出基于树的和改进的基于字典的种子变异方式。在实验方面，通过对广泛使用的 1 个 XML 引擎和 3 个 JavaScript 引擎进行测试，相比 AFL 与 jsfunfuzz，Superion 在一定程度上提高了代码覆盖率（在代码行数上多覆盖了 16.7%，在函数覆盖率上提高 8.8%）。同时，Superion 发现了 21 个新漏洞。

此外，为了使灰盒测试技术覆盖深层次代码逻辑，我们提出基于程序状态反馈的灰盒测试技术"Steelix: program-state based binary fuzzing"，并在 2017 年 FSE 会议上发表。Steelix 的主要目标是在基于代码覆盖率引导的灰盒测试基础上，能够实现对魔法字节（magic byte）的快速突破。该研究主要分为 3 个步骤。

（1）通过静态分析方法过滤不感兴趣的比较操作，如单字节比较、函数返回值的比较。然后抽其余感兴趣比较操作的信息，包括指令地址、函数名、操作数信息。

（2）进行二进制插桩。

（3）利用执行过程中程序状态变化（魔法字节的比较）作为反馈，引导种子保留与变异，并生成能穿透魔法字节的测试用例。Steelix 在 LAVA-M 数据集、DARPA CGC 和 5 个真实程序上进行测试，发现了 9 个漏洞（包含 1 个 CVE）。同时，Steelix 与 AFL、AFL-laf-intel 进行比较，在相同时间内能够发现更多的漏洞，以及覆盖更多的代码。

2. 定向灰盒测试

上述的通用灰盒测试的目标是尽可能地多覆盖程序状态和路径，而定向灰盒测试是对程序中的特定目标进行测试，其用途非常广泛，包括如下用途。

- 对开源项目的补丁进行测试，分析补丁是否引入了新的安全漏洞。
- 对疑似漏洞进行确认。通常情况下，安全人员可通过静态分析或人工检查发现疑似漏洞，接着可通过定向灰盒测试进行验证。
- 复现已知漏洞。可根据已知漏洞的描述（CVE 描述），进行定向灰盒测试从而获取触发漏洞的输入，完成漏洞复现。

在 2018 年 ACM CCS 上 发 表 的 论 文 "Hawkeye: Towards a Desired Directed Grey-box Fuzzer"中，我们提出理想的定向灰盒测试需要满足如下 4 个要求。

　　⊔ 需要提供合理的距离度量方式，保证所有能到达测试目标的路径都被考虑。

　　⊔ 需要平衡静态分析的开销和实用性，保证能提取出有效信息用于动态定向测试，同时不能引入过大的开销。

　　⊔ 针对不同的种子，需要根据种子达到目标的可能性，让可能性高的种子优先进行变异，并为其分配更多的能量（变异次数与更多的变异方式）。

　　⊔ 种子变异策略应该根据当前种子执行的位置与目标的距离来自适应地调整。若当前种子已经执行到目标位置，但还未触发崩溃，应该采用细粒度的变异策略（位翻转）。反之，应采用粗粒度的变异策略（块替换）。

在给出理想的定向灰盒测试需满足的 4 个属性之后，论文进一步指出最广泛使用的定向灰盒测试工具 AFLGo 在这 4 个方面的不足。

　　⊔ AFLGo 优先选择最短路径进行测试，而真正能触发漏洞的路径不一定是最短的，从而导致 AFLGo 失效。

　　⊔ AFLGo 只考虑了显式的调用关系，忽略了间接调用（通过函数指针调用），而真正触发漏洞的路径可能是通过间接调用产生的路径。

　　⊔ AFLGo 使用模拟退火算法解决了代码块距离静态计算的不精确性，但同时导致新生成种子不能得到及时的变异与测试。

　　⊔ AFLGo 沿用了 AFL 的不确定性变异方式，如将两个已存在的种子组合成新种子。这样的新种子虽然能够保证与目标的近距离，但同时破坏了之前候选的老种子。

为此，论文从这 4 个方面进行改进，并提出 Hawkeye，通过静态分析和动态测试两方面实现，Hawkeye 的基本工作流程如图 3 所示。

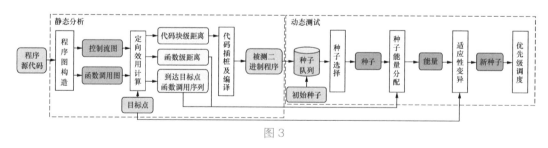

图 3

首先在静态方面，Hawkeye 进行二进制插桩计算任意位置达到目标点的函数级别的距离、代码块级别的距离和到达目标点的函数调用序列。在动态方面，Hawkeye 分析种子的执行结果是否离目标点很近，而这一指标通过该种子达到的覆盖函数相似度与代码块序列的距离这两个指标得出。其中，覆盖函数相似度指的是当前种子执行函数调用序列与静态分析得出的目标函数调用序列的相似度，越相似则在一定程度上表明种子执行结果离目标点越近。代码块序列的距离是种子执行过程中所有代码块与目标点距离的累加，该指标小则代表距离目标点近。在此基础上，若种子执行结果反映出距离目标点近，则分配更多的变异能量，进行更多的变异。实验结果显示，Hawkeye 发现了 41 个未知漏洞，且相比 AFL 与 AFLGo，漏洞发现的时间缩减了七分之一。

3. 特定漏洞类型的挖掘

已有的基于灰盒测试技术具有很好的泛用性，但在挖掘特定类型漏洞上却不具备优势。因此，我们研究针对特定类型漏洞（内存消耗型、Use-after-free、多线程迸发）的高效挖掘技术。其核心思想均是通过静态分析对漏洞产生的行为进行插桩监控，引导动态灰盒测试满足相应的行为，从而快速发现该类型漏洞。

针对内存消耗型漏洞，我们在论文 "MemLock: Memory Usage Guided Fuzzing" 中，提出基于 Fuzzing 的内存消耗型漏洞的发现方法。具体来说，通过插桩标准库中内存分配和销毁的库函数（malloc、free 等）并引导 Fuzzing 测试这些位置，从而发现潜在的不受控的内存消耗的问题。实验结果显示，MemLock 发现内存消耗型漏洞的能力，优于 AFL、AFLfast、PerfFuzz、FairFuzz、Angora、QSYM，MemLock 发现了 15 个 CVE。

针对 Use-after-free 漏洞，我们在论文 "Typestate-Guided Fuzzer for Discovering Use-after-Free Vulnerabilities" 中，提出 uAFL 可以高效地发现此类型漏洞。Use-after-free（UaF）漏洞指在堆上动态分配的空间被释放后，因不正当的操作，导致可以重新使用该空间的漏洞。该漏洞可能导致数据破坏与泄露，甚至拒绝服务攻击、任意代码执行等攻击。由于触发 UaF 需要满足特定的路径遍历顺序，而当前通用灰盒测试技术（AFL 和其他基于 AFL 的工作）在基于代码覆盖率的测试中，仅考虑控制流图边的覆盖率，而未考虑控制流图边的遍历顺序，导致它们都不能快速发现 UaF 漏洞。为了高效发现 UaF 漏洞，uAFL 首先在静态分析中将 UaF 漏洞进行建模成 malloc → free → use 操作序列，并通过静态分析找到这样的操作序列。接着，在 Fuzzing 过程中，种子是否保留不再根据是否有代码覆盖率的提升，而是根据是否有操作序列覆盖的提升，从而避免种子执行结果覆盖操作序列，但因代码覆盖率没有提升而被丢弃。uAFL 的工作流程如图 4 所示。

针对多线程迸发漏洞，我们在论文 "Muzz: Thread-aware Grey-box Fuzzing for Effective Bug Hunting in Multithreaded Programs" 中提出了高效的挖掘方法，该论文发表在 2020 年 USENIX Security 会议上。首先，具有并发线程的程序通常在运行中存在一些安全问题，如迸发漏洞（线程之间交互导致的内存破坏漏洞），迸发缺陷（死锁、数据竞争、原子违背）。而已有的 Fuzzing 工具只擅长发掘单一线程的安全问题。为了发掘多线程迸发的安全问题，Muzz 在静态分析中，提出多种插桩技术，旨在引导动态 Fuzzing 朝着线程交错区域，以及在新的线程上下文环境上进行测试。结果显示在 12 个真实程序中，Muzz 在发现并发线程安全问题上的性能比 MOPT 与 AFL 高，Muzz 发现了 19 个未知并发线程漏洞（4 个 CVE）。

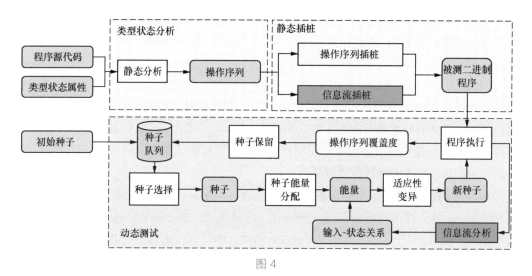

图 4

三、总结与展望

Fuzzing 技术在软件与系统安全缺陷与漏洞的发现上有很好的效果。在此基础上，我们进一步解决了 Fuzzing 技术在特定目标（语言解析引擎、移动 APP、Web 应用、网络游戏、macOS SDK 库），特定问题（高潜能种子的选择、调度与变异，突破程序的魔法字节，定向 Fuzzing），以及特定类型漏洞（内存消耗型、UaF、并发线程漏洞）上的漏洞发现效率问题。随着新兴领域（如区块链、人工智能、自动驾驶）等快速发展，Fuzzing 除了用于通用软件与系统的安全测试，也可以用于这些新兴领域系统的安全测试。目前，我们在区块链（已发表 VULTRON 等研究）、人工智能（已发表 DeepGauge、DeepHunte 等研究）、自动驾驶都有一定的研究，相信未来在这些方面会有更多的进展。

作者简介

郑尧文，中国科学院大学网络空间安全专业博士，目前就职于南洋理工大学，博士后。他的研究领域为系统与软件安全，物联网设备安全，研究兴趣包括二进制分析，模糊测试，漏洞分析与利用。

刘杨，新加坡南洋理工大学（NTU）计算机学院教授，NTU 网络安全实验室主任、HP-

NTU 公司实验室项目主任、新加坡国家卓越卫星中心副主任，并于 2019 年荣获大学领袖论坛讲席教授。他专攻软件验证、软件安全和软件工程，其研究填补了形式化方法和程序分析中理论和实际应用之间的空白，评估了软件的设计与实现以确保高安全性。到目前为止，他已经在顶级会议和顶级期刊上发表了超过 300 篇文章。他还获得多项著名奖项，包括 MSRA fellowship、TRF Fellowship、南洋助理教授、Tan Chin Tuan Fellowship、Nanyang Research Award 2019、NRF Investigatorship 2020，并且在 ASE、FSE、ICSE 等顶级会议上获得 10 项最佳论文奖和最具影响力软件奖。

APICRAFT：闭源 SDK 库的模糊测试驱动生成

张　岑　林性伟

本文论文原文"APICraft: Fuzz Driver Generation for Closed-source SDK Libraries"发表于 Usenix Security 2021，作者是 Cen Zhang，Xingwei Lin，Yuekang Li，Yinxing Xue，Jundong Xie，Hongxu Chen，Xinlei Ying，Jiashui Wang，Yang Liu，来自南洋理工大学，蚂蚁集团，中国科学技术大学。

↘ 一、摘要

模糊测试驱动是构建模糊测试库的必要条件。模糊测试驱动是一种通过模糊测试工具提供的输入来执行库函数的程序。在实践中，模糊测试驱动是手动编写的，驱动的质量取决于编写者的技能和知识。为了减轻手动工作量并确保测试质量，业界提出了用于自动生成模糊测试驱动的不同技术。然而，现有技术大多依赖于源代码的静态分析，这使得闭源 SDK 库的模糊测试驱动生成成为了一个尚待解决的问题。闭源库的模糊测试驱动生成主要面临两大挑战：

- ⌐ 仅可从库中提取有限的信息；
- ⌐ API 函数之间的语义关系复杂，但仍需要保证其正确性。

为了应对上述挑战，我们提出了一种自动化模糊测试驱动生成技术——APICRAFT。APICRAFT 的核心策略是收集 - 组合。首先，APICRAFT 利用静态和动态信息（头文件、二进制文件和轨迹），以切实可行的方式收集 API 函数的控制和数据依赖关系。然后，它使用多目标遗传算法将收集到的依赖关系进行组合，并构建高质量的模糊测试驱动。我们将 APICRAFT 作为模糊测试驱动生成框架，并使用 macOS SDK 中的 5 个攻击面对其进行评估。在评估过程中，APICRAFT 生成的模糊测试驱动表现出比手动编写更出色的代码覆盖率，使代码覆盖率平均提高了 64%。我们进一步用 APICRAFT 生成的模糊测试驱动开展了长期的模糊测试活动。经过 8 个月左右的模糊测试，我们目前已在 macOS SDK 中发现了 142 个漏洞，并被分配了 54 个 CVE，这些漏洞可能会影响到 Safari、Messages、Preview 等热门的苹果产品。

↘ 二、背景

自 20 世纪 90 年代引入模糊测试以来，它已经成为从业者和研究人员最常用的漏洞检测技术之一。AFL、libFuzzer 和 Honggfuzz 等最先进的模糊测试工具已在实际使用的数百个软件程序和库中检测出了 16 000 多个漏洞。

若要对某个程序执行模糊测试，模糊测试工具需要找到可以提供输入的入口点。若要对某个库执行模糊测试，模糊测试工具需要将使用该库的某个应用程序作为入口点。这种应用程序被称为模糊测试驱动，亦称为模糊测试夹具。在实践中，模糊测试驱动主要由安全分析师手动创建，模糊测试驱动的质量取决于编写者的技能和知识。因此，创建有效的模糊测试驱动往往是一项颇具挑战性的耗时任务。

为了解决模糊测试驱动生成问题，研究人员提出了 FUDGE、FuzzGen 等技术。这些技术利用调用库的现有消费者应用程序源代码来合成模糊测试驱动。一方面，消费者应用程序的源代码提供了正确的 API 用例，这对模糊测试驱动来说十分重要；另一方面，对源代码的需求限制了这些技术在闭源 SDK 库中的使用。尽管如此，鉴于闭源 SDK 库的普及程度和市场主导地位，其安全性不容忽视。以 Preview 为例，在 macOS SDK 中不同文件解析库的支持下，它可以显示各种类型的文件。由于 Preview 预安装在每台苹果台式 / 笔记本计算机上，相关库中的漏洞可能会影响数百万普通用户。总之，闭源 SDK 库的模糊测试驱动生成是一个尚未进行充分研究的重要问题。

闭源 SDK 库的模糊测试驱动生成主要面临以下两个挑战。

- 第一个挑战是仅可从库中提取有限的信息。由于缺失库源代码，因此我们很难提取出合成模糊测试驱动所需的正确 API 用法。更糟糕的是，消费者程序往往是闭源的，如 Preview。由于存在一些臭名昭著的陷阱，如间接函数调用，因此在没有源代码的情况下，我们无法准确提取库 API 的控制流和数据流信息。
- 第二个挑战是 API 函数之间的语义关系很复杂，但又需要保证其正确性。为了触发库中的深层代码，测试驱动就必须包含语义正确的 API 调用序列。事实上，不仅 API 调用组合的搜索空间巨大，API 调用序列的语义正确性也很难保证。

为解决上述挑战，我们提出了 APICRAFT，回答了"要提取哪些信息"和"如何利用这些信息"这两个问题。图 1 说明了 APICRAFT 的整体结构。

从根本上讲，APICRAFT 将目标 SDK 及其消费者应用程序作为输入，并生成模糊测试驱动作为输出。APICRAFT 使用自下而上的方法来合成模糊测试驱动，可以将其描述为一种收集 - 组合方法。这种方法包含两个主要阶段。第一阶段是收集目标 SDK 库中 API 函数之间的依赖关系。在此阶段中，APICRAFT 将目标 SDK 的消费者应用程序的执行轨迹作为参考来确定 API 的正确使用。APICRAFT 不会收集所有数据依赖关系和控制依赖关系，因为这种做法不切实际，因此，APICRAFT 只收集与错误处理相关的 API 函数间数据依赖关系和控制依赖关系。第二阶段是将收集到的 API 函数依赖关系组合起来，以构建具有期望属性（如紧凑性和依赖多样性）的模糊测试驱动套件。由于期望属性可能相互冲突，因此 APICRAFT 使用基于多目标遗传算法的策略来优化整个模糊测试驱动种群，以满足一组预定义的目标。

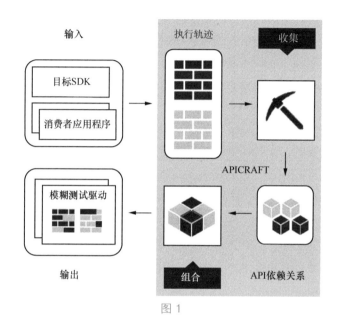

图 1

我们将 APICRAFT 作为一个框架，用来为闭源 SDK 生成模糊测试驱动套件，并进行彻底地评估。我们使用来自 macOS SDK 的 5 个攻击面评估了 APICRAFT 生成的模糊测试驱动。我们在实验中发现，生成的模糊测试驱动在代码覆盖率（在 24 小时内平均增加 64% 的基本块）和独特崩溃次数（在 24 小时内平均增加 12 次独特崩溃）方面都优于人工编写的模糊测试驱动。此外，我们使用生成的模糊测试驱动开展了长期模糊测试活动。到目前为止，macOS SDK 中已检测到 142 个漏洞（54 个 CVE），这些漏洞影响了一些知名的商用现成产品，如 Safari、Preview 等。

我们的贡献可概括如下。

- 我们确定了为闭源 SDK 生成模糊测试驱动的主要挑战，并提出了收集 - 组合方法。
- 我们开发了第一个用于闭源 SDK 的自动模糊测试驱动生成框架 APICRAFT，它展示了测试实际应用程序的能力。
- 我们在 macOS SDK 上评估了 APICRAFT，并发现了 142 个以前未知的漏洞。我们负责任地披露了这些漏洞，并帮助供应商修复它们。

为了方便未来的研究，我们发布了 APICRAFT 的源代码和生成的模糊测试驱动。

↘ 三、路线图

1. 实例

考虑以下情境：Jane 是一名安全分析师，她的任务是对 macOS SDK 中的一个闭源库（如 CoreText 库）进行模糊测试，她将如何执行该任务？ Jane 首先需要弄清楚库的功能。在这个例子中，CoreText 是一个字体渲染库。然后，她将尝试找到一个使用该库的程序，以查看该程序是否符合作为模糊测试驱动的条件。她可能会发现 Messages 和 Safari 正在使用该库。不幸的是，这些应用程序也是闭源的，并且在执行过程中涉及大量的 GUI 交互，这意味着它们不适合用作模糊测试驱动。因此，Jane 必须为 CoreText 创建自定义模糊测试驱动。

我们假设，Jane 不想从文档中学习，而是想通过学习现有消费者应用程序如何使用库函数来创建模糊测试驱动。由于 CoreText 库的消费者应用程序几乎都是闭源的复杂商业软件，我们很难通过反汇编和静态分析来提取库函数的正确用法。或者，Jane 可以使用消费者应用程序的执行轨迹来推断调用库函数的正确序列。从这个意义上说，Jane 可以根据每个执行轨迹构建一个微小的消费者应用程序。假设 Jane 已经获得了两个消费者应用程序，如图 2 所示。在 CoreText 中，Font 是一种不透明类型，用于保存已解析的字体数据。它可以从用原始字体数据（data）创建 FontDescriptor 或 DataProvider 中提取。CoreText 用 Font 对象可以进行很多操作，如计算字形的前导空间（CalcLeadingSpace）或加倍前导空间（DoubleLeadingSpace）。

```
1 DataProvider*prov = ProviderCreateWithData(data);❶
2 Font*font = ExtractFont(prov);❷
3 DoubleLeadingSpace(font);❸
```

(a) 消费者1

```
1 FontDescriptor*desc = CreateFontDescriptor(data);❹
2 Font*font = ExtractFont(desc);❷
3 CalcLeadingSpace(font);❺
```

(b) 消费者2

图 2

一旦 Jane 收集了有关 CoreText 正确使用的知识，下一步就是使用这些知识来构建模糊测试驱动。基于消费者应用程序生成的潜在模糊测试驱动套件（带有虚线边框的矩形），如图 3 所示。每个圆圈代表图中的一个函数。每个圆圈链代表一个模糊测试驱动（由函数调用组成）。

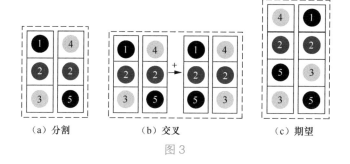

（a）分割　　　　　（b）交叉　　　　　（c）期望

图3

自然地，从执行轨迹中分割的两个消费者应用程序可以用作模糊测试驱动，如图3（a）所示。然而，Jane很快注意到，由于覆盖的程序行为缺乏多样性，直接分割的模糊测试驱动并不理想。在此示例中，函数ExtractFont作为连接Font存根的创建及其使用的支点。具体来说，CalcLeadingSpace和DoubleLeadingSpace都将Font对象作为输入。因此，Jane可以交换这两个函数来创建具有新函数组合的模糊测试驱动。图3（b）显示了根据支点交换函数后生成的模糊测试驱动。尽管包含比分割模糊测试驱动更多的API函数组合，但交叉生成的模糊测试驱动仍然很不理想，具体表现如下。

　┘ 部分API函数组合仍然缺失。例如，DoubleLeadingSpace和CalcLeadingSpace都使用ExtractFont的结果。它们可以组合成一个模糊测试驱动并触发更多程序行为，而不是相互替换。在这种情况下，如果先执行DoubleLeadingSpace，CalcLeadingSpace可能会遇到整数溢出错误。

　┘ 有些组合是多余的。例如，图3（b）中引入的两个新组合并没有真正触发更多的程序行为。原因在于，程序使用Font对象的方式通常不受其生成方式的影响，调用CreateFontDescriptor或ProviderCreateWithData将最终生成相同的Font对象。总之，通过交叉构建的模糊测试驱动套件缺乏多样性和紧凑性。但是，在大多数情况下，这两个所期望的属性是独立的，并且可能会相互冲突。

因此，要构建一组符合期望的模糊测试驱动，就需要平衡不同的目标（如紧凑性和多样性）。

现在，Jane意识到从执行轨迹中明确提取的模糊测试驱动需要改进，并且在提高模糊测试驱动的质量方面存在一些陷阱。她也许可以将所有分割的模糊测试驱动分解为函数之间的依赖关系，然后将这些依赖关系组合起来以重建可以实现多个独立目标的新模糊测试驱动。经过一些推理和反复试验，Jane最终意识到使用消费者应用程序生成，符合期望的模糊测试驱动应该如图3（c）所示，因为这些模糊测试驱动很紧凑，但可以触发最多样化的程序行为。这标志着整个过程的结束。

事实上，在APICRAFT中，我们系统地将整个推理和这个故事的试错过程描述为算法，并且可以自动生成图 3（c）所示的，符合期望的模糊测试驱动。

2. 概述

我们提出了用于为商业 SDK 库自动生成模糊测试驱动套件 APICRAFT。APICRAFT 的工作流程如图 4 所示，包含 3 个主要阶段。

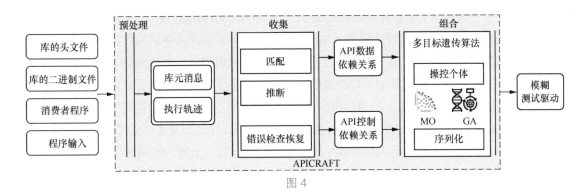

图 4

（1）在预处理阶段，APICRAFT 通过多种分析（即头文件分析、静态二进制分析和动态二进制分析）从多个来源提取目标 SDK 的信息并进行分组。它输出一组库的元数据和消费者程序的执行轨迹。

（2）APICRAFT 从预处理的输出中收集数据依赖关系和控制依赖关系。对于数据依赖关系，APICRAFT 主要关注 API 函数间的数据依赖关系。对于控制依赖关系，APICRAFT 旨在识别并收集用于错误处理的函数输出。

（3）APICRAFT 应用多目标遗传算法将收集到的依赖关系组合到模糊测试驱动中，并促使生成的模糊测试驱动达到所期望的属性。

↘ 四、方法

1. API 函数依赖关系收集

APICRAFT 主要关注的关键概念是函数间数据依赖关系。对于给定的 API 函数 F，我们用 I_F 表示其输入集，用 O_F 表示其输出集。这两个集合分别代表 F 消费和生产的数据。给定两个函数 F_A 和 F_B，当且仅当 $(I_{F_A} \cap O_{F_B}) \cup (I_{F_B} \cap O_{F_A})I \neq \varnothing$ 时，它们才有数据依赖关系。具体来说，如果 F_B 依赖 F_A，则数据依赖关系将表示为元组 $<F_A, \text{Out}, F_B, \text{In}>$，其中 $\text{Out} \in O_{F_A}$ 且 $\text{In} \in I_{F_B}$。

一般来说，数据依赖关系有很多种形式。例如，函数 A 可能通过读取函数 B 写入的套接字对函数 B 产生依赖。不同形式的数据依赖关系需要不同的检测和收集技术。目前，

APICRAFT 使用了如下两种数据依赖关系。

　　▢ 函数 A 的返回值被用作函数 B 的输入参数。

　　▢ 函数 A 的输出参数（通常以指针表示）被用作函数 B 的输入参数。

　　在 APICRAFT 中，对于函数 F，I_F 是输入参数集，O_F 则包含其返回值和输出参数（如有）。

　　（1）提取。上述数据依赖关系可以通过匹配 API 函数参数或返回值的类型和值的方式来提取。我们首先讨论类型信息和值信息的收集，然后详细说明提取过程。

　　类型信息从 SDK 的头文件中收集。APICRAFT 通过分析头文件中的函数声明，收集每个 API 函数的参数类型和返回值。然后，通过跟踪消费者应用程序来获取值信息。APICRAFT 通过在执行过程中与 API 函数的入口和出口挂钩，记录线程 ID、嵌套级别及其输入和输出集（即参数、返回值和输出参数）的递归内存转储。在本例中，嵌套级别一词用于表示嵌套 API 函数调用的深度。如果一个 API 函数是直接从消费者应用程序而不是某些 API 函数中调用的，则其嵌套级别为 1。如果一个 API 函数是从另一个嵌套级别为 x 的 API 函数中调用的，则其嵌套级别为 $x+1$。参数或返回值的递归内存转储通过以下方式获得：

　　▢ 如果既不是指针也不是结构体，则直接转储其值；

　　▢ 如果是结构体，则转储每个成员的值；

　　▢ 如果是非空指针，则转储其值及其指针对象的值。

　　APICRAFT 通过处理收集到的轨迹来高效准确地提取数据依赖关系。这里收集了多个消费者应用程序的多个轨迹，且每个轨迹都包含一个按执行顺序排列的 API 函数列表。APICRAFT 首先根据线程 ID 将每个轨迹分成多个较短的部分，然后过滤掉嵌套级别不为 1 的函数。APICRAFT 认为嵌套级别较高的函数不太重要，并且会删除这些函数，因为它们不是直接从消费者应用程序中调用的。过滤完毕，APICRAFT 会识别每个 API 函数可能的输出参数。具体来说，如果一个输入参数是一个指针，并且它所指向的内容在函数执行过程中发生了变化，那么该输入参数就会被标记为输出参数。

　　算法 1 显示了简化的数据依赖关系提取过程。输入 T 是一段经过处理的轨迹，其中包含已执行的 API 函数列表，输出 R 是一组提取出的数据依赖关系。该算法的核心理念是，对于轨迹中的任意两个 API 函数（F_A，F_B），APICRAFT 会尝试寻找匹配的对——（F_A，Out）和（F_B，In）。当且仅当 F_A 的 Out 与 F_B 的 In 具有完全相同的值，且 Out 的类型等同于 In 的类型时，才能配对成功。APICRAFT 会跳过比较值为零的配对，因为大多数情况下空值的匹配不足以表明数据依赖关系。在进行类型比较时，APICRAFT 首先会通过成对比较两种类型的规范类型来消除 typedef 的影响。如果它们的规范类型不相同，则会进一步确认这两种类型是否可以转换。具有不同属性限定符（如 const 限定符）的相同类型可以转换。此外，如果指针对象的类型大小相等或其中一个指针对象具有 void* 类型，则指针类型也可以转换。

算法 1　基本数据依赖关系提取

输入：T（API 函数轨迹）

输出：R（数据依赖关系集）

```
 1: R ← ∅
 2: cache ← { }
 3: for F_B ∈ T
 4:     for In ∈ I_{F_B}
 5:         for <F_A, Out> ∈ cache[In.value]
 6:             for Out.type ═类型相等═ In.type
 7:                 R ←± <F_A, Out, F_B, In>
 8:     for Out ∈ O_{F_B}
 9:         if Out.value ≠ 0
10:             cache ←± {Out.value : <F_B, Out>}
```

（2）推断。除从执行轨迹中提取依赖关系之外，APICRAFT 还会根据现有依赖关系进一步推断出新的依赖关系。其中的基本理念是，来自一个 SDK 的 API 函数通常有相同的设计或实现模式。因此，按照适当的启发法，可以基于已提取的依赖关系，推断出没有出现在消费者应用程序轨迹中的新的有效数据依赖关系。APICRAFT 使用了以下 3 条推断规则。

规则 1（R1）：基于依赖关系的转换。假设我们观察到了以下依赖关系：$<F_A$, Out_A, F_C, $In_C>$ 和 $<F_B$, Out_B, F_C, $In_C>$。那么如果符合 $<F_A$, Out_A, F_D, $In_D>$，就可以生成数据依赖关系 $<F_B$, Out_B, F_D, $In_D>$。

规则 2（R2）：基于类型的转换。如果我们观察到 $<F_A$, $Out>$，type ══type══ T 且（F_B, In），In.type ══type══ T，则可以生成数据依赖关系 $<F_A$, Out, F_B, In>。

规则 3（R3）：线程间数据流依赖关系。通过调整算法 1（见附录），我们识别出了线程间数据流依赖关系 $<F_{A,T1}$, Out, $F_{B,T2}$, In>，其中 $F_{A,T1}$、$F_{B,T2}$ 表示来自两个线程 T1 和 T2 轨迹的两个函数 A 和 B。我们只提取指针类型为 In 或 Out 的线程间依赖关系。

在实践中，轨迹无法包含其覆盖 API 函数的完整数据依赖关系列表。规则 1 和规则 2 能够减轻这种限制。如果有两组 API 函数，分别创建和使用特定类型的对象，并且轨迹只包含一两个相关的依赖关系，则规则 1 和规则 2 可以帮助推断这两组函数之间的所有关系。我们观察到的另一种现象是线程与其他线程会交换有限的数据并且通常会交换指针（如一个线程只为其他线程创建对象）。因此，APICRAFT 使用规则 3 对来自不同线程的轨迹的指针进行配对，以挖掘其中的依赖关系。在推断过程中，先应用规则 3，然后重复应用规则 1 和规则 2，直到无法产生新的数据依赖关系为止。

（3）控制依赖关系。除数据依赖关系之外，APICRAFT 还会收集控制依赖关系，以促进模糊测试驱动的生成。具体来说，APICRAFT 会收集错误处理信息。通过静态和动态分析相结合的方法，共收集了两种类型的信息：API 函数的输出对进行错误处理的判定和错误配置。

APICRAFT 会针对不同类型的函数输出使用不同的策略。如果 API 函数的输出参数或返回值的规范类型是指针，则生成的模糊测试驱动将始终检查输出值是否为 NULL（如果为 NULL，则立即退出）。如果类型为整数，那么 APICRAFT 将尝试找出消费者应用程序错误检查的条件分支，并转储错误检查条件（假设消费者应用程序将在良性输入下执行无错误分支）。首先，APICRAFT 通过在跟踪过程中记录 API 函数的返回地址 ① 来定位调用点地址。然后，APICRAFT 通过静态分析找到终止函数（如 _exit、_abort、cxa_throw）调用地点的支配基本块（即检查点）。最后，APICRAFT 会重新运行消费者应用程序，从将整数输出标记为污点源的调用点开始进行动态污点分析。当调用点的函数返回或检查点被污染时，污点传播停止。被污染的检查点将被视为错误检查分支，其条件将作为错误处理条件进行转储。对于其他类型的输出，不会在生成的模糊测试驱动中检查它们的值。

2. 依赖关系组合

收集完基本依赖关系后，APICRAFT 的下一步操作是利用这些依赖关系生成模糊测试驱动。自然地，数据依赖关系可以用作创建复杂数据流的构建块。APICRAFT 会使用基于搜索的算法在适当的指导下随机重复连接这些数据依赖关系。模糊测试驱动的数据流可以从一个指定点（输入相关函数）开始，形成一棵树。APICRAFT 首先会尝试根据几个指标构建质量较好的树。然后，当 APICRAFT 将树序列化为相应的代码序列（模糊测试驱动）时，将使用控制依赖关系提高生成的模糊测试驱动的鲁棒性。

首先，我们对问题进行建模。我们确定了以下 3 个用来衡量模糊测试驱动质量的指标。

- 指标 1（M1）：多样性。为了充分测试目标，模糊测试驱动需要包含尽可能多的不同的 API 函数。此外，模糊测试驱动包含的数据依赖关系越多，驱动执行所覆盖的函数间数据交换就越多，这样就越有可能在模糊测试过程中发现与目标 SDK 中错误数据管理相关的错误。

- 指标 2（M2）：有效性。除了使用更多的 API 函数外，模糊测试驱动还需要正确调用这些函数。驱动中 API 函数的有效使用是进行模糊测试的必要条件，因为生成的模糊测试驱动可能会产生大量误报。此外，正确使用 API 函数可以帮助测试该函数的更多核心逻辑。

- 指标 3（M3）：紧凑性。如果两个候选模糊测试驱动具有相似的多样性和有效性，我们倾向于选择更紧凑的那一个。模糊测试驱动所含的重复或不相关函数调

---

① 返回地址是使用 gcc 内置函数 builtin_return_address 提取。

用 / 数据依赖关系越少，就会越紧凑。更紧凑的模糊测试驱动更易于使用、理解和调试，不仅能减少分析过程中的手动工作量，还能节省模糊测试过程中的计算资源。

以上所有特征都是衡量模糊测试驱动的独立指标，我们的目标是生成从所有这些特征看来都有良好表现的模糊测试驱动。为此，我们可以设计适应度函数（分数公式）来描述这些指标，并应用遗传算法来搜索具有更高分数的更好的依赖关系组合，其中的关键挑战是多个指标的平衡。如果我们只使用单个公式（如 $k_1 \times M1 + k_2 \times M2 + k_3 \times M3$）来整合上述 3 个指标，则很难确定系数（即 k_1、k_2、k_3）的最佳值。一方面，由于指标之间相互独立，因此这 3 个指标的分数单位很难做到一致。另一方面，系数的最佳值可能因不同的目标 SDK 或轨迹而异。因此，为了平衡这些重要但相互冲突的指标，我们提出了一种多目标优化（MOO）解决方案。具体来说，我们将依赖关系组合问题建模为一种叫作 NSGA-II 的多目标遗传算法。

在 APICRAFT 中，一个基因代表一个数据依赖关系，一个染色体代表一组相互关联的数据依赖关系（基因）。给定数据依赖关系 <F_A, Out,F_B, In>，如果我们将函数 F_A、F_B 表示为节点，那么基因就是从节点 F_A 到 F_B 的单向边。注意，两个节点之间可能存在多个边，因为一个函数可以生成多个输出（返回值和输出参数），并且每个输出可以重复用作任何其他函数的输入。因此，染色体是一个有向多重图。为了简化算法，我们丢弃了属于循环性多重图的染色体。

APICRAFT 的遗传算法（算法 2）基于 NSGA-II，NSGA-II 的基本工作流与经典遗传算法（25 ～ 30 行）相同，但染色体排序策略能处理多个目标（11 ～ 16 行）。在 NSGA-II 中，目标是一个度量，其具有以独立维度测量染色体的分数公式。每条染色体都有不止一个目标（即多目标）。NSGA-II 的排序策略的基本理念是分两个阶段选择精英染色体。假设有 3 个目标，目标分数可用于构建三维坐标系，染色体为其中的点。在该坐标系中，如果有一条染色体在最外层，则意味着在所有目标中，没有一条染色体的分数高于它的分数。排序的第一阶段会通过重复选择最外层的所有染色体，将染色体分成数层（即帕累托边界）。排序的第二阶段在层内进行。染色体越不拥挤，能获得的分数越高（计算染色体与坐标系中邻近的染色体的距离）。排序完成后，将选择个体编号最高的染色体参加下一轮的进化。最后，我们得到的将全部是最后一轮进化中位于第一个帕累托边界上的染色体。

算法 2　APICRAFT 的多目标遗传算法

输入：D（数据依赖关系集）

输出：F（模糊测试驱动候选列表）

```
 1: procedure OBJECTIVES-SCORE-CALC (R)          ▷❷
 2:     for r ∈ R
 3:         c ← sequentialization (r)              ▷❸
 4:         if pass-stability-test (c)             ▷❹
 5:             r.objs[0] ← objective-EFF-calc (c)
 6:             r.objs[1] ← objective-DIV-calc (r)
 7:             r.objs[2] ← objective-COMP-calc (r)
 8:         else
 9:             abandon-resident (r)
10: end procedure
11: procedure RESIDENTS-SELECTION (R)             ▷❖
12:     objectives-score-calc (R)
13:     pareto-frontiers-calc-n-sort (R)
14:     crowding-distance-calc-n-sort (R)
15:     R ← residents-filter-by-max-popu (R)
16: end procedure
17: procedure MAKE-NEW-POPULATION (R)             ▷❺
18:     while not exceed max new population number
19:         p1,p2 ← select-parents (R)
20:         c1,c2 ← crossover (p1,p2)
21:         mutate (c1)
22:         mutate (c2)
23:         Rc1,c2
24: end procedure
25: R ← generate-initial-residents (D)            ▷❶
26: residents-selection (R)
27: while not exceed max round
28:     make-new-population (R)
29:     residents-selection (R)
30: F ← R.pareto-frontiers[0]
```

（1）初始个体。在组合之前，APICRAFT 需要构建一些最小模糊测试驱动，其中包含至少一个与输入相关的 API 函数。与输入相关的 API 函数指的是处理输入文件描述符或直接对其内容执行操作的函数（如 CTFontCreate）。APICRAFT 会首先识别目标 SDK 中与输入相关的 API 函数，然后尝试基于这些函数构建最小模糊测试驱动（填充这些函数的所有参数）。可以通过匹配输入文件的关键特征来定位与输入相关的函数，例如将转储的 API 参数值与输入文件的名称或内容进行匹配。匹配成功后，APICRAFT 将标记该函数和参数，并在生成模糊测试驱动的代码时将输入传递给相应的参数。为了构建最小模糊测试驱动，APICRAFT 还需要在与输入相关的函数中填充其他参数的值。APICRAFT 将通过 3 个来源搜索所需的参数值：另一个 API 函数的输出值、预配置的基础知识（详见算法 2 中❸）和转储的参数值。APICRAFT 会从上述来源中随机选择数值并生成驱动的代码。生成的代码将通过几个准备好的输入种子编译和执行（我们称之为稳定性测试，详见算法 2 中❹）。一旦测试通过，即证明这是一个有效的最小模糊测试驱动。在构建一个或多个最小模糊测试驱动后，APICRAFT 将迭代所有数据依赖关系，尝试将它们与驱动相关联，并将已关联的驱动设为初始个体。

（2）目标。我们设计了 3 个分数公式来描述上文中确定的 3 个指标。我们先来介绍核心依赖关系这一概念。在模糊测试驱动中，如果 F_A 有一个输入是输入数据或另一个核心依赖关系的输出，则依赖关系 $<F_A,$ Out, $F_B,$ In$>$ 属于核心依赖关系。驱动中的核心依赖关系应形成一个自上而下的树状图，用来表示输入数据流。换句话说，数据流从一个根节点开始（根节点是一个与输入相关的 API 函数），而核心依赖关系则能够帮助输入数据流入不同的 API 函数。所有非核心依赖关系都用于填充核心依赖关系内的函数输入。在计算目标分数时，我们主要使用核心依赖关系，而不是模糊测试驱动中的所有数据依赖关系。区分不受输入数据影响的非核心依赖关系的基本原理是：在将不同的输入送入模糊测试驱动时，这类依赖关系在模糊测试期间无值。此外，我们将与核心依赖关系相关的函数表示为核心函数。

多样性指标（DIV）使用公式进行衡量。APICRAFT 构建了模糊测试驱动的核心依赖关系图，用来计算 DIV。分数由两部分组成：E 和 CC，如公式（1）所示。E 是图中不同边的数量，用于衡量模糊测试驱动中使用了多少独特的核心依赖关系。CC 指的是图的圈复杂度，用来表示图中循环的数量（循环越多，复杂程度越高）。因此，DIV 倾向于使用更独特和复杂的数据依赖关系的模糊测试驱动。

$$\text{DIV} = E + \text{CC} \tag{1}$$

有效性指标（EFF）使用公式（2）进行衡量。B 代表覆盖的基本块集。EFF 指的是评估模糊测试驱动的动态行为的指标。它本质上是一个加权的基本块覆盖率。EFF 通过为位于循环中或包含函数调用的基本块提供奖励分数来评估 API 函数是否被正确使用。从直觉来看，函数内部的错误处理路径包含的基本块比核心逻辑代码要少，因为核心逻辑代码更复杂，即有更多的循环或调用。

$$S_{\text{eff}}(b) = \begin{cases} 3 & \text{如果基本块} b \text{有调用且位于循环中} \\ 2 & \text{如果基本块} b \text{有调用或位于循环中} \\ 1 & \text{其他} \end{cases}$$

$$EFF = \sum_{b \in B} S_{eff}(b) \qquad (2)$$

紧凑性指标（COMP）使用公式进行衡量。F、f、I_f、i、F_{num} 分别代表核心函数集、1 个核心函数、f 的输入参数、1 个输入参数和核心函数的总数。COMP 从两个方面描述了紧凑性：减少重复和减少对不相关数据依赖关系的使用。这意味着在 COMP 更倾向的模糊测试驱动中，应存在较少的非核心依赖关系（这些依赖关系无关紧要，因为输入数据无法影响它们），同时这些测试驱动也会避免核心依赖关系的冗余使用。COMP 通过衡量模糊测试驱动的输入数据流树内核心函数的所有输入参数的平均紧凑性来衡量模糊测试驱动的整体紧凑性，并通过评估输入参数值的来源的紧凑性来评估输入参数的紧凑性。输入参数的来源可能是：核心函数的输出（①），预配置的基础知识或内存转储（②），以及非核心函数的输出（③）。来源①最为紧凑（是核心依赖关系的一部分），分数为 2。来源②较为紧凑（避免使用非核心函数），分数为 1。来源③的紧凑性取决于有多少非核心函数被用来提供参数值（一个非核心函数可能需要多个其他函数为其提供输入，非核心函数的总数在公式中被标记为 k，当 $k >= 5$ 时，我们根据经验将其分数设为 0）。对于重复的依赖关系，我们只计算一次分数。公式（3）中分子的右边部分是为了对 COMP 进行归一化：如果模糊测试驱动没有重复的核心依赖关系，不使用任何非核心函数，并且其核心依赖关系图中没有循环（即 CC = 1），则其 COMP 为 1。

$$S_{comp}(i) = \begin{cases} 2 & \text{如果} i \text{在核心依赖关系中} \\ 1 - \dfrac{\min(k,5)}{5} & \text{如果} i \text{在非核心依赖关系中} \\ 0 & \text{如果} S_{comp}(i) \text{已被计算} \\ 1 & \text{其他} \end{cases}$$

$$COMP = \frac{\sum_{f \in F} \sum_{i \in I_f} S_{comp}(i) - (F_{num} - 1)}{\sum_{f \in F} \sum_{i \in I_f} 1} \qquad (3)$$

（3）序列化。在进化过程中，模糊测试驱动采用多重图的形式，APICRAFT 以此为基础应用变异运算。序列化旨在将图转化为代码（由 API 函数调用组成的序列）。模糊测试驱动代码随后在进化过程中被用于动态信息收集（用于计算 EFF）和有效性测试（通过编译和执行）。有时，APICRAFT 无法收集某些数据依赖关系，例如，当这些依赖关系是语言内置知识或来自其他库（无法通过分析目标 SDK 获取）时。这可能会导致序列化代码的编译错误，因为有些函数的输入不完整。为了缓解这种情况，我们提供了手动构建的基础知识，并使用延迟更新策略在 APICRAFT 中对其进行维护。根据我们的经验，所需的基础知识量很小。

（4）稳定性测试。序列化完成后，APICRAFT 将对模糊测试驱动进行稳定性测试。稳定性测试将使用多个输入种子多次运行已编译的模糊测试驱动。模糊测试驱动使用检测工具进行测试，如 ASAN 和 libgmalloc。通常，APICRAFT 会使用 3 ～ 5 个不同的输入种子进行稳定性测试。如果测试失败，即驱动崩溃或异常退出，则该驱动将被丢弃。稳定性测试会过滤掉进化过程中不稳定的数据依赖关系，从而提高模糊测试驱动的质量。

（5）交叉和变异。图 5 显示了两个数据依赖关系之间的所有变异运算。变异运算是对数据依赖关系中的输入 / 输出进行替换、添加、删除操作的组合。注意，添加和删除输入的组合被排除在外，因为将多个值传递给输入参数或删除输入参数的值都不是有意义的操作。此外，图 5 中的变异运算是简化后的结果，只考虑了两个给定的依赖关系。要将这些运算应用于两个模糊测试驱动，还需要正确处理驱动中的其他依赖关系。例如，圆形或矩形节点都可能有其他数据依赖关系（具有父母或子女节点）。APICRAFT 会谨慎处理这些情况，以保证运算正确进行。

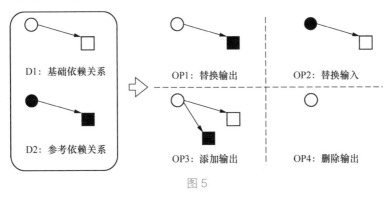

图 5

我们根据上述运算定义了交叉和变异。交叉是一种在两条染色体（模糊测试驱动）之间交换基因（数据依赖关系）的运算。在 APICRAFT 中，交叉是指对两条父染色体应用一个运算（替换输入、替换输出和添加输出、删除输出除外）的过程。APICRAFT 会随机选择一个运算和两个适用的基因（来自两位父母，用 D1 和 D2 表示），然后将该运算应用于这两位父母，以生成两个新的子女染色体。当 D1 和 D2 的输入 / 输出满足应用特定运算的条件时，D1 和 D2 即为适用基因。假设 D1 为 $\langle F_A, \text{Out}, F_B, \text{In} \rangle$，D2 为 $\langle F_C, \text{Out}, F_D, \text{In} \rangle$，要想应用替换输出运算，$\langle F_D, \text{In} \rangle$ 必须与 $\langle F_B, \text{In} \rangle$ 相同。变异是一种改变染色体部分基因的运算。为进行变异，APICRAFT 首先会从染色体中随机选择一个运算（图 5 中的 4 个 OP 都适用），并从染色体中选择一个基因（D1）作为变异目标，然后从全局基因列表（已收集的依赖关系集）中找出一个适用基因（D2，如果运算为删除输出，则无须此基因）。接下来，APICRAFT 将通过满足 D2 的所有输入参数随机构建一个临时染色体，并将运算应用于原始染色体（类似于与临时染色体交叉，但只保留一个子女）。

五、实现

APICRAFT 被实现为一个包含 3 个主要组成部分的系统：预处理（Python 代码 1 581 行，

C++代码873行，Bash代码450行）、依赖关系的收集（Python代码716行，Bash代码182行）和依赖关系的组合（Python代码3 749行，Bash代码93行）。我们不对APICRAFT实现的每一个细节进行讨论，只关注一些有趣的技术细节。

消费者程序跟踪工具。APICRAFT使用定制的API跟踪工具，在预处理过程中跟踪一系列信息（如线程id、嵌套级别、内存转储）。该跟踪工具能够处理macOS中的GUI程序，包括Safari、Preview、QuickTime Player等。该工具可以生成数千行代码来钩住数百个函数，同时确保GUI程序在跟踪过程中顺利执行。与现有的动态挂钩/检测工具（如Pin、Frida）相比，该工具更快且更准确。以下主要功能可以提高其性能。

（1）我们选择的是Ⅱ型挂钩（如图6所示），可以提供准确的函数嵌套级别。要想钩住函数，Ⅰ型挂钩需要两种挂钩点：一个进入点和一个退出点。在二进制分析中，API函数的开始（进入点）很容易识别，但要想准确识别所有退出点却很难。原因是函数的某些退出点无法通过简单地匹配ret指令来检测，尤其是在其汇编得到高度优化的情况下。一旦被跟踪的程序从未识别到的退出点返回，则随后记录的嵌套级别将被破坏。相比之下，使用Ⅱ型挂钩时就不需要担心这一问题，因为函数将返回到挂钩代码。

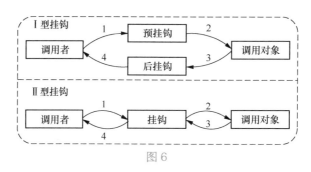

图6

（2）我们使用了一种叫作函数插入的轻量级挂钩技术。该技术是通过将挂钩代码包装成一个与挂钩目标具有相同原型的函数，并设置环境变量以配置操作系统的动态链接器来实现挂钩的。具体来说，在macOS中，我们为挂钩设置了DYLD_PRELOAD、DYLD_INTERPOSE[①]。

↘ 六、评估

我们的评估旨在回答以下问题。
⊐ APICRAFT能否为复杂的商业SDK目标生成模糊测试驱动？

---

① 钩子与POSIX兼容，适用于Linux环境，可以使用LD_PRELOAD。

▫ 生成的模糊测试驱动的模糊测试表现如何？

▫ 每个组成部分对生成的模糊测试驱动的性能分别有哪些贡献？

▫ 生成的模糊测试驱动是否可以帮助我们从现实世界的应用程序中找到新的漏洞？

硬件配置。实验在配有 2.5GHz、28 核 Intel Xeon W 处理器和 192GB 内存的 macOS 服务器上进行。

攻击面。我们将 macOS SDK 中的 5 个攻击面用作目标，分别是图像、字体、PDF、音频和 RTF。这些攻击面均接受常见输入格式，并且已被 macOS 应用程序广泛使用。请注意，攻击面和系统库具有多对多关系（具体的对应关系请参阅附录 B）。

模糊测试工具设置。在模糊测试实验中，我们使用了打过补丁的 Honggfuzz，用来获取目标二进制库的基本块覆盖率。我们维护了一个从开放互联网资源中收集的种子语料库，并从中随机选择种子用于实验。我们使用 Honggfuzz 内置的语料库最小化功能来最小化该语料库。由于我们是在没有源代码的情况下对 macOS 中的二进制目标进行模糊测试，因此无法在运行时使用 AddressSanitizer 来检测内存错误。我们转而使用 libgmalloc 来在模糊测试中检测内存错误问题。

模糊测试实验设置。对每个攻击面来说，所使用的模糊测试驱动（生成的或手动编写的）都有相同的输入种子、机器和模糊测试工具选项（每个模糊测试驱动使用的都是具有默认选项的单线程 Honggfuzz 模糊测试工具）。图表均使用重复 10 次、每次 24 小时的模糊测试数据绘制而成（线表示平均值，线周围的阴影表示 95% 的置信区间）。由于 APICRAFT 可能会生成多个候选模糊测试驱动（第一个帕累托边界的所有模糊测试驱动），因此我们将手动选择其中的一个驱动进行实验。在上文中，对生成的模糊测试驱动的选择遵循以下基于经验的选择标准：选择在更多目标中达到更高分数的驱动。如果无法在上述 3 个目标中找到分数更高的驱动，则遵循以下优先顺序：DIV > EFF > COMP。表 1 列出了在为攻击面生成模糊测试驱动时跟踪的应用程序。其中，第一行是攻击面，第一列是被跟踪的 GUI 应用程序。"√"标出了可以为攻击面提供跟踪轨迹的 GUI 应用程序。"—"标出了不支持攻击面输入格式的 GUI 应用程序。

表1

	图像	字体	PDF	音频	RTF
qlmanage	√	√	√	—	√
Preview	√	—	√	—	—
Font Book	—	√	—	—	—
Messages	√	√	—	—	—
Safari	√	√	—	—	—

续表

	图像	字体	PDF	音频	RTF
Mail	√	√	√	—	—
TextEdit	√	√	√	—	√
Notes	√	√	√	√	√
VoiceMemos	—	—	—	√	—
Photos	√	—	—	—	—
Terminal	—	√	—	—	—
QuickTime Player	—	—	—	√	—
afclip	—	—	—	√	—

表 2 列出了模糊测试驱动的整个生成过程的中间结果。其中，"轨迹大小"列表示所有消费者程序的总大小，"R1"/"R2"/"R3"列表示使用文章中的规则推断出的数据依赖关系的数量，"初始分数"/"最终分数"列表示第一个帕累托边界中模糊测试驱动的平均目标分数。

表 2

攻击面	预处理				依赖关系收集						依赖关系组合		
	跟踪组件代码行数	轨迹大小	API数量	时长（分钟）	R1	R2	R3	数据依赖关系数量	控制依赖关系数量	时长（分钟）	初始分数（EFF/DIV/COMP）	最终分数（EFF/DIV/COMP）	时间（分钟）
图像	26 775	2.90 GB	540	125	870	840	232	56 632	（124+0）/（124+5）	1 035	23 211/5.30/1.07	32 795/43.30/1.06	1 075
字体	33 904	7.70 GB	689	180	16 556	1 350	320	192 388	（60+0）/（60+5）	1 643	18 782/7.10/1.06	26 391/33.60/1.16	534
PDF	29 356	1.60 GB	595	95	908	905	233	66 689	（117+0）/（117+6）	371	13 214/6.00/0.98	19 080/43.50/1.04	484
音频	18 822	0.13 GB	345	58	107	116	32	11 422	（2+68）/（2+68）	89	11 603/6.50/1.06	13 061/92.00/1.06	857
RTF	10 442	0.41 GB	191	15	40	40	24	1 396	（30+0）/（30+0）	25	43 721/3.00/1.00	45 001/13.40/0.96	723

1. 模糊测试驱动的生成

我们将 APICRAFT 应用于 macOS SDK 中的 5 个攻击面。表 2 显示了每个主要步骤的中间结果。第一阶段是预处理。我们选择了一系列 GUI 程序作为消费者程序。表 1 列出了为每个攻击面跟踪的应用程序。注意，所有这些程序都是内置的 macOS 应用程序。我们为每个 GUI 程序编写了一个输入文件，并使用这些程序手动生成轨迹。为了生成更好的轨迹（包含更多样化的依赖关系），我们确保了对消费者程序的手动使用会覆盖它们的所有基本功能。例如，对于音频播放器，我们至少会尝试在音频播放过程中使用开始、暂停、前进、后退和随机播放功能。每个消费者程序都使用一个输入文件进行跟踪。理论上，使用更多的输入文件有助于生成更多样化的轨迹，并且可能带来更好的组合结果。但是，这会导致收集阶段的成本出现线性增加。为了在效率和有效性之间取得平衡，我们建议使用一个或多个具有代表性的种子来跟踪消费者程序，同时探索多样化的消费者程序功能。表 2 中的第二至第五列显示了与轨迹有关的信息。第五列列出了总运行时间。大部分时间成本都与跟踪有关。跟踪的时间成本很大程度上取决于被跟踪的应用程序和 API 的数量。其他预处理步骤只用了一小部分时间，可以在几分钟内完成。例如，头文件分析通常在几十秒内即可完成。APICRAFT 能够在复杂的 GUI 程序中跟踪数百个目标 API 函数。

生成轨迹后，APICRAFT 将从中提取和推断数据依赖关系和控制依赖关系。表 2 第六至八列显示了使用上文中讨论的规则 1、规则 2 和规则 3 推断出的关系量；第九列和第十列显示了最终收集到的两种依赖关系；在第十列中，控制依赖关系的数量以（A+B）/（C+D）的形式表示，其中 A、C 分别是被跟踪的 API 函数内已识别的和总的指针错误处理量，B、D 分别是已识别的和总的整数错误处理量。我们通过分析轨迹中的所有 API 函数，手动计算总的错误处理量。表 2 第十一列列出了推断和收集依赖关系所用的时间。大部分运行时间都被两个部分占用：基于规则 3 的推断和数据依赖关系的提取。它们都需要迭代所有轨迹并使用算法来匹配依赖关系。它们的时间成本因攻击面而异，例如，对于基于规则 3 的推断，其时间成本从 4 分钟（RTF）到 643 分钟（字体）不等。注意，对于不同的攻击面，收集的数据依赖关系数量从几千到数十万不等。我们可以观察到，大多数攻击面可能包含数万个以上的依赖关系，这表明在现实世界的复杂目标中，依赖关系的组合往往要面对广阔的搜索空间。

最后一步是依赖关系的组合。我们进行了 300 轮进化，每一轮会生成 300 条新染色体。我们之所以会使用这种基于经验的配置，是因为我们发现，所有攻击面的进化都可以在 300 轮内收敛。进化过程中所有目标分数对应的图表请参阅附录 C。遗传算法的执行时间从 8 小时到 18 小时不等。不同攻击面之间运行时间的差异是由它们的编译时间不同造成的。根据我们的观察，在序列化步骤中，编译新生成的模糊测试驱动占用了大部分组合时间。表 2 倒数第三列和倒数第二列显示了组合前后的分数。该分数为第一个帕累托边界中所有模糊测试驱动的平均分数。可以看出，EFF 和 DIV 在进化后显著增加。这意味着模糊测试驱动包含更多 API 函数，并且使更多的基本块、调用和循环到达了目标库。有些攻击面（如图像和 RTF）的 COMP 分数在组合完成后略有下降。这种现象是合理的，因为所使用的数据依赖关系越多，使模糊测试驱动保持最初的紧凑性就越困难，这也反映了这些目标之间的冲突。总之，进化完成后，模糊测试驱动在我们确定的期望属性方面得到了显著提升。

2. 与手动编写的模糊测试驱动的比较

为了论证 APICRAFT 生成的模糊测试驱动的性能，我们开展了模糊测试实验来比较生成的模糊测试驱动和手动编写的模糊测试驱动。实验设置和生成的模糊测试驱动的选择方式在上文的模糊测试实验设置中有详细介绍。手动编写的模糊测试驱动要么是从互联网上收集而来，要么是由我们的安全分析师编写而成。具体而言，对于图像，驱动来自 Project Zero 的公共存储库。对于其余的攻击面，我们的安全专家将按照以下标准编写驱动：

- 作者不具有关于目标攻击面的先验知识；
- 每个模糊测试驱动均在 3 个工作日内创建完成（包括 API 学习过程）；
- 每个模糊测试驱动至少包含 1 个解析函数和 1 个使用解析结果的函数。

APICRAFT 生成的模糊测试驱动与手动编写模糊测试驱动的基本块覆盖率随时间的变化（针对 5 个攻击面），如图 7 所示。APICRAFT 使用 3 个目标生成的模糊测试驱动（APICRAFT）、未使用 COMP 生成的模糊测试驱动（NO-COMP）、未使用 DIV 生成的模糊测试驱动（NO-DIV）和未使用 EFF 生成的模糊测试驱动（NO-EFF），以及初始模糊测试驱动（初始）的基本块覆盖率随时间的变化（针对 5 个攻击面），如图 8 所示。APICRAFT 生成的模糊测试驱动与手动编写的模糊测试驱动在针对音频和字体攻击面时，独特崩溃次数随时间的变化（其余 3 个攻击面在 24 小时内没有发现崩溃），如图 9 所示。

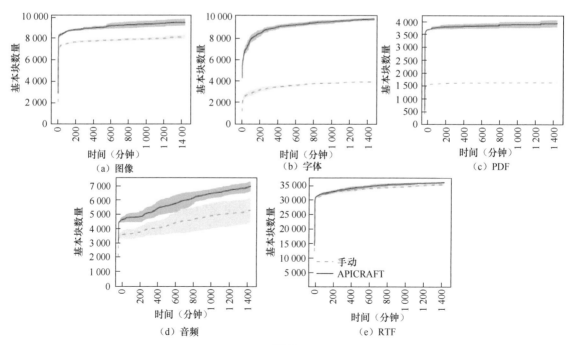

图 7

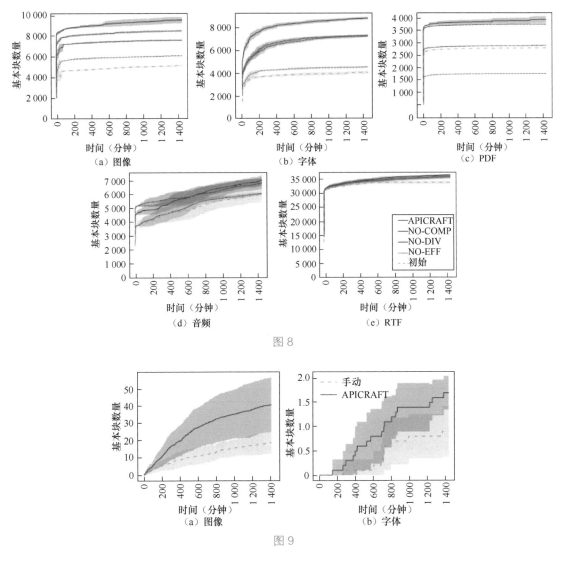

图 8

图 9

图 7 和图 9 显示了覆盖率和崩溃情况的比较结果。在图 7 中，紫色实线表示生成的模糊测试驱动的覆盖率，灰色虚线表示手动编写的模糊测试驱动的覆盖率。需要补充的一点是，图像、字体、PDF、音频和 RTF 的基本块总数分别为 413 481、254 680、174 961、266 138、418 998。线周围的阴影是 95% 的置信区间。根据曼 - 惠特尼 U 检验，p 值分别为 9.13e-5、9.13e-5、8.98e-5、1.10e-3、1.09e-1。除 RTF 外，所有 p 值均小于 5.00e-2，具有统计显著性。在图 9 中，只显示了音频和字体的崩溃情况，因为在其余攻击面上，两个模糊测试驱动都没有在 24 小时内发现任何崩溃。音频、字体的 p 值分别为 4.52e-3、8.50e-3。两个 p 值都小于 5.00e-2，具有统计显著性。

这些结果表明，在大多数情况下，生成的模糊测试驱动在性能上明显优于手动编写的模糊测试驱动。但是，这并不意味着生成的模糊测试驱动在所有方面都优于手动编写的模糊测试驱动。事实上，生成的模糊测试驱动的优势在于其众多的 API 函数调用。例如，为图像攻击面生成的驱动使用了 47 个不同的 API 函数，而手动编写的驱动仅使用了 11 个 API 函数。通过研究这两种驱动的代码，我们发现这两种模糊测试驱动分别有着自己的独特优势。手动编写的模糊测试驱动更小、更简洁且更易于理解。相反，APICRAFT 生成的模糊测试驱动在可规模化和自动化方面表现出色，并且通常会包含更多的 API 函数调用。在最后一轮的模糊测试驱动中，对于根据规则 1、规则 2、规则 3 推断出的数据依赖关系的使用情况统计，如表 3 所示。R* 代表规则 1、规则 2 和规则 3 合并后的总数。对于 xx/yy 形式的数据，xx 和 yy 分别表示个体中推断出的依赖关系数量，以及出现的独特依赖关系的总数。

表3

	图像	字体	PDF	音频	RTF	平均百分比
R1	33/110	55/69	23/87	63/137	12/28	43%
R2	33/110	8/69	24/87	65/137	12/28	32%
R3	32/110	6/69	23/87	15/137	3/28	18%
R*	66/110	64/69	44/87	79/137	15/28	62%

3. 每个组成部分的有效性

推断规则。为了表明规则 1、规则 2、规则 3 对模糊测试驱动的生成做出的贡献，我们统计了推断出的独特依赖关系的数量，以及出现在最后一轮个体中的独特依赖关系的总数。表 3 列出了有关的统计数据。平均而言，规则 1、规则 2、规则 3 的贡献分别为 43%、32%、18%，合并后的总贡献为 62%（根据规则 1、规则 2、规则 3 推断出的依赖关系可能出现重叠）。结果表明，虽然推断出的依赖关系总量在提取出的依赖关系总量中所占的百分比并不高（见表 2 中的第 6 ～ 8 列），但它们对最终模糊测试驱动的生成有显著贡献。APICRAFT 检测到的部分 macOS 漏洞，如表 4 所示。CVE 问题 ID：R 表示供应商已确认此问题，但未分配 CVE；C 表示供应商已确认此问题，并将在即将发布的安全更新公告中分配 CVE；U 表示供应商正在审核此问题。缺陷类型：FPE 表示浮点数异常，NPD 表示空指针解引用，ARB 写入表示任意地址写入。复现的应用程序："√" 表示在此应用程序中可复现，"×" 表示在此应用程序中不可复现，"—" 表示此应用程序不支持此问题的文件格式。

表4

攻击面	CVE/问题ID	macOS 版本	漏洞类型	复现的应用程序							
				Messages	Preview	qlmanage	Photo	Safari	Font Book	afclip	Quick Time Player
图像	731907746（R）	10.15.3	FPE	√	√	√	√	—	—	—	—
	CVE-2020-9790	10.15.4	OOB 写入	√	√	√	√	—	—	—	—
	CVE-2020-9879	10.15.4	ARB 写入	√	√	√	—	—	—	—	—
	CVE-2020-9961	10.15.5	OOB 写入（总线错误）	√	√	×	√	×	—	—	—
	748048999（U）	10.15.7	ARB 写入	√	√	√	×	—	—	—	—
	CVE-2021-1793	11.0.1	OOB 读取	×	×	×	√	—	—	—	—
	CVE-2021-1783	11.0.1	OOB 写入	√	√	√	×	—	—	—	—
	CVE-2021-1746	11.0.1	ARB 写入	√	√	√	—	—	—	—	—
	756409604（R）	11.1	NPD	√	√	√	√	—	—	—	—
字体	CVE-2020-9980	10.15.5	OOB 读取	—	—	√	—	√	√	—	—
	737046948（C）	10.15.5	OOB 写入	—	—	√	—	√	√	—	—
	737048356（R）	10.15.5	堆栈耗尽	—	—	√	—	√	√	—	—
	738918010（C）	10.15.5	OOB 读取	—	—	√	—	√	√	—	—
	748050615（C）	10.15.7	NPD	—	—	√	—	√	√	—	—
	756641529（C）	11.1	OOB 读取	—	—	√	—	×	×	—	—

续表

攻击面	CVE/问题ID	macOS版本	漏洞类型	复现的应用程序							
				Messages	Preview	qlmanage	Photo	Safari	Font Book	afclip	Quick Time Player
PDF	738375428（R）	10.15.5	堆栈耗尽	√	√	√	—	√	—	—	—
音频	736230948（R）	10.15.5	无限循环	×	—	—	—	√	—	√	×
	736230948（R）	10.15.5	NPD	√	—	—	—	√	—	×	√
	CVE-2020-9866	10.15.5	OOB读取	×	—	—	—	×	—	×	×
	CVE-2020-9889	10.15.5	OOB写入	√	—	—	—	√	—	√	√
	CVE-2020-27908	10.15.6	OOB读取	×	—	—	—	-	—	√	×
	744117458（U）	10.15.6	有符号到无符号类型转换	×	—	—	—	√	—	×	×
	CVE-2020-9954	10.15.6	OOB写入	√	—	—	—	√	—	√	√
	754449272（U）	11.0.1	整数截断	√	—	—	—	—	—	√	√
	759505458（U）	11.1	类型混淆	√	—	—	—	√	—	√	√
	CVE-2021-1747	11.1	ARB写入	√	—	—	—	√	—	√	√

  每个目标的消融研究。我们通过开展模糊测试实验来了解 APICRAFT 中设计的每个目标（EFF/DIV/COMP）的贡献。我们针对每个攻击面，比较了 5 种生成的模糊测试驱动的覆盖率，包括使用全部 3 个目标生成的模糊测试驱动、未使用 COMP 生成的模糊测试驱动、未使用 DIV 生成的模糊测试驱动和未使用 EFF 生成的模糊测试驱动，以及未进化的初始模糊测试驱动。实验设置和模糊测试驱动的选择方式遵循上文提到的设置方法。比较结果如图 8 所示。

  通过比较图 8 中的"APICRAFT"和"初始"两项，我们可以得出以下结论：我们的算法对于模糊测试驱动有明显的改进（覆盖率平均提高 53%）。根据曼 - 惠特尼 U 检验，图像、字体、PDF、音频、RTF 的 p 值分别为 9.13e-5、9.13e-5、9.03e-5、2.90e-3、9.13e-5。所有 p 值都小于 5.00e-2，具有统计显著性。此外，根据第一轮和最后一轮的分数（见表 2 中倒数第三和倒数第二列），我们观察到目标分数与模糊测试覆盖率之间存在正相关关系。

通过将图 8 中的"APICRAFT"与"NO-COMP""NO-DIV""NO-EFF"进行比较，我们观察到，总的来说，删除任何目标都会导致性能下降。在收集的依赖关系更多的攻击面中（如图像、字体和 PDF），性能下降更为明显和显著。具体来说，收集的依赖关系越多，组合的搜索空间越大，依赖关系图也可能更加复杂，进而导致模糊测试驱动的生成更加困难。因此，对于比较困难的测试对象，APICRAFT 的三目标算法可以找到比上述任何双目标算法都更好的解决方案（具有更高覆盖率的模糊测试驱动）。

有趣的是，在图 8 中，这 3 种双目标算法的排序在每个攻击面中都有所不同。一种可能的解释是，每个目标在进化过程中都可以提供自己的反馈。缺少一个目标会导致进化过程中无法保留某些组合，即无法找出完整解决方案的某些部分。因此，对于一个给定的攻击面，在缺少一个特定目标时，模糊测试的性能会下降。但不同攻击面上的下降率不同。另一个观察结果是，不考虑模糊测试驱动紧凑性（NO-COMP）的进化甚至无法始终排在第二好的位置。这表明，要生成更好的模糊测试驱动，必须在进化过程中使模糊测试驱动尽可能简单，同时确保其可以触发的程序行为尽可能多。我们正是针对这一目标设计了 APICRAFT，并提出了一个多目标解决方案。此外，我们还可以探讨一下覆盖率以外的指标。对于 NO-COMP，我们观察到生成的模糊测试驱动更长（例如在图像攻击面上，该模糊测试驱动的代码行数超过5 000 行，而其他模糊测试驱动的代码行数则少于 1 500 行）。这表明紧凑性目标不仅有助于提高生成的模糊测试驱动的质量，还能使它们更易于维护和理解。

4. 长期模糊测试活动

一般结果。我们设置了一个长期模糊测试活动来对这 5 个攻击面进行模糊测试。该活动使用了 APICRAFT 的输出中带有独特数据依赖关系的全部生成的模糊测试驱动（也就是最后一轮个体的第一个帕累托边界）。到目前为止，已经发现了 142 个独特漏洞。具体来说，其中有 54 个已被苹果确认并分配了 CVE 编号，有 16 个已被苹果确认并将在即将发布的苹果安全更新中分配 CVE 编号，有 56 个仍在由苹果进行审核，而剩余的 16 个被识别为 DoS，由于其安全威胁较小，因此没有分配 CVE 编号。在全部 142 个漏洞中，有126 个是内存错误漏洞，有可能被利用。我们通过对漏洞进行手动分析，按照 12 种根本原因对这些漏洞进行了分类，包括堆越界读 / 写、整数截断等。表 4 列出了部分漏洞，完整列表请参见论文。表 4 还显示了受影响的应用程序，如 Safari、Preview 等。虽然这些漏洞是在 macOS SDK 中检测到的，但它们其实影响了整个苹果生态系统，包括 macOS、iOS、watchOS、tvOS 等。

```
1 CTFontDescriptorRef desc;
2 const CGGlyph*glyphs;
3 int status = 1;
4 ...//略过从输入文件创建desc的过程
5 CTFontRef fontRef = createWithFontDescriptor( desc,CONST_DUMP1,NULL );
6 status = getGlyphsForChars( fontRef,CONST_DUMP2,glyphs,CONST_DUMP3 );
7 if( status!= 0 )exit( 1 );
8//the vulnerable function
9 getAdvancesForGlyphs( fontRef,CONST_DUMP4,glyphs,NULL,CONST_DUMP3 );
```

图 10

案例研究 1：问题 756641529。这里不详细讨论每个漏洞，只将字体攻击面中发现的漏洞（问题 756641529，如表 4 所示）作为代表性案例进行研究。这个案例虽然小但全面，能演示 APICRAFT 的大部分功能。图 10 显示了复现问题 756641529 的最小模糊测试驱动，它是从 APICRAFT 生成的模糊测试驱动中分割出来，其中，CONST_DUMP*：包含从轨迹中转储常量值的变量。为了简洁和便于理解，我们简化了函数名称，并为每个变量指定了一个有意义的名称。（在生成的模糊测试驱动中，没有人类可读的变量名称。）

漏洞触发流程如下。

（1）createWithFontDescriptor 解析输入字体文件内容，并将解析结果作为 fontRef 返回。

（2）getGlyphsForChars 使用解析结果（fontRef）来填充字形信息，这些信息被存储在字形中。如果这一步骤中未出现错误，程序将继续执行。

（3）getAdvancesForGlyphs 获取字形的高级信息，如果输入字体文件格式错误，可能会发生 OOB 读取错误。

以下是从该案例观察到的一些重要结论。

（1）只解析字体不足以触发这个漏洞。需要将多个 API 函数组合到一起才能形成存在漏洞的代码。

（2）createWithFontDescriptor 和 getGlyphsForChars 通过 fontRef 的数据流连接，该数据流由提取策略捕获。

（3）getGlyphsForChars 和 getAdvancesForGlyphs 通过字形数据流连接，该数据流由推理策略捕获。

（4）getGlyphsForChars 的错误代码处理被捕获为控制依赖关系。这种保护检查有助于消除大部分因为 API 函数误用导致的误报崩溃。

总而言之，该案例展示了 APICRAFT 的收集 - 组合方式有助于构建语义上有意义的模糊测试驱动，从而加强漏洞检测。

案例研究 2：ExtAudio API 系列。对于音频攻击面，我们发现生成的模糊测试驱动可以根据是否包括名称带有前缀 ExtAudio 的函数分成两组。换言之，在一些模糊测试驱动中，大多数函数的名称以 ExtAudio 开头，而在其他测试驱动中则没有这样的函数。

我们深入研究了这个问题，发现音频攻击面涉及两组独立的服务：音频文件服务和扩展音频文件服务。这两组服务在创建存根文件和解析输入时有各自的 API。因此，针对这两组服务生成的模糊测试驱动完全不同。

在上文所述的实验中，我们发现安全分析师只为音频文件服务编写了模糊测试驱动，因此我们从生成的套件中选择了相应的模糊测试驱动，确保比较的公平性。尽管如此，在长期的模糊测试活动中，我们会同时使用生成的两类模糊测试驱动进行模糊测试。事实上，我们发现关于扩展音频文件服务的模糊测试驱动贡献了很多 CVE，例如 CVE-2020-9866、CVE-2020-9890、CVE-2020-2790 和 CVE-2021-1747，如表 4 所示。这是因为扩展音频文件服务不仅包括音频文件的解析逻辑，还包括它的解码逻辑。

该案例研究表明 APICRAFT 确实有助于揭示更多的程序行为，从而可能发现更多缺陷。

↘ 七、讨论与未来工作

1. 讨论

APICRAFT 中的人力劳动。模糊测试驱动的生成离不开人力劳动。在 APICRAFT 中，有几个任务需要人为干预（附录 D 对此进行了进一步讨论）。

- 我们需要手动配置基础知识，来补充一些无法通过消费者程序的执行轨迹收集的数据依赖关系。在当前实施中，所有 macOS 目标共享一个基础知识库，并且它被编码为 toml 配置。
- 生成的模糊测试驱动可能包含误报。误报的意思是，通过模糊测试发现崩溃的根本原因是 API 函数的误用，而非库中的缺陷。识别这类情况需要人工分析和领域知识。在 APICRAFT 中，错误处理和稳定性测试可以大大消除误报。尽管如此，我们仍在针对 RTF 攻击面生成的模糊测试驱动中发现了一个误报。我们手动修改了这个误报。

与手动编写的模糊测试驱动的关系。在上文中，我们将 APICRAFT 与手动编写的模糊测试驱动进行了对比。虽然实验结果显示了 APICRAFT 的优越性，但我们必须承认，它无法完全取代模糊测试驱动生成方面的人类专家。其原因在于 APICRAFT 收集的信息完全来自现有消费者程序的执行轨迹，而人类专家可以从更多数据源中学习知识，包括但不限于文档和在线代码片段。事实上，两种类型的模糊测试驱动可以互惠互利。一方面，手动编写的模糊测试驱动可作为消费者程序，用来为 APICRAFT 提供更多数据和控制依赖关系。另一方面，APICRAFT 生成的模糊测试驱动不仅可以提供候选模糊测试驱动，还可以提供有关目标库机制的见解，供人类专家编写更好的模糊测试驱动。

2. 局限性与未来工作

尽管 APICRAFT 在查找闭源 SDK 漏洞方面表现不错，但它在性能上仍存在一些局限性。

- ⊔ 生成的测试夹具的质量受到执行轨迹质量的限制。这是因为 APICRAFT 主要依靠执行轨迹来提取数据 / 控制依赖关系。
- ⊔ 目前 APICRAFT 只支持上文所述的数据 / 控制依赖关系。依赖关系缺失会导致漏报和误报的发生。
- ⊔ APICRAFT 侧重于查找与内存错误有关的漏洞，无法发现并发缺陷或逻辑缺陷。
- ⊔ APICRAFT 的当前实施只适用于 SDK 的 C 语言或 C 语言编码风格的 API。

其他的数据 / 控制依赖关系。在数据依赖关系方面，APICRAFT 目前侧重于函数输入和输出参数之间的依赖关系。之所以选择使用这种类型的依赖关系，是因为我们可以从执行轨迹中准确地提取它们。但也有一些其他类型的数据依赖关系。例如，两个函数可以通过结构体的成员 / 全局变量交换数据。这类依赖关系可以通过在跟踪过程中监控函数的内存操作来捕获，但它会给跟踪工具带来巨大的开销，而且考虑到消费者程序是大型 GUI 软件，所获取信息的准确性可能也很低。在控制依赖关系方面，APICRAFT 当前侧重于错误处理相关的依赖关系。这是因为，首先，错误处理路径往往有明确的模式，如调用 _exit、_abort，这使它们易于识别；其次，错误处理对于减少误报很重要。当然，还有其他的控制依赖关系，但要准确地收集所有这些依赖关系，就需要开发高级二进制分析技术，而这不是本工具的重点。因此我们把它留到未来去做。

参数间关系推理。有些函数的参数之间存在语义关系。例如，一个函数可以将一个数组作为它的第一个参数，并将这个数组的长度作为它的第二个参数。直观地说，了解参数间关系有利于构建模糊测试驱动，但获取这些知识比较困难。在 FuzzGen 中，作者们设计了一种方法，通过值集分析来对这种关系进行推理。但是，FuzzGen 使用的值集分析不能直接在 APICRAFT 中应用，因为它不仅需要函数参数的类型信息，还需要函数变量的类型信息，这在源代码中是明确的，但在二进制中并不明确。未来，我们计划利用二进制级的值集分析技术来进一步改善 APICRAFT 生成的模糊测试驱动的健全性。

非 C 语言。我们的当前实施侧重于提供 C 语言或 C 语言编码风格 API 的 SDK 库。要支持其他语言，困难主要发生在收集阶段。理论上说，现代编程语言中都存在 APICRAFT 建模的数据依赖关系和控制依赖关系。然而，支持非 C 语言要求更多的工程工作和领域知识。例如，Objective-C 和 Swift 在很大程度上依赖它们的语言运行时来支持它们的语言属性。要让 APICRAFT 的当前实施能够适应这些语言，就需要对它们有深入的了解。

↘ 八、相关成果

模糊测试驱动生成。模糊测试驱动的自动生成是一个新兴的研究领域。最近关于这个课题，有一些研究成果问世。FUDGE 是一项为开源库自动合成模糊测试驱动的技术。它从某个库的消费者程序中提取候选模糊测试驱动，然后由人类专家决定应该使用哪个驱动进行模糊测试。同时，FuzzGen 使用消费者程序的源代码来学习库函数的正确用法，并通过所学知识构建一个抽象 API 依赖关系图（A2DG）。然后 FuzzGen 便可以通过遍历 A2DG 生成模糊测试驱动。APICRAFT 与 FUDGE/FuzzGen 之间的主要区别在于，APICRAFT 以二进制级别的库为目标，而 FUDGE 和 FuzzGen 在源代码级别上工作。APICRAFT 不仅解决了如何构建高质量模糊测试驱动这个话题，而且还发现并解决了二进制级别模糊测试驱动生成所特有的问题。除了 FUDGE 和 FuzzGen，WINNIE 也期望通过模糊测试驱动生成和进程的快速克隆来对 Windows 上的闭源库进行模糊测试。APICRAFT 和 WINNIE 之间的第一个区别是，WINNIE 通过开发类似 fork 的机制来提高 Windows 上的模糊测试工具效率，而 APICRAFT 则专注于模糊测试驱动的生成。第二个区别是，模糊测试驱动的生成方式不同。在 WINNIE 中，模糊测试驱动是直接从消费者程序的执行轨迹中提取的。相反，在 APICRAFT 中，模糊测试驱动是基于学到的 API 函数之间的关系来合成。这样 APICRAFT 就能生成更为多样的模糊测试驱动，通过它们来发现漏洞。

　　单元测试生成。单元测试生成与 APICRAFT 密切相关。当前的单元测试生成技术分为以下 3 类。

- 第 1 类是从现有测试中分割出单元测试。Elbaum 等人提出了一种从系统测试的执行轨迹中分割出单元测试的方法，而 Kampmann 和 Zeller 则开发了一种从 C 程序中分割出单元测试的技术。
- 第 2 类是随机测试生成。这些技术都通过静态或动态分析来引导单元测试的随机生成。
- 第 3 类是使用进化算法生成一套单元测试。这些技术专注于推动整个单元测试套件朝着预设的目标前进，而不是只优化某个特定的单元测试。一方面，APICRAFT 在目标、方法等很多方面都不同于单元测试生成技术。另一方面，这些单元测试生成技术中使用的一些概念启发了 APICRAFT 的设计，例如，使用进化算法生成测试。

　　高级模糊测试技术。模糊测试自首次问世以来便成为了一种得到广泛认可的漏洞检测技术。近年来，人们开展了大量研究工作，致力于提高模糊测试工具的效率和有效性。这些技术与 APICRAFT 是相互独立的，因为 APICRAFT 生成的模糊测试驱动可以用于任何模糊测试工具。

↘ 九、结论

　　在本文中，我们提出了一种为闭源 SDK 库生成模糊测试驱动的新技术——APICRAFT。APICRAFT 的关键策略称为收集 - 组合。首先，APICRAFT 收集 API 函数的依赖关系。接着用多目标遗传算法，将收集到的依赖关系组合起来，以构建语义上有意义的多样化模糊测试驱动。通过评估，APICRAFT 展现了巨大的优势和能力。此外，我们通过 APICRAFT 在 macOS SDK 中发现了 142 个漏洞，其中有 54 个被分配了 CVE ID。

↘ 附录 A 线程间数据依赖关系的提取

算法 3 线程间数据依赖关系推断

输入：T1、T2（来自不同线程的 API 函数轨迹）

输出：R（线程间数据依赖关系集合）

1 : $R \leftarrow \varnothing$

2 : cache $\leftarrow \{\}$

3 : idx $\leftarrow 0$

4 : **for** $F_B \in$ T2

5 :   **for** $F_A \in$ T1 [idx:]

执行顺序

6 :   **if** Fa > Fb

7 :   idx $\leftarrow F_A$ 在 T1 中的索引

8 :   **break**

9 :   **for** Out $\in O_{F_A}$

10 :   **if** Out.type 类型指针

11 : |cache{Out.value:$\langle F_A,$Out$\rangle$}

12 :   **for** In $\in I_{F_B}$

13 :   **for** $(F_A,$Out$) \in$ cache[In.value]

14 :   **if** Out.type 类型 In.type

15 : $R(F_A,$Out$,F_B,$In$)$

算法 3 展示了推断线程间数据依赖关系的简化过程。输入 T1、T2 是属于同个应用程序但不同线程的两个轨迹，输出 R 是包含推断依赖关系的集合，这些依赖关系体现的是 T1 中的函数向 T2 中的函数提供输入数据。这种算法是从算法 1 修改而来，关键改动如下。

（1）该算法中的 F_A 和 F_B 由两个线程 T1 和 T2 迭代而来。因此，在 F_B 的每次迭代中（第 4 行），cache 会存储 T1 中所有在 Fb 之前执行（也就是执行顺序更小）的函数。

（2）该算法仅查找类型为指针或可转换为指针类型（如 64 位操作系统中的 int_64）的数据依赖关系。第 10 行和第 14 行表明了这一点。

↘ 附录 B　攻击面和系统库之间的映射

表 5 显示了 macOS SDK 中攻击面和系统库之间的部分多对多关系。

↘ 附录 C　APICRAFT 的进化细节

图 11 显示了进化细节（每轮 EFF/DIV/COMP 得分），其中，x 轴是遗传算法的循环次数，y 轴是得分值。依赖关系组合期间 5 个攻击面的 EFF/DIV/COMP 目标分数随时间变化，总的来看，这种进化试图找到在所有 3 个目标中都能获得更高分数的个体。

表 5

系统库	攻击面				
	图像	音频	字体	PDF	RTF
ImageIO	√	—	—	√	—
CoreGraphics	√	—	√	√	√
CoreFoundation	√	—	—	—	√
vImage	√	—	—	—	—
libate.dylib	√	—	—	—	—
libOpenEXR.dylib	√	—	—	—	—
AudioToolbox	—	√	—	—	—
CoreAudio	—	√	—	—	—
CoreText	—	—	√	—	√
FontParser	—	—	√	—	—

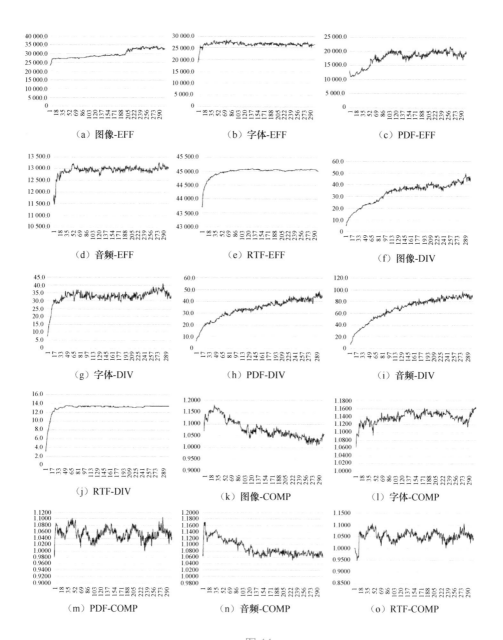

（a）图像-EFF　　　　（b）字体-EFF　　　　（c）PDF-EFF

（d）音频-EFF　　　　（e）RTF-EFF　　　　（f）图像-DIV

（g）字体-DIV　　　　（h）PDF-DIV　　　　（i）音频-DIV

（j）RTF-DIV　　　　（k）图像-COMP　　　　（l）字体-COMP

（m）PDF-COMP　　　　（n）音频-COMP　　　　（o）RTF-COMP

图 11

↘ 附录 D　模糊测试驱动生成中的人力劳动

首先，为了转储轨迹，APICRAFT 要求用户使用该程序。当前的策略是，用户至少应该使用一个或多个代表性输入文件来探索消费者程序的一些基本功能。

其次，获得目标库方面的基础知识也需要人力劳动。它有助于提供无法从轨迹中获悉的多个对象的初始化代码。这些基础知识要么超出目标库的范围（例如对象是在特定语言的基础库中定义），要么没有包含在轨迹中（因为 APICRAFT 仅钩取目标库中的函数）。在当前实施中，这些知识被编码为一个 toml 文件（通常是几十行代码），并在组合开始之前由 APICRAFT 加载。我们评估中使用的完整基础知识配置可在论文中找到。

APICRAFT 的模糊测试驱动可能会导致误报的崩溃，而区分它们需要人工分析。APICRAFT 为每个模糊测试驱动提供一个依赖关系图，以方便手动调试。此外，建议的修复是根据图表，将崩溃的函数调用及其依赖函数注释掉，并将不稳定 / 不正确的依赖关系添加到组合配置的黑名单中。

↘ 附录 E　检测到的漏洞详情

我们使用 Honggfuzz 对生成的模糊测试驱动进行模糊测试，并另外启用 libgmalloc 来发现更细微的内存错误。所有发现的崩溃和部分超时将由人工进行分析。因此，我们发现了 142 个独特的漏洞，这些漏洞可归类为 12 种根本原因。注意，我们发现的一些漏洞共享一个苹果问题 ID，这是因为我们是将它们一起报告的，而苹果仅为每个报告分配一个问题 ID。

↘ 作者简介

张岑，南洋理工大学博士研究生，他的主要研究方向包括虚拟化安全和模糊测试。他在包括 USENIX Security、ACM CCS、ASE 等顶级期刊发表过相关论文。

林性伟，蚂蚁安全光年实验室安全研究员，他的研究领域包括虚拟化安全、macOS&Windows 系统安全、程序分析和 Fuzzing。他曾在学术界以及工业界顶级安全会议上发表论文与演讲，包括 ACM CCS、USENIX Security 和 BlackHat Asia。他获得过来自苹果、QEMU、微软和 Oracle 等厂商的致谢。

V-SHUTTLE：规模化和语义感知的
虚拟机模拟设备模糊测试

潘高宁 林性伟

如今，云计算的使用越来越广泛，组织和个人用户倾向于将应用程序部署在云计算基础设施之上，以利用其快速和可规模化的部署能力。随着人们对云计算资源的需求不断增加，Amazon Web Services（AWS）、Microsoft Azure 和阿里云等主要云服务提供商也在不断发展。然而，云计算的普及也导致了与云计算的软件和硬件堆栈相关的安全问题。Pwn2Own 和天府杯等知名 PWN 赛事针对虚拟机管理器（包括 VMware WorkStation/Esxi、QEMU/KVM 和 VirtualBox）都设置了对应的比赛项目。客户机使用的虚拟硬件设备是在现代虚拟机管理器中模拟的硬件外围设备，可为虚拟机提供附加功能。从攻击者的角度来看，虚拟设备允许攻击者从客户机系统向主机写入数据。这一特点使虚拟设备成为虚拟机管理器系统架构中最容易遭到侵入的攻击面。过去几年里，几乎所有针对虚拟机管理器的攻击都是从虚拟设备发起的。因此，为了避免向攻击者提前暴露漏洞，对虚拟设备代码执行安全审查是至关重要的。为此，我们需要采用高效和可规模化的技术来识别潜在的漏洞。

实践证明，模糊测试是发现现代软件缺陷和漏洞的有效方法。然而，根据我们的观察，在虚拟机管理器中应用模糊测试颇具挑战性，因为虚拟机管理器所固有的特殊属性会导致模糊测试效率低下。虚拟机管理器通常用于向客户机系统开放接口，以便客户机的用户驱动虚拟设备来模拟其行为。大多数设备遵循通用操作模式，即首先通过内存映射 I/O（MMIO）初始化设备状态，然后通过 DMA 完成复杂的数据传输流程，如图 1 所示。通常直观的方法就是使用模糊测试技术将随机数据写入这些接口，但通过 DMA 传输的数据是高度嵌套的，这严重阻碍了传统的模糊测试扩展其代码覆盖率。具体来说，设备规范中定义的数据结构通常采用树状结构，其中每个节点包含指向下一个节点的链接指针。某些 DMA 操作会从客户机的空间获取大量输入，并在输入结构中使用嵌套结构，即一个结构中的字段成员指向另一个结构。从随机模糊测试的角度来看，这种嵌套结构是很难构建的，因为它必须正确推测整个组织（层次嵌套模式）的语义和每个节点（即指向另一个节点的指针字段）的内部语义。

鉴于虚拟机管理器的安全性至关重要，人们提出了多种用于检测虚拟机管理器漏洞的模糊测试工具。其中最先进的方法包括 VDF、HYPER-CUBE 和 NYX。VDF 是首个虚拟机管理器模糊测试框架，它利用 AFL 实现了覆盖率引导的虚拟机管理器模糊测试方法。HYPER-CUBE 设计了一种基于自定义操作系统、与平台无关的多维度模糊测试方法。尽管 HYPER-CUBE 没有将由覆盖率引导的模糊测试技术应用到其模糊测试过程中，但由于其高吞吐量的设计特性，这种方法仍然优于 VDF。然而，这两种方法都只遵循一个基本的思路：向基本接口（MMIO、DMA 等）写入一系列随机值。然而，这两种方式并不了解虚拟设备的协议实现方式，即如何组织通过 DMA 传输的数据结构。NYX 理解目标设备的协议，并基于用户提供的规范构建结构化模糊测试。然而，基于规范创建模板需要耗费大量人力。例如，NYX 的作者花了大约两天时间来构建最复杂的规范。因此，NYX 无法规模化测试不同类型的设备，因为它对每个新协议都需要人工定制策略。这也是结构化模糊测试方法所共有的缺点，它的有效性在很大程度上依赖于结构嵌套形式的完整性，而这种嵌套结构通常是基于开发人员对协议规范的理解进行手动编写的。一般情况下，开发人员需要从设备协议中提取所有类型的基本数据结构，包括基本结构之间的连接关系，以及每个数据结构中的指针偏移量。这种将结构化模糊测试应用到虚拟机管理器的劳动密集型流程不仅耗时，也十分容易出错。因此，现有的模糊测试方法无法对虚拟设备进行有效测试。

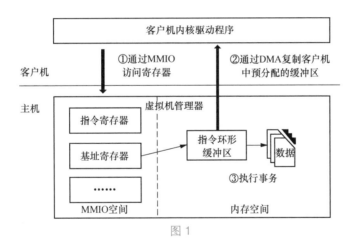

图 1

　　为了应对这一挑战，我们提出了一种可规模化和语义感知的虚拟机管理器模糊测试框架——V-SHUTTLE[①]。从总体上看，我们通过解耦嵌套结构和启用类型感知，实现了全自动的模糊测试方法。具体来说，我们首先拦截对 DMA 对象的每次访问，并将访问从指针重定向到我们所控制的模糊输入，以消除虚拟机管理器对数据结构的寻址，从而确保向每个 DMA 请求提供模糊数据。然后，我们将不同 DMA 对象类型的结构组织到不同的类别中，并使用种子池

① V-SHUTTLE 指代 V 型穿梭机，表示我们的目标是通过对虚拟机管理器执行模糊测试，使客户机穿梭 / 逃逸到宿主机。

来维护这些不同类别的种子队列，以此执行细粒度的语义感知模糊测试。这种方法能够为每个 DMA 请求提供语义上有效的模糊数据，从而进一步提高模糊测试的效率。

我们基于著名的模糊测试工具 AFL 来实现 V-SHUTTLE。我们首先通过在 16 台 QEMU 设备上运行实验来评估系统，并获取代码覆盖率。评估结果表明，V-SHUTTLE 确实具有可规模化和自动化的特征，能够探索虚拟机管理器中的深度代码而无须人工构建基于规范的有效测试用例。此外，V-SHUTTLE 甚至优于传统的结构感知模糊测试，这主要是因为人工理解规范的过程十分容易出错。同时，V-SHUTTLE 的语义感知模糊测试模式也带来了实质性的改进。与最先进的虚拟机管理器模糊测试工具相比，V-SHUTTLE 在大多数情况下能够获得比 VDF、HYPER-CUBE 和 NYX 更高的代码覆盖率。在查找漏洞的能力方面，V-SHUTTLE 在两个常用的虚拟机管理器中挖掘了 35 个先前未知的漏洞，其中 17 个漏洞被授予了新的 CVE。我们已经向对应的供应商报告了所发现的漏洞，并与他们合作修复这些漏洞。此外，我们还成功在蚂蚁集团部署了 V-SHUTTLE，这进一步体现了该框架的可规模化特性。我们希望这一工具能够帮助开发人员强化虚拟机管理器的安全，从而实现更好的软件安全性。本文发表于 USENIX Security 2021，详细内容可参考论文原文 “V-SHUTTLE: Scalable and Semantics-Aware Hypervisor Fuzzing”。

本文的主要贡献如下。

- 关于 DMA 的研究。我们系统分析了虚拟机事务中驱动程序与设备的交互，并探究了重点关注代码中 DMA 相关部分的原因。此外，我们揭示了通过 DMA 传输的数据结构具有嵌套特性，这将降低模糊测试的效率。

- 模糊测试框架。我们提出了 V-SHUTTLE 的设计和实现，这是一个可规模化和语义感知的虚拟机管理器模糊测试框架，可以自动解耦嵌套结构并引导模糊测试探索难以触发的代码。据我们所知，V-SHUTTLE 是首个对设备中的协议实现方式进行自动深入理解的虚拟机管理器模糊测试框架。

- 发现的漏洞。作为评估的一部分，我们在两种使用最广泛的虚拟机管理器 QEMU 和 VirtualBox 中发现了 35 个先前未知的漏洞，其中 17 个漏洞被授予了 CVE。我们负责任地向相应的供应商披露了相关细节。

- 开源工具。我们将开放 V-SHUTTLE 的源代码在 GitHub 上，以进一步推动关于虚拟化安全的研究。

一、背景和动机

我们提供必要的背景信息，以便了解什么是虚拟机管理器的虚拟设备，以及驱动程序与设备的通信是如何处理的。然后，我们将详细阐述虚拟机管理器模糊测试面临的核心挑战。

1. 虚拟机管理器的虚拟设备

客户机用户使用的虚拟设备是在现代虚拟机管理器中模拟的硬件外围设备，可为虚拟机提供附加功能。虚拟设备在虚拟客户机中发挥硬件的作用，这意味着客户机操作系统中的驱动程序可以像驱动实际设备一样驱动虚拟设备。现代虚拟机管理器可以对显卡、存储设备、网卡、USB 等几乎所有硬件进行虚拟化。每台设备的协议规范为设备与操作系统之间的通信定义了唯一的寄存器级硬件接口。一般而言，虚拟化开发人员将基于这些规范设计虚拟设备。鉴于虚拟设备所具备的特性（虚拟设备的模拟是在主机级别进行，客户机可使用任意数据访问虚拟设备），它们通常是虚拟机管理器中最大的攻击面。

2. 驱动程序与设备的交互

从总体上说，虚拟设备向客户机开放了 3 个重要的交互接口：内存映射 I/O（MMIO）、端口 I/O（PIO）和直接存储器存取（DMA）。图 1 显示了虚拟机事务的一般工作流。在设备执行的初始阶段，客户机驱动程序通常会将数据写入 MMIO 或 PIO 区域，让设备完成一些初始化工作，例如设置设备状态和初始化针对客户机中预分配缓冲区的地址寄存器。初始化阶段完成后，设备将进入准备处理数据的状态。设备开始完成一些特定的工作（如传输 USB 数据和发送网络包）。上述数据处理阶段的主要交互机制是 DMA，它支持设备向客户机传输大型和复杂的数据。由于数据处理部分是设备的主要功能，包含大多数代码路径，因此它比其他部分更有可能引入安全风险。

为了证明 DMA 在虚拟机管理器虚拟设备中的广泛使用，我们对 QEMU 中支持 DMA 通信的设备百分比进行了统计分析。我们选择了虚拟化场景中最常见的 5 种 QEMU 设备类型（不包括某些杂项设备和后端设备）。我们手动分析设备中是否存在 DMA 传输机制。分析结果如表 1 所示，其中 72.5% 的设备支持 DMA。除显示设备以外，几乎所有设备都必须使用 DMA 来传输复杂的数据结构（尤其是涉及存储和网络的设备）。由此可见，DMA 在虚拟机管理器中得到了广泛地使用，这就要求我们在虚拟机管理器中应用模糊测试时更加关注与 DMA 相关的代码。

表 1

类别	设备（支持DMA）	数量	总计
USB	uhci、ehci、ohci、xhci	4	4
存储	esp、ahci、lsi53c810、megasas、mptsas、nvme、pvscsi、sdhci、virtio-blk、virtio-scsi、virtio-9p	11	12
网络	e1000、e1000e、eepro100、pcnet、rocker、rtl8139、tulip、vmxnet3、virtio-net	9	10
显示	（无）	0	7
音频	ac97、cs4231a、es1370、intel-hda、sb16	5	7
平均	—	29（72.5%）	40（100%）

3. 核心挑战：嵌套结构

虚拟机管理器用于与客户机内存之间传输数据，以实现设备与驱动程序的通信。这种传输操作始终通过与 DMA 机制相关的特定 API 执行，如 QEMU 中的 pci_dma_read 和 pci_dma_write。具体而言，pci_dma_read 将数据块从客户机的内存复制到主机缓冲区，pci_dma_write 则执行相反的程序。通过指定地址参数，这些 DMA 操作能够以客户机物理内存的任何位置为目标。

图 2 是通用主机控制器接口（UHCI）中嵌套结构的示例。这里的 td、qh、buf 表示 3 种不同类型的对象（td 和 qh 表示包含元数据量的结构，buf 表示原始数据）。

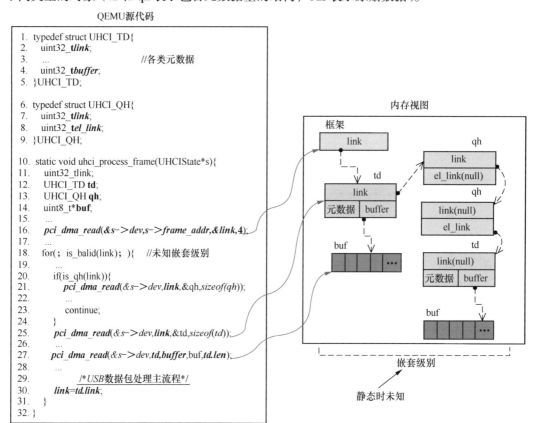

图 2

我们观察发现，通过 DMA 机制传输的数据对象通常构造为嵌套结构（即结构 A 包含一个指向结构 B 的指针），而上面提到的 pci_dma_read 能够支持这一嵌套特性。更重要的是，这种嵌套特性可能表现为多层和多种类型，因为虚拟机管理器往往以从根节点开始的层次结构或树状结构来组织这些结构。具体来说，这种特性阻止了模糊测试工具对虚拟机管理器代码的探索，主要由于以下两个原因。

（1）嵌套形式构造。模糊测试技术难以构造含有多级数据或子对象的嵌套数据对象，这种操作的复杂程度不一。

- 就整体上的组织方式而言，设备的数据结构可以像树一样表示为由嵌套节点组成的层次结构。节点表示特定数据块，指针则建立节点之间的关联。值得注意的是，树状结构的嵌套级别可能具有很深的深度，远不止一层。此外，这些树状结构可以被视为递归数据结构，因为一棵树可能会将其他树作为自己的元素。在树状结构中，一个节点会包含其所有后继节点组成的子树。随机模糊测试技术难以构造这样的递归数据结构，这需要具备更多关于设备规范的领域知识。

- 在节点层面上，每个节点均可视为元数据和指针的组合。然而，节点中的指针偏移量是不确定的，并且会根据不同数据结构的定义而发生变化。给定一个节点作为变异输入时，由覆盖率引导的模糊测试工具会对整个节点进行变异，并且平等对待所有字段，这将生成指向无效或未映射分页的指针字段。与元数据不同的是，指针值通常是固定的且指向有意义的内容，其不应该被模糊测试引擎变异。这种节点层面上的语义缺乏也会增加构造嵌套结构的难度。因此，模糊测试工具必须理解数据组织方式的语义（即层次嵌套模式），并了解每个节点中的内部语义（即哪个字段是指针）。

（2）节点类型感知。由于设备支持规范定义的各种数据类型，因此必须了解关于嵌套节点的细粒度语义知识。嵌套结构是由不同类型的节点连接而成，每个节点都有一个或多个指向不同数据类型的指针。不同节点的连接关系是规则的，并且符合规范（即数据包描述符指向数据包正文），这就要求我们在节点之间建立正确的指向关系。此外，在很多情况下，明确的指向关系只有在运行时才能体现出来：某些字段用于指示指针所指向数据结构的确切类型，因为同一个指针可以引用多种类型的数据；某些字段则用于指示当前节点是否为终止节点。如果指针设置了终止位，则会假设当前节点及其所有子节点没有更多数据需要处理。因此，由模糊测试工具生成的任意节点的随机组合无法满足设备的语义要求，而停滞在数据处理的早期阶段，这严重限制了模糊测试工具寻找深层缺陷的能力。在节点层面上，模糊测试工具需要从给定节点中提取指针，并了解指针的语义（引用的节点类型）。

为了更好地说明虚拟机管理器是如何支持嵌套结构的，下文列举了一些关于虚拟机管理器处理嵌套结构的常见用例：

- 从根节点开始，虚拟机管理器首先在客户机内存中获取一个指向数据结构 A 的指针（由地址寄存器指定）；
- 虚拟机管理器通过动态分配缓冲区来存储 A 的副本；
- 虚拟机管理器使用 pci_dma_read 将 A 从客户机内存复制到已分配的缓冲区；
- 根据 A 中的指针字段，即子节点 B，虚拟机管理器分配另一个缓冲区来存储 B 的副本；
- 虚拟机管理器再次执行 pci_dma_read 将 B 从客户机内存复制到已分配的缓冲区；
- 根据 B 中的指针，虚拟机管理器再次执行 pci_dma_read 来复制下一个结构 C。

综上所述，虚拟机管理器以递归的方式遍历树状结构并向下移动，直至抵达终止节点，并在每个节点处储存了用户提供结构的副本。

如果事先不了解如此复杂的结构嵌套形式，传统的模糊测试方法就无法正确地对整个数据结构进行处理，因为它很难找出每个对象背后复杂的数据格式。这种嵌套结构在虚拟机管理器的具体部署中大量使用，严重阻碍了传统测试方案扩展代码的覆盖率。我们以 USB_UHCI 为例来演示虚拟机管理器中的嵌套结构。

示例：USB-UHCI 中的嵌套结构。通用主机控制器接口（UHCI）负责向现代虚拟机管理器中的客户机提供虚拟 USB 设备，这是英特尔针对 USB 1.0 制定的规范。图 2 显示了用于对传输至 USB 端点的 USB 数据包进行处理的简化函数 uhci_process_frame。该函数在每个周期中定期执行，需要使用一个由设备地址寄存器进行初始指定（即 s->frame_addr）的树状结构内存缓冲区。图 2 第 16 行，第一个实体被复制到所分配的虚拟机管理器缓冲区链接中。链接中的特定字段确定下一个引用节点的类型（TD 或 QH），这将间接影响到不同数据块的控制流。

- 如果指示类型为 QH（队列头），链接指向的数据结构将被复制到所分配的缓冲区 qh（图 2 第 21 行）。
- 如果指示类型为 TD（传输描述符），链接指向的数据结构将被复制到所分配的缓冲区 td（图 2 第 25 行）。然后按照特定大小（即 td.len），对先前复制的缓冲区字段成员（即 td.buffer）指向的内存进行复制（图 2 第 27 行）。执行 USB 事务（图 2 第 29 行）后，该函数在整个循环执行期间继续以递归方式进行树状结构遍历（图 2 第 18 行）。

这里需要注意的是，如果没有对于该数据结构嵌套形式的先验知识，就无法在两个方面对虚拟机管理器进行全面的测试。

- 在抵达函数主要功能之前（图 2 第 29 行），可能会由于虚拟机管理器无法获取有意义的数据，导致函数执行因无效的内存访问而停止。
- 难以在虚拟机管理器中触发用于处理递归结构的深层逻辑。由于程序状态会随着每次递归进行累积，如果模糊测试不能构建递归数据结构，我们就无法完全测试程序的行为。

处理嵌套结构有一种直观的方法就是结构感知模糊测试技术。此类技术要求开发人员创建能够精确理解设备规范文档的模型。基于模型的方法按照预定义规则生成相应类型的结构，并将它们串联起来。模糊测试技术将基于该模型列举出所有可能的结构嵌套形式，以验证虚拟机管理器的功能或发现缺陷。然而，结构感知的模糊测试工具存在明显的缺点，该流程不仅耗时也十分容易出错，因此，无法对虚拟机管理器测试进行规模化。协议规范通常包含数百页的内容，这需要耗费大量人力从中提取结构定义。人们在进行理解规范这种单调乏味的工作时往往会犯错误。此外由于开发人员也许会添加新的功能，实际实现的协议可能不会完全符合规范。因此，对虚拟机管理器执行大规模测试是不可能的。我们需要找到一种自动处理嵌套结构的方法。据我们所知，目前尚未有自动处理嵌套结构的方法，而这对于在虚拟机管理器中应用高效和可规模化的模糊测试来说至关重要。

↘ 二、V-SHUTTLE 设计

本节介绍 V-SHUTTLE 的设计。从总体上说，V-SHUTTLE 旨在将由覆盖率引导的模糊测试和静态分析技术相结合，形成一个可规模化、语义感知和轻量级的虚拟机管理器模糊测试框架。此外，为了应对模糊测试中与虚拟机管理器有关的特殊挑战，V-SHUTTLE 设计了两种不同的方案。

- 重定向与 DMA 相关的函数。
- 通过种子池执行语义感知模糊测试。首先，我们将提供一个虚拟机安全的威胁模型；然后，我们将基于上述威胁模型来阐述模糊测试方法。

1. 威胁模型

我们假设攻击者是一个对虚拟机之内的内存拥有完全访问权限的客户机用户，因此可向其设备发送任意数据。这种假设是合理的，因为在公有云场景中，每个用户对自己的虚拟机都享有 root 权限。如果虚拟机管理器不小心处理来自客户机用户的不可信数据，就会出现拒绝服务（DoS）、信息泄露或权限提升等安全问题。一旦攻击者利用虚拟机管理器中的漏洞进行虚拟机逃逸，就可以接管同一主机上的其他虚拟机，从而进一步访问存储在被利用虚拟机以外的敏感数据。

2. 系统概览

图 3 显示了 V-SHUTTLE 的整体概览，它利用集成到虚拟机管理器中的模糊测试代理将随机输入反馈送到虚拟设备（即模糊测试目标）中。模糊测试代理在虚拟机管理器中运行，持续向被测试的虚拟设备发送读 / 写请求。

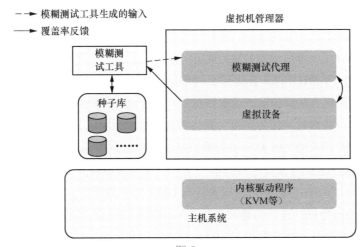

图 3

以下总结了 V-SHUTTLE 主要组件的主要功能。

模糊测试工具位于虚拟机管理器之外。我们还利用了持久模式来支持进程内的模糊测试，这意味着我们不必为每个新输入重新启动新的实例。主要原因在于如下两点。

　□ 从运行时方面来说，重新启动虚拟机管理器进程或复原快照的代价十分高昂。即使使用 fork server 优化，每个新的输入仍会产生 fork 成本。

　□ 虚拟机管理器是一个基于事件的系统，其设计旨在支持长时间运行的交互。根据经验判断，大多数缺陷都是通过对已发现的分支进行重复模糊测试来发现的。这是因为要达到虚拟机管理器中的深层状态，不能仅通过一个测试用例，而是要依赖于多次交互来构建之前的状态。这种技术不仅能够提升模糊测试的整体性能，还有助于探索深层的交互状态。

模糊测试代理是 V-SHUTTLE 的核心组件，位于虚拟机管理器内部，能够通过与模糊测试工具和虚拟设备交互，驱动模糊测试循环，并管理 DMA/MMIO 的分配上下文。为了使传统的应用模糊测试方法适用于虚拟机管理器，我们将客户机系统中的所有数据交互重定向到模糊输入。模糊测试代理将模拟真实场景中，由攻击者控制的恶意客户机内核驱动程序，拦截设备发出的所有 DMA 和 IO 读 / 写指令。虚拟机管理器设备的每个读 / 写操作都将分发给所实施的模糊测试代理中一个注册函数，由模糊测试代理执行操作并将模糊测试工具生成的数据返回给设备。请注意，模糊测试代理是集成到虚拟机管理器中的通用组件，可以经过调整适用于所有类型的设备。因此在新设备上部署模糊测试流程时，无须耗费额外的人力。

3. DMA 重定向

嵌套结构的大量使用会导致模糊测试效率低下，因为它要求在内存中对复杂的嵌套结构进行精确地布局，这对传统的模糊测试来说是不利的。具体来说，当模糊测试工具生成随机数据结构时，其中用于指示之后结构的指针字段是随机的，因此执行可能会由于无效的内存访问而中止。然而，为变异器提供语法上有效的结构信息需要耗费大量人力，而且由于不同的虚拟设备拥有不同的数据结构规范，这种操作是无法规模化的。

为此，我们设计了一种通用的 DMA 重定向方法，通过拦截设备对客户机内存的访问来实现嵌套结构平坦化。V-SHUTTLE 在虚拟机管理器源代码的基础上拦截虚拟机管理器的 DMA 机制，并将 DMA 转化为从模糊输入读取数据。具体来说，我们选择与 DMA 相关的 API（如 pci_dma_read 及其包装函数）作为模板，并将替换函数作为宏定义插入目标设备的源代码中。于是，所有与 DMA 相关的 API 都将被替换成从文件中读取数据的函数。这样一来，在模糊测试期间，所有内存读取均可重定向到基于文件的模糊测试输入。代码清单 1 总结了 DMA 重定向的简化代码。V-SHUTTLE 之所以关注与 DMA 相关的函数，是因为这些函数负责在客户机与主机之间传递数据，这是构建嵌套数据结构的关键机制。通过这种方式，我们就不再需要执行 DMA 寻址操作。鉴于我们对 DMA 机制拥有完全控制权，所以无论指针指向何处，甚至 0 地址，我们都能对任何 DMA 请求给出一个由覆盖率引导的传统模糊测试工具生成的模糊输入响应。值得注意的是，因为设备更容易被恶意的用户输入攻击，V-SHUTTLE 仅重定向设备从客户机内存中读取的数据，而非其写入的数据。在运行时面对 DMA 读取请求时，V-SHUTTLE 将执行以下程序。

- V-SHUTTLE 确保 DMA 读取函数调用源自我们监控的目标设备。这是由于来自其他内部系统组件的 DMA 传输请求并不是我们的关注对象，这些组件不是由客户机用户所控制的。
- 根据主进程缓冲区和缓冲区大小，V-SHUTTLE 直接从模糊测试工具生成的种子文件中获取适当的数据，而不是从客户机内存中读取数据。

代码清单 1：转换为模糊输入。

```
1 //重定向前
2 pci_dma_read (dev,buffer_addr,&buf,size);
3
4 //重定向后
5 if (fuzzing_mode)
6     read_from_testcase(&buf,size);
```

图 4 以图形方式显示了基于 DMA 重定向的平坦数据结构。传统的模糊测试方法会耗费大量时间，在客户机的空间中生成结构良好的输入，而 V-SHUTTLE 恰好相反，它会直接提供 DMA 数据的扁平化序列，将其用于虚拟机管理器模糊测试。这种方法将所有嵌套结构转换为一维向量，同时保持嵌套结构的语义，这样通过重定向 DMA 便可以使模糊测试达到所有底层代码块。对于每次模糊测试迭代，模糊测试工具引擎将首先生成变异的 DMA 数据序列。然后设备开始进行树状结构遍历，其中每个 DMA 请求将被重定向到模糊输入，按顺序从 DMA 序列中获取一个数据块。这样一来，所有设备就能够平滑地覆盖包含 DMA 请求的代码路径，而不是停滞在无法从客户机内存中获取任何数据的状态。

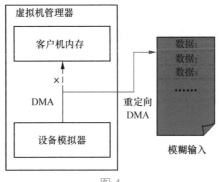

图 4

DMA 重定向是一种仅将嵌套数据扁平化而不影响结构语义的方法，它消除了对更高级别树状结构（如图 2 所示）的需求。我们取消了每个节点中的指针，但仍然保留了每个节点隐含的指向依赖信息，因此不会破坏设备的正常执行。得益于这种设计，V-SHUTTLE 不依赖指针来寻址数据，而是从模糊输入中直接获取数据。V-SHUTTLE 将所有数据结构视为一串元数据，而不关注任何指针，就像用户空间程序（ring 3）一样。在较高级别的树状结构中，每个节点的内容都是随机生成的，包括指针字段。在图 2 中指向缓冲区的指针和节点之间的指针链接都是随机生成的。每次执行指针寻址时，该指针将被重定向到模糊输入。这种设计可以让模糊测试流程完全自动地测试需要嵌套结构且难以触发的路径，而无须任何用户协助。与最先进的方法相比，我们的方法是完全可规模化的，并且无须具备任何领域知识，这有助于进一步提高可扩展性。

4. 通过种子池执行语义感知模糊测试

通过使用上述 DMA 重定向方法实现嵌套结构扁平化，我们能够使模糊测试流程自动化，并覆盖主要执行路径。然而，这种直接的方法在组织 DMA 序列时并未考虑节点类型，存在效率低下的问题。嵌套结构中的节点类型是不断变化的，这意味着程序的控制流会根据之前使用的 DMA 测试用例而发生动态变化。然而，上述方法只是将 DMA 数据按顺序组织成一维向量，并没有对每个节点的类型进行分类。由于 DMA 请求的组合序列在不同的模糊测试迭代中存在显著差异，对节点序列进行单纯的串联会导致每个节点失去模糊测试语义。假设虚拟机管理器在当前迭代中首先请求数据结构 A，然后请求数据结构 B。这会导致由覆盖率引导的模糊测试工具生成语义接近于 A 和 B 组合序列的种子。然而，如果在下一次迭代中虚拟机管理器首先请求数据结构 A，然后请求数据结构 C，则执行流将顺利通过含 A 的路径，但却无法通过含 C 的路径。其中模糊测试工具生成的结构 B 将被虚拟机管理器拒绝，因为结构 B 在语义上对所请求的结构 C 是无效的。这种没有明确反馈指导的不确定性过程会使由覆盖率引导的模糊测试退化为不知道数据演变方向的非智能模糊测试。与覆盖率引导的模糊测试工具相比，感知无语义的非智能模糊测试工具在变异过程中会浪费时间，导致测试效率低下。

为了解决这一问题，我们提出了细粒度语义感知模糊测试方法。从根本上讲，我们的设计旨在为模糊测试引擎提供类型感知，使其能够根据程序所请求的数据类型动态生成目标测试用例。通过这种设计，我们可以利用由覆盖率引导的模糊测试的优势，使测试引擎倾向于能够扩大覆盖率的输入，并引导模糊测试工具学会针对每种类型的数据，生成语义上有效的输入。总而言之，在类型感知的帮助下，模糊测试引擎能够在遍历嵌套结构的同时提供语义正确的节点数据。

为达到这一目的，V-SHUTTLE 首先使用改进的 DMA 重定向方法将嵌套结构解耦到独立节点中。接下来，它通过实施基于种子池的模糊测试引擎来维护多个种子队列，每个种子队列对应一种类型的解耦节点。在类型指导下，V-SHUTTLE 对虚拟机管理器执行语义感知模糊测试。这种设计方法基于以下基本知识：每个节点的语义是独立存在的，彼此之间不存在依赖关系。因此，这种解耦方法不会破坏整个嵌套结构的语义。此外，由于在虚拟机管理器的具体部署中，不同类型的数据结构在数量上是有限的，因此这种方法在语义粒度和部署成本方面实现了很好的平衡。下文将详细描述各个步骤。

（1）用于标记 DMA 对象的静态分析。为了解节点类型，我们将在代码级别层面提取每次 DMA 操作所指示的类型信息。一般来说，通过 pci_dma_read 传输的对象是不确定的，因为函数调用可能服务于不同类型的对象（在包装到内部函数的情况下），而这就要求每次 DMA 操作指示准确的类型。因此，我们将 DMA 对象定义为通过 DMA 保存客户机数据副本的宿主机结构。每个 DMA 对象表示唯一的节点类型。为了标记所有 DMA 对象，V-SHUTTLE 将对虚拟机管理器的源代码执行静态分析。具体来说，V-SHUTTLE 将采用活跃变量分析方法，这是一种特殊类型的数据流分析。我们将 DMA 操作的主机缓冲区字段（如 pci_dma_read 及其包装函数）作为源，从源到其声明或定义（DMA 对象）执行反向数据流分析收集所有 DMA 对象后，我们为每个对象分配唯一 ID。这些标记对象帮助我们在运行时识别每个 DMA 请求的节点类型，并确保对每种类型的 DMA 对象进行正确的分组。

（2）含类型约束的 DMA 重定向。根据标记对象，V-SHUTTLE 现已了解在模糊测试迭代中执行 DMA 传输时所需的特定节点类型。基于之前的 DMA 重定向，V-SHUTTLE 在将 DMA 传输转换为从模糊输入进行读取时，引入了额外的类型约束。代码清单 2 总结了含类型约束的 DMA 重定向简化代码。

代码清单 2：转换为含类型约束的模糊输入。

```
1 //重定向前
2 pci_dma_read(dev,buffer_addr,&buf,size);
3
4 //重定向后
5 if(fuzzing_mode)
6 read_from_testcase(&buf,size,type_id);
```

通过额外的类型约束，V-SHUTTLE 能够确保每次内存读取都会受到约束，以根据节点类型从特定的种子队列（而不是有序的 DMA 队列）中获取数据。V-SHUTTLE 利用这种方式将嵌套结构解耦到单个节点中，并根据节点类型对其进行分类，如图 5 所示。

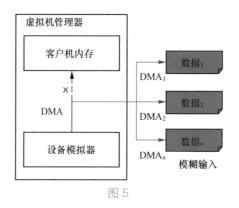

图 5

（3）基于种子池的模糊测试工具设计。为了处理多对象输入（多个文件输入），我们对 AFL 进行扩展，以支持并行的多个种子队列。我们将这样的多个并行队列称为种子池。种子池让模糊测试工具可以根据每种程序输入类型对每个种子队列执行变异。通过覆盖率反馈，模糊测试引擎可以快速了解设备的结构和模式，学会如何针对每种类型的对象生成定制的输入。即使程序会在执行流中以动态的方式尝试采用不同类型的数据作为输入，模糊测试工具也可以提供来自相应种子队列的语义上有效的输入。

这种基于种子池的方法重新利用了现有的由覆盖率引导的模糊测试算法，并引入了并行性。所有基本种子队列都被视作平等，彼此独立，并采用相同的变异策略（确定性阶段、破坏阶段等）。此外，所有基本队列共享一个全局覆盖范围图，其中任何显示新分支的有趣种子都将被添加到其所属的种子队列中。依照这种分离的组织方式，每个种子队列将利用由覆盖率引导的模糊测试工具的自学能力，最终进化出适合其所对应类型输入的模式。

（4）语义感知模糊测试流程。V-SHUTTLE 结合运行时类型感知和基于种子池的模糊测试引擎，对虚拟机管理器执行语义感知的模糊测试。模糊测试流程在典型的客户端 - 服务器模型中运行，其中，V-SHUTTLE（服务器）处理来自目标虚拟机管理器（客户端）的 DMA 请求。主模糊测试循环如附录算法 1 所示，包括 4 个主要步骤：

　　□ V-SHUTTLE 建立所有基本种子队列，并初始化全局覆盖 bitmap，如算法 1 第 2～5 行所示；

　　□ V-SHUTTLE 通过反复阻塞等待来自目标虚拟机管理器的指定所需具体数据类型的 DMA 请求；

　　□ V-SHUTTLE 从相应的种子队列中选择种子，并对其进行变异，以生成新的候选种子；

　　□ V-SHUTTLE 向目标程序提供新的候选种子，并跟踪覆盖率信息。

如果候选种子探索了新的覆盖范围，则将被视为有趣种子，并被加入所属的种子队列，如第 9～12 行所示。这种方法使每个基本种子队列都能够从头开始学习，以生成各自类型的值得注意的种子。经过算法收敛，我们就能够为每种类型的 DMA 对象获取语义上有效的输入，从而提高模糊测试的整体效率。在复现阶段，通过保留当前访问的种子对之前访问的种子的引用，V-SHUTTLE 可以自动恢复来自不同种子池的种子连接关系，从而产生可靠和可复现的崩溃。

示例：USB-UHCI 中的语义感知模糊测试。附录中的图 9 详细展示了 USB-UHCI 中的语义感知模糊测试。第一步，我们列出了通过活跃变量分析找到的 3 个 DMA 对象（qh、td 和 last_td）。具体来说，由于 qh 占有通过 uhci_process_frame 中的 pci_dma_read 传输的用户提供缓冲区，我们将服务于对象 qh 的 pci_dma_read（&qh,sizeof（qh））替换为 pci_dma_read（&qh,sizeof（qh）,1）。此外，由于 td 和 last_td 占有通过 uhci_read_td 中的 pci_dma_read 传输的用户提供缓冲区（此处的 pci_dma_read 服务于包装函数中的多个对象），我们将服务于对象 td 的函数调用 uhci_read_td（&td）替换为 uhci_read_td（&td,2），将服务于对象 last_td 的函数调用 uhci_read_td（&td）替换为 uhci_read_td（&td,3），并将 pci_dma_read（td,sizeof（*td））替换为 pci_dma_read（td,sizeof（*td）,id）。通过这种方式，这 3 种对象表示嵌套结构中具有不同语义的节点。然后在类型信息的指导下，V-SHUTTLE 执行含 ID 约束的 DMA 重定向，并动态维护针对 qh、td 和 last_td 的 3 个种子队列。每当虚拟机管理器请求某种 DMA 对象时，ID 就会作为指导信息通过 UNIX 管道发送给模糊测试工具，V-SHUTTLE 再根据指导信息从模糊输入中获取相应的种子。通过覆盖率反馈，每个基本种子队列倾向于为 3 个 DMA 对象中的每个对象生成语义上有效的输入。

5. 轻量级模糊测试循环

过去，关于虚拟机管理器模糊测试的工作通常会使用在客户机操作系统中运行的某类代理来完成。但这种方法存在一些局限性。

- 频繁使用 VM-exit 会降低性能。客户虚拟机如需访问硬件，会触发主机内核中导致 VM-exit 的陷阱。然后 VM-exit 将控制权返还给虚拟机管理器，由虚拟机管理器代表虚拟机模拟特权操作。这表明，客户机系统中的每个访问请求都会导致虚拟机管理器的"重量级退出"。
- 增加了部署时的复杂性和通信的不稳定性，因为它需要在主机和客户机之间建立通信信道，才能传输模糊测试指令。

环境主函数模型。V-SHUTTLE 采用轻量级设计来驱动模糊测试循环。与之前的方法不同的是，V-SHUTTLE 将模糊测试代理集成到虚拟机管理器中，而不是在客户机操作系统中运行模糊测试代理。虚拟机管理器是一个基于事件的系统。控制流由客户机操作系统的事件驱动。因此，V-SHUTTLE 构建了环境主函数，作为模糊测试入口点（模糊测试 harness）。完整的环境模型如图 6 所示。

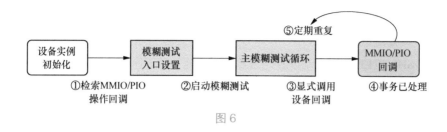

图 6

V-SHUTTLE 拦截虚拟机管理器中用于初始化 MMIO/PIO 区域的 API。当设备在虚拟机启动过程中进行初始化时，V-SHUTTLE 提取 MMIO/PIO 操作（读 / 写）回调（①）。我们将其视为模糊测试入口点，因为 MMIO 和 PIO 是驱动硬件交互的主要入口，V-SHUTTLE 通过这一入口来驱动模糊测试工具与设备之间的模糊测试循环交互（②）。在模糊测试循环期间，V-SHUTTLE 使用模糊测试工具生成的数据显式调用 I/O 回调（③）。然后，设备模拟器处理 I/O 请求并执行事务（④）。最后，模糊测试流程循环回到开头，重复上述步骤（⑤）。由于模糊测试工具和模糊测试代理在同一个主机系统中运行，两者之间共享输入文件和覆盖率 bitmap 就变得十分简单。这种设计有助于实现 V-SHUTTLE 的轻量化特点，使其无须驱动程序即可轻松实施。将设备操作回调作为特定的模糊测试入口点可以避免 VM-exit，从而降低性能成本。同时，V-SHUTTLE 在对新设备应用模糊测试时，会通过上述方法自动设置模糊测试要求，无须耗费额外的人力。

↘ 三、实现

我们基于 CodeQL 静态分析平台实施活跃变量数据流分析。我们使用 American Fuzzy Lop（AFL）版本 2.52b 进行模糊测试。

虚拟机管理器插桩。为了应用覆盖率引导的模糊测试，我们使用 AFL 边覆盖率收集策略，选择性地插桩虚拟机管理器中与设备相关的代码以获取反馈信息。当虚拟机管理器启动时，目标虚拟机管理器中被插桩的代码将覆盖率反馈写入 bitmap，这也是模糊测试工具访问的共享内存区域。请注意，为了保证性能，该监测仅限于设备相关代码，而不是整个虚拟机管理器。

初始语料库收集。为了进一步提高模糊测试的效率，我们在标准全系统模拟过程中收集了有效测试用例的初始种子，记录了所有通过 DMA 和 MMIO/PIO 访问目标设备的数据。此步骤为可选步骤，我们可使用任意种子或自行设计测试用例。

↘ 四、评估

我们在市面上两个最常用的虚拟机管理器平台 QEMU 和 VirtualBox 上对 V-SHUTTLE 进

行了广泛的评估。QEMU 和 VirtualBox 是 Pwn2Own、Driven2Pwn 和天府杯等许多 PWN 赛事中虚拟化比赛项目的目标。我们通过实验来回答以下研究问题（RQ）：

- RQ1：在对虚拟机管理器中的虚拟设备进行模糊测试的过程中，V-SHUTTLE 是否可以实现规模化？
- RQ2：非智能模糊测试、结构感知模糊测试、V-SHUTTLE 和 V-SHUTTLE 语义感知模式的性能如何？
- RQ3：与 NYX、Hyper-Cube 和 VDF 等最先进的虚拟机管理器模糊测试工具相比，V-SHUTTLE 有多少性能提升？
- RQ4：V-SHUTTLE 的漏洞发现能力如何？

我们的实验在一台 2.20GHz、48 核 Xeon、256GB RAM 和运行 Ubuntu 18.04 LTS 的机器上运行。我们以 QEMU 5.1.0 和 VirtualBox 6.1.14 为目标，并使用 AddressSan-itizer 进行构建，以找到内存错误方面的缺陷。每次实验运行 24 小时，重复 10 次。我们对实验的平均统计性能进行报告。

1. 可规模化性

为了证明 V-SHUTTLE 可以实现规模化测试（RQ1），我们开展了大规模实验。我们对数十个 QEMU 虚拟设备应用了 V-SHUTTLE（启用语义感知模式）。表 2 的代码覆盖率和性能开销统计数据表明，V-SHUTTLE 可针对不同的虚拟设备模糊测试设置进行轻松配置，并有效促进模糊测试流程。表 2 中列出了 V-SHUTTLE 在 16 台 QEMU 设备上的行、函数和分支覆盖率，以及性能结果（每台设备 24 小时）。初始覆盖率表示设备初始化状态（即设备的 BIOS 和客户机内核初始化）期间的覆盖百分比。总计覆盖率表示经过 24 小时模糊测试后的覆盖百分比。

表 2

	设备	行覆盖率		函数覆盖率		分支覆盖率		速度（每秒执行次数）	
		初始	总计	初始	总计	初始	总计	非智能模糊测试	V-SHUTTLE
音频	CS4231a	30.00%	**96.10%**	57.10%	**100.00%**	3.00%	**85.80%**	10 918.21	**7 632.70**
	Intel-HDA	68.30%	**95.00%**	78.60%	**95.20%**	42.10%	**78.30%**	9 596.41	**8 568.50**
	ES1370	54.20%	**99.62%**	73.70%	**100.00%**	33.80%	**91.91%**	8 786.85	**6 496.04**
	SoundBlaster	12.30%	**99.19%**	28.60%	**100.00%**	3.00%	**81.52%**	5 123.76	**3 242.22**
图形	ATI-VGA	27.40%	**86.00%**	66.70%	**80.00%**	15.30%	**79.40%**	10 350.61	**10 103.42**
网络	E1000	36.20%	**94.20%**	46.90%	**96.90%**	16.10%	**74.50%**	5 532.90	**1 186.92**
	NE2000	6.70%	**89.60%**	28.60%	**100.00%**	3.80%	**71.90%**	12 213.31	**11 392.45**
	PCNET	24.60%	**97.40%**	44.80%	**100.00%**	8.30%	**88.90%**	5 880.21	**4 833.35**
	RTL8139	28.10%	**97.60%**	59.10%	**97.70%**	12.30%	**88.40%**	6 333.37	**5 495.18**

续表

设备		行覆盖率		函数覆盖率		分支覆盖率		速度（每秒执行次数）	
		初始	总计	初始	总计	初始	总计	非智能模糊测试	V-SHUTTLE
USB	UHCI	81.30%	**89.10%**	86.10%	**88.90%**	68.90%	**82.30%**	10 592.12	**9 273.25**
	EHCI	40.70%	**82.70%**	53.40%	**89.00%**	32.70%	**71.90%**	3 869.43	**2 265.34**
	OHCI	46.90%	**83.70%**	65.10%	**86.00%**	33.30%	**79.20%**	7 221.49	**5 228.43**
存储	NVME	38.60%	**72.40%**	47.30%	**76.40%**	22.80%	**65.10%**	10 981.52	**7 870.23**
	Lsi53c895a	26.90%	**79.00%**	46.70%	**71.10%**	9.30%	**75.70%**	6 363.84	**4 091.53**
	Megasas	58.10%	**63.80%**	68.30%	**70.00%**	43.90%	**58.50%**	5 863.47	**4 558.58**
	AHCI	75.30%	**81.80%**	78.60%	**82.10%**	51.90%	**61.60%**	5 577.74	**5 525.55**
平均值		40.98%	**87.95%**	58.10%	**89.58%**	25.03%	**77.18%**	7 844.64	**6 110.23**

（1）代码覆盖率。为了检测 V-SHUTTLE 的能力，我们在 QEMU 中执行了多次实验，以获取 24 小时模糊测试的代码覆盖率。我们使用 gcov 来测量分支覆盖率。我们以常见的 16 种 QEMU 设备作为评估对象。选择依据基于以下特性：社区内部的普及度、开发工作的活跃程度和类别的多样性。这些设备均为 x86 平台上的代表性设备（包括音频、图形、网络、USB 和存储设备），涵盖标准虚拟化场景，例如云和虚拟专用服务器（VPS）托管以及桌面虚拟化。每台设备均在单个虚拟机管理器实例中进行模糊测试。

表 2 呈现了关于行、函数和分支覆盖率的一些颇具洞察力的统计数据。就分支覆盖率而言，AHCI 虚拟设备的分支覆盖率增幅最小（增加 9.7%），CS4231a 虚拟设备的分支覆盖率增幅最大（增加 82.8%）。最后一行显示了应用 V-SHUTTLE 之后的最终平均覆盖率。初始种子测试用例的平均行覆盖率为 40.98%，平均函数覆盖率为 58.10%，平均分支覆盖率为 25.03%。通过模糊测试，V-SHUTTLE 将覆盖率分别提高至 87.95%、89.58% 和 77.18%。V-SHUTTLE 实现了 46.97%、31.48% 和 52.15% 的代码覆盖率提升，这是因为 V-SHUTTLE 中专门针对虚拟机管理器的解决方案将模糊测试探索引入了应用执行阶段。

结果表明，我们的框架可以经过调整以适合不同类型的设备，包括 USB、网络、音频、存储设备等，这进一步证明了 V-SHUTTLE 可以实现规模化。需要强调的是，针对每台设备实施模糊测试的整个过程是自动化的，任何时候都不需要人工干预。这一特性源于我们的 DMA 重定向解决方案。通过将数据交互接口重定向到模糊测试输入，虚拟机管理器的模糊测试将变得与应用程序的模糊测试一样，自然适用 AFL、libfuzzer 等由覆盖率引导的模糊测试工具。

然而，表 2 结果展示仍有部分代码未被覆盖，主要原因有两点：部分设备没有被完全未测试；部分代码片段仅可通过特定的模拟架构（Arm/PPC/MIPS 等）和启动配置才能够触发。

总之，V-SHUTTLE 能够显著提高代码覆盖率，并且能更好地实现规模化。

（2）开销分析。表 2 的最后一列表示每秒执行次数。正如预期，由于 V-SHUTTLE 非常轻量级的设计，并且无须任何 fork() 或重启虚拟机管理器的特点，它成功实现了平均每秒执行 6 110.23 次的吞吐量。此外，由于我们将模糊测试代理集成到虚拟机管理器中，而不是在客户机操作系统中运行模糊测试代理，模糊测试工具在数据交互方面花费的时间可以忽略不计。凭借这种设计，V-SHUTTLE 能够与传统的应用程序模糊测试相媲美。由此证明，与模糊测试工具在内核模块中运行的其他设计相比，该框架具有显著的优势。为便于比较，我们还评估了非智能模糊测试的吞吐量并将这一数据作为基线，这种模糊测试方法简单地将一组随机数据写入基本接口（MMIO、DMA），但却不了解嵌套的 DMA 结构。表 2 的结果显示，我们的语义感知 DMA 重定向模糊测试方法在相同的机器和工作负载方面与非智能模糊测试方法不相上下。

2. 有效性

为了验证 V-SHUTTLE 主框架和语义感知模糊测试模式的有效性，我们对 V-SHUTTLE-M（禁用语义感知模糊测试模式）和 V-SHUTTLE-S（启用语义感知模糊测试模式）进行了评估和对比。我们以非智能模糊测试作为基线，这种方法并不了解 DMA 数据及其深层嵌套特性（如 VDF），而是会对基本接口（MMIO、DMA）的位输入进行随机变异。此外，我们还研究了协议文档规范并创建了针对这些设备的结构感知模糊测试，也称为基于生成的模糊测试，即 RQ2。这种结构感知模糊测试是根据设备规范中的不同规则手动编写的，包括手动构建嵌套结构以及建立不同类型节点之间的关系。我们按照以下常见步骤定制结构感知模糊测试：

（1）使用 I/O 端口或映射内存设置设备状态和寄存器；

（2）生成随机设备数据结构；

（3）发出处理数据结构的指令。

我们选择 3 种 USB 控制器（UHCI、OHCI 和 EHCI）进行评估，主要出于以下原因：

- USB 控制器使用 DMA 的频率更高，也更具有代表性。由于我们的工作主要围绕 DMA 展开，只要设备使用 DMA，就能获得良好的性能。同时，大多数虚拟机管理器设备均使用 DMA。
- USB 的安全性尤为重要。USB 在公有云中广泛使用和部署，通常是默认安装的。近年来，USB 设备上出现了许多虚拟机逃逸的案例。因此，对 USB 执行测试至关重要。
- 由于我们需要理解规范才能为设备构建结构感知模糊测试，这一过程需要耗费大量人力。因此，我们只对这 3 种设备进行比较。

我们以运行 10 次，每次 24 小时为标准，在 QEMU 上对 V-SHUTTLE-M、V-SHUTTLE-S、结构感知模糊测试和非智能模糊测试进行了评估。我们使用 gcov 运行目标虚拟机管理器，并每秒调用 __gcov_flush() 转储随时间而变化的覆盖率。图 7 显示了对数尺度下的分支覆盖率结果，其中线条表示平均值，阴影区域表示 10 次运行的 95% 置信区间。

V-SHUTTLE 主框架。图 7 表明，V-SHUTTLE-M 可以获得远远优于非智能模糊测试的表现。原因在于，非智能模糊测试没有事先了解规范定义的数据结构，因此停留在初始模糊测试阶段。此外,在几乎每一种情况下,V-SHUTTLE-M 发现的分支数量都比结构感知模糊测试要多。例如,对于 EHCI,结构感知模糊测试在 24 小时内发现了大约 64.6% 的分支,而 V-SHUTTLE-M 发现了 71.4% 的分支。根据我们的分析,其主要原因如下。

(1)V-SHUTTLE-M 的特性使其可以覆盖由于频繁使用 pci_dma_read 函数导致难以发现的分支,该函数参数地址很难预测,而这一地址指向具有多层特性的未知类型结构。

(2)我们的结构感知模糊测试仍属于半成品,还不够完善。这一结果表明,与 V-SHUTTLE-M 所具有的自动化和精确性特征不同,手动编写规则很容易出现错误,而且十分耗费时间。

语义感知模糊测试模式。对比 V-SHUTTLE-S 和 V-SHUTTLE-M,我们可以发现,所有情况下的最终覆盖率结果几乎是完全相同的,但 V-SHUTTLE-S 比 V-SHUTTLE-M 更快达到峰值。由于基于种子池的种子生成具有语义感知特性,V-SHUTTLE-S 能够快速地在不同的上下文中学习生成语义上有效的数据结构,从而执行虚拟机管理器的深度逻辑。我们相信这一点会提供更多关于加快虚拟机管理器模糊测试方面的见解。

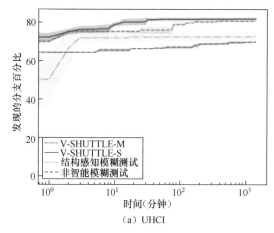

(a) UHCI

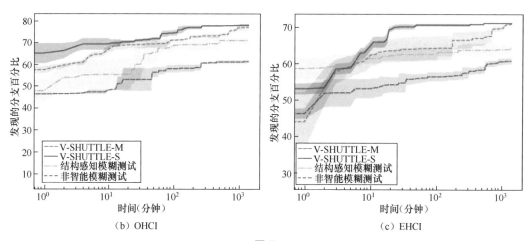

(b) OHCI

(c) EHCI

图 7

总之，V-SHUTTLE 主框架和语义感知模糊测试模式均显著提高了覆盖率（优于粗略编写的结构感知模板），而且无须持续耗费人力。集成语义感知模糊测试模式有助于优化性能，进一步提高 V-SHUTTLE 的收敛速度。

3. 与最先进的模糊测试工具对比

为了回答 RQ3，我们将 V-SHUTTLE（启用语义感知模糊测试模式）与最先进的模糊测试工具（NYX、Hyper-Cube 和 VDF）进行对比。遗憾的是，在我们进行实验的时候，NYX 和 Hyper-Cube 尚未开源。因此，我们只能直接使用相关论文中发表的数据与我们已经测试过的设备进行对比（表 2）。对比时，我们谨慎设置各种参数以确保公平性。

- 由于代码变更量很少，QEMU 不同版本之间的差异极小。
- 评估时间完全相同。所有结果均由 24 小时的模糊测试得出。
- 机器配置相当。最重要的是，根据我们的观察，模糊测试速度并不是影响最终覆盖率的关键因素。NYX 和 Hyper-Cube 对所测试设备的覆盖率几乎都在 24 小时的早期阶段达到了峰值。

总体结果见表 3。在表 3 中，Std 表示 10 次运行期间的标准误差；△ 表示 V-SHUTTLE 与 NYX 之间的百分点差。

表3

| 设备 | VDF | Hyper-Cube | NYX | V-SHUTTLE | | |
	覆盖率	覆盖率	覆盖率	覆盖率	Std	△
CS4231a	56.00%	74.76%	74.76%	**85.80%**	1.07	11.04%
Intel-HDA	58.60%	79.17%	78.33%	78.30%	0.55	−0.03%
ES1370	72.70%	91.38%	91.38%	91.91%	1.21	0.54%
SoundBlaster	81.00%	83.80%	81.34%	81.52%	0.42	0.18%
E1000	81.60%	66.08%	54.55%	**74.50%**	0.90	19.95%
NE2000	71.70%	71.89%	71.89%	71.90%	0.92	0.01%
PCNET	36.10%	78.71%	89.49%	88.90%	1.35	−0.59%
RTL8139	63.00%	74.68%	79.28%	**88.40%**	0.64	8.72%

从表 3 中可以看到，我们的方法在所有场景（除一个场景以外）中的表现均远远优于 VDF。其中一个有差异的结果并不代表真正的性能差异，其主要在于 QEMU 源代码在 VDF 实验之后有发生变化。与 NYX 相比，只有 3 个（共 8 个）结构得以改进，主要原因有以下两点。第一，与其他用例相比，这 3 个用例会更加深入地使用 DMA。因此，其性能会因为我们的 DMA 重定向方法而得到提高。第二，其他 5 台设备的代码量非常小（701 至 1 753 LoC），这意味着大多数代码路径可以在简单的 MMIO 操作中触发。因此，改进空间很小。与非智能

模糊测试工具 Hyper-Cube 对比也得出了同样的结果。

然而，V-SHUTTLE 的优势在复杂设备上开始得以表现。对于 E1000 和 RTL8139，我们的方法比 NYX 分别高出 19.95% 和 8.72%。经过人工分析，我们发现设备在封装网络包时会深入使用嵌套结构。我们认为性能提高的原因是我们的 DMA 重定向方法，它能够展开嵌套结构并帮助我们探索更深层的代码路径。这表明，我们的方法能够显著提高覆盖率发现能力。

4. 漏洞发现

我们从两个方面展示了 V-SHUTTLE 的漏洞查找能力（RQ4）。

⊐ V-SHUTTLE 能否在不同的虚拟机管理器中发现新的缺陷和漏洞？

⊐ V-SHUTTLE 能否复现之前由其他虚拟机管理器模糊测试工具找到的已知漏洞？

（1）发现新漏洞的能力。

表 4 展示了所发现崩溃的类型。

表4

虚拟机管理器	类型	缺陷数量
QEMU	释放后使用	2
	堆缓冲区溢出	4
	栈溢出	1
	无限循环	3
	段错误	6
	空指针解引用	4
	断言	6
VirtualBox	堆缓冲区溢出	4
	除数为零	2
	段错误	3

完整的漏洞列表和关于可利用性的更多详情参见附录中表 6。V-SHUTTLE 成功检测出了 35 个未知缺陷，其中 QEMU 上有 26 个，Virtual-Box 上有 9 个。我们负责任地向相关虚拟机管理器开发人员报告了所有缺陷，并收到他们的积极反馈。本论文撰写之时，已有 24 个缺陷得到修复。其中 17 个缺陷由于可能会产生严重的安全后果而授予了 CVE 编号。

缺陷多样性。表 4 中的 35 个缺陷几乎涵盖了所有常见的内存错误类型和虚拟机管理器设备类型，这表明 V-SHUTTLE 能够从各个方面改善虚拟机管理器的安全性能。尤其是通常被视为可利用的缓冲区溢出和释放后使用漏洞，V-SHUTTLE 分别发现了 12 个和 1 个上述缺陷。V-SHUTTLE 还在 QEMU 中检测出了 5 个断言失败，这类错误表示执行进入了非预期状态。

案例研究 1：QEMU OHCI 越界访问（CVE-2020-25624）。V-SHUTTLE 在 QEMU 的 USB OHCI 控制器模拟器中发现了一个越界访问（OOB）读 / 写访问漏洞。此问题会在维护等时传输描述符（ITD）时出现，该描述符用于描述等时端点数据包，并链接到端点列表中。OHCI 控制器从客户机用户通过 DMA 传输提供的 iso_td 中派生变量 start_addr、end_addr。设备根据 start_addr 和 end_addr 计算传输长度。问题在于，设备不会检查当 end_addr 小于 start_addr 时出现的负长度，从而导致由整数溢出漏洞引起的 OOB 读写。利用此缺陷的客户机用户可以引发 QEMU 进程崩溃，最终导致拒绝服务。

通过传统模糊测试难以触发此漏洞，因为它需要事先了解端点链表的布局，以避免因随机生成的指针值而导致的无效内存访问。然而，V-SHUTTLE 能够通过拦截设备的 DMA 读取操作，并在无须考虑指针的情况下向设备提供模糊结构 iso_td 来触发此漏洞。通过这种方式，我们可以对 len 进行充分的模糊测试来产生溢出效应；否则，该字段可能会保持未接受模糊测试的状态。

案例研究 2：VirtualBox BusLogic 堆缓冲区溢出（CVE-2021-2074）。V-SHUTTLE 在 VirtualBox 的 BusLogic SCSI 模拟器中发现了一个堆缓冲区溢出重写漏洞，根据 CVE Details 的记录，该漏洞的 CVSS 评分为 8.2 分。成功攻击此漏洞可能导致 Oracle VM VirtualBox 被接管。BusLogic 设备解析指令缓冲区并处理来自客户机的指令参数。新指令初始化时，设备获取指令代码参数的字节数 cbCommandParametersLeft。在用参数填充缓冲区时，每次都要将 cbCommandParametersLeft 减 1。当没有更多参数时，设备开始执行指令。然而，设备不会检查 cbCommandParametersLeft 在一开始是否为 0。这导致攻击者可以先将数值设为 0，然后发出指令初始化，形成溢出。这将导致大小不超过 uint8_t 的任意堆越界读取，攻击者可利用此漏洞实现虚拟机逃逸。

在模糊测试过程中，V-SHUTTLE 不断生成 I/O 操作，使虚拟机逐步执行指令处理函数，并最终触发漏洞。

（2）重新发现旧漏洞的能力。

为了证明实用性，我们还展示了一些使用该框架找到的已公布的漏洞。我们选取了一组在易受攻击的 QEMU（版本 5.0.0）上发现的已知安全漏洞。此外，我们尝试重新发现已被 NYX 找到的 3 个影响重大的 CVE（CVE-2020-25085、CVE-2020-25084 和 CVE-2021-20257）。我们总共分析了 5 个已知缺陷，并测量了发现这些缺陷所需的执行次数。V-SHUTTLE 发现已知漏洞的效率如表 5 所示，V-SHUTTLE 在合理的时间范围（即 40 秒至 4 小时左右）内以合理的执行次数（即 235k 至 79.4M）找到了所有已知漏洞。

表5

漏洞	描述	次数	时间	发现
CVE-2020-25625	OHCI无限循环	40.5M	2小时16分钟50秒	√
CVE-2020-25085	SDHCI堆缓冲区溢出	8.88M	26分钟19秒	√
CVE-2021-20257	E1000无限循环	235k	40秒	√
CVE-2020-25084	EHCI释放后使用	79.4M	4小时37分钟22秒	√
CVE-2020-11869	ATI-VGA整数溢出	35.6M	2小时22分钟40秒	√

↘ 五、V-SHUTTLE 的部署和应用

如今有许多开源虚拟机管理器解决方案。许多企业都会基于开源虚拟机管理器来定制云服务。这种情况为模糊测试和缺陷修复带来了额外的风险、复杂性和成本。因此，云计算的发展迫切要求我们建立一个通用的虚拟机管理器模糊测试平台。通过与全球领先的互联网公司蚂蚁集团合作，我们有机会在其商业平台上部署和验证 V-SHUTTLE。

我们选择了两种部署在生产环境中的 USB 设备——UHCI 和 EHCI，并通过执行实验来发现分支覆盖率。V-SHUTTLE 在 24 小时运行期间发现的蚂蚁集团 QEMU 分支覆盖率实验结果如图 8 所示，其中，线条表示平均值，阴影区域表示 10 次运行期间的 95% 置信区间。

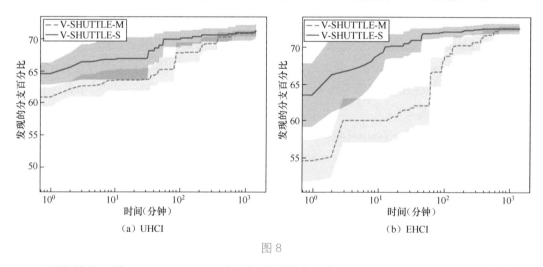

（a）UHCI　　　　　　　　　　（b）EHCI

图 8

和预期结果一样，V-SHUTTLE-S 在早期的覆盖率要高于 V-SHUTTLE-M，但从长期来看，两者的覆盖率大致相同。该实验得出的性能结果与上文所述的 QEMU 相似。通过使用蚂蚁集团的 QEMU 进行实验，我们还证明了该框架可以轻松移植到各种虚拟机管理器中。具体来说，在将 V-SHUTTLE 部署到新的虚拟机管理器中时，专业人员需要做的是在目标设备上执行静

态分析以收集 DMA 对象，通过一些简单的配置将模糊测试代理集成到虚拟机管理器中，然后对源代码进行插桩和编译。这个过程是十分轻量级的，例如相关领域的专业人员只需 1 小时左右就可以在新的虚拟机管理器中部署 V-SHUTTLE。V-SHUTTLE 的可规模化性让用户可以将其快速部署到各种虚拟机管理器的具体实现中。V-SHUTTLE 在蚂蚁集团商业平台上的部署和应用进一步证明了 V-SHUTTLE 是一款兼具学术意义和现实意义的工具。

六、相关工作

（1）模糊测试技术。在过去几年里，模糊测试被证明是一种在发现软件漏洞方面非常成功的技术。AFL 是最著名的模糊测试工具之一。后来，人们基于 AFL 开发了许多先进的模糊测试工具。一些研究将模糊测试技术与其他缺陷检测技术结合起来。其他研究方向则侧重于改进调度算法和反馈机制。最近，混合模糊测试方法得到了广泛的研究。另外还有一些研究侧重于模糊测试工具的评估。Manès 等人的调查对模糊测试进行了深入的探讨。

（2）虚拟机管理器模糊测试。过去关于对虚拟机管理器进行模糊测试的研究大多采用非智能模糊测试方法。后来，一些安全性研究人员尝试将虚拟机管理器的模糊测试与覆盖率引导结合起来在学术界，VDF 是首个在虚拟机管理器中应用由覆盖率引导的模糊测试方法的虚拟机管理器模糊测试平台，它利用 AFL 工具链插桩 QEMU 源代码，以收集覆盖率信息。然而，VDF 并未考虑到设备协议，仅可生成粗略的种子输入，导致其性能受到了一定的限制。Hyper-Cube 利用自定义操作系统提供具有高吞吐量的多维模糊测试。然而，由于其黑盒设计，Hyper-Cube 难以探索复杂的设备。NYX 提出使用快速快照和覆盖率引导对虚拟机管理器进行模糊测试，这有助于提升测试有趣行为的能力。然而，由于目标虚拟机管理器需要在 KVM-PT 内部运行，NYX 的嵌套虚拟化设计使环境设置的复杂性有所增加。此外，NYX 的自动化程度还不够高，在特定的发生器方面需要耗费大量人力。

（3）其他模糊测试技术。还有一些同样关注设备与驱动程序交互的相关模糊测试工具。PeriScope 拦截了内核的页缺失处理机制，从而能够在 WiFi 驱动程序上应用由覆盖率引导的模糊测试。Agamotto 通过虚拟机检查点加速内核驱动程序的模糊测试。USBFuzz 使用虚拟机中的模拟设备对 USB 驱动程序进行模糊测试。不同于虚拟机管理器的模糊测试，这些工具侧重于内核驱动程序。此外，越来越多的研究人员将模糊测试技术应用于从内核到物联网范围内的更广泛的目标。

七、讨论

（1）PoC 重建。V-SHUTTLE 在重建 PoC 的过程中需要耗费一些人力资源。鉴于我们的核心模糊测试引擎是与虚拟机管理器的主进程集成，而非在客户机系统中运行，因此，我们需要从种子序列恢复 PoC。如果在对目标设备进行模糊测试时虚拟机管理器崩溃，我们将重新开始对另一个插桩的虚拟机管理器进行模糊测试，以记录所有 MMIO/PIO 和 DMA 访问日志。我们将基于崩溃回溯和所有访问日志手动重建 PoC 驱动。我们希望能在未来的工作中找到一种更加自动化的方式。

（2）支持闭源虚拟机管理器。V-SHUTTLE 需要修改虚拟机管理器，以便对重定向客户机通过 MMIO/PIO 和 DMA 接口发往设备的数据请求。V-SHUTTLE 的若干组件将在编译阶段开始前部署。同时，我们使用 AFL 的编译时插桩工具来获取覆盖率信息。出于上述原因，V-SHUTTLE 目前暂不支持 VMware Workstation 等闭源虚拟机管理器。我们相信，通过采用一种二进制补丁和动态二进制插桩技术，在未来一定可以解决这个问题。

（3）虚拟机管理器内部状态。由于虚拟机管理器重启会产生高昂的成本，V-SHUTTLE 将对虚拟机管理器进行持续性的模糊测试，而不是在模糊测试迭代之间重启虚拟机管理器。这可能会影响模糊测试的效果，因为上一次迭代时的目标系统内部状态将在下一次迭代时延续。目标设备内部状态的变更还有可能导致覆盖率引导的不稳定，因为虚拟机管理器的状态不同时，相同的输入可能会执行不同的代码路径。更糟糕的是，当延续状态上的变更发生积累时，设备最终可能会自行锁死。

↘ 八、结论

虚拟设备是一个可以用来对虚拟机管理器中的软件漏洞加以利用的攻击面。然而，现有的虚拟机管理器模糊测试工具存在效率低下（如 VDF），以及无法规模化或自动扩展（如 NYX）的问题。为了应对现有虚拟机管理器模糊测试技术的局限性，本文提出了可规模化和语义感知的框架 V-SHUTTLE，支持对虚拟机管理器中的虚拟设备进行模糊测试。V-SHUTTLE 具有可移植性，能够利用覆盖率引导的模糊测试技术，对不同虚拟机管理器中的设备进行模糊测试。此外，V-SHUTTLE 可以针对多种设备有效执行广泛的模糊测试。为了验证 V-SHUTTLE 的性能，我们将其应用于两个最常用的虚拟机管理器平台——QEMU 和 VirtualBox。通过广泛的评估，V-SHUTTLE 的有效性和高效性得到了证实。它发现了 QEMU 中的 26 个新内存缺陷和 VirtualBox 中的 9 个新缺陷，如附录中表 6 所示，其中 17 个缺陷获得了官方 CVE。此外，通过与全球领先的互联网公司合作，我们也在其商业平台上部署了 V-SHUTTLE。结果再次证明了 V-SHUTTLE 的优越性。为了促进未来的相关研究，我们将在 GitHub 上开放 V-SHUTTLE 的源代码。

↘ 附录

算法 1　V-SHUTTLE 的主语义感知模糊测试循环

输入：初始种子队列 Seedpool[]，目标虚拟机管理器 H

```
1://设置各个基础种子队列和全局性信息;
2:   for all queue of the Seedpool[] do
3:       queue.setup ( );
4:   end for
5:       GlobalMap.init ( );
6:   repeat
7:       id = H.request ( )
8:       seed = Mutate( Seedpool[id] );
9:       Cover = H.feed ( seed );
10:      if Cover.haveNewCoverage( )then
11:          Seedpool[id].push( seed )
12:      end if
13:  until timeout or abort-signal;
```

输出：造成崩溃的种子 crashes

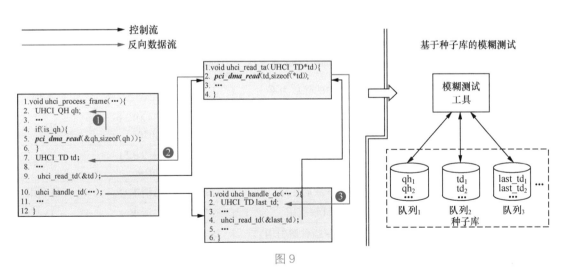

图 9

注：图 9 中的 qh、td、last_td 指 3 种不同的 DMA 对象（td 和 last_td 属于同一类型的数据结构，但处于不同的上下文中，因此我们仍将其视为不同的 DMA 对象）。每个对象将被列入单独的种子队列。

表6

虚拟机 管理器	描述	设备 类型	CVE/问题ID	CVSS 评分	影响
QEMU	ohci_copy_iso_td中的堆缓冲区溢出（写入）	USB	**CVE-2020-25624**	5.0	DoS
	ohci_service_iso_td中的栈缓冲区溢出（读取）	USB	已确认	—	DoS
	ohci_service_td中的堆缓冲区溢出（读取）	USB	已确认	—	DoS
	e1000e_write_packet_to_guest中的无限循环	网络	CVE-2020-25707	2.5	DoS
	ati_2d_blt中的OOB访问	图形	CVE-2020-27616	2.8	DoS
	通过eth_get_gso_type可达的断言错误	网络	CVE-2020-27617	3.8	DoS
	dwc2_handle_packet中的除数为零	USB	CVE-2020-27661	3.8	DoS
	sm501_2d_operation中的整数溢出	图形	已请求	—	DoS
	xhci_ring_chain_length中的无限循环	USB	CVE-2020-14394	3.2	DoS
	nic_reset中的堆释放后使用	网络	已请求	—	可利用
	dp8393x_do_transmit_packets中的堆缓冲区溢出（写入）	网络	已确认	—	DoS
	omap_rfbi_transfer_start中的内存分配失败	图形	已请求	—	DoS
	allwinner_sun8i_emac_get_desc中的无限循环	网络	已确认	—	DoS
	exynos4210_ltick_cnt_get_cnto中的除数为零	计时器	已确认	—	DoS
	zynq_slcr_compute_pll中的除数为零	杂项 设备	已确认	—	DoS
	vmxnet3_activate_device中的内存分配失败	网络	CVE-2021-20203	3.2	DoS
	fdctrl_read中的空指针解引用	存储	CVE-2021-20196	3.2	DoS
	ehci_flush_qh中的堆释放后使用	USB	已请求	—	可利用
	lsi53c895a中的空指针解引用	存储	已请求	—	DoS
	vmport_ioport_read中的空指针解引用	核心	已请求	—	DoS
	a9_gtimer_get_current_cpu中的空指针解引用	计时器	已请求	—	DoS
	usb_msd_send_status中的断言	USB	#1901981	—	DoS
	usb_ep_get中的断言	USB	#1907042	—	DoS
	ohci_frame_boundary中的断言	USB	#1917216	—	DoS
	vmxnet3_io_bar1_write中的断言	网络	#1913923	—	DoS
	lsi_do_dma中的断言	存储	#1905521	—	DoS

续表

虚拟机 管理器	描述	设备 类型	CVE/问题ID	CVSS 评分	影响
VirtualBox	xhciR3WriteEvent中的堆缓冲区溢出（写入）	USB	CVE-2020-2905	8.2	可利用
	xhciR3WriteEvent中的堆缓冲区溢出（写入）	USB	CVE-2020-14872	8.2	可利用
	ehciR3ServiceQHD中的OOB读取	USB	CVE-2020-14889	6.0	信息泄露
	e1kTxDLoadMore中的除数为零	网络	CVE-2020-14892	5.5	DoS
	e1kGetTxLen中的整数溢出	网络	CVE-2021-2073	4.4	DoS
	buslogicRegisterWrite中的堆缓冲区溢出（写入）	存储	**CVE-2021-2074**	8.2	可利用
	ataR3SetSector中的除数为零	存储	CVE-2021-2086	6.0	DoS
	blk_read中的空指针解引用	存储	CVE-2021-2130	4.4	DoS
	LsiLogicSCSI中的未初始化栈对象	存储	CVE-2021-2123	3.2	信息泄露

↘ 作者简介

潘高宁，浙江大学 NesaLab 博士研究生，蚂蚁安全光年实验室研究型实习生。他目前的主要研究方向是虚拟化安全与 Fuzzing，相关研究成果已经发表在学术界顶级安全会议 ACM CCS 和工业界顶级安全会议 BlackHat Asia 上，并多次获得来自 Redhat 和 Oracle 等厂商的致谢。

林性伟，蚂蚁安全光年实验室安全研究员。他的研究领域包括虚拟化安全、macOS&Windows 系统安全，程序分析以及 Fuzzing。他曾在学术界以及工业界顶级安全会议上发表论文与演讲，包括 ACM CCS，USENIX Security 和 BlackHat Asia，获得过来自苹果、QEMU、微软和 Oracle 等厂商的致谢。

基于覆盖率审计的模糊测试优化

王衍豪   贾相堃   刘昱玮

本文根据论文原文"Not All Coverage Measurements Are Equal: Fuzzing by Coverage Accounting for Input Prioritization"整理撰写，原文发表于 NDSS 2020，作者为王衍豪、贾相堃、刘昱玮、Kyle Zeng、Tiffany Bao、Dinghao Wu、苏璞睿。本文较原文有所删减，详细内容可参考原文。

⬊ 一、介绍

模糊测试已经被广泛地用于寻找真实世界的软件漏洞。谷歌和苹果等公司都部署模糊工具来发现漏洞。研究人员针对模糊技术提出了各种改进。特别是，覆盖率指导的模糊测试近年来已经得到很多研究。与一般的模糊测试根据给定的格式规范生成输入（种子）不同，覆盖率指导的模糊测试不需要输入格式或程序规范等知识。相反，覆盖率指导的模糊测试会随机地改变输入并使用覆盖率指导输入的选择和变异。

AFL 利用边覆盖率（又称分支覆盖率或转换覆盖率），libFuzzer 支持边和基本块两种覆盖率。具体来说，AFL 保存下所有能带来新边的输入（种子），并按文件大小和执行时间的乘积作为分数对输入进行优先级排序，同时确保优先级高的种子能够覆盖所有已经发现的边。基于 AFL，最近的工作为边覆盖率添加了更细粒度的信息（如调用上下文、内存访问地址或连续的基本块等）。

然而，以前的工作平等对待不同的边，忽略了边的目的路径中存在漏洞的可能性不同的事实。因此，对于所有能够带来新覆盖率的输入，即使它触发漏洞的可能性很低，仍被视为与其他的输入同等价值进行变异和测试。虽然这样的设计对于程序测试是合理的（因为测试的目标是全面覆盖），但推迟了漏洞的发现。

VUzzer 通过降低错误分支的优先级的方法来缓解上述问题，但因为依赖污点分析而成本高昂。CollAFL 提出了另一个优先级算法来指导模糊测试过程，但它不能保证优先级高的种子覆盖所有的安全敏感路径，从而可能导致模糊测试困在部分无用代码中。AFL-Sensitive 和 Angora 添加了更多辅助指标到边覆盖率，但是不同的边仍然被同等地考虑。LEOPARD 考虑了函数覆盖率而不只是边覆盖率，它根据函数复杂度计算不同权重，但该方法需要静态分析来进行预处理，会导致额外的性能开销。更糟糕的是，这些方法都会受到模糊测试对抗技术（Anti-Fuzzing）的影响。因此，我们需要一种能够更倾向于漏洞但不受模糊测试对抗技术影响的新的种子选择方法。

在本文中，我们提出了覆盖率审计，一种新的种子选择方法。我们的基本思想是，任何尝试向边覆盖率添加附加信息的方法都无法战胜模糊测试对抗技术，因为无法战胜的根本问题在于当前的边覆盖率指导的模糊测试对不同边不加区别。此外，内存破坏漏洞和敏感内存操作密切相关，这些敏感内存操作可以从不同的粒度表示，如函数级、代码结构级和基本块级。为了有效地发现内存破坏漏洞，我们应该只关注和安全敏感操作相关的边。基于这样的观察，我们的方法从函数级、代码结构级和基本块级对边进行评估，并将边标记为不同级别的 3 个指标。我们通过新的安全敏感的覆盖率，调整种子的优先级，即按安全敏感的边的命中计数对种子进行优先级排序，同时确保所选种子能够覆盖所有访问过的安全敏感的边。

基于上述方法，我们开发了 TortoiseFuzz，一种灰盒覆盖率指导的模糊测试工具。TortoiseFuzz 不依赖污点分析或者符号执行，唯一的改动是向 AFL 的队列剔除步骤中插入的覆盖率审计。

TortoiseFuzz 虽然很简单，但在发现漏洞方面却很强大。我们利用 30 个流行的真实程序构建了实验测试集，与 4 个先进的灰盒模糊测试工具和 2 个混合模糊测试工具进行了对比。我们计算了发现的漏洞数量，并计算了曼 - 惠特尼 U 检验来证明结果的统计显著性。TortoiseFuzz 的表现明显优于 6 个模糊测试工具中的 5 个（AFL、AFLFast、FairFuzz、MOPT 和 Angora）。TortoiseFuzz 的漏洞发现能力和 QSYM 相当，但平均只消耗了约 2% 的 QSYM 内存资源。TortoiseFuzz 共发现了 20 个 0day 漏洞，其中 15 个得到了 CVE 确认。我们还将覆盖率审计与 AFL-Sensitive 和 LEOPARD 进行了对比，实验表明我们的指标在发现漏洞方面比其他两个指标更好。此外，我们将覆盖率审计应用于 QSYM，使 QSYM 的漏洞发现能力平均提高了 28.6%。

我们在 GitHub 上开源了 TortoiseFuzz 的源码。

↘ 二、背景

1. 覆盖率指导的模糊测试

模糊测试是一种通过不断生成和测试输入来寻找软件漏洞的程序自动化测试技术。它可以灵活地应用于不同的程序，不需要了解程序，也不需要手动生成测试用例。具体来讲，覆盖率指导的模糊测试以一个初始种子和目标程序作为输入，生成能够触发程序错误的种子，整个测试过程构成一个循环。在循环中，它重复选择种子，以种子为输入运行目标程序，并基于当前种子和运行结果生成新的种子。覆盖率用作选择种子的度量标准。

图 1 展示了覆盖率指导的模糊测试工具 AFL 的架构。AFL 首先读入所有的初始种子并保存在队列中（①），然后从队列中选择一个种子（②）。对于每个种子，它通过不同的策略进行变异（③），并把生成的新样本发送到一个 Fork 出来的服务器进行测试（④）。在测试过程中，AFL 用一个全局的结构收集覆盖率信息，如图 1 中以基本块标识符标记的边覆盖率储存在 bitmap 中（⑤）。如果一个目标程序发生崩溃，那么就生成一个报告，其中能够使程序发生崩溃的种子就是这个漏洞的 PoC（⑥）。如果生成的新样本能够引起覆盖率变化，那么该样本就作为"有趣的"种子保留到种子队列（⑦）。

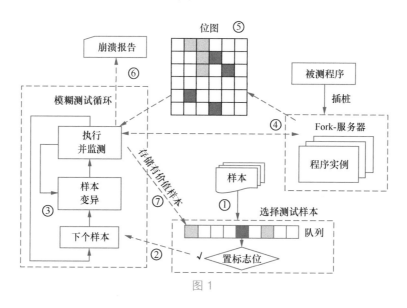

图 1

2. 种子优先

种子优先是为未来的种子变异和选择服务的。覆盖率指导的模糊测试利用覆盖率信息计算优先级。不同的模糊工具采用不同的覆盖率标准，如基本块覆盖率、边覆盖率和路径覆盖率。与基本块覆盖率相比，边覆盖率更加精细敏感，因为它考虑到了基本块转移的方向，同时它比路径覆盖率更具可扩展性，避免了路径爆炸。

AFL 及其子代使用边覆盖率来计算种子的优先级。具体是由两部分计算得到的：输入过滤（图 1 中的步骤⑦）和队列剔除（图 1 中的步骤①）。输入过滤就是过滤掉不"有趣"的输入，即没有引起覆盖率或命中次数变化的种子。队列剔除是对种子队列进行排序，它并不会丢弃种子，但重新组织了队列中的种子。优先级低的种子之后获得更少的测试机会。输入过滤发生在每次种子执行之后，队列剔除则是在一定数量的种子执行之后，由变异能量调整策略控制。

（1）输入过滤。在模糊测试过程中，AFL 会保留以下两种情况的新种子：一是新种子触发了新的边，二是新种子触发了已经发现的边的更多的次数。因此，AFL 设计了记录边覆盖率的结构，通过给不同的基本块分配不同的 ID，按照图 2 中的公式记录基本块之间的边信息，记录到 bitmap。其中 cur_location 是指当前基本块，prev_location 表示前一个基本块（会根据当前基本块更新，如公式第三行），两者异或的值作为 bitmap 的 index。

```
cur_location = <COMPILE_TIME_RANDOM>;
bitmap[cur_location ⊕ prev_location]++;
prev_location = cur_location » 1;
```

图 2

对于每一条边，AFL 记录边是否被执行过，并记录边的访问次数，通过分桶的方式对访问次数进行处理。当访问次数发生比较大的变化时，会记录下该种子。另外，因为边覆盖率被记录在 bitmap 结构上，在记录过程中可能遭遇哈希碰撞问题，CollAFL 指出并缓解了该问题。

（2）队列剔除。队列剔除的目的是在保留已经发现的覆盖率的前提下尽量简化种子队列。由于保留的种子能够覆盖的代码可能存在重叠的情况，因此 AFL 在保证覆盖率的情况下，会选择一个种子队列子集优先测试。具体来讲，AFL 倾向于更小的种子文件和更短的执行时间。因此，它首先标记所有没有被覆盖的边，然后循环地标记能够包含未覆盖边的种子，并选择文件大小和执行时间乘积更小的种子进入最终的子集，并把该种子能覆盖的其他边标记为已覆盖。循环上述过程直到没有种子或所有的边已经被覆盖。

在 AFL 的实现中，发现每条边的最佳种子（即种子的文件大小和执行时间的乘积更小）发生在输入过滤阶段，而不是队列剔除阶段。具体来讲，AFL 维护了一个 top-rate 结构，以边为键、以种子为值。在输入过滤过程中，如果 AFL 要保留该种子，它将计算该种子的文件大小和执行时间的乘积，更新 top-rate 结构。对于一条边，如果边对应的最佳种子的文件大小和执行时间的乘积不如新的种子，那么就会发生替换操作。通过这种方式，AFL 能够相对简单地按照倾向性保留更有价值的种子。

（3）种子优先的改进。尽管边覆盖率在代码覆盖率和路径覆盖率之间有很好的平衡，但是对于输入优先还是不够的，因为它没有考虑更细粒度的上下文。因此，有一些工作尝试在原有的覆盖率上增加更多的信息。Angora 增加了调用栈信息，AFL-Sensitive 增加了如内存操作地址、基本块的 N-gram 信息等。

这些改进使得代码覆盖率更细粒度，然而仍然无法避免在模糊测试过程中陷入无用代码中。例如进入错误处理代码虽然能够增加代码覆盖率，但对于发现漏洞意义不大。VUzzer 通过降低优先级的方法处理上述问题，但是它需要额外的重量级分析识别错误处理代码，影响模糊测试的高效性。CollAFL 提出了一个新的覆盖率指标，以整个执行过程中的内存操作数量为指导。然而 CollAFL 无法保证被优先的种子能够覆盖所有已经访问过的边。因此它会很容易陷入一个充满了内存操作但并没有危险的代码片段中，如字符串赋值函数。LEOPARD 在进行队列剔除的同时，根据一个函数级复杂度进行了额外计算，这样能够保证保留下所有的已经覆盖的边的信息，然而 VUzzer 一样需要提前对程序进行分析，带来了额外的开销。

3. 种子变异和能量分配

通常，种子变异也可以看作是种子优先的算法延续：如果我们把输入空间看作所有字节的组合，那么种子变异通是对输入空间中的子集进行优先级排序。以往的工作设计了综合变异策略和变异调度方法。这些方法可以作为我们种子优先方案的补充。

同样地，能量分配是通过调节后代种子变异来实现种子优先的，如 AFLFast、AFLGo、FairFuzz 等。AFLFast 基于马尔可夫模型对低频种子进行能量调节，AFLGo 则直接对目标代码赋予更高的能量。FairFuzz 是标记了命中次数少的分支，并向该部分分支分配更多的测试能量。

4. 模糊测试对抗

目前的模糊测试对抗技术主要通过覆盖率指导的两个设计缺陷使模糊测试工具失效：一是大多数模糊测试工具没有区分覆盖的不同边，二是混合模糊测试使用重量级的污点分析或符号执行技术。模糊测试对抗技术通过插入伪造路径、在错误处理代码中添加延迟、或者混淆代码来降低动态分析的速度来阻碍模糊测试。

目前的模糊测试对抗技术可以造成高达 85% 的路径探索能力下降。不幸的是，很多边覆盖率指导的模糊测试工具都无法处理对抗技术。VUzzer 因为用到污点分析而受到严重影响，LEOPARD 在考虑函数级复杂度的时候，受到伪造分支的严重影响。AFL 系列的模糊测试工具同样受到伪造分支的影响，增加额外信息的方法由于不区分覆盖的边而无法解决对抗问题。

↘ 三、覆盖率审计

之前的覆盖率指导的模糊测试工作受到不区分覆盖边的限制，会出现陷入无用代码探索的问题，导致模糊测试效率低下。更糟糕的是，在面对模糊测试对抗技术时，会受到很大影响。为了解决这个问题，我们提出了覆盖率审计的概念，作为一种新的覆盖率测量方式，为模糊测试过程中的种子选择提供指导。

在设计中，我们的目的是缩短模糊测试发现漏洞的时间，因此需要在设计高效的覆盖率审计记录和计算方法。其次，覆盖率审计不能依赖于污点分析或符号执行等重量级程序分析方法。这里我们借鉴了 HOTracer 提出的内存操作分析方法，通过函数级、代码结构级和基本块级的计算实现不同层面的覆盖率审计。

我们的方法不同于 CollAFL 以所有执行过的内存操作为指导，也不同于 AFL-Sensitive 利用内存地址计算覆盖率。同时 Angora、TIFF、ProFuzzer 等工作在变异过程中引入内存操作相关的信息，是可以和我们提出的基于覆盖率审计的种子优先进行融合的。

1. 函数级覆盖率审计

在函数调用层面，我们将内存访问操作抽象为函数本身。直观地说，如果一个函数存在内存破坏漏洞或出现在程序崩溃的调用栈中，那么这个函数还有可能由于补丁不完整或开发人员的重复错误再次发生问题。因此，我们应该优先考虑能够触发这样的函数的输入。受到 VCCFinder 的启发，我们从近四年的漏洞报告中进行检索，其中排名前 20 的函数如表 1 所示。

表1

函数	受影响次数	函数	受影响次数
memcpy	80	vsprintf	9
strlen	35	GET_COLOR	7
ReadImage	17	read	7
malloc	15	load_bmp	6
memmove	12	huffcode	6
free	12	strcmp	6
memset	12	new	5
delete	11	getName	5
memcmp	10	strncat	5
getString	9	png_load	5

具体来讲，我们爬取了 CVE 报告的网页及其子网页，提取出了调用栈信息，并统计了其中涉及的函数。从表 1 中，我们可以看到很多函数来源于常见的函数库，如 libc，这也验证了我们对危险函数的经验，如 memcpy、strlen 等函数容易发生漏洞。

给定与漏洞相关的函数，我们通过边的目标基本块中与漏洞相关的函数的数量来评估不同的边。形式化地表示，F 表示危险函数集合，dst_e 表示边 e 的目标基本块，$C(\cdot)$ 表示一个基本块包含的函数调用。因此，对边 e 来说，

$$\mathrm{Func}\,(e) = \mathrm{card}\,(C\,(\mathrm{dst}_e) \cap F\,)$$

其中，Func(e) 代表函数级覆盖率审计，card($\cdot$) 代表其取值。

2. 代码结构级覆盖率审计

循环结构是内存破坏漏洞中经常涉及的代码结构，因此，代码结构级覆盖率审计是通过对循环结构的计数实现。具体来讲，我们在控制流图上分析代码存在的回边，并根据回边计算循环的出现和次数。判断回边的函数是 IsBackEdge，因此，我们可以形式化地表示代码结构级的覆盖率审计如下，

$$\mathrm{Loop}(e) = \begin{cases} 1, \text{if IsBackEdge}(e)=\text{True} \\ 0, \ \text{其他} \end{cases}$$

3. 基本块级覆盖率审计

基本块级的覆盖率审计是对边连接的基本块中的内存操作进行计算。因为基本块中的指令在基本块执行过程中会被顺序执行，因此该粒度已经达到了最细粒度的覆盖率审计。具体来讲，我们计算基本块中包含的内存操作指令的数量，函数是 IsContainMem，因此对于边 e 的目标基本块 dst_e 的基本块级覆盖率审计可以形式化地表示为：

$$BB(e)=card\left(\{i|i \in dst_e \wedge IsContainMem(i)\}\right)$$

4. 覆盖率审计设计讨论

在设计覆盖率审计的时候，可能存在的担心是我们设计的不同级别的方案是否过于特别、过于依赖启发式规则。例如对于函数级覆盖率审计，我们先对近年来的漏洞及其报告进行了分析，尽量获取漏洞相关的、更全面的信息。对于该方法局限性的质疑，例如这种方法无法找到之前没有发现的漏洞函数或自定义函数，我们认为这个担心是有道理的，但是其他两种级别的方案可以弥补函数级别的不足，我们在实验中也对 3 个方案的互补性进行了测试。

LEOPARD 是另一个尝试通过函数复杂度对函数进行筛选并辅助模糊测试的方案，和我们的设计思想相似。不过 LEOPARD 计算的复杂度可以看作是我们 3 个级别覆盖率审计的合体，在模糊测试的具体应用上我们的方案和 LEOPARD 也存在不同。我们在实验中进行了对比。

四、TortoiseFuzz 系统设计

宏观地讲，我们设计的目标是优先考虑更有可能导致脆弱代码的输入，同时确保优先的输入涵盖足够的代码，以减轻模糊测试工具被困住或错过漏洞的问题。对于这个目标，有 3 个挑战：第一个挑战是如何正确定义要覆盖的代码范围，并选择一个能实现完全覆盖的输入子集。基本上 AFL 的队列剔除算法保证了所选择的输入将覆盖所有访问的边。这里，我们的想法是，由于内存操作是内存破坏漏洞的前提，只有安全敏感的边对漏洞很重要，因此这些边应该被完全覆盖。基于这一想法，我们把所有被访问的边重新界定为访问安全敏感边的范围，并在被访问的安全敏感边上应用 AFL 的队列剔除算法。通过这种方式，我们能够选择一个涵盖了所有被访问过的安全敏感边的输入子集。

第二个挑战是如何用覆盖率审计来定义安全敏感的边。直观的做法是为指标设置一个阈值，然后将超过阈值的边定义为安全敏感。我们保守地设置了阈值：只要指标值高于 0，边就是安全敏感的。我们把对阈值的研究留作未来的工作。

第三个挑战是如何使用覆盖率审计指导模糊测试。我们的直觉是，一个输入越是击中安全敏感的边，这个输入就越有可能变异发现一个漏洞。我们根据所提出的覆盖率审计指标，用命中数来确定输入的优先级。

基于以上考虑，我们决定在 AFL 的基础上设计 TortoiseFuzz，保留了 AFL 的输入过滤和队列剔除算法，实现基于覆盖率审计的输入优先级算法。TortoiseFuzz 作为一个灰盒覆盖率指导的模糊测试工具，其覆盖率考虑了输入的优先级，并且是轻量级的，同时对模糊测试对抗技术有很强的稳定性。我们在算法 1 中展示了 AFL 的算法，并解释了我们基于 AFL 算法的改进（用灰色标记）。

1. 工具框架

TortoiseFuzz 的过程如算法 1 所示，由两个阶段组成：插桩阶段和测试循环阶段。在插桩阶段，目标程序被插入用于初步分析和运行时获取执行反馈的代码。在测试循环阶段，TortoiseFuzz 用种子反复执行目标程序，根据执行反馈将我们感兴趣的种子添加到种子队列中，并为未来的迭代进行种子选择和变异。

算法 1　带覆盖率审计的模糊测试算法

```
 1: function FUZZING(Program, Seeds)
 2:    P ← INSTRUMENT(Program, CovFb, AccountingFb)    ▷Instr. Phase
 3:    // AccountingFb is FunCallMap, LoopMap, or InsMap
 4:    INITIALIZE(Queue, CrashSet, Seeds)
 5:    INITIALIZE(CovFb, accCov, TopCov)
 6:    INITIALIZE(AccountingFb, accAccounting, TopAccounting)
 7:    // accAccounting is MaxFunCallMap, MaxLoopMap, or MaxInsMap
 8:    repeat                            ▷ Fuzzing Loop Phase
 9:      input ← NEXTSEED(Queue)
10:      NumChildren ← MUTATEENERGY(input)
11:      for i=0 → NumChildren do
12:        child ← MUTATE(input)
13:        IsCrash, CovFb, AccountingFb ← RUN(P, child)
14:        if IsCrash then
15:          CrashSet ← CrashSet ∪ child
16:        else if SAVE_IF_INTERESTING(CovFb, accCov) then
17:          TopCov, TopAccounting ←
18:            UPDATE(child,CovFb,AccountingFb,accAccounting)
19:          Queue←Queue ∪ child
20:        end if
21:      end for
22:      CULL_QUEUE(Queue, TopCov, TopAccounting)
23:    until time out
24: end function
```

2. 插桩阶段

插桩阶段是在程序中插入运行时分析代码。对于源代码，我们在编译过程中加入分析代码；对于二进制程序，我们重写代码以实现插桩。如果目标需要特定类型的输入，我们用插桩修改 I/O 接口。插入的运行时分析代码为覆盖率和安全敏感性评估收集统计数据。

3. 测试循环阶段

算法 1 中的第 8 行到第 23 行描述了测试循环的过程。在循环开始之前，TortoiseFuzz 首先从初始种子和一组碰撞 CrashSet 创建一个种子队列 Queue（第 4 行）。每个样本的执行反馈被记录在覆盖率反馈图（即第 5 行的 CovFb）和覆盖率审计反馈图（即第 6 行的 AccountingFb）。相应的图 accCov（第 5 行）和 accAccounting（第 6 行）是全局累积结构，用于保存所有被覆盖的转换和它们的最大命中数。TopCov 和 TopAccounting 用于对样本进行优先排序。

对于每个变异的样本，TortoiseFuzz 将其送入目标程序，如果该样本导致目标程序崩溃，则生成崩溃报告。否则，它使用函数 Save_If_Interesting 对样本进行判断并将其追加到种子队列 Queue 中，如果它符合输入过滤条件（新边或命中次数发生较大变化）（第 16 行），它还会更新结构 accCov。

对于 Queue 中的样本，函数 NextSeed 根据概率选择下一轮测试的种子（第 9 行），该概率由样本的 favor 属性决定。如果 favor 的值是 1，那么概率就是 100%；否则就是 1%。favor 的设计初衷是维护一个最小的样本子集，可以覆盖目前看到的所有边缘，并优先对这些样本进行测试。我们改进了机制，用两个步骤优先处理变异的样本，Update（第 18 行）和 Cull_Queue（第 22 行）。具体地说，Update 将更新结构 accAccounting，并返回列表 TopCov 和 TopAccounting，这两个列表在接下来的函数 Cull_Queue 步骤中使用。

（1）更新评分最高的候选样本。为了优先处理保存的有趣的变异，灰盒模糊器（如 AFL）为每条边 $edge_i$ 维护一个 TopCov 结构，以记录更有利于探索的最佳 $sample_j$。如下面公式所示，判定 $sample_j$ 对 $edge_i$ 来说是"最佳的"，是根据该样本可以覆盖 $edge_i$ 并且没有以前的候选者，或者它的资源消耗成本（文件大小和执行时间乘积）比以前的要低。

$$TopCov[edge_i] = \begin{cases} sample_j, & CovFb_j[edge_i] > 0 \\ & \wedge (TopCov[edge_i] = \varnothing \\ & \vee IsMin(exec\_time_j * size_j) \\ 0 & \text{其他} \end{cases}$$

单纯资源消耗的偏好不足以让模糊测试工具保持对内存操作的敏感性信息。因此，TortoiseFuzz 为每个与内存有关的边保持新的 TopAccounting，以记录"内存操作"角度的最佳样本。如下面公式所示，如果 $edge_i$ 没有候选者，或者如果 $sample_j$ 可以将边的命中率计算到最大 $edge_i$，我们将其标记为"最佳"。如果命中率与之前保存的命中率相同，但成本较低，我们也将其标记为"最佳"。AccountingFb 和 accAccounting 是由覆盖率审计决定的。

$$
\text{TopAccounting}\left[\text{edge}_i\right] = \begin{cases} \text{sample}_j, & \left(\text{TopAccounting}\left[\text{edge}_i\right] = \varnothing \wedge \text{CovFb}_j\left[\text{edge}_i\right] > 0\right) \\ & \vee \text{AccountingFb}_j\left[\text{edge}_i\right] > \text{accAccounting}\left[\text{edge}_i\right] \\ & \vee \left(\text{AccountingFb}_j\left[\text{edge}_i\right] = \text{accAccounting}\left[\text{edge}_i\right]\right. \\ & \left.\wedge \text{IsMin}(\text{exec\_time}_j * \text{size}_j)\right) \\ 0, & \text{其他} \end{cases}
$$

（2）队列剔除。由 TopAccounting 记录的样本集是可以覆盖到目前为止看到的所有安全敏感边的样本的超集。为了优化模糊测试，如算法 2 所示，TortoiseFuzz 在每轮测试后重新评估所有最高评分的候选样本，以选择一个最小的样本子集。该子集覆盖了所有累积的内存相关边，并且没有被模糊测试过。首先，我们创建一个临时结构 Temp_map 来保存到现在为止看到的所有边。在遍历种子队列 Queue 的过程中，如果一个样本被标记为"favor"，我们将选择它作为最终"favor"（第 9 行）。然后计算该样本所覆盖的边，并更新暂时的 Temp_map（第 10 行）。这个过程一直持续到目前看到的所有边缘都被覆盖为止。通过这种算法，我们为下一代选择有利的种子。

算法 2　队列精简

```
1: function CULL_QUEUE(Queue, TopCov, TopAccounting)
2:    for q = Queue.head → Queue.end do
3:       q.favor = 0
4:    end for
5:    if IsChanged(TopAccounting) then
6:       Temp_map ← accCov[MapSize]
7:       for i=0 → MapSize do
8:          if TopAccounting[i] && TopAccounting[i].unfuzzed then
9:             TopAccounting[i].favor = 1
10:            UPDATE_MAP(TopAccounting[i], Temp_map)
11:         end if
12:      end for
13:      SYN(Queue, TopAccounting)
14:   else
15:      // switch back to TopCov with coverage-favor
16:      for i=0 → MapSize do
17:         Temp_map ← accCov[MapSize]
18:         if TopCov[i] && Temp_map[i] then
19:            TopCov[i].favor = 1
```

```
20:                    UPDATE_MAP(TopCov[i], Temp_map)
21:              end if
22:         end for
23:      SYN(Queue, TopCov)
24:   end if
25: end function
```

相比原始边覆盖率，TortoiseFuzz 在探索广度上更小。这可能导致 Queue 中的样本增加缓慢，具有 favor 属性的样本较少。为了解决这个问题，TortoiseFuzz 在 Queue 中没有最佳样本时，使用原来的边覆盖率的最佳样本集 TopCov 来重新剔除 Queue（第 15 ～ 24 行）。另外，每当 TopAccounting 发生变化时（第 5 行），TortoiseFuzz 将切换回覆盖率审计方法。

4. 模糊测试对抗技术讨论

目前的模糊测试对抗技术通过插入伪造路径来对抗模糊测试工具，在错误处理代码中添加延迟，以及混淆代码以减慢污点分析和符号执行，从而击败了先前的模糊测试工具。使用了覆盖率审计的 TortoiseFuzz 对代码混淆是具有鲁棒性的，因为它不需要污点分析或符号执行。TortoiseFuzz 的模糊测试标准也不会受到模糊测试对抗技术的很大的影响，这是由于基于覆盖率审计的优先级计算有助于避免执行错误处理代码，而错误处理代码通常不包含密集的内存操作。此外，覆盖率审计对于由 Fuzzification 创建的插入式伪造分支也具有鲁棒性，这些分支由 pop 和 ret 组成，而覆盖率审计不认为 pop 和 ret 是安全敏感的操作，它不会优先考虑覆盖伪造分支的输入。

尽管只需要简单地更新模糊测试对抗技术就能打败 TortoiseFuzz，例如在伪造分支中增加内存操作。然而，由于内存访问的成本比其他操作（如算术操作）高得多，在伪造分支中增加内存访问操作可能会导致速度减慢，并影响正常输入的性能，这对真实软件来说是不可接受的。因此，攻击者必须精心设计出能够打败 TortoiseFuzz 并保持合理性能的伪造分支，这比目前的模糊测试对抗技术实现要难得多。因此，我们认为，尽管 TortoiseFuzz 不能保证抵御现在和将来的所有模糊测试对抗技术，但它将大大增加成功模糊测试对抗技术的难度。

五、实现

TortoiseFuzz 是基于 AFL 实现的。在 AFL 的基础上，我们增加了约 1 400 行代码（约 700 行插桩代码和约 700 行模糊测试循环修改代码）。我们写了约 30 行 Python 代码用于爬取漏洞报告。对于函数级覆盖率审计，我们利用 LLVM 提供的 getCalledFunction 函数计算高危函数的数量；对于代码结构级覆盖率审计，我们通过构建控制流图并利用深度优先遍历控制流图，计算回边数量；对于基本块级覆盖率审计，我们通过 LLVM 提供的 mayReadFromMemory 和 mayWriteToMemory 函数判断内存操作指令。

↘ 六、实验评估

我们通过在真实世界的应用中测试 TortoiseFuzz 来评估覆盖率审计。我们将回答以下研究问题。

- 研究问题 1：TortoiseFuzz 能否找到真实程序的 0day 漏洞？
- 研究问题 2：TortoiseFuzz 与之前的灰盒或混合模糊测试工具在真实程序的比较中效果如何？
- 研究问题 3：3 种覆盖率审计指标的结果与其他覆盖率指标或输入优先级方法相比如何？
- 研究问题 4：覆盖率审计是否能够与其他模糊技术合作并帮助改善漏洞挖掘？
- 研究问题 5：覆盖率审计是否对当前的模糊测试对抗技术具有鲁棒性？

1. 实验设置

（1）实验数据集。我们从 2016 年至 2019 年发表的论文中收集了 30 个真实世界的应用程序。这些应用程序包括图像解析和处理库、文本解析工具、一个汇编工具、多媒体文件处理库、语言翻译工具等。我们在进行实验时，选择了最新版本的测试应用程序。另外，实验数据集缺乏如 LAVA-M 这样的测试数据集。我们发现，LAVA-M 并不适合评估模糊测试工具的有效性，因为它并不反映真实世界的情况。我们将在第 7 章中进一步讨论数据集的选择。在评估中，我们发现有 18 个应用程序中没有模糊测试工具发现任何漏洞。为了便于展示，我们将在整个评估的其余部分只展示 12 个发现漏洞的应用程序的结果。

（2）对比模糊测试工具。我们收集了 2016 年至 2019 年发布的最新模糊测试工具作为比较的候选，如表 2 所示，其中 S 针对有源码程序，B 针对二进制程序。我们考虑每个模糊测试工具是否是开源的，以及是否能在我们的实验数据集上运行。这些非开源或者不能在我们的实验数据集上运行的工具无法和 TortoiseFuzz 进行对比，因此我们过滤了这些工具。最终剩下的用于对比的模糊测试工具是 4 个灰盒模糊测试工具（AFL、AFLFast、FairFuzz 和 MOPT）和 2 个混合模糊测试工具（QSYM 和 Angora）。关于每个模糊测试工具的详细解释，请参考表 2 的脚注。

表2

模糊测试工具	发布年份	类型	是否开源	测试目标	是否在文中作为对比
AFL	2016	greybox	Y	S/B	√
AFLFast	2016	greybox	Y	S/B	√
Steelix	2017	greybox	N	S	×
VUzzer	2017	hybrid	Y	B	×

续表

模糊测试工具	发布年份	类型	是否开源	测试目标	是否在文中作为对比
CollAFL	2018	greybox	N	S	×
FairFuzz	2018	greybox	Y	S	√
T-fuzz	2018	hybrid	Y	B	×
QSYM	2018	hybrid	Y	S	√
Angora	2018	hybrid	Y	S	√
MOPT	2019	greybox	Y	S	√
DigFuzz	2019	hybrid	N	S	×
ProFuzzer	2019	hybrid	N	S	×

注：VUzzer 依赖于 IDA Pro 和 pintool，在我们的实验环境中，用真实世界的程序进行插桩的资源消耗太高，无法承受。此外，VUzzer 的表现也不如其他混合工具，如 QSYM。在这种情况下，我们没有将 VUzzer 纳入真实程序实验中。这些工具的一些组件不能用于所有的二进制文件。

（3）实验环境和处理。通过在 8 台相同的服务器上进行了实验，这些服务器有 32 个英特尔（R）至强（R）CPU E5-2630 V3@2.40GHZ 核心、64GB 内存，以及 64 位的 Ubuntu 16.04.3 TLS。对于每个目标应用程序，我们用相同的种子[①]和字典集配置[②]了所有的模糊测试工具。根据 CollAFL 论文中的设置，我们用每个目标程序运行了 140 小时，并且按照 Klees 等人的建议，将所有实验重复了 10 次。

我们分两步来识别漏洞。对于报告的崩溃，我们首先用脚本调用 AddressSanitizer 过滤掉无效和多余的崩溃，然后手动检查剩下的崩溃，并报告那些与安全有关的崩溃。对于代码覆盖率，我们使用 gcov，它是一个著名的覆盖率分析工具。

2. 研究问题 1：0day 漏洞挖掘

表 3 显示了 TortoiseFuzz 在 10 次实验中发现的真实世界漏洞的并集。该表列出了每个被发现的漏洞的 ID、相应的目标程序、漏洞类型，以及是否为 0day 漏洞。TortoiseFuzz 总共发现了 10 种不同类型的 56 个漏洞，包括栈缓冲区溢出、堆缓冲区溢出、释放后重用和两次释放漏洞，其中许多是严重的漏洞，可能导致任意代码执行等后果。在发现的 56 个漏洞中，有 20 个漏洞是 0day 漏洞，15 个漏洞已经确认 CVE 标识[③]。结果表明，TortoiseFuzz 能够从真实世界的应用中识别出大量的 0day 漏洞。

---

① 我们从目标程序提供的测试案例集中随机选择一个初始种子。

② 我们在实验中不使用字典。

③ CVE-2018-17229 和 CVE-2018-17230 同时包含在 exiv2 和 new_exiv2 中。

表 3

程序名	程序版本	ID	漏洞种类	是否为新发现漏洞
exiv2	0.26	CVE-2018-16336	heap-buffer-overflow	√
		CVE-2018-17229	heap-buffer-overflow	√
		CVE-2018-17230	heap-buffer-overflow	√
		issue_400	heap-buffer-overflow	√
		issue_460	stack-buffer-overflow	×
		CVE-2017-11336	heap-buffer-overflow	×
		CVE-2017-11337	invalid free	×
		CVE-2017-11339	heap-buffer-overflow	×
		CVE-2017-14857	invalid free	×
		CVE-2017-14858	heap-buffer-overflow	×
		CVE-2017-14861	stack-buffer-overflow	×
		CVE-2017-14865	heap-buffer-overflow	×
		CVE-2017-14866	heap-buffer-overflow	×
		CVE-2017-17669	heap-buffer-overflow	×
		issue_170	heap-buffer-overflow	×
		CVE-2018-10999	heap-buffer-overflow	×
	b6a8d39	CVE-2018-17229	heap-buffer-overflow	√
		CVE-2018-17230	heap-buffer-overflow	√
		CVE-2017-14865	heap-buffer-overflow	×
		CVE-2017-14866	heap-buffer-overflow	×
		CVE-2017-14858	heap-buffer-overflow	×
	3f2e0de	CVE-2018-17282	null pointer dereference	√
nasm	2.14rc4	CVE-2018-8882	stack-buffer-under-read	×
		CVE-2018-8883	stack-buffer-over-read	×
		CVE-2018-16517	null pointer dereference	×
		CVE-2018-19209	null pointer dereference	×
		CVE-2018-19213	memory leaks	×
gpac	0.7.1	CVE-2019-20165	null pointer dereference	√
		CVE-2019-20169	heap-use-after-free	√
		CVE-2018-21017	memory leaks	√
		CVE-2018-21015	Segment Fault	√
		CVE-2018-21016	heap-buffer-overflow	√
		issue_1340	heap-use-after-free	×
		issue_1264	heap-buffer-overflow	×
		CVE-2018-13005	heap-buffer-over-read	×
		issue_1077	heap-use-after-free	×
		issue_1090	double-free	×

续表

程序名	程序版本	ID	漏洞种类	是否为新发现漏洞
libtiff	4.0.9	CVE-2018-15209	heap-buffer-overflow	√
		CVE-2018-16335	heap-buffer-over-read	√
liblouis	3.7.0	CVE-2018-11440	stack-buffer-overflow	×
		issue_315	memory leaks	×
ngiflib	0.4	issue_10	stack-buffer-overflow	√
		CVE-2019-16346	heap-buffer-overflow	√
		CVE-2019-16347	heap-buffer-overflow	√
		CVE-2018-11575	stack-buffer-overflow	×
		CVE-2018-11576	heap-buffer-over-read	×
libming	0.4.8	CVE-2018-13066	memory leaks	×
		(2 similar crashes)	memory leaks	×
catdoc	0.95	crash	memory leaks	×
		crash	Segment Fault	×
		CVE-2017-11110	heap-buffer-underflow	×
tcpreplay	4.3	CVE-2018-20552	heap-buffer-overflow	√
		CVE-2018-20553	heap-buffer-overflow	√
flvmeta	1.2.1	issue_13	null pointer dereference	√
		issue_12	heap-buffer-overflow	×

3. 研究问题 2：TortoiseFuzz 和其他模糊测试工具在真实程序下的对比

在这个实验中，我们将 TortoiseFuzz 与灰盒模糊测试工具和混合模糊测试工具在真实世界的应用中进行了测试和比较。我们通过 3 个指标对每个模糊测试工具进行评估：发现的漏洞数量、代码覆盖率和性能。

（1）漏洞挖掘。表 4 显示了每个模糊测试工具在 10 次重复运行中发现的漏洞的平均数和最大数。该表还显示了 TortoiseFuzz 和比较模糊测试工具之间关于在 10 次重复实验中每次从所有目标程序中发现的漏洞总数的曼 - 惠特尼 U 检验的 p 值。我们的实验表明，TortoiseFuzz 比其他测试灰盒模糊测试工具的漏洞挖掘能力更强。TortoiseFuzz 平均检测到 41.7 个漏洞，最大检测到 50 个漏洞，超过了所有其他灰盒模糊测试工具。与表现第二好的灰盒模糊测试工具 FairFuzz 相比，TortoiseFuzz 平均多发现 43.9% 的漏洞，最大多发现 31.6%。此外，我们比较了每个模糊测试工具发现的漏洞集，我们观察到 TortoiseFuzz 覆盖了其他模糊测试工具发现的所有漏洞，只有 1 个漏洞没有被发现，而且 TortoiseFuzz 还发现了其他模糊测试工具没有发现的 10 个漏洞。

表4

被测程序	灰盒模糊测试工具										混合模糊测试工具			
	TortoiseFuzz		AFL		AFLFast		FairFuzz		MOPT		Angora		QSYM	
	平均值	最大值	平均值	最大值	平均值	最大值	平均值	最大值	平均值	最大值	平均值	最大值	平均值	最大值
exiv2	9.7	12	9.0	12	5.4	9	7.1	10	8.7	11	10.0	13	8.3	10
new_exiv2	5.0	5	0.0	0	0.0	0	0.0	0	0.0	0	0.0	0	6.5	9
exiv2_9.17	1.0	1	0.9	1	0.4	1	0.7	1	0.8	1	0.0	0	1.8	2
gpac	7.6	9	3.5	6	4.8	7	6.6	9	4.0	6	6.0	8	7.5	0
liblouis	1.2	2	0.3	1	0.0	0	0.9	2	0.1	1	0.0	0	2.3	3
libming	3.0	3	2.9	3	3.0	3	3.0	3	0.0	0	3.0	3	3.0	3
libtiff	1.2	2	0.0	0	0.0	0	0.0	0	0.0	0	0.0	0	0.4	1
nsam	3.0	4	1.7	2	2.2	3	2.2	3	3.8	5	1.8	2	2.8	4
ngiflib	4.7	5	4.4	5	3.2	5	4.0	5	2.7	5	3.0	4	4.5	5
flvmeta	2.0	2	2.0	2	2.0	2	2.0	2	2.0	2	2.0	2	2.0	2
tcpreplay	1.2	2	0.0	0	0.0	0	0.5	1	0.0	0	—*	—*	0.0	0
catdoc	2.1	3	1.3	2	1.2	2	2.0	2	0.3	1	0.0	0	2.0	2
SUM	41.7	50	26.0	34	22.2	32	29.0	38	22.4	32	25.8	32	41.1	50
曼-惠特尼U检验的p值	0.000 166 8		0.000 166 8		0.000 164 9		0.000 165 9		0.001 668		1.0			

注：* 部分 Angora 运行不正常。对于包括在测试集中的所有 360 个 pcap 文件，Angora 报告了错误日志 "There is none constraint in the seeds"。

对于混合型模糊测试工具，TortoiseFuzz 显示出比 Angora 更好的结果，与 QSYM 的结果相当。TortoiseFuzz 在平均值上比 Angora 高出 61.6%，在 10 次实验中，相比每个目标程序的最大漏洞数之和高出 56.3%。TortoiseFuzz 还从 91.7%（11/12）的目标程序中发现了更多或相同的漏洞。TortoiseFuzz 平均发现的漏洞比 QSYM 略多，最大发现数量相同。具体到每个目标程序，TortoiseFuzz 在 7 个程序中的表现优于 QSYM，在 2 个程序中表现相同，在 3 个程序中表现较差。根据曼 - 惠特尼 U 检验，TortoiseFuzz 和 QSYM 之间的结果没有统计学意义，因此我们认为 TortoiseFuzz 在寻找真实程序的漏洞方面与 QSYM 相当。

此外，我们还比较了 TortoiseFuzz 和 QSYM 在 10 次重复运行中发现的漏洞的并集。虽然 TortoiseFuzz 漏掉了由 QSYM 发现的 9 个漏洞，但其中只有一个是 0day 漏洞。这个 0day 漏洞是在 nasm 的 parse_mref 函数中。我们分析了缺失的案例，发现我们错过的漏洞是由与输入文件相关的条件分支保护的，而这些条件分支不属于我们的任何指标，因此相关的输入不能被优先处理。

总的来说，我们的实验结果显示，TortoiseFuzz 在寻找漏洞方面的能力优于 AFL、AFLFast、FairFuzz、MOPT 和 Angora，与 QSYM 相当。

（2）代码覆盖率。除了发现的漏洞数量，我们还在不同目标程序上测试了模糊测试工具的代码覆盖率。虽然覆盖率审计的目的不是为了提高代码覆盖率，但测量代码覆盖率仍然是有意义的，因为它是评估程序测试技术的一个重要指标。我们还想研究覆盖率审计是否会影响模糊测试过程中的代码覆盖率。

为了研究覆盖率审计对代码覆盖率的影响，我们比较了 TortoiseFuzz 和 AFL（基于覆盖率审计的模糊测试工具）之间的代码覆盖率。表 5 显示了在目标程序上执行的所有模糊测试工具的平均代码覆盖率，表 6 显示了 TortoiseFuzz 和其他模糊测试工具之间的曼 - 惠特尼 U 检验的 p 值。根据表 5，我们发现 TortoiseFuzz 对 75%（9/12）的目标程序的覆盖率比 AFL 高。就统计学意义而言，12 个程序中有 3 个程序的覆盖率存在统计学差异，而 TortoiseFuzz 在这 3 种情况下都有较高的平均值。因此，覆盖率审计并不影响模糊测试过程中的代码覆盖率。

表5

被测程序	灰盒模糊测试工具					混合模糊测试工具	
	TortoiseFuzz	AFL	AFLFast	FairFuzz	MOPT	Angora	QSYM
exiv2	19.77%	16.65%	15.00%	20.02%	19.53%	**23.65%**	22.23%
new_exiv2	19.83%	14.71%	11.67%	19.44%	15.86%	8.29%	**21.40%**
exiv2_9.17	19.16%	15.41%	13.27%	18.37%	20.53%	8.03%	**23.38%**
gpac	3.92%	3.86%	3.31%	4.64%	3.47%	**7.07%**	5.63%
liblouis	29.44%	26.65%	29.53%	28.30%	29.47%	23.41%	**31.42%**
libming	21.00%	20.85%	21.01%	21.08%	21.05%	19.66%	**21.10%**
libtiff	39.00%	41.62%	36.27%	40.09%	38.42%	37.75%	**42.77%**
nasm	30.64%	29.83%	30.71%	31.98%	**33.27%**	27.70%	32.22%
ngiflib	76.13%	76.40%	76.31%	75.67%	76.15%	75.59%	**76.52%**
flvmeta	**12.16%**	12.10%	12.10%	**12.16%**	12.13%	12.05%	12.10%
tcpreplay	20.17%	17.89%	**21.34%**	18.20%	11.71%	—	17.61%
catdoc	48.12%	49.98%	39.90%	49.98%	29.74%	47.10%	**62.80%**

表6

被测程序	AFL	AFLFast	FairFuzz	MOPT	Angora	QSYM
exiv2	6.23E-01	7.04E-01	1.40E-01	2.25E-01	1.80E-04	1.79E-04
new_exiv2	2.30E-02	1.65E-03	2.40E-01	1.31E-03	1.57E-04	1.30E-01
exiv2_9.17	6.23E-01	3.62E-01	2.56E-01	4.56E-03	1.71E-04	1.78E-04
gpac	4.48E-01	1.72E-01	2.89E-01	9.54E-02	1.75E-04	2.76E-04
liblouis	2.75E-04	6.15E-01	3.23E-01	5.69E-01	1.54E-04	2.03E-04
libming	1.68E-01	3.68E-01	4.41E-04	1.37E-02	5.94E-04	1.59E-05
libtiff	7.61E-01	2.49E-02	7.90E-01	9.90E-02	1.10E-01	1.83E-01
nasm	1.01E-01	6.21E-01	8.50E-01	1.63E-03	2.07E-03	5.61E-03
ngiflib	4.39E-01	5.18E-01	9.32E-01	1.43E-01	2.13E-01	2.60E-01
flvmeta	5.02E-03	5.02E-03	1.00E+00	2.04E-01	1.35E-03	5.02E-03
tcpreplay	9.29E-02	4.24E-01	4.02E-01	2.02E-02	—	6.75E-01
catdoc	2.18E-01	6.56E-01	9.67E-02	7.46E-02	1.55E-02	1.19E-04

将 TortoiseFuzz 与其他模糊测试工具进行比较，我们发现尽管 TortoiseFuzz 并不以高覆盖率为目标，但其性能在所有模糊测试工具中是相当的。大多数结果在 TortoiseFuzz 与 AFL、AFLFast 和 FairFuzz 之间没有统计学意义。在 TortoiseFuzz 和 MOPT 之间，TortoiseFuzz 在 3 个案例中的统计学表现更好，而 MOPT 在两个案例中的统计学意义上表现更好。在大多数情况下，TortoiseFuzz 的覆盖率结果在统计学意义上高于 Angora，但是不如 QSYM 的结果好。

此外，我们研究了每个测试模糊测试工具和目标程序的代码覆盖率的变化，如图 3 和表 7 所示。

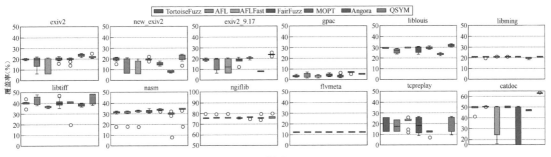

图 3

表7

被测工具	灰盒模糊测试工具					混合模糊测试工具	
	TortoiseFuzz	AFL	AFLFast	FairFuzz	MOPT	Angora	QSYM
exiv2	7.61E-06	3.18E-03	4.47E-03	2.71E-04	4.00E-04	6.52E-05	1.08E-04
new_exiv2	3.29E-04	4.11E-03	3.53E-03	1.16E-04	1.71E-04	2.27E-05	9.88E-04
exiv2_9.17	3.20E-05	3.32E-03	4.10E-03	4.99E-04	6.90E-05	3.61E-06	8.00E-05
gpac	5.58E-05	3.51E-04	5.15E-05	1.18E-04	1.43E-04	2.78E-05	3.21E-06
liblouis	1.10E-05	3.55E-04	3.01E-06	8.41E-04	6.52E-05	9.53E-05	1.10E-04
libming	7.70E-34	1.51E-05	9.00E-08	1.60E-07	2.50E-07	3.60E-05	7.70E-34
libtiff	7.72E-04	1.63E-03	2.94E-05	1.10E-03	4.02E-03	1.50E-04	1.86E-03
nasm	1.90E-03	1.70E-03	1.93E-03	1.12E-04	2.28E-05	4.31E-03	2.32E-03
ngiflib	2.13E-04	1.96E-04	1.96E-04	3.38E-05	2.21E-05	1.35E-04	1.83E-04
flvmeta	2.40E-07	0.00E+00	0.00E+00	2.40E-07	2.10E-07	2.50E-07	0.00E+00
tcpreplay	3.65E-03	2.68E-03	2.31E-03	4.74E-03	4.98E-04	—	4.21E-03
catdoc	1.32E-03	3.60E-07	2.41E-02	5.22E-05	2.75E-02	0.00E+00	4.00E-07

我们从图中观察到，TortoiseFuzz 在大多数测试案例中的代码覆盖率表现稳定：在 12 个测试程序中，有 11 个程序的四分位数范围低于 2%。

（3）性能表现。鉴于 TortoiseFuzz 与 QSYM 的结果相当，我们将 TortoiseFuzz 的资源性能与混合模糊测试工具 QSYM 的资源性能进行比较。对于 10 次重复实验中的每一次，我们每隔 5 秒就记录一次 QSYM 和 TortoiseFuzz 的内存使用情况，我们在图 4 中显示了每个模糊测试工具和每个目标程序的内存使用情况。图中显示 TortoiseFuzz 花费的内存资源比 QSYM 少，这反映了混合模糊测试工具需要更多的资源来执行重度分析，如污点分析、符号执行等。

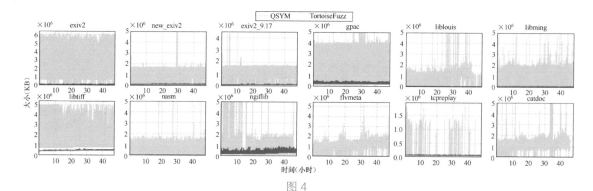

图 4

（4）样例研究。为了更好地理解 TortoiseFuzz 能够找到 0day 漏洞的内部原因，我们进行了一个案例研究，以展示 TortoiseFuzz 与其他模糊测试程序（如 AFL）的模糊测试过程差异。图 5 显示了 TortoiseFuzz 和 AFL 发现 CVE-2018-16335 的模糊过程。图中 Seed ID 表示每个模糊测试工具生成的测试输入的 ID。图中的线条显示了随着模糊测试循环产生的种子的演变。TortoiseFuzz 中的节点标签显示导致种子被优先处理的指标。

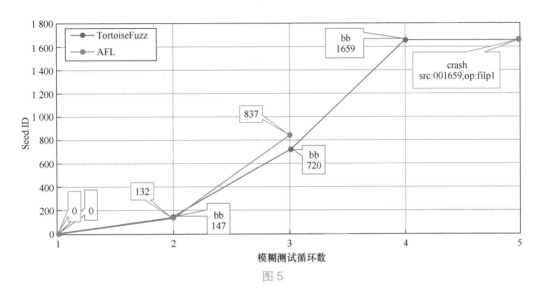

图 5

根据图 5，我们发现 TortoiseFuzz 和 AFL 在 TortoiseFuzz 的第二轮模糊测试位置出现了偏差。AFL 标记了其他种子优先于种子 147，因为种子 147 是内存密集型的，其执行时间较长。然而，我们认为内存操作是一个覆盖率审计指标，因此 TortoiseFuzz 优先考虑了该种子。结果，种子 147 不断进化，最终成为触发漏洞的输入。这个案例表明，内存操作虽然花费了较长的执行时间，但有助于产生触发内存破坏错误的输入，因此应该被作为优先级计算的一个指标。

4. 研究问题 3：覆盖率指标对比

回顾一下，我们为覆盖率审计提出了 3 个指标：函数级、代码结构级和基本块级。在本节中，我们评估了每个指标的有效性，并将我们的指标组合与其他覆盖率相关的指标和种子优先的方法进行比较。我们分别对这 3 个指标进行了 140 小时的运行实验，并重复了 10 次，我们基于这些单独运行的结果来呈现实验结论。

（1）对覆盖率审计的 3 个指标的内部比较。在这个实验中，我们研究了每个指标的有效性以及它们各自对整体指标的贡献。我们将 3 个指标分别运行了 140 小时，并重复了 10 次。表 8 显示了每个覆盖率审计指标的代码覆盖率和发现的漏洞数量。在表中，func 代表函数级覆盖率审计，loop 代表代码结构级覆盖率审计，bb 代表基本块级覆盖率审计。在真实世界的程序中运行，func、bb 和 loop 指标分别平均发现 28.2 个、24.6 个和 28.3 个漏洞。进一步分析如图 6 所示，所有指标都发现了一定数量的漏洞，且存在不能被其他指标发现的漏洞。这意味着这 3 个指标相互补充，都是覆盖率审计的必要组成。

表8

被测程序	代码覆盖率			漏洞数量					
	func	bb	loop	平均值			最大值		
				func	bb	loop	func	bb	loop
exiv2	17.39%	14.64%	17.56%	6.0	5.7	6.6	10	8	12
new_exiv2	18.66%	19.20%	19.71%	3.0	0.0	2.5	5	0	5
exiv2_9.17	16.75%	15.70%	14.80%	0.4	0.8	0.3	1	1	1
gpac	3.73%	3.77%	3.77%	4.6	4.2	4.3	6	7	9
liblouis	26.92%	25.64%	24.11%	1.0	0.5	0.7	1	1	2
libming	20.62%	20.72%	20.02%	3.0	3.0	3.0	3	3	3
libtiff	37.37%	38.79%	37.33%	0.0	0.8	0.3	0	2	1
nasm	29.07%	29.48%	28.80%	1.9	2.5	2.3	3	3	3
ngiflib	76.04%	76.04%	76.04%	3.9	3.6	3.8	5	5	5
flvmeta	12.10%	12.10%	12.10%	2.0	2.0	2.0	2	2	2
tcpreplay	17.24%	16.98%	17.56%	0.4	0.0	0.8	1	0	2
catdoc	48.07%	48.04%	47.98%	2.0	1.5	1.7	2	2	3

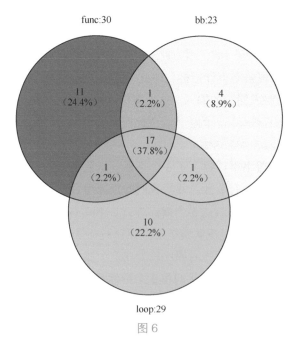

图 6

（2）与其他覆盖率指标的比较。在这个实验中，我们将提出的指标与其他两个用于输入优先级的覆盖率指标进行比较。AFL-Sensitive 提出了 7 个覆盖率指标，如内存访问地址（内存访问感知的分支覆盖率）和 n-gram 基本块覆盖率。我们在论文中报告的相同的测试套件和相等的时间内运行了我们的指标和 AFL-Sensitive 的 7 个覆盖率指标，并对它们在发现的漏洞数量和代码覆盖率方面进行了比较。表 9 和表 10 显示了发现的漏洞数量，以及与覆盖率审计和 AFL-Sensitive 等指标相关的代码覆盖率。

表9

被测程序	漏洞数量											
	TortoiseFuzz				AFL-Sensitive							
	func	bb	loop	ALL	bc	ct	ma	mw	n2	n4	n8	ALL
objdump	0	1	0	1	0	0	0	0	1	1	0	1
readelf	0	0	0	0	0	0	0	0	0	0	0	0
strings	0	0	0	0	0	0	0	0	0	0	0	0
nm	0	1	0	1	0	1	0	1	0	0	1	1
size	1	1	1	1	0	1	0	0	1	1	1	1
file	0	0	0	0	0	0	0	0	0	0	0	0
gzip	0	0	0	0	0	0	0	0	0	0	0	0
tiffset	0	1	1	1	0	0	0	0	0	0	0	0
tiff2pdf	1	0	0	1	0	0	0	0	0	0	0	0
gif2png	3	5	5	5	4	4	5	4	4	4	5	5
info2cap	7	5	10	10	9	7	5	5	10	7	7	10
jhead	0	0	0	0	0	0	0	0	0	0	0	0
SUM	12	14	17	20	13	13	10	10	16	13	14	18

表10

被测程序	代码覆盖率（%）									
	TortoiseFuzz			AFL-Sensitive						
	func	bb	loop	bc	ct	ma	mw	n2	n4	n8
objdump	6.30	9.00	8.50	7.80	5.60	6.00	5.70	7.80	7.90	6.90
readelf	21.50	35.60	37.40	34.70	33.10	25.70	28.90	33.00	33.30	35.00
strings	0.20	0.20	0.20	0.20	0.20	0.20	0.20	0.20	0.20	0.20
nm	4.60	12.20	11.20	10.80	9.50	5.40	5.20	6.30	10.50	9.90

续表

被测程序	代码覆盖率（%）									
	TortoiseFuzz			AFL-Sensitive						
	func	bb	loop	bc	ct	ma	mw	n2	n4	n8
size	5.70	5.70	5.60	6.30	5.40	4.70	4.50	6.10	6.20	5.50
file	34.20	34.50	34.30	22.20	22.90	23.30	23.40	22.80	24.60	22.90
gzip	38.60	37.70	37.70	38.20	38.60	38.90	36.20	38.60	38.60	38.70
tiffset	30.10	30.40	30.50	10.00	10.00	10.50	10.00	10.00	10.00	10.00
tiff2pdf	40.70	40.50	38.70	31.30	33.40	33.10	29.40	30.80	33.40	31.60
gif2png	73.60	73.20	73.20	72.80	72.80	69.10	64.40	72.70	73.40	73.40
info2cap	41.20	40.90	42.10	40.70	41.00	34.30	35.60	41.30	40.70	39.20
jhead	21.00	21.00	21.00	21.00	21.00	21.00	21.00	21.00	21.00	21.00

根据 AFL-Sensitive，如果一个指标在目标程序的相关发现的漏洞或代码覆盖率中达到了所有指标的首位，那么它就应该被包括在内。根据我们的实验，我们看到所有的指标对于覆盖率审计和 AFL-Sensitive 都是必要的。考虑到所有的指标，我们观察到覆盖率审计比 AFL-Sensitive 多报告了几个漏洞。覆盖率审计在代码覆盖率方面也略胜一筹，因为它在 66.7%（8/12）的目标程序中实现了较高的覆盖率，在 16.7%（2/12）的目标程序中实现了较低的覆盖率。结果表明，覆盖率审计在发现的漏洞数量和代码覆盖率方面的表现略好于 AFL-Sensitive，即覆盖率审计的指标比 AFL-Sensitive 的指标更有效。

LEOPARD 提出了一个用于函数级复杂度的函数级种子优先方案。给定一个目标程序，它首先识别程序中潜在的易受攻击的函数，然后为识别的函数计算分数。一个函数的分数是根据代码的复杂性属性来定义的，例如循环结构和数据依赖性。最后，LEOPARD 通过目标程序对每个输入执行的潜在漏洞函数的得分之和来确定输入的优先级。与 TortoiseFuzz 通过基本块级指标来确定输入的优先级相反，LEOPARD 根据函数的级别，特别是需要额外的程序分析预先确定潜在脆弱函数来评估输入的优先级。

由于 LEOPARD 内部集成了代码复杂度和脆弱函数等指标，我们将 TortoiseFuzz 作为代码覆盖率的集成结果与相应的 LEOPARD 模糊测试工具的结果进行比较。由于基于 LEOPARD 模糊测试工具的实现没有开源，我们联系了作者，并从他们那里得到了确定的潜在脆弱函数的计算分数。然后，我们根据他们的设计建议编写了一个模糊测试工具，将计算出的分数部署到模糊测试工具上，并使用 LEOPARD 度量标准运行模糊测试工具。我们把每个实验的总时间保持在 140 小时，并比较了代码覆盖率和 LEOPARD 度量之间发现的漏洞数量，结果如表 11 所示。

表11

被测程序	TortoiseFuzz		LEOPARD	
	平均值	最大值	平均值	最大值
exiv2	9.7	12	6.0	11
new_exiv2	5.0	5	0.0	0
exiv2_9.17	1.0	1	0.7	1
gpac	7.6	9	5.8	8
liblouis	1.2	2	0.0	0
libming	3.0	3	3.0	3
libtiff	1.2	2	0.0	0
nasm	3.0	4	1.9	3
ngiflib	4.7	5	3.7	5
flvmeta	2.0	2	2.0	2
tcpreplay	1.2	2	0.0	0
catdoc	2.1	3	2.0	2
SUM	41.7	50	25.1	35
曼-惠特尼U检验的 p 值			0.000 170 7	

　　我们观察到，TortoiseFuzz 从 83%（10/12）的应用程序中平均发现了比 LEOPARD 更多的漏洞，从其他 2 个应用程序中发现的漏洞数量相等。p 值为 0.0001707，表明 TortoiseFuzz 的漏洞挖掘能力在统计学意义上优于 LEOPARD。因此，在识别真实世界应用程序的漏洞方面，基本块级的覆盖率审计指标比函数级的 LEOPARD 指标表现更好。

5. 研究问题 4：通过覆盖率审计提升其他模糊测试工具的能力

　　作为一个种子优先方案，覆盖率审计能够与其他类型的模糊测试（如输入生成）合作。在这个实验中，我们研究的问题是，覆盖率审计作为其他模糊测试工具的补充，是否有助于提高漏洞挖掘的有效性。回顾一下，在我们的实验中，QSYM 是表现最好的模糊测试工具，它发现了 9 个被 TortoiseFuzz 遗漏的漏洞。因此，我们选择了 QSYM，并比较了 QSYM 在有覆盖率审计和无覆盖率审计下的漏洞发现数量。

　　在这个实验中，我们将 QSYM 与其他 4 种变化进行了比较。QSYM 与函数指标（QSYM+func）、基本块指标（QSYM+bb）、循环指标（QSYM+loop）以及全覆盖审计指标（QSYM+CA）。我们对所有工具进行了 140 小时的运行，并将每个实验重复了 5 次。表 12 显示了每个模糊测试工具发现的漏洞的数量。

表 12

被测程序	漏洞数量									
	QSYM（+AFL）		QSYM+func		QSYM+bb		QSYM+loop		QSYM+CA	
	平均值	最大值	平均值	最大值	平均值	最大值	平均值	最大值	平均值	最大值
exiv2	8.2	10	11.2	12	8.4	11	10.6	13	13.0	15
new_exiv2	7.4	9	5.5	8	3.8	8	5.0	8	7.8	9
exiv2_9.17	2.0	2	1.5	2	1.5	2	1.8	3	1.8	3
gpac	6.0	8	7.0	10	8.4	10	7.6	9	9.2	11
liblouis	2.0	3	2.6	3	2.8	3	2.4	3	3.0	3
libming	3.0	3	3.0	3	3.0	3	3.0	3	3.0	3
libtiff	0.8	1	0.4	1	0.6	1	0.8	1	0.8	1
nasm	2.2	3	2.6	3	2.8	3	2.8	4	3.2	4
ngiflib	4.2	5	5.0	5	5.0	5	4.8	5	5.0	5
flvmeta	2.0	2	2.0	2	2.0	2	2.0	2	2.0	2
tcpreplay	0.0	0	0.0	0	0.4	1	0.6	1	0.6	1
catdoc	2.0	2	2.0	2	2.0	2	2.0	2	2.0	2
SUM	39.8	48	43.6	51	41.4	51	44.0	54	51.2	59
曼-惠特尼U检验的 p 值	0.247 705 9		0.524 518 3		0.138 791 7		0.011 925 2			

我们发现，所有的指标都有助于提高 QSYM 的漏洞发现率。特别是，具有全覆盖审计（QSYM+CA）的 QSYM 能够平均多发现 28.6% 的漏洞。这表明，覆盖率审计能够与其他模糊测试工具合作，并显著提高其他工具的漏洞发现能力。

6. 研究问题 5：模糊测试对抗技术测试

最近的工作表明，目前的模糊测试技术很容易受到反模糊测试技术的影响。例如，Fuzzification 提出了 3 种方法来阻碍灰盒模糊测试工具和混合模糊测试工具。Fuzzification 有效地将 AFL 和 QSYM 在真实程序中发现的路径数量减少了 70.3%。

因为 Fuzzification 是针对 binary 实现的，为了测试覆盖率审计对模糊测试的鲁棒性，我们开发了 TortoiseFuzz-Bin，这是 TortoiseFuzz 的一个针对 binary 的版本，用于测试基于 AFL QEMU 模式和 IDA Pro 的二进制程序。我们从 Fuzzification 得到了 4 个用 3 种模糊测试对抗技术编译的二进制文件。在我们的实验中，我们按照 Fuzzification 的设置运行了 TortoiseFuzz-Bin 72 小时。我们根据 Fuzzification 的作者的建议选择了初始种子。我们还使用了 Fuzzification 的方法来获得所发现的路径的数量。此外，我们还测量了 TortoiseFuzz-Bin 和 AFL 的代码覆盖率。

表 13 和表 14 显示了经过 72 小时的模糊测试后，发现的路径数量和每个测试案例的代码覆盖率。

表 13

被测程序	发现路径数							
	TortoiseFuzz-Bin						AFL-Qemu	
	func	func-	bb	bb-	loop	loop-	afl	afl-
nm	4 626	3 120（−32.5%）	5 449	4 040（−25.8%）	5 490	3 888（−29.1%）	5 043	2 884（**−42.8%**）
objcopy	9 518	7 942（−16.5%）	9 823	7 837（−20.2%）	9 869	7 417（−24.8%）	10 165	6 005（**−40.9%**）
objdump	11 353	10 951（−3.5%）	10 618	10 508（−1.0%）	11 272	10 448（−7.3%）	11 569	10 688（**−7.6%**）
readelf	8 761	6 737（−23.1%）	8 673	6 378（−26.4%）	9 075	6 560（−27.7%）	9 863	5 006（**−49.2%**）

表 14

被测程序	代码覆盖率							
	TortoiseFuzz-Bin						AFL-Qemu	
	func	func-	bb	bb-	loop	loop-	afl	afl-
nm	5.2%	4.0%（−1.2%）	5.2%	4.8%（−0.4%）	5.3%	4.5%（−0.8%）	5.3%	3.9%（**−1.4%**）
objcopy	8.2%	7.5%（−0.7%）	8.3%	7.4%（−0.9%）	8.5%	7.0（−1.5%）	8.8%	6.2%（**−2.6%**）
objdump	7.5%	7.3%（−0.2%）	7.3%	7.3%（−0.0%）	7.5%	7.5%（−0.0%）	7.8%	7.4%（**−0.4%**）
readelf	18.9%	15.8%（−3.1%）	18.4%	15.7%（−2.7%）	18.7%	15.50（−3.2%）	20.5%	12.6%（**−7.9%**）

根据这些表格，我们发现 AFL 在覆盖率方面的下降幅度远远大于所有的指标。此外，我们对发现的路径数量进行了统计，如图 7 所示。其中，每个程序在编译时都有 8 种设置：func、bb、loop、afl（无保护）、func-、bb-、loop-、afl-（有 Fuzzification 的所有保护措施）。

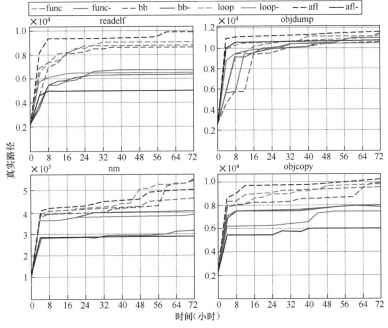

图 7

图中显示，自实验开始 4 小时后，覆盖率审计指标的表现一直优于 AFL，这表明覆盖率审计在一段时间内比 AFL 更稳定。

↘ 七、讨论

1. 覆盖率审计指标

TortoiseFuzz 通过覆盖率和安全影响的组合来改进种子优先方法。其中，安全影响表现为 3 种不同粒度上的内存操作，即函数级、代码结构级和基本块级。这些是来自 HOTracer 论文的启发式方法。我们认为我们的工作是第一次调查如何定量地审计覆盖率的情况，并把该信息用于模糊测试。一个可能的方向是考虑更多的启发式规则或应用机器学习来识别能够有助于模糊测试的特征。

2. 安全敏感阈值

当前，我们采用了保守的方法设定了安全敏感的阈值，即如果安全敏感的覆盖率审计指标大于 0，就认为对应的边是安全敏感的。理想情况下，该阈值的设定应该和目标程序相关。未来我们考虑通过静态分析或动态调整实现阈值更合理的设定。

3. LAVA-M 测试集和真实程序测试集

在我们的实验中，我们观察到 LAVA-M 测试集合真实程序测试集存在两方面的区别。第一是 LAVA-M 测试集中的程序包含更多的魔数问题，对于针对魔数改进的工具更有利。另一个是 LAVA-M 测试集程序的复杂度和真实程序相比仍有不足。因此我们选择了真实程序测试集。在未来可以通过更系统地研究在 LAVA-M 测试集上和真实程序测试集上的异同，构建更具有代表性的模糊测试标准集。

4. 漏洞数量的统计学意义

在我们的实验中，我们对 TortoiseFuzz 和其他工具对比的结果分目标程序进行了统计学计算，包括漏洞数量和覆盖率。然而漏洞是很稀疏的，很难通过单一程序的表现说明一个模糊测试的漏洞挖掘能力。例如对于 flvmeta 程序，所有的程序都发现了 2 个漏洞，并不能得到有效的结论。因此我们针对所有目标程序上发现的漏洞数量总和进行了统计学计算。这也表明了我们需要一个更好的测试集，对不同的模糊测试工具进行漏洞发现能力的区分。

↘ 八、总结

在这篇论文中，我们提出了 TortoiseFuzz，应用了覆盖率审计这样一个新的种子优先方法。我们基于的基本思想是，内存破坏漏洞涉及的内存操作行为体现了不同操作的安全敏感性，这些内存操作可以表示为不同层面的信息并指导模糊测试发现内存破坏漏洞。我们设计了实验来验证我们的方法，构建了 30 个真实程序组成的测试集，并和 6 个模糊测试工具进行了对比，包括漏洞发现数量、覆盖率和资源消耗。我们显著地优于 5 个工具，和 QSYM 在漏洞数量上相当，但消耗更少的内存资源。同时我们验证了覆盖率审计的方法能够抵御模糊测试对抗技术的影响，并能够和其他模糊测试工具结合，提高其他模糊测试工具的漏洞发现能力。我们利用 TortoiseFuzz 共发现了 20 个新漏洞，并得到了 15 个 CVE 确认。

作者简介

王衍豪，博士，蔚来汽车信息安全专家。他的主要研究领域为程序脆弱性分析、嵌入式设备安全、APT 检测。

贾相堃，博士，中国科学院软件研究所副研究员。他的主要研究领域为系统安全、程序分析、漏洞挖掘与分析。

刘昱玮，中国科学院软件研究所在读博士研究生。他的主要研究领域为漏洞挖掘、分析和利用。

EcoFuzz: 通过基于对抗式多臂老虎机的变异式模型而建模的自适应能量节约型模糊测试技术

乐　泰

本文根据论文原文 "EcoFuzz: Adaptive energy-saving greybox fuzzing as a variant of the adversarial multi-armed bandit" 整理撰写，原文发表于 USENIX Security 2020。作者在完成原文工作时，为国防科技大学在读博士研究生。本文较原文有所删改，详细内容可参考原文。

一、介绍

模糊测试是一种高效挖掘软件漏洞的自动化软件测试技术，于 1989 年被 Miller 等人率先提出。自此之后，模糊测试技术得到了快速的发展。其中，覆盖率引导的灰盒模糊测试技术（CGF）作为一种十分有效的漏洞挖掘技术，得到了诸多研究者的青睐。CGF 通过插桩技术来获取程序运行时路径覆盖率信息，并通过遗传算法来挑选出优质的种子进行测试。

American Fuzzy Lop（简称 AFL）是一款非常流行和经典的 CGF。作为一款针对文件型应用的模糊测试器，AFL 已经发现了相当多的高危漏洞。然而，当使用 AFL 对真实世界程序进行测试时，AFL 仍然存在一些不足。主要问题在于，AFL 产生的大量测试用例会执行一些高频路径，从而造成了大量能量的浪费（这里，我们定义能量为对种子进行变异而产生并执行的测试用例的数量）。特别是到了模糊测试后期，这些执行高频路径的种子已经很难产生执行新路径的测试用例。然而，AFL 现有的调度算法却不能对种子分配适当的能量值。一个典型场景就是 AFL 在这些执行高频路径的种子上分配了太多的能量。这些问题充分反映了 AFL 调度算法的性能不足。更重要的是，AFL 的调度算法并非是建立在一个科学的理论模型之上。

对此，研究人员提出了一些方法用于提升 CGF 调度算法的效率。AFLFast 通过马尔可夫链进行建模，用转移概率来描述对种子进行变异产生执行其他路径的测试用例的概率。之后，AFLFast 实施了一种单调递增型的能量调度算法来分配能量。这使得其分配的能量值可以快速地接近发现一条新路径所需要的最小能量。然而，AFLFast 并不能在模糊测试过程中灵活调整能量分配的策略，进而增加了发现新路径的平均能量成本。此外，尽管 AFLFast 提出了转移概率并根据此确定了分配能量的方法，AFLFast 却没有对转移概率进行进一步的详细分析，而且从一条已知路径到未知路径的转移概率是无法计算的。在这种情况下，挑选下一个种子并分配能量是博弈论中经典的"探索与利用"之间的权衡问题，而不是简单的概率问题。

本文提出了一种基于对抗式多臂老虎机的变异式模型（VAMAB）来对 CGF 的调度过程进行建模。我们的模型将种子看作老虎机，提出了获胜概率的概念用于描述种子变异产生执行新路径的测试用例的能力，并借此解释了 CGF 调度过程中探索与利用之间的权衡。与 AFLFast 所提出的单纯从概率论角度出发的马尔可夫链模型不同，我们的模型从博弈论的角度出发对 CGF 的调度过程进行解释，这也更加有助于理解调度过程中的挑战。根据 VAMAB 模型，我们提出了一种基于平均成本的自适应能量调度算法（AAPS）以及一种基于自转移频率的种子获胜概率评估方法（SPEM），并基于此在 AFL 基础上设计了一款自适应能量节约型灰盒模糊测试器——EcoFuzz。与 AFL 和 AFLFast 的调度算法相比，EcoFuzz 实现了一种自适应能量调度机制，可以有效减少能量的浪费，在有限的执行次数内最大化路径覆盖率。本文对 EcoFuzz 在 14 个真实世界的软件上进行了测试，并与 6 个 AFL 类模糊测试器（包括 AFLFast、FairFuzz 和 MOPT 等）进行了比较，对 EcoFuzz 探索路径、节约能量、漏洞挖掘的能力进行了评估，并对能量调度和搜索策略算法的效率进行了细致全面的评估。实验结果表明，与 AFL、FidgetyAFL、AFLFast.new 相比，EcoFuzz 能够分别在减少 32%、35%、35% 的测试用例情况下达到 214%、110%、98% 的路径覆盖率，有效地降低了平均成本。此外，EcoFuzz 的能量利用率和有效挑选频率要远远高于 FidgetyAFL 和 AFLFast.new。EcoFuzz 还在多个开源软件中发现了 13 个未知漏洞，其中 2 个已经申请到了 CVE 编号。我们已经将 EcoFuzz 在 GitHub 上发布。

↘ 二、背景

1. AFL

AFL 是由谷歌研究人员 Michal Zalewski 于 2014 年公布的一款面向文件类型的基于变异的灰盒模糊测试器。AFL 以快速高效轻便著称，已经在诸多软件中发现了上百个漏洞，受到了诸多研究人员的关注与喜爱。AFL 主要以覆盖率进行引导，通过轻量级的插桩技术来捕捉程序运行时的基本块信息，从而得到测试用例所执行的程序路径，并通过遗传算法来发现可能会覆盖新的代码路径的测试用例。AFL 的效率主要受如下因素影响。

（1）种子的搜索策略。AFL 在运行时维护一个种子队列，按照种子在队列中的顺序依次循环挑选种子进行测试。为了提高测试效率，当有新种子加入队列时，AFL 将执行速度快、字节长度短的新种子标记为"favored"。在测试种子时，AFL 会优先测试被标记为"favored"的种子。这样的挑选策略使得 AFL 会在第一轮遍历种子队列时偏向于测试执行速度快的种子，以在初始阶段加快测试速度，提高测试效率。

（2）变异策略及能量调度算法。AFL 实施两种类型的变异策略：确定性变异策略和随机性变异策略。确定性策略主要包含比特级和字节级的翻转、算术加减、插入等操作。AFL 在实施每一个确定性策略时，会依次遍历种子的每个比特或字节并实施策略。因此，当种子确定时，确定性策略所实施的变异次数是确定的，只与种子长度相关，所变异产生的测试用例集合也是唯一确定的。

在实施确定性策略之后，AFL 会实施随机性策略，包括 havoc 和 splice。在实施 havoc 时，AFL 会随机选择变异策略并组合，通过随机数程序在随机位置实施这些变异策略，如此算作一次随机性策略的实施。splice 策略与 havoc 策略类似，不同的是，splice 策略先从种子队列中随机挑选出两个不同的种子，拼接产生一个新的种子，之后对新的种子执行多次 havoc 策略。如此，经过一次随机性策略的变异，AFL 很可能会产生一个与种子相差很大的测试用例。随机性策略的执行次数则是由 AFL 根据种子的执行速度、长度等信息计算得出，一般来说，AFL 会给执行速度快、长度短的种子分配更多的能量。特别地，一旦在随机性策略实施时，种子产生的测试用例执行了新的路径，本轮分配给该种子的能量便会翻倍。

总的来说，AFL 执行速度快、可扩展性强、适用性广，适合在其之上进行性能优化，因此 AFL 受到了诸多研究人员的青睐。然而，AFL 在测试效率方面也存在一定的局限性。AFL 无法在能量分配过程中动态地自适应地调整策略，往往会对一些种子分配的能量高于种子发现新路径所需的最小能量，造成了大量能量浪费。此外，AFL 的搜索策略效率比较低，导致 AFL 需要花费更多的轮数来挑选到有价值的种子。此外，在通常情况下，相较于随机性策略，AFL 确定性策略的效率比较低。

2. 基于马尔可夫链的覆盖率引导的灰盒模糊测试技术

Böhme 等人提出了用马尔可夫链对覆盖率引导的灰盒模糊测试进行建模的马尔可夫模型，并提出了 CGF 中的转移概率这一重要概念。

给定种子集合 T，S^+ 为已经发现的路径，即 T 中种子所经历的路径，S^- 为未被发现的路径。马尔可夫链状态空间 S 被定义为所有路径的集合，即 S 满足：

$$S = S^+ \cup S^-$$

特别地，对于路径 $i \in S^+$，转移概率 p_{ij} 被定义为由路径 i 所对应的种子 t_i 变异产生出执行路径 j 的测试用例的概率，其中 $t_i \in T$。

基于此模型，Böhme 等人提出，一个更高效的 CGF 应当能够以较少的能量去发现那些尚未探索出的状态。由此，定义 $E[X_{ij}]$ 为种子 t_i 产生发现新路径 j 的测试用例的最小能量期望。为了探索路径 j，高效的 CGF 应该能够挑选出 $E[X_{ij}]$ 最小的种子 t_i 进行测试，并分配能量值为 $E[X_{ij}]$。特别地，Böhme 等人推导出：

$$E[X_{ij}] = \frac{1}{p_{ij}}$$

然而，当测试真实程序时，精确计算从现有种子发现一条新路径的转移概率是不可能的。

因此，通过精确计算转移概率来挑选下一个种子并分配能量的方法是不可行的。Böhme 等人设计了单调递增型的能量调度方式，即在最初挑选种子 t_i 时赋予较低的能量值，此后每次挑选到 t_i 时，逐步增加分配的能量值，使得分配的能量值能逐步向 $E\left[X_{ij}\right]$ 逼近，以此来减少能量开销，加快种子队列迭代速度，提高测试效率。在此基础上，Böhme 等人设计并发布了 AFLFast。AFLFast 建议将队列中被选择次数最少的种子和执行的路径频率最低的种子标记为下一个 favored 的种子进行优先选择。然而，这种搜索策略的效率取决于所有种子的信息。如果有一个种子队列 Q，其中一些来自 Q 的种子已经被模糊，而另一些则没有，那么对于没有被模糊的种子，我们获取到的信息很少。因此，为了更好地选择下一个执行路径概率最小的种子 t_i，需要对没有被模糊的种子进行测试来获取信息，这是一个经典的"探索与利用"之间的权衡问题。

3. 多臂老虎机

多臂老虎机问题也称为 MAB 问题，是博弈论、组合学习、强化学习等领域中的一种常见问题。它的背景是玩家需要在 N 个老虎机中进行有限次尝试，每次尝试一个老虎机会有一定概率获得收益，玩家对于每个老虎机获得收益的概率和期望并不了解，需要在有限次数获得最大收益。

图 1 为 MAB 问题的说明图，其中，灰色的部分代表已经被尝试过的老虎机。在图 1 中，有 N 个老虎机，将它们依次进行编号。对这些老虎机，玩家每次会挑选且只能挑选一个老虎机进行尝试，对于任意老虎机 i，它在玩家进行第 t 次挑选时的状态为 $x_i(t)$，此时它所对应的获得收益的概率为 $R_i(x_i(t))$。玩家的目标是需要在 m 次尝试中获得最大收益。特别地，当任意老虎机 i 获得收益的概率始终不变，即 $R_i(x_i(t))$ 始终不变时，此时的 MAB 问题被称为经典的 MAB 问题。

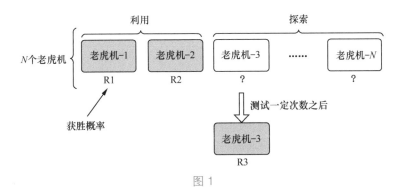

图 1

对经典的 MAB 问题来说，玩家所面临的最大困难是玩家事先并不知晓每个老虎机获得收益的概率 $R_i(x_i(t))$，因此无法直接挑选出获得收益概率最高的老虎机，只能通过在不断尝试中获得更多关于每个老虎机的信息，进而通过频率估算概率的方式来评估每个老虎机获得收益的概率，从中挑选出所评估的收益概率最高的老虎机进行反复尝试。一般来说，玩家对于某个老虎机 i 尝试的次数越多，他所能得到的老虎机 i 获得收益的频率就越接近于其真实概率 $R_i(x_i(t))$，这个过程称之为探索。如果玩家已经通过尝试评估了一些老虎机获得收益的概率，为了最大化收益，玩家可能会从中挑选玩家所评估的获得收益概率最高的老虎机进行尝试，这个过程称之为利用。

MAB 问题的核心就是要处理探索和利用之间的博弈平衡。由于尝试的次数是有限的，如果玩家分配过多的次数在探索过程中，虽然会获得更多更准确的关于老虎机收益概率的信息，但也会使得分配过多尝试次数在低收益的老虎机上，使得总的收益降低；反之，如果玩家分配过多的次数在利用过程中，可能会使得玩家对于老虎机收益概率的信息掌握不全面、不准确，仅仅局限在掌握部分老虎机上，只关注获得信息中的最优解，没有对整体的信息进行探索，导致玩家可能会错过收益概率更高的老虎机，也限制了总的收益。因此，解决 MAB 问题需要根据现有信息调整好探索和利用之间的博弈平衡。

注意，在经典 MAB 问题中，我们假设每个老虎机的状态是与试验次数无关的，即它们获得收益的概率是恒定的，且老虎机的数量是恒定的。然而在实际中，随着问题条件的变化，往往会出现一些经典 MAB 问题的变体，例如对抗式多臂老虎机 AMAB 问题。

AMAB 问题与经典的 MAB 问题不同，AMAB 问题中所假定的老虎机在不同时刻的状态是可变的，即它们获得收益的概率是可变的。特别地，常见的 AMAB 问题中，每个老虎机的获胜概率是会随着获取收益次数的增加而减少的。而这一点也恰恰与灰盒模糊测试类似，随着测试时间的增长，每个种子发现新路径的可能性也越来越小。因此，本文考虑在 AMAB 问题的基础上对 CGF 的调度问题进行建模。

↘ 三、VAMAB 模型

1. 通过 VAMAB 模型建模的 CGF

对于基于覆盖率引导的灰盒模糊测试技术，本文考虑将每个种子看作多臂老虎机问题中的一个老虎机，变异产生执行新路径的测试用例看作获得收益。我们注意到，当获得收益时，AFL 会发现一条新路径，因此，对应的测试用例会加入种子队列，种子队列中种子的数目会增加，此时对应的老虎机的数目也会增加。因此，在 AMAB 问题的基础上，本文提出了基于 AMAB 的变异式模型 VAMAB 模型。

在正式介绍模型之前，本文先对一些假设与定义进行陈述与明确。本文规定，AFL 对一个种子变异产生测试用例的个数记为测试次数，AFL 挑选到一个种子并进行测试的轮数记为测试轮数。对于正在使用 AFL 进行测试的目标程序 A，我们做如下假设。

假设 1：假定程序 A 中的路径与崩溃的数量是有限的，分别记作 n_p 和 n_c。

假设 1 使得本文只需要在有限状态空间内对问题进行研究。

假设 2：程序 A 的执行结果仅仅取决于当前输入，而与状态无关。换言之，对于同一输入，它所执行的程序路径始终是不变的。

假设 2 使得种子执行的路径不会发生变化，进而使得种子与种子之间的转移概率不会发生变化。

我们同样进行了一些定义。

定义 1：程序 A 中的所有路径所在的集合为 $N=\{1,2,\cdots,n_p\}$，与之对应的种子集合表示为 $T=\{t_1,t_2,\cdots,t_{n_p}\}$。

定义 2：我们参考转移概率这一概念，定义转移概率 p_{ij} 为对种子 i 进行变异产生执行路径 j 的测试用例的概率，同时定义 $E\left[X_{ij}\right]$ 为种子 t_i 产生发现路径 j 的测试用例的最小能量期望，根据 Böhme 等人的结论，可以得出：

$$E\left[X_{ij}\right]=\frac{1}{p_{ij}}$$

定义 3：类似地，我们定义转移频率 f_{ij} 为对种子 i 进行变异产生执行路径 j 的测试用例的频率。其计算方法为：

$$f_{ij}=\frac{f_i(j)}{s(i)}$$

其中，$s(i)$ 是对种子 t_i 进行测试的总次数，$f_i(j)$ 表示种子 t_i 产生的执行路径 j 的测试用例的总数，满足：

$$s(i)=\sum_{j=1}^{n_p}f_i(j)$$

特别地，我们定义 f_{ii} 为自转移频率。

定义 4：$\forall\,t_i\in T$，种子 t_i 所对应执行的路径为 i，而变异种子 t_i 产生执行其他路径测试用例的概率为 p_{i*}。根据转移概率的定义，我们有：

$$p_{i*}=1-p_{ii}=\sum_{j=1}^{n_p}p_{ij}-p_{ii}=\sum_{j=1,j\neq i}^{n_p}p_{ij}$$

根据以上假设和定义，假设现在种子队列里有 n 个种子，构成种子集合 T_n，其中已经被 AFL 测试过的种子所在的集合表示为 T_n^+，未被测试过的种子所在的集合为 T_n^-，此时的总测试次数为 m。

对于覆盖率引导的灰盒模糊测试，由于测试时的目标之一是达到最高的覆盖率，因此 VAMAB 模型的目标是在有限的测试次数内达到最大的路径数。注意，本文的 VAMAB 模型并未以崩溃和 bug 作为模型目标，正如 Woo 等人所指出，以崩溃和 bug 作为目标，可能会使得测试器在利用阶段聚焦于同一种子，而如此产生的崩溃可能是重复的，对于提升覆盖率和发现更多漏洞并没有帮助。因此，VAMAB 模型以发现新路径作为衡量是否产生收益的唯一条件，模型的目标也就设定为最大化路径覆盖率。

为此，VAMAB 模型将种子队列中的每个种子视作 AMAB 问题中的一个老虎机，每次对种子进行变异产生并执行一个测试用例看作对对应的老虎机进行一次尝试。

由此，当已经进行了 m 次测试后，$\forall\, t_i \in T_n$，我们将下次测试获得收益（产生发现新的路径的测试用例）记为：

$$R_i(m+1, T_n) = 1$$

结合转移概率的定义，容易得到在下次对 t_i 进行尝试时获得收益的概率为：

$$P(R_i(m+1, T_n) = 1) = \sum_{j=n+1}^{n_p} p_{ij} = 1 - \sum_{j=1}^{n} p_{ij} \tag{1}$$

在本文中，该概率被定义为获胜概率（reward probability），从公式（1）可以得出：

- 获胜概率仅仅与种子 t_i 和已发现的路径集合 T_n 有关，而与试验次数 m 无关，因此，获胜概率可以被简化表示为 $P_{R_{i,n}}$；
- 随着已经被发现路径数量 n 的增加，未被发现路径的数量（$n_p - n$）在减少，由此，每个种子的获胜概率都在降低，对于这一现象，本文定义为概率衰减。

根据上述推导，很容易得出，每个种子获得收益的概率分布不是不变的，更具体来说是单调递减的。这也印证了本文以 AMAB 问题而不是经典的 MAB 问题作为基础对问题进行建模的科学性。然而，VAMAB 模型如图 2 所示，与传统的 AMAB 问题不同，在覆盖率引导的灰盒模糊测试中，一旦种子发现了新的路径，所对应的测试用例就会加入种子队列，因此，种子的数目也会发生变化，对应到 AMAB 问题中，就是老虎机的数目会随着收益的获取而增长。基于这些差异，本文将此模型定义为基于对抗式多臂老虎机的变异式模型（A Variant of Adversarial Multi-Armed Bandits）。与经典的 MAB 问题不同，直到覆盖程序 A 的所有路径之前，VAMAB 模型中的老虎机数量总会随着收益的增加而增加，因此，玩家总是需要在探索和利用之间进行权衡。

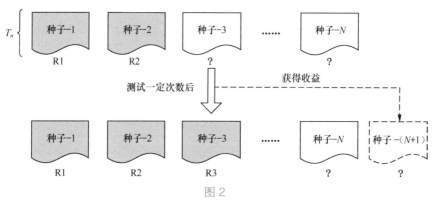

图 2

2.　VAMAB 模型中探索与利用之间的平衡

对于种子集合 T_n，假设我们可以通过对种子 t_i 进行一定次数的试验就可以推出它的获胜概率，根据 T_n^+ 的定义，容易得到 T_n^+ 中种子的获胜概率，为了在短期内获得更多的收益，最佳选择是挑选 T_n^+ 中获胜概率最高的种子进行测试，这个过程被称为"利用"。从长期角度考虑，对 T_n^- 内未被测试过的种子进行测试有助于获得比 T_n^+ 中获胜概率更高的种子，这个过程被称为"探索"。

因此，根据种子集合 T_n 的测试程度，VAMAB 模型将 T_n 的状态分为 3 种，即初始状态、探索状态和利用状态。种子集合的 3 种状态及其相应的转移关系如图 3 所示。

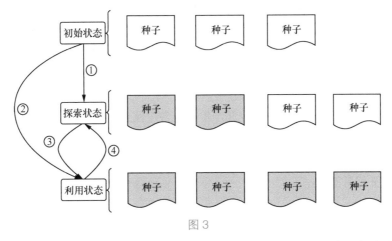

图 3

（1）初始状态：初始状态是模糊测试的第一阶段，在该阶段中，种子集合中仅有预先提供的初始种子，且所有种子都尚未被测试。在开始对种子进行测试之后，初始状态会转换为探索或利用状态，如图 3 中的曲线 1 和曲线 2 所示。

（2）探索状态：当 T_n 中只有部分种子被测试过时，种子集合所在状态为探索状态，为了长期收益，应将能量分配给尚未被测试的种子以评估其获胜概率，如果获得收益，T_n 将变为 T_{n+1}，直到种子集合中所有种子均被测试过之后，种子集合便由探索状态转换为利用状态，如图 3 中的曲线 3 所示。

（3）利用状态：当 T_n 中所有的种子均被测试过之后，种子集合处于利用状态。在这个阶段，由于已经对每个种子进行了一些测试、获取了部分获胜概率的信息，可以根据信息挑选出认为获胜概率最高的种子，以在最少次数内获得收益。一旦获得收益，新的未被测试的种子就会被加入队列中，T_n 变为 T_{n+1}，种子集合由利用状态变为探索状态，如图 3 中的曲线 4 所示。

根据对种子集合状态的划分可以得出结论：在不同的状态应当实行不同的策略，以最大化收益。过于聚焦于利用或探索的单一模式会使得在长期测试时的效率有所降低。在我们认知范围内，由于目前学术界还很少有对于 VAMAB 模型的研究，也尚未有针对此问题的较好的解决方法。因此，本文考虑通过对每个种子分配适当的能量进行探索，再根据获胜概率评估方法从中挑选出获胜概率较高的种子以进行利用的整体思路，来对覆盖率引导的灰盒模糊测试技术的调度算法进行优化。

3. VAMAB 模型中的一些挑战

尽管我们通过 VAMAB 模型对覆盖率引导的灰盒模糊测试技术进行了建模，并从优化各个阶段的调度算法提出了对 AFL 的优化方向，但是这其中仍然存在一些挑战与问题。

（1）获胜概率的不可计算性。在之前的介绍中，本文假设通过对种子 t_i 进行一定次数的试验可以计算出它的获胜概率，进而在利用阶段时挑选获胜概率高的种子进行测试。然而，实际上，尽管对种子进行多次试验，但仍无法准确计算出路径与路径之间的转移概率，进而导致无法精确计算种子的获胜概率。特别是对于诸如 AFL 之类的技术，它们只能提供有关已知路径的少量信息，如执行次数、执行速度等，无法提供更精确的诸如路径覆盖的基本块地址等信息。因此，在计算获胜概率时无法根据 AFL 现有的程序分析技术来精确计算出转移概率。

此外，尽管可以根据种子变异次数和产生执行各个路径的测试用例的数量来获取路径与路径之间的转移频率，尝试用频率估算概率的方法对获胜概率进行估计，然而，此信息仅限于已经发现的路径，即对于种子集合 T_n，最多只能通过 f_{ij} 估算出 p_i，其中 i、j 满足 $1 \leqslant i$，$j \leqslant n$。结合定义容易得出：

$$P_{R_{i,n}} \approx 1 - \sum_{j=1}^{n} f_{ij} = 1 - \sum_{j=1}^{n} \frac{f_i(j)}{s(i)} = 0$$

而根据公式（1），若通过频率估算概率的方式来对获胜概率 $P_{R_{i,n}}$ 进行计算，则会估计出获胜概率为 0。而对于转移概率 p_{ij}，当 $j > n$，由于 j 属于尚未被发现的路径，没有关于路径 j 的信息，因此，无法估计出 p_{ij}。综上可知，在以 AFL 为代表的灰盒模糊测试技术中，获胜概率的计算具备不可计算性，因此，本文需要从新的角度出发对获胜概率进行估算。

（2）现有能量分配方法尚不适用于 VAMAB 模型。目前，研究人员还尚未提出许多对于 AMAB 问题的有效解法，Auer 等人提出了 Exp3 算法，用于解决 AMAB 问题，然而，该算法基于老虎机数目有限且不变的假设，对于 VAMAB 模型并不适用。因此，现在还尚无好的方法解决在 VAMAB 模型中探索与利用阶段的测试次数分配问题。如何为每个种子分配适当的能量以平衡好探索与利用之间的权衡，在有限次数内最大化收益成了挑战之一。在探索阶段，若是对从未被测试过的种子分配过多的能量可能会造成大量的能量浪费，而分配过少的能量又会导致无法获取足够的关于该种子的信息，使得在利用阶段无法较精确地估计出种子的获胜概率；在利用阶段，对挑选的种子分配过多能量也可能导致在获得收益后造成部分能量浪费，若分配能量过少又导致无法发现新路径。而 AFL 本身的单一化能量调度策略无法满足在不同阶段灵活地对同一种子进行不同类型的能量分配。因此，本文需要针对 VAMAB 模型的特点，设计出能动态适应不同状态的能量分配算法。

↘ 四、EcoFuzz 设计及其实现

在 VAMAB 模型的基础上，本文设计了一款自适应能量节约型灰盒模糊测试器——EcoFuzz。我们将介绍 EcoFuzz 的主要框架及算法，并详细介绍 EcoFuzz 的种子搜索策略和能量调度算法。

1. EcoFuzz 主要框架

EcoFuzz 总体架构如图 4 所示。

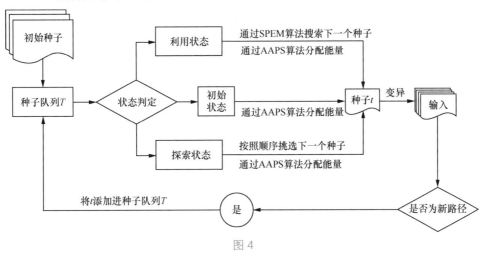

图 4

由于建立在 AFL 基础之上，EcoFuzz 沿用了许多 AFL 的机制，如路径反馈机制、崩溃过滤机制、编译时插桩技术、字典模式等。除此之外，本文在 EcoFuzz 上实现了基于平均成本的自适应能量调度算法（AAPS）和基于自转移频率的种子获胜概率评估方法（SPEM），分别用于能量分配和搜索种子，并引入了状态判定机制用于对种子集合进行判定。EcoFuzz 还添加了静态分析模块，用于在测试前对部分程序中的 Magic bytes 进行提取，制作成字典。特别地，由于确定性策略阶段的能量值由种子长度决定，EcoFuzz 不实施确定性策略，只实施随机性策略，以灵活地进行能量分配，并且 EcoFuzz 去除了 AFL 原有的在随机性策略中一旦发现新路径便将能量值加倍的机制。EcoFuzz 主要算法如算法 1 所示。

EcoFuzz 运行时有 3 种状态。

（1）初始状态。在初始状态，EcoFuzz 选择第一个种子，并按照设定的最小值分配能量给它，之后，EcoFuzz 转入了探索状态或利用状态。

（2）探索状态。在探索状态，EcoFuzz 按照在种子队列中的顺序对未被测试过的种子依次进行挑选测试，并按照 AAPS 算法进行能量分配。在这个阶段，EcoFuzz 不会跳过未被标记为 favored 的种子。直到种子队列中的所有种子全部被测试完毕，EcoFuzz 转入利用状态。

（3）利用状态。在利用状态，EcoFuzz 根据 SPEM 方法对种子的获胜概率进行评估，并

从中挑选出具有较高获胜概率的种子进行测试。每个种子只会被挑选一次，挑选完后标记为已挑选，一旦所有种子均在此阶段被挑选过，且仍未发现新路径，则会重置所有种子的状态，重新进行挑选。当发现新路径时，所有种子的状态进行重置，EcoFuzz 转入探索状态。

算法 1　EcoFuzz 算法

要求：初始化种子集合 S

  $total\_fuzz = 0$

  $rate = 1$

  $Q = S$

  repeat

    $queued\_path = |Q|$

    $average\_cost = \text{CalculateCost}(total\_fuzz, queued\_path)$

    $state = \text{StateDetermine}(Q)$

    if $state == \text{Exploitation}$ **then**

      $s = \text{ChooseNextBySPEM}(Q)$

    else

      $s = \text{ChooseNext}(Q)$

    end if

    $Energy = \text{AssignEnergy}(s, state, rate, average\_cost)$

    for i from 1 to $Energy$ **do**

      $t = \text{Mutate}(s, \text{Indeterministic})$

      $total\_fuzz \mathrel{+}= 1$

      $res = \text{Execute}(t)$

      if $res == \text{CRASH}$ or $\text{IsInteresting}(res)$ **then**

        $regret = i/Energy$

        $s.last\_found \mathrel{+}= 1$

        if $\text{IsInteresting}(res)$ **then**

          add t to Q

        else

          add t to T_c

        end if

      end if

    end for

    $rate = \text{UpdateRate}(regret, rate)$

    $s.last\_energy = Energy$

  until timeout reached or abort-signal

Ensure：T_c

---

2. 基于自转移频率的种子获胜概率评估方法

本文重点对获胜概率进行了介绍，并结合获胜概率，提出了优化调度策略的总体思路。然而，本文也指出，依托现有的信息很难精确解出种子的获胜概率，并对此进行了论证。鉴于此，本文考虑放低对获胜概率的求解要求，即不专注于求解获胜概率的精确值。根据本文的优化思路，在利用阶段，基于覆盖率引导的灰盒模糊测试技术需要挑选出获胜概率高的种子进行测试以最大化收益。因此，只需要评估出种子获胜概率之间的大小关系，即可辅助模糊测试器进行挑选。

根据公式（1）和定义 4，容易得出获胜概率的一种计算方式为：

$$P_{R_{i,n}} = p_{i*} - \sum_{j=1, j \neq i}^{n} p_{ij}$$

其中，$i \in \{1, 2, \cdots, n\}$。由于当 i 选定时，p_{ii} 确定，p_{i*} 为一个常量，不会随着 T_n 的变化而变化，而 $\sum_{j=1, j \neq i}^{n} p_{ij}$ 仅仅依赖于 T_n。因此，本文考虑通过 $(1-f_{ii})$ 来对 p_{i*} 进行近似估计。而对于 $\sum_{j=1, j \neq i}^{n} p_{ij}$，若同样考虑用频率估算概率的方法进行估计，则会导致 $p_{R_{i,n}}$ 的估算值为 0。注意，本文介绍了概率衰减的现象，从计算方法的角度考虑，概率衰减与 $\sum_{j=1, j \neq i}^{n} p_{ij}$ 的增长有关。为此，本文尝试用新的方法对概率衰减进行描述，进而对 $\sum_{j=1, j \neq i}^{n} p_{ij}$ 进行评估。根据实验观察，越早加入种子队列的种子，其发现新路径的能力越差，即其从评估数值上来看，其概率衰减越严重。因此，本文考虑使用种子在队列中的指数来对概率衰减给出描述，进而得到基于自转移频率的种子获胜概率评估方法：

$$P_{R_{i,n}} \approx 1 - \frac{f_{ii}}{\sqrt{i}} \tag{2}$$

根据公式（2），本文提出的 SPEM 算法在利用阶段挑选种子时，会偏向于挑选最新发现的和自转移频率很低的种子，其中，种子的自转移频率很低表明其满足较复杂的路径约束，在变异中很可能破坏原有结构，进而产生执行其他路径的测试用例；最新发现的种子则往往是因为其本身所对应路径的执行概率很低。SPEM 算法从理论上来说是比较合理的。然而，由于 SPEM 算法仅仅是用来比较不同种子之间的获胜概率大小关系。因此，在分配能量时，无法结合定义 2 中的 $E[X_{ij}]$ 来计算能发现新路径的最低能量。为此，本文提出了基于平均成本的自适应能量调度算法。

3. 基于平均成本的自适应能量调度算法

相比 AFL 的单一化和过剩化能量分配方式，本文期望设计出的能量调度算法能满足经济性和灵活性这两个优点，特别是在探索状态中。

为此，本文对使用 AFL 进行模糊测试的经典过程进行了研究，经典模糊测试过程中路径覆盖率随执行次数变化的关系如图 5 所示。

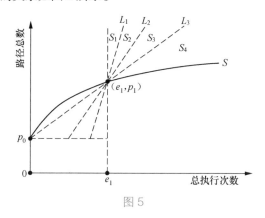

图 5

曲线 s 代表路径数量 p 与总的测试用例执行次数 e 之间的关系 $p(e)$。从图 5 可以看出，曲线 s 逐渐平缓，这意味着 $p(e)$ 的导数随着总的测试用例执行次数的增长而减小，即随着时间的推移，AFL 发现新路径的效率会越来越低，这也与目前的大部分实际情况相符合。特别地，点（0，p_0）表示初始状态，点（e_1，p_1）表示 AFL 执行 e_1 次测试用例时发现了（p_1-p_0）条路径。根据此，本文定义了平均成本这一概念：

$$C(p_1, e_1, p_0) = \frac{e_1}{p_1 - p_0}$$

平均成本 $C(p_1, e_1, p_0)$ 代表在初始种子个数为 p_0、当前种子个数为 p_1、总执行次数为 e_1 的情况下，发现一条路径所需要的平均执行次数。从图 5 中也可以看出，$C(p_1, e_1, p_0)$ 等于直线 L_3 斜率的倒数。注意，平均成本一般随着总执行次数的增长而增长，因此，点（e_2，p_1+1）会有很大概率出现在图 5 中的 S_4 区域中。然而，如果 AFL 能在当前平均成本内发现一条新路径，则点（e_2，p_1+1）会出现在区域 $S_1 \cup S_2 \cup S_3$ 中。

根据此，本文考虑使用平均成本 C 作为能量分配的基准，并基于此设计了基于平均成本的自适应能量调度算法，如算法 2 所示。

在探索状态，AAPS 算法对每个种子分配的能量不超过分配时的平均成本，并对执行高频路径的种子分配较少的能量。这里是通过 CalculateCoefficient 函数来实现。具体来说，我们计算执行每条路径的测试用例的总数量 s.exec_num 和平均成本 average_cost 之间的比值 r。当 $0 < r \leqslant 0.5$、$0.5 < r \leqslant 1$ 和 $1 < r$ 时，对应的系数 k 分别为 1、0.5 和 0.25，与直线 L_3、L_2 和 L_1 所对应。而在利用阶段，AAPS 算法以单调递增的方式对种子进行能量分配，以迅速接近其发现新路径所需的能量值。

对于自适应机制，本文考虑使用传统 MAB 问题解决方法中的重要概念——regret 来建立上下文敏感的自适应能量分配机制。通过对每次能量分配的数量及发现路径所用掉的能量数量进行追踪，建立了能量利用率的评估标准。根据对之前能量利用率的评估，AAPS 算法能在下次能量分配时进行调整。例如，当能量利用率过低时，即每次分配了太多的能量给种子，AAPS 就会在下次分配时进行动态调整，减少能量的分配。特别地，为了避免在利用状态下浪费太多的能量，我们设置能量分配的最大上限值为 M，$M=16 \times$ average_cost。

算法2　AAPS算法

要求：s, $state$, $rate$, $average\_cost$

　$Energy = 0$

　if $state$ == Exploration **then**

　　　k = CalculateCoefficient($s.exec\_num$, $average\_cost$)

　　　$Energy = average\_cost \times k \times rate$

　else if $state$ == Exploitation **then**

　　　if $s.last\_found > 0$ **then**

　　　　　$Energy$ = Min($s.last\_energy$, M) $\times rate$

　　　else　　　·

　　　　　$Energy$ = Min($s.last\_energy \times 2$, M) $\times rate$

　　　end if

　else

　　　$Energy$ = $1024 \times rate$

　end if

Ensure: $Energy$

五、实验评估

1. 实验设置

（1）被测程序。本文挑选 14 个开源软件用于评估 EcoFuzz 路径探索与能量节约的能力，包括 GNU Binutils、libpng 等一些常见的开源软件和库，其中截至测试时间，有 13 个开源软件使用了最新发布的版本。实验被测程序、设置及其类型如表 1 所示。

表1

被测程序	版本	格式
nm-C @@	Binutils-2.32	elf
objdump-d @@	Binutils-2.32	elf
readelf-a @@	Binutils-2.32	elf
size @@	Binutils-2.32	elf
c++filt @@	Binutils-2.32	elf
djpeg @@	libjpeg-turbo-1.5.3	jpeg
xmllint @@	libxml2-2.9.9	xml
gif2png @@	gif2png-2.5.13	gif
readpng @@	libpng-1.6.37	png

续表

被测程序	版本	格式
tcpdump-nr @@	tcpdump-4.9.2	pcap
infotocap @@	ncurses-6.1	text
jhead @@	jhead-3.03	jpeg
magick convert @@/dev/null	ImageMagick-7.0.8-65	png
bsdtar-xf @@/dev/null	libarchive-3.4.0	tar

（2）基准线。本文将 EcoFuzz 和其他 6 个 AFL 系列的模糊测试器进行比较，包括 AFL、FidgetyAFL、AFLFast、AFLFast.new、FairFuzz、MOPT-AFL。这些工作都是目前领域内比较先进的工作。正如一些研究中指出，FidgetyAFL 和 AFLFast.new 分别是 AFL 与 AFLFast 效率最高的版本，而 FairFuzz、MOPT-AFL 也是目前从变异策略角度对 AFL 进行优化且经过实验证明有效的工作。考虑到 AFLFast 和 MOPT-AFL 有多种模式，本文在 fast 模式下运行 AFLFast、AFLFast.new，这种模式也已经经过实验证明，是 AFLFast 和 AFLFast.new 最快的模式。对于 MOPT-AFL，本文加入运行参数 "–L 30" 来开启 MOPT 调度算法。

（3）实验平台及设置。根据 Klees 等人提出的指导方法，所有实验均占用单个 CPU 核心，运行时长为 24 小时，并且重复 5 次以减少随机性对实验带来的影响。考虑到 AFL 系列工具支持字典模式，但部分所测试的目标类型缺少内置字典，因此，所有实验测试均不使用字典模式。对每个目标提供的初始种子有且仅有一个，均为 AFL 提供的种子。对于 PNG 格式，由于提供的初始种子多于一个，本文选用 AFL 提供的 not_kitty.png 作为种子。实验所用机器配置为 40 个 CPU 核心（2.8 GHz Intel R Xeon R E5-2680 v2）、64GB 的 RAM，搭载了 64 位 Ubuntu 16.04 的服务器版本操作系统。

2. 关于路径探索和能量节约方面的评估

（1）评估指标。本文选取路径覆盖率、测试用例执行总数以及平均成本作为实验评估指标。选取三者作为评估指标的原因主要是考虑到 VAMAB 模型的设计。VAMAB 模型设定的目标是在较少的测试次数内最大化发现路径的数量，因此，我们期望 EcoFuzz 能够以最少的测试次数达到与其他工具相同或更高的覆盖率，即最小的平均成本。

（2）路径覆盖率及测试用例执行总数。对于各个被测程序，图 6 给出了 5 次实验中的平均路径覆盖率和平均执行次数之间的关系，其中横坐标单位为 10^7 次。根据图 6，EcoFuzz 在 nm、objdump、size、gif2png、readpng、tcpdump、jhead、magick 和 bsdtar 这 9 个测试程序上以最少的测试次数达到了最高的路径覆盖率，比其他 6 个工具表现得都要好。而在剩下的 5 个程序中，EcoFuzz 与 FidgetyAFL、AFLFast.new 的表现很接近，三者达到的路径覆盖率都很接近，但都高于 FairFuzz、MOPT-AFL 等其他工具，也印证了随机性策略比确定性策略在路径探索方面更高效。除了 readelf 和 djpeg，在其他 3 个程序上，当测试次数相同时，EcoFuzz 达到的路径覆盖率最高。

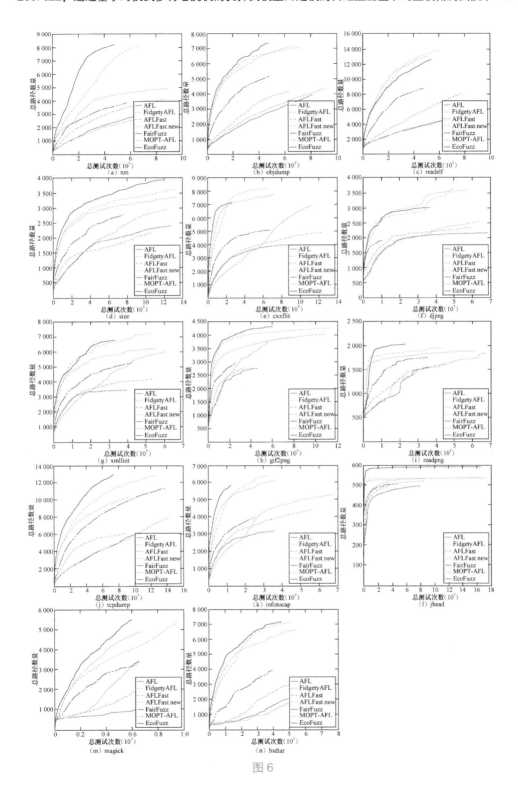

图 6

（3）平均成本。根据之前结果分析，FidgetyAFL、AFLFast.new 和 FairFuzz 的总体表现要优于 AFL、AFLFast 等。因此，本文聚焦于将它们三者与 EcoFuzz 进行比较。表 2 列出了 FidgetyAFL、AFLFast.new、FairFuzz 和 EcoFuzz 在各个测试目标上的平均成本。根据表 2，在 9 个被测程序上，EcoFuzz 探索路径的平均成本要远远低于其他技术，特别是与 FidgetyAFL 和 AFLFast.new 相比。对于被测程序 size、djpeg 和 gif2png，尽管 FairFuzz 在其上的平均成本低于 EcoFuzz，但发现的路径数远远少于 EcoFuzz。根据图 6，相同测试次数下，EcoFuzz 的路径覆盖率仍旧比 FairFuzz 高。而对于 jhead，尽管 EcoFuzz 在平均成本上远高于其他 3 种技术，然而，当测试次数小于 1 000 000 时，EcoFuzz 以最少的执行次数达到了路径覆盖率的峰值，之后，EcoFuzz 产生了大量的测试用例，使得平均成本迅速升高。由此可知，EcoFuzz 的能量节约能力远强于其他技术。

表2

被测程序	FidgetyAFL	AFLFast.new	FairFuzz	EcoFuzz
nm	16 152	7 500	13 222	**5 188**
objdump	9 051	8 626	8 200	**5 724**
readelf	**3 960**	4 335	5 387	4 261
size	25 998	23 698	**17 581**	19 412
cxxfilt	9 381	7 923	13 377	**3 679**
djpeg	16 109	13 572	**5 498**	12 280
xmllint	8 884	7 225	8 120	**4 868**
gif2png	26 844	26 600	**8 769**	13 873
readpng	32 585	22 755	20 253	11 205
tcpdump	8 951	9 755	12 003	**5 688**
infotocap	5 917	5 239	6 436	2 117
jhead	224 575	**59 775**	98 402	278 005
magick	1 367	1 793	1 919	**1 089**
bsdtar	8 204	7 162	9 936	**6 266**

总的来说，根据对路径覆盖率、总测试次数和平均成本进行图像走势分析、数据分析的结果，EcoFuzz 在路径探索、能量节约方面远远强于 AFL、AFLFast、FairFuzz 等其他技术，仅有 AFLFast.new 能在路径探索方面与 EcoFuzz 相近。具体来说，EcoFuzz 在仅有 AFL 测试次数的 68% 的情况下，达到了其 214% 的路径覆盖率，将平均成本降低了 65%。与 FidgetyAFL、AFLFast.new 比较，EcoFuzz 通过 65% 的测试次数就分别达到了 110% 和 98% 的路径覆盖率，降低了 39% 和 33% 的平均成本。这充分证明了，相较于其他 AFL 系列的技

术，本文所提出的能量调度和搜索策略算法能在有限次测试次数的前提下最大化路径覆盖率，达到了 VAMAB 模型的预期目标。

3. 关于搜索策略和能量调度方面的评估

（1）评估指标。本文定义能量利用率 r 来对能量分配算法效率作出评估。通过对每次能量分配的数值及有无发现新路径、发现新路径所使用的能量进行跟踪统计，继而计算出每次能量分配的能量利用率。由于确定性策略的能量分配取决于种子长度，本文仅追踪执行随机性策略时的能量利用率。具体来说，本文将测试器在执行随机性策略 havoc 或 splice 时，对一个种子分配一次能量视作一轮分配，分配的索引指数记为 i，$1 \leqslant i \leqslant N$，相应的能量利用率表示为 r_i。此外，在本轮能量分配中发现的新的路径数量记为 n_i。

基于能量利用率，本文设计了平均能量利用率 $\bar{r}$、有效分配频率 p 指标用于对能量分配算法及搜索策略进行多方面评估。平均能量利用率 $\bar{r}$ 为整个测试过程中能量利用率的平均值，计算表达式为：

$$\bar{r} = \frac{\sum_{i=1}^{N} r_i}{N}$$

有效分配频率 p 是指在所有分配轮数 N 中，发现路径的分配（本文定义为有效分配）轮数所对应的频率，表示为：

$$p = \frac{\left| \{i \mid n_i > 0, 1 \leqslant i \leqslant N\} \right|}{N}$$

根据以上定义的指标，本文选择 EcoFuzz、FidgetyAFL、AFLFast.new、FairFuzz 在 nm 上的 5 次测试中的最佳测试进行追踪统计，并将以上指标通过散点图的形式进行刻画。

（2）评估 AAPS 算法。图 7 依次画出了 FidgetyAFL、AFLFast.new、FairFuzz 和 EcoFuzz 在每轮能量分配时的能量利用率所对应的点的分布情况。散点图上的点越密集，表示发现路径的个数越多，有效分配频率也越高；点所对应的值越靠近 1，表明本轮能量分配的能量利用率越接近 1。

根据图 7 可以看出，在能量分配方面，EcoFuzz 的能量分配效率要高于其他 3 种技术，一是因为 EcoFuzz 所对应的散点图的点的分布更加密集，这表明 EcoFuzz 发现了更多的路径，远远超过 FidgetyAFL 和 FairFuzz；二是因为相较于其他 3 种技术所对应的点的分布，EcoFuzz 对应的点的分布更加接近 1。注意，对于 FidgetyAFL 和 AFLFast.new 的点的分布，大多数点位于能量利用率为 0 到 0.5 的区域里，只有少数点的能量利用率大于 0.5。相比之下，EcoFuzz 的点分布比其他技术更接近 1，大约一半的点集中在能量利用率大于 0.5 的区域中，从而证明 AAPS 算法可以更有效地分配能量。

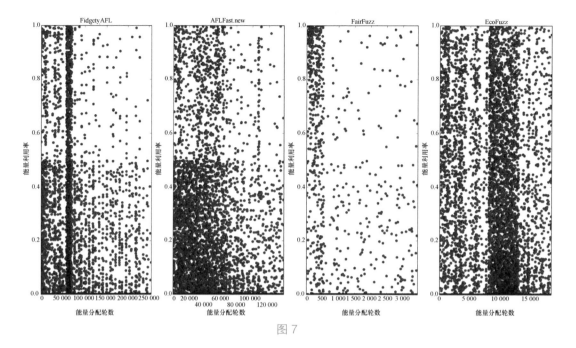

图 7

结合对 AFL 分配能量机制的介绍，对于 AFLFast.new 和 FidgetyAFL 中大多数点所对应的能量利用率低于 0.5 的现象进行深入探究，我们不难发现，这种现象是由 AFL 在执行随机性策略期间一旦发现新路径便将能量值进行翻倍的机制所导致的，FidgetyAFL 和 AFLFast.new 均沿用了这一机制。根据图 7，对于 FidgetyAFL 和 AFLFast.new，大部分点的能量利用率低于 0.5，这表明在大部分情况下，对能量值进行翻倍后，额外分配的能量值内，FidgetyAFL 和 AFLFast.new 并没有发现新的路径，进而造成了大量的能量浪费。相反，AAPS 算法取消了能量加倍机制，并引入了自适应机制，可以根据之前分配能量的效率及时地对下次能量分配进行调整。因此，与其他技术相比，图 7 中 EcoFuzz 对应的点的分布更加均匀，且点所对应的能量利用率更接近 1。

更具体地，表 3 给出了 EcoFuzz 与其他技术对 nm 进行测试时的平均能量利用率、有效分配频率等评估指标的具体数值。

表3

技术	平均利用率	有效分配频率	平均成本
EcoFuzz	**0.121**	**0.290**	**4 314**
FidgetyAFL	0.005	0.013	9 078
AFLFast.new	0.010	0.031	7 046
FairFuzz	0.107	0.204	4 930

　　根据表 3，在各个指标上，EcoFuzz 的表现都明显优于其他技术。在测试中，EcoFuzz 的平均能量利用率和有效分配频率均远远高于 FidgetyAFL 和 AFLFast.new，约为 FidgetyAFL 所对应指标的 20 倍。EcoFuzz 探索路径的平均成本也远低于其他技术。这表明 AAPS 能量分配算法在节约能量、探索路径方面的表现要优于 AFL 与 AFLFast 原有的能量调度算法。

　　此外，本文还应用控制变量法评估了 AAPS 算法中的自适应机制。通过将自适应机制应用于 FidgetyAFL，形成了 FidgetyAFL+Adaptive。本文在 nm 上对 FidgetyAFL 和 FidgetyAFL+Adaptive 进行了与相同配置下的实验比较。图 8 列出了路径覆盖率与时间之间的关系，根据图 8，在相同时间内，FidgetyAFL+Adaptive 在 nm 上达到了比 FidgetyAFL 更高的路径覆盖率。因此，自适应机制能在一些情况下有效地提升能量调度算法的效率。

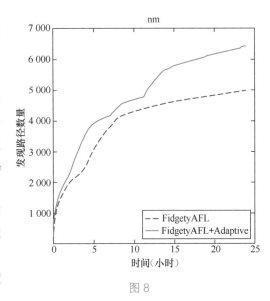

图 8

　　（3）评估 SPEM 搜索策略。从图 7 可以看出，在模糊测试后期，EcoFuzz 所对应的点的分布密度比其他 3 种技术要密集。而在实际过程中，随着时间的推移，EcoFuzz 在后期会更加频繁地转入利用阶段。因此，从图 7 可以定性看出，SPEM 搜索策略比 AFL 原有搜索机制要更加高效。

　　为了定量进行评估，本文追踪了 EcoFuzz 在利用阶段的挑选轮数和有效挑选次数。而对于 FidgetyAFL 等 3 种技术，由于其不存在状态分类，因此，考虑到利用阶段的特点，本文统计 FidgetyAFL 等技术对同一种子的重复挑选次数及有效挑选次数，并计算有效挑选次数与重复挑选次数的比值，表 4 列出了相关实验数据。

表4

技术	有效挑选次数	重复挑选次数	比值
EcoFuzz	**705**	10 174	**0.069**
FidgetyAFL	364	**11 703**	0.031
AFLFast.new	54	2 066	0.026
FairFuzz	0	0	—

　　根据表 4 中数据，EcoFuzz 在利用阶段的有效挑选频率达到 0.069，远高于 FidgetyAFL、AFLFast.new，大约为 FidgetyAFL 的有效挑选频率的 2 倍，AFLFast.new 的有效挑选频率的 3

倍。这说明 EcoFuzz 的 SPEM 搜索策略要更加精准高效。

4. 关于漏洞挖掘能力的评估

在上述的实验中，由于大部分被测试软件所使用的版本为最新版本，而提供的种子过于单一，测试时间也较短。因此，大部分的实验中均没有触发软件崩溃。然而，EcoFuzz 仍然发现了 5 个漏洞。通过 AddressSanitizer 对被测软件进行插桩编译，我们复现漏洞并定位了漏洞地址与类型。其中，在 gif2png 中发现了 2 个漏洞，一个为 gif2png.c 文件中的 writefile 函数中的堆缓冲区溢出漏洞，另一个为 memory.c 文件 xalloc 函数中的内存泄漏漏洞。此外，由于 gif2png 依赖于 libpng，通过对 gif2png 中崩溃进行跟踪，EcoFuzz 同样在 libpng 的 pngmem.c 文件的 png_malloc_warn 函数中发现了一个内存泄漏漏洞。对于 jhead，EcoFuzz 在 jpgqguess.c 文件的 process_DQT 函数中发现了一个堆缓冲区溢出漏洞。对于 tcpdump，EcoFuzz 在 tcpdump.c 的 copy_argv 函数中发现了一个内存泄漏漏洞。相关漏洞已提交给了厂商，一些漏洞得到了确认，其中，libpng 中的内存泄漏漏洞被 CVE 确认为 CVE-2019-17371。为了进一步评估 EcoFuzz 检测漏洞的效率，我们使用软件之前版本的崩溃作为输入来更好地触发最新版本软件的漏洞。

（1）崩溃数量。通过对 GNU Binutils-v2.31 版本进行测试，我们在 nm 和 size 中检测到了一些崩溃，得到了 cplus-dem.c 文件中的 5 个错误，并将触发这些崩溃的输入作为种子，对 GNU Binutils-v2.32 版本的 nm 和 size 进行了测试，并比较了 EcoFuzz 与 AFLFast.new 在 24 小时的测试时间内的表现。经过 24 小时的测试，EcoFuzz 在 nm 和 size 中分别发现了 53 个、63 个不同的崩溃（unique crash）。而 AFLFast.new 则分别发现了 17、76 个不同的崩溃。

（2）漏洞分析。EcoFuzz 在 nm 上发现了比 AFLFast.new 更多的崩溃，而在 size 上发现的崩溃数量则少于 AFLFast.new。对这些崩溃通过 AddressSanitizer 进行复现定位可得，EcoFuzz 和 AFLFast.new 在 nm 所调用的 cp-demangle.c 文件中的 d_expression_1 函数内都发现了同一个漏洞，该漏洞已经在 CVE 上被其他人披露，并被确认为 CVE-2019-9070。而在 size 上，EcoFuzz 发现了两个关于堆缓冲区溢出的 0day 漏洞，分别在调用 bfd_hash_hash 函数和 _bfd_doprnt 函数时触发。尽管 AFLFast.new 在 size 中触发了比 EcoFuzz 更多的崩溃，然而，AFLFast.new 却没有发现这两个漏洞。关于在 GNU Binutils 中发现的所有漏洞都已经被提交给了相应的厂商，其中，_bfd_doprnt 函数中的漏洞得到了 CVE 认证编号 CVE-2019-12972。以上结果表明，EcoFuzz 具有较强的漏洞挖掘能力。

↘ 六、总结

本文提出了基于对抗式多臂老虎机的变异式模型（VAMAB）来对覆盖率引导的灰盒模糊测试技术中的调度过程进行建模。同时引入了获胜概率的概念用来说明每个种子变异产生执行新路径的测试用例的能力，并借此解释了概率衰减的问题。此外，本文将种子集合的状态分为 3 类，并详细解释了不同状态下的挑战与机遇。基于此，本文提出了基于自转移频率的种子获胜概率评估方法（SPEM）和基于平均成本的自适应能量调度算法（AAPS），并实现了自适应能量节约型模糊测试技术——EcoFuzz。EcoFuzz 能够比其他 6 个 AFL 类型的工具在更少的执行次数下达到更高的覆盖率，有效地降低了发现新路径的平均成本。

然而，EcoFuzz 目前的调度算法还存在一些不完善的地方，在以后的工作中，可以考虑通过强化学习等方法来进一步提升我们的工作。

↘ 作者简介

乐泰，国防科技大学计算机学院在读博士研究生。他的主要研究方向为模糊测试技术，研究成果发表于 USENIX Security 等国际会议与期刊。

GreyOne：数据流敏感的模糊测试技术

甘水滔

本文根据论文原文"GreyOne:Data Flow Sensitive Fuzzing."整理撰写，原文发表于 USENIX Security 2020。本文较原文有所删减，详细内容可参考原文。

↘ 一、介绍

为了使模糊测试具备处理程序复杂约束的能力，前人提出了多个相关缓解方案，例如利用符号执行技术辅助模糊测试求解这些复杂度高的约束，代表性工作有 Driller、QSYM 和 DigFuzz，这一类工作通过采用符号执行对相应路径上的所有约束条件集合进行求解，但容易在一些类似单向函数的复杂约束或者复杂循环结构上求解失效。也有工作利用学习的方式去定位重要输入字节或者重要的变异操作，但这种方法很难精准定位和处理复杂的程序结构。相反，数据流分析技术（污点分析）被证实能更有效地指导模糊测试覆盖这些复杂约束，例如 TaintScope 利用动态污点分析技术定位校验和检查分支，有效地辅助模糊测试绕过校验和检查分支；VUzzer 采用动态污点分析追踪 MAGIC 比较分支中的常量字节，可以定位其输入偏移位置，能指导模糊测试快速地覆盖这些 MAGIC 比较分支。Angora 利用动态分析获取每个分支的污点数据，并在这些污点数据上进行变量类型推断和梯度计算。这些工作通过借助传统动态污点分析技术去指导模糊测试定位变异位置和如何变异，并且取得了一定进展。

然而，传统动态污点分析技术具有如下众多限制。

- 针对不同的硬件平台，其指令语义具有巨大的差异，需要分别耗费大量的人力成本为各种指令类型构建污点传播规则，依赖动态污点分析技术的方法很难跨平台使用，例如 VUzzer 只能应用于 x86 平台。另外，在分析过程中，需要利用预定义好的污点传播规则对指令进行逐条解析传播分析，遇到 XOR 或者 AND 操作指令时，容易造成过污染现象。另外，针对程序中那些依赖污点数据的外部库和系统调用，也需要耗费大量人力为这些函数构建相应的污点传播模型，一旦出现未建模的外部库和系统调用指令，就会出现污点传播中断现象，从而引发严重的欠污染现象。

- 程序中会出现严重的隐式控制流，即某个变量的数值变化只依赖分支条件，单条指令级的污点传播规则无法描述这类现象，会不可避免地引发严重的欠污染现象。也有相关工作采用额外的过程间分析技术定位隐式控制流并构建污点传播规则，但会引发严重的过污染。

- 传统动态污点分析速度极慢，比正常执行慢数十倍以上，使其在模糊测试过程中应用严重受限。因此，引出本文中第一个研究目标：设计更轻量级和更精确的污点分析方法以适应高效的模糊测试过程。

有了精准的污点数据后，需要进一步研究如何去构建高效的种子变异策略。在过去的工作中，通过传统动态污点分析技术获取相应的污点信息后，VUzzer 直接用静态分析获取 MAGIC 字节去覆盖相应分支对应的输入偏移。而 REDQUEEN 进一步识别了那些直接复制输入值的约束变量，而且这些变量经常用于 MAGIC 比较分支与校验和检查分支。这些工作无法识别间接复制输入值的分支约束，也不能对分支和字节的重要性进行排序，这都是影响模糊测试快速达到理想代码覆盖率的关键因素。因此，引出本文中第二个研究目标：利用精确污点数据去指导实施高效的模糊测试过程。

目前带进化能力的模糊测试方法专注于提升代码覆盖率，例如 AFL 一旦发现覆盖新边的种子，就立刻加入种子队列，以备后续测试使用。VUzzer、CollAFL-br 通过优化种子选择策略来加速进化过程，然而，这些方法仅考虑控制流特征，缺乏精确的程序数据流特征（污点敏感的约束的一致性分析），无法满足那些复杂度高的约束条件，因此，引出本文的第三个研究目标：利用有价值的数据流特征加速模糊测试的进化过程。

针对以上研究目标，本文构建了一套基于数据流敏感的模糊测试分析解决方案 GreyOne。首先提出了模糊测试驱动的污点推理方法 FTI，该方法在模糊测试阶段构建一个轻量级的污点推理过程，通过对种子进行字节级的变异，结合模糊测试的方式去追踪关键约束变量的数据变化能获取更精准的污点信息。在此基础上，进一步提出了全新的字节优先级排序模型来探索重要的分支、变异字节，以及如何去变异。最后，设计了轻量级的数据流特征来描述约束的可满足性，即污染变量到未覆盖分支条件可满足的预期值的距离，这能高效加速模糊测试的代码覆盖过程。

二、数据流敏感的模糊测试系统 GreyOne 设计

GreyOne 架构设计如图 1 所示，GreyOne 的总体工作流程和 AFL 相似，主要分为种子生成、种子选择、种子变异、测试和状态追踪等步骤。

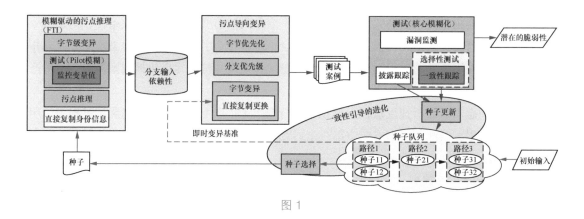

图1

首先，GreyOne 在模糊测试流程中引入了 FTI 环节，用来推理变量的污点信息和各分支的属性。在该环节中，通过对输入种子进行字节级的变异和测试，并且对所覆盖路径的分支变量进行监测，一旦发现变量值产生变化，就把该变异字节推断为该变量的污点数据。另外，该环节还会识别被污染的变量是否直接复制了种子输入（对应研究目标一）。

其次，通过 FTI 获取了污点数据后，GreyOne 会进一步构建高效的变异策略，包括对种子的污点字节和未覆盖分支进行优先排序，另外针对未覆盖分支的属性（直接复制输入值和间接使用输入值），采用相应的变异策略（对应研究目标二）。

最后，设计约束一致性制导的进化模型加速代码覆盖过程，该模型不仅追踪路径覆盖情况，还需要追踪污染分支对应的约束一致性，并且把更高的约束一致性的种子加入种子队列，这样可以在后续的测试中逐步地提升该约束的一致性，从而逼近相应的未覆盖分支。另外，该模型设计了基于一致性的种子选择策略，加速进化过程。在变异的过程中，一旦产生一致性更高但不发生路径改变的种子，会即时更新当前种子，在下一步变异中立即把更高一致性的种子作为变异对象，这样进一步提升了变异效率（对应研究目标三）。

1. FTI：模糊测试驱动的污点推理方法

传统动态污点分析能够帮助模糊测试提升变异效率，提升代码覆盖。然而，传统方式需要耗费大量的人力，运行速度慢，并且存在大量的过污染和欠污染现象，GreyOne 引入一种轻量级和精准的解决方案，即模糊测试驱动的污点推理方法 FTI。FTI 采用最直观的推断方式，即对种子中某个字节变异后进行测试，如果发现种子的路径上的分支变量值发生变化，那么受影响的变量数据依赖于该变异字节。

和传统污点分析相比，FTI 只需很少的人工干预，并且大幅提升了速度性能和精确性，具体如下。

　　□ 工作量。传统污点分析需要对每种指令手写污点传播规则，而且难以同时适应不同平台，对于和输入相关的所有外部库，都需要重写引入污点分析机制。相比之下，FTI 可以避免以上所有的问题。

- 速度。FTI 通过静态插桩监测相应的变量，不像传统污点分析需要对每条指令都进行监测和解析，因此，FTI 能适应更复杂程序。
- 精确性。传统污点分析会面临严重的过污染和欠污染新现象，而 FTI 不会出现过污染现象。事实上，FTI 还能避免隐式控制流或者为建模外部库引入的欠污染现象，但是字节级的变异也有可能因为变异不充分引发特定的欠污染，在这方面 FTI 也会引入相应的处理方案。

2. 污点制导的变异策略

GreyOne 会利用 FTI 推理得到污点数据去构建变异策略，首先对输入的字节进行排序，根据字节排序情况再对未覆盖分支进行排序，最后按次序选择分支进行变异。

（1）字节排序。文献指出，种子中的不同字节对覆盖率的影响具有差异性，可以通过优先变异一些字节，帮助模糊测试更容易达到理想的代码覆盖，该工作把种子字节分为对覆盖率有用和无用两类，但对于有用的字节不再进一步区分。基于此，GreyOne 提出：如果一个字节影响的未覆盖分支越多，那么该字节应该被优先选择变异。可以直观地理解为，如果对一个影响更多未覆盖分支约束的字节进行变异，那么覆盖新边和新行为的可能性越大。

种子输入字节（seed input bytes）、变量（program variables）、分支（branches）之间依赖传播关系。输入种子的每个字节可能影响多个变量，从而影响多个未覆盖分支，如图 2 所示。

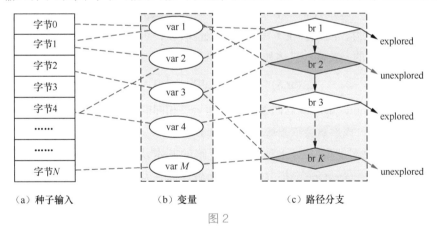

图 2

本文给 FTI 推理得到污点字节定义的权值计算方法如下：

$$W_{\text{byte}}(S, \text{pos}) = \sum_{\text{br} \in \text{Path}(S)} \text{IsUntouched}(\text{br}) * \text{DepOn}(\text{br}, \text{pos}) \tag{1}$$

其中，IsUntouched 函数表示分支 br 是否被覆盖，如果未覆盖，返回 1，否则返回 0。DepOn 函数表示分支 br 是否依赖于第 pos 个输入字节，如果依赖，返回 1，否则返回 0。

（2）分支排序。在图 2 中，程序中一条路径可能包含多个未覆盖分支，从变异的角度考虑，如果一个未覆盖分支 br 受依赖的输入字节影响的未覆盖分支越多，那么变异该分支 br 也会影响越多的未覆盖分支的状态，从而产生更高的代码覆盖，因此，GreyOne 为未覆盖分支定义了以下排序规则，对于任意种子 S，未覆盖分支 br 的权重计算方法如下：

$$W_{\mathrm{br}}(S, \mathrm{pos}) = \sum_{\mathrm{pos} \in S} \mathrm{DepOn}(\mathrm{br}, \mathrm{pos}) * W_{\mathrm{byte}}(S, \mathrm{pos}) \tag{2}$$

3. 一致性制导的进化模型

不同于其他的模糊测试工具，GreyOne 利用数据流特征构建进化模型，专门用来处理高复杂度的间接使用输入的分支。需要特别注意，对于未覆盖分支中的污点变量，通过对它的依赖输入字节进行翻转操作，如果当前变异操作使得污点变量的相关约束两侧变量的距离越来越近，那么在新的约束条件下进行变异操作，更容易满足当前约束。

根据以上观察，GreyOne 提出利用种子的约束一致性控制模糊测试的进化方向，在变异的过程中，实时评估种子的约束一致性，可以识别有效的变异结果，不断地把约束一致性高的种子更新到队列中，而且结合种子选择策略，不断优先选择约束一致性高的种子进行变异，可以大幅加速代码覆盖过程。

（1）一致性计算。约束一致性的评估为了展示输入种子对当前约束的满足程度，而一条路径包含多个基本块和分支约束，因此，为了评估整个测试例的一致性时，需要先计算分支或基本块的一致性。

⌐ 未覆盖分支的一致性评估。由于 GreyOne 计算测试例的一致性是为了评估该测试例产生新代码的能力，因此，在考虑分支一致性时候，可以过滤掉已经覆盖的分支，只计算未覆盖分支的一致性，具体如下：

$$C_{\mathrm{br}}(\mathrm{br}, S) = \mathrm{NumEqualBits}(\mathrm{var}\,1, \mathrm{var}\,2) \tag{3}$$

其中，函数 NumEqualBits 返回参数 var1 和 var2 相同的 bit 位的数量，需要特别注意，对于 switch 分支，该参数会依赖 switch 多个 case 值。

⌐ 基本块的一致性评估。对于种子 S 和所跑的基本块 bb，bb 可能有个未覆盖邻近边（switch 指令），GreyOne 会把 bb 的约束一致性计算为：

$$C_{\mathrm{BB}}(\mathrm{bb}, S) = \max_{\mathrm{br} \in Edge(\mathrm{bb})} \mathrm{IsUntouched}(\mathrm{br}) * C_{\mathrm{br}}(\mathrm{br}, S) \tag{4}$$

即把未覆盖邻近边里一致性最高的看作当前基本块的一致性。

⌐ 测试例的一致性评估。对于所给的测试例 S，其约束一致性可以定义为所跑路径上所有基本块的一致性的累加和：

$$C_{\mathrm{seed}}(S) = \sum_{\mathrm{br} \in Path(S)} C_{\mathrm{BB}}(\mathrm{bb}, S) \tag{5}$$

该定义表示，一个约束一致性更高的种子可能包括以下特征：具有更多的未覆盖邻近边；单个未覆盖分支的约束一致性可能更高。

（2）一致性制导的种子更新。GreyOne 不仅识别覆盖新边的种子，还识别约束一致性更高的种子，需要构建特定的种子队列进行存储和管理。传统的种子队列采取一维链表的存储方式，主要关注路径差异，每个节点存储一条唯一的路径，而 GreyOne 把每个节点扩展为存储多个种子，这些种子跑相同的路径但具有不同的基本块一致性分布，形成一个二维的种子队列，图 3 展示了 GreyOne 的种子更新过程，主要包括 3 种情况：

- 一旦产生覆盖新边的路径，GreyOne 会将该种子直接加入队列，类似于 AFL 的更新操作；
- 一旦产生重复的路径，如果该路径的一致性高于队列中相同路径的一致性，就替换队列中一致性低的路径对应的节点；
- 一旦产生重复的路径，且该路径的一致性和队列相关路径的一致性相等，并且在基本块的一致性分布上不一致时，就直接把种子添加到队列中存储该路径的节点中。

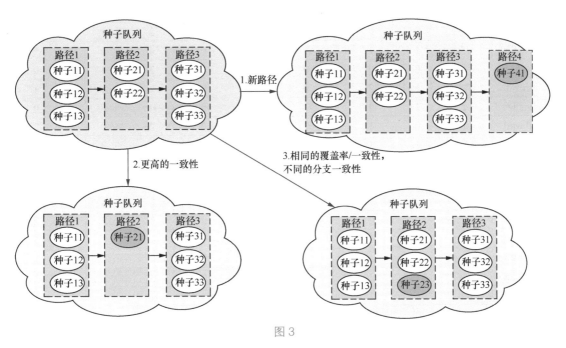

图 3

（3）On-the-fly 变异过程。值得注意，GreyOne 在对当前种子进行变异时，一旦产生跑相同路径但一致性更高的新种子时，不仅把新种子更新到二维队列中，而且会立刻用新种子替换当前种子，这样新种子在后续的变异操作中立刻得到使用，这一操作能有效加快进化过程，可以让 LAVA-M 测试集产生相同 bug 的时间缩短到原来的 1/3。

（4）一致性制导的种子选择。种子选择策略可以加速进化过程，GreyOne 根据上述公式计算出的权值对队列不同路径进行排序，会大概率地选择权重高的路径，在路径节点上，随机地选择节点上不同的种子，这样可以不断选择利于不同未覆盖分支的种子。

↘ 三、评估

1. 模糊测试效率评估

（1）漏洞挖掘能力评估。表 1 展示了针对 19 个实际使用的程序（目前最新版本）进行 60 小时 5 次重复实验在漏洞挖掘数量上的对比结果。

表 1

应用	版本	AFL	CollAFL-br	Honggfuzz	VUzzer	Angora	GreyOne	GreyOne 发现的漏洞		
								未公开漏洞数量	已公开漏洞数量	获得 CVE 编号数量
readelf	2.31	1	1	0	0	3	4	2	2	—
nm	2.31	0	0	0	0	0	2	1	1	*
c++filt	2.31	1	1	1	0	0	4	2	2	*
tiff2pdf	v4.0.9	0	0	0	0	0	2	1	1	0
tiffset	v4.0.9	1	2	0	0	0	2	1	1	1
fig2dev	3.2.7a	1	3	2	0	0	10	8	2	0
libwpd	0.1	0	1	0	0	0	2	2	0	2
ncurses	6.1	1	1	0	0	0	4	2	2	2
nasm	2.14rc15	1	2	2	1	2	12	11	1	8
bison	3.05	0	0	1	0	2	4	2	2	0
cflow	1.5	2	3	1	0	0	8	4	4	0
libsass	3.5-stable	0	0	0	0	0	3	2	1	2
libbson	1.8.0	1	1	1	0	0	2	1	1	1
libsndfile	1.0.28	1	2	2	1	0	2	2	0	1
libconfuse	3.2.2	1	2	0	0	0	3	2	1	1
libwebm	1.0.0.27	1	1	0	0	0	1	1	0	1
libsolv	2.4	0	0	3	2	2	3	3	0	3
libcaca	0.99beta19	2	4	1	0	0	10	8	2	6
libLAS	2.4	1	2	0	0	0	6	6	0	4
libslax	20180901	3	5	0	0	0	10	9	1	*
libsixl	v1.8.2	2	2	2	2	3	6	6	0	6
libxsmm	release-1.10	1	1	2	0	0	5	4	1	3
总计	—	21	34	18	6	12	105 (+209%)	80	25	41

这些对比的工具 AFL、CollAFL、Honggfuzz、VUzzer 和 Angora 分别发现了 21 个、34 个、18 个、6 个和 12 个漏洞，而 GreyOne 发现了 105 个漏洞，而且覆盖了这些工具发现的所有

漏洞，多出了 209%。尤其在 nm，tiff2pdf 和 libsass 这 3 个对象上，只有 GreyOne 能发现漏洞。从对比结果上看，GreyOne 在漏洞挖掘能力大幅度超出了其他工具。表 1 最后三列是对 GreyOne 发现的 105 个未公开漏洞进行进一步甄别后得到的结果，其中由 GreyOne 首次发现的有 80 个，剩余的 25 个经厂商反馈他们已经知道这些漏洞的存在，但正在修补。另外，这 80 个漏洞进一步被 CVE 机构确认，颁发了 41 枚 CVE 编号（如表 2 所示）。

表2

测试对象	获得的CVE编号
libwpd	CVE-2017-14226,CVE-2018-19208
libtiff	CVE-2018-19210
libbson	CVE-2017-14227
libncurses	CVE-2018-19217,CVE-2018-19211
libsass	CVE-2018-19218
libsndfile	CVE-2018-19758
nasm	CVE-2018-19213,CVE-2018-19215,CVE-2018-19216,CVE-2018-20535,CVE-2018-20538,CVE-2018-19755
libwebm	CVE-2018-19212
libconfuse	CVE-2018-19760
libsixel	CVE-2018-19757,CVE-2018-19756,CVE-2018-19762,CVE-2018-19761,CVE-2018-19763
libsolv	CVE-2018-20533,CVE-2018-20534,CVE-2018-20532
libLAS	CVE-2018-20539,CVE-2018-20536,CVE-2018-20537,CVE-2018-20540
libxsmm	CVE-2018-20541,CVE-2018-20542,CVE-2018-20543
libcaca	CVE-2018-20545,CVE-2018-20546,CVE-2018-20547,CVE-2018-20548,CVE-2018-20544

（2）unique crashes 发现能力评估。表 3 展示了 6 个模糊测试工具在 unique crashes 发现数量上的对比，随机挑选了 13 个程序进行统计，经过 5 次重复实验，GreyOne 平均发现了 716 个，单次最多累计 1 447 个，分别超过最强的模糊测试工具 501% 和 631%。从数量上的对比，GreyOne 进一步展示了在脆弱路径覆盖能力上的显著优势。

另外，图 4 展示了 AFL、CollAFL-br、Angora、GreyOne 这 4 个工具。Honggfuzz 和 VUzzer 的效果低于 AFL，为了更清晰的展示效果，考虑追踪对 unique crashes 发现数量的增长趋势，并记录 5 次测试过程。可以发现，所有软件对象上，GreyOne 不仅发现的数量多，而且发现得更快，尤其是 nm 和 tiff2pdf，只有 GreyOne 能发现 crashes。除了 readelf 这个对象，Angora 在开始的 45 小时内能体现出优势，超过 45 小时后，就完全被 GreyOne 超出。

表3

应用	AFL		CollAFL-br		Angora		GreyOne	
	平均值	最大值	平均值	最大值	平均值	最大值	平均值	最大值
tiff2pdf	0	0	0	0	0	0	6	12
libwpd	0	0	1	3	0	0	21	58
fig2dev	8	12	11	20	0	0	40	79
readelf	0	0	0	0	21	27	28	38
nm	0	0	0	0	0	0	16	72
c++filt	18	30	7	32	0	0	268	575
ncurses	7	18	12	23	0	0	28	37
libsndfile	4	13	8	20	0	0	23	33
libbson	0	0	0	0	0	0	6	12
tiffset	22	46	43	49	0	0	83	122
libsass	0	0	0	0	0	0	8	12
cflow	9	47	17	35	0	0	32	185
nasm	5	15	20	42	6	12	157	212
总计	73	181	119	229	27	39	716 (+501%)	1447(+631%)

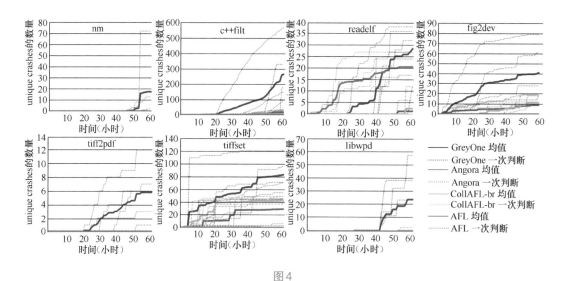

图4

（3）代码覆盖率评估。除了漏洞和脆弱路径数量，代码覆盖能力对于 GreyOne 的评估也是极其重要的。表4展示了各工具在路径覆盖和边覆盖上，进行了5次实验60小时的平均结果对比。可以发现，在所有对象上，和最好的工具相比，GreyOne 都展示了显著的优势。在路径覆盖上，GreyOne 在90%的对象上超过最好的工具25%，最高能达到112%（fig2dev），最低为8%（c++filt），平均达到46%。在边覆盖上，GreyOne 在60%的对象上超过最好的工具 20%，平均超出 25%。

表4

应用	路径覆盖				边覆盖			
	AFL	CollAFL-br	Angora	GreyOne (INC)	AFL	CollAFL-br	Angora	GreyOne (INC)
Tiff2pdf	2 638	3 278	3 344	5 681(+69.9%)	6 261	6 776	6 820	8 250(+20.9%)
Readelf	4 519	4 782	5 212	6 834(+32%)	6 729	6 955	7 395	8 618(+14.5%)
Fig2dev	697	764	105	1 622(+112%)	934	1 754	489	2 460(+40.2%)
Ncurses	1 985	2 241	1 024	2 926(+30.6%)	2 082	2 151	1 736	2 787(+28.2%)
Libwpd	4 113	3 856	1 145	5 644(+37.2%)	5 906	5 839	4 034	7 978(+35.1%)
C++filt	9 791	9 746	1 157	10 523(+8%)	6 387	6 578	3 684	7 101(+8%)
Nasm	7 506	7 354	3 364	9 443(+25.8%)	6 553	6 616	4 766	8 108(+22.5%)
Tiffset	1 373	1 390	1 126	1 757(+26%)	3 856	3 900	3 760	4 361(+11.8%)
Nm	2 605	2 725	2 493	4 342(+59%)	5 387	5 526	5 235	8 482(+53.5%)
Libsndfile	911	848	942	1 185(+25.8%)	2 486	2 392	2 525	2 975(+17.8%)

　　本实验进一步追踪了代码覆盖增长情况。图 5 展示了 AFL、CollAFL-br、Angora、GreyOne 这 4 个工具在路径覆盖上的增长趋势，可以发现，GreyOne 在绝大部分对象的增长趋势上，展示了更强劲和更平稳的增长趋势。另外，在边覆盖上的情况基本和路径覆盖趋势相似，如图 6 所示。

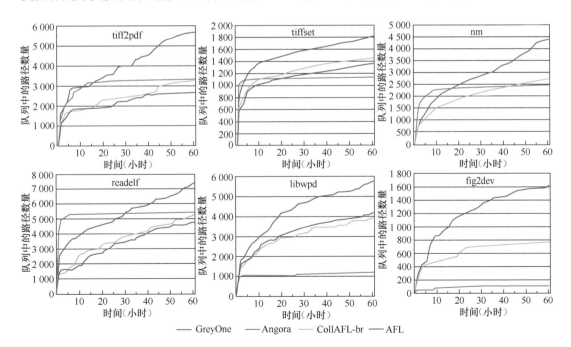

图5

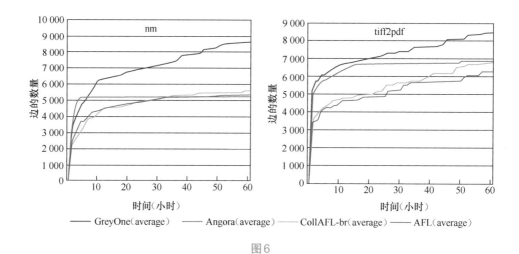

图6

图 7 展示了各个工具在代码覆盖上的随机性，可以发现，GreyOne 最差的单次实验和其他工具最好的单次实验相比仍然会有显著的优势。

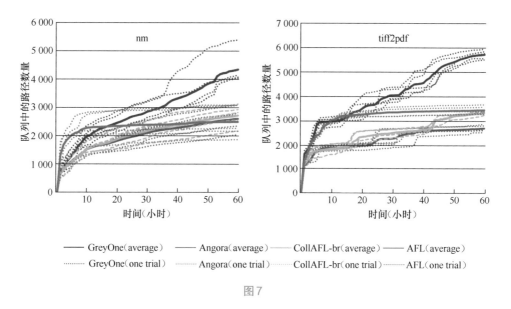

图7

2. 贡献要素分析

接下来，我们主要分别评估 FTI、字节排序、一致性制导的变异策略和可选择执行策略对 GreyOne 的贡献和影响。

（1）FTI 性能评估。FTI 污点推理引擎是 GreyOne 最核心的部件之一，有了准确的污点信息后才能高效地驱动 GreyOne 的变异和种子选择。因此，这部分会对 FTI 污点推理的准确性和分析速度进行评估。

图 8 展示了在 GreyOne 中分别配置只利用 FTI、同时利用 FTI 和 DTA、只利用 DTA 这 3 种污点推理模式下，分别检测到的被污点传播到的未覆盖分支比例。由于 FTI 不会出现过污染问题，因此 FTI 为每个未覆盖分支推断出的污点数据是准确的。

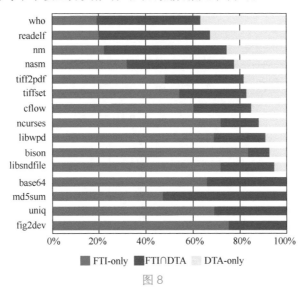

图 8

根据图中的对比情况，可以得到以下结论：

‣ 进一步证实了，DTA 在每个对象中存在由隐式控制流引发的严重欠污染问题，而且会直接对模糊测试产生负面影响（大比例的未覆盖分支无法得到污点信息），图中所有的 FTI-only 所占的比例就是 DTA 漏掉的未覆盖分支的比例；

‣ FTI 具有更少的欠污染问题，图中显示只有小比例的未覆盖分支只能被 DTA 检测到（DTA-only 所占比例），而且由于 DTA 具有过污染的问题，不能排除 DTA-only 所检测到的污点数据被过度污染。

经过对图 8 中所有程序的统计，FTI 比 DTA 检测出的具有输入依赖的未覆盖分支数量多出 1.3 倍，在 fig2dev 等对象上，FTI 比 DTA 多检测出 3 倍输入依赖关系。

（2）不同优化对模糊测试的影响评估。本节分别构造了实验专门针对 GreyOne 以下 4 个关键点进行性能评估。

‣ 污点推理。这个实验主要为了直观地展示 FTI 污点推理引擎对 GreyOne 的代码覆盖能力的影响。实验为 GreyOne 配置了两种污点推理引擎进行比较，一种为默认的 FTI，另一种为 DTA（在 DFsan 的基础上二次开发），图 9 对分别配置 FTI 和 DTA 的 GreyOne 进行对比，可以发现，如果把 FTI 更换为 DTA 时，GreyOne 的路径覆盖率会下降到原来的一半，而且随着测试的进行，下降的幅度增大。从实验的结果可以进一步确定，相比传统动态污点分析系统，FTI 污点推理引擎在模糊测试的应用上具有更明显的优势。

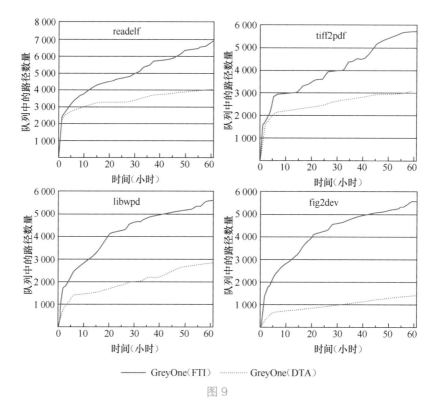

图9

字节排序。这个实验主要用来评估字节排序在模糊测试过程中发挥的作用。实验对默认配置下的 GreyOne 关闭了文中的字节排序功能，这样也自动屏蔽了分支排序过程。该模式下，变异过程直接随机地挑选分支、随机地挑选分支相应的污点字节进行变异。从图 10 可以发现，关闭 GreyOne 字节排序功能后，在 tiff2pdf 对象上，路径覆盖率下降 20% 左右，而且无法检测出 unique crashes；在 libwpd 对象上，路径覆盖率下降18%，而且更难检测出 unique crashes。

一致性制导的进化模型。这个实验主要评估一致性制导的进化算法在模糊测试过程中发挥的作用。实验对默认配置下的 GreyOne 关闭一致性制导的进化过程后，只需要采用一维的队列，并且不需要采用静态插桩对分支进行一致性追踪。通过如图 10 中的测试展示，可以发现，去除一致性制导的进化模型的情况下，tiff2pdf 和 libwpd 的路径覆盖率会下降 30%，另外无法检测默认 GreyOne 能检测到的 unique crashes。

可选择执行。可选择执行的应用主要是对一致性追踪的开销进行优化，对于那些难以产生更高一致性或变动字节较多的变异操作，自动切换到只追踪路径覆盖，为了展示这一优化带来的效果，专门给 GreyOne 额外配置了一直使用一致性追踪模式，从图 11 可以发现，该优化会平均带来 15% 的速度性能提升。

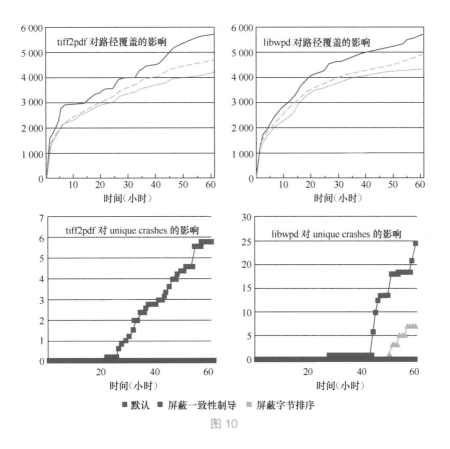

图 10

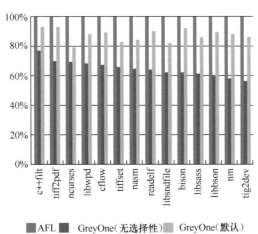

图 11

↘ 总结

本文提出了基于数据流敏感的模糊测试技术，并构建了原型系统 GreyOne，在控制流敏感的基础上引入数据流感知能力，提出在模糊测试环境下，采用字节级变异方式推理变量级的污点信息，并以此驱动模糊测试进行更高效的变异和进化。

通过和 6 个模糊测试工具（AFL、CollAFL-br、Angora、Honggfuzz、VUzzer、CollAFL-br-laf）对比，GreyOne 不论在代码覆盖还是漏洞挖掘能力上，都能体现出绝对的优势，与这些工具中效果最好的工具相比，在路径覆盖率上超出 112%，在边覆盖率上超出 53%，在 unique crashes 发现数量上超出 500%，在漏洞发现数量上超出 209%。经过对 19 个程序的当前最新版本进行 60 小时 5 次重复实验，GreyOne 总共发现了 105 个漏洞，其中 80 个是本文首次暴露，已经获得了 41 个 CVE 编号。这进一步证实了，在控制流敏感的基础上增加数据流敏感能力，能大幅度提升模糊测试的分析能力。

↘ 作者简介

甘水滔，数学工程与先进计算国家重点实验室副研究员，清华大学网络研究院博士后。他的研究方向主要为系统安全，他长期研究各类程序分析技术和漏洞智能化挖掘技术。他过去主持各类课题 10 余项，获得省部级科技成果奖 3 次，发表论文 20 余篇，包括以一作身份发表研究成果于 IEEE S&P、USENIX Security、IEEE TDSC 等网络安全顶级会议和期刊上，构建了 CollAFL、CollAFL-bin、GreyOne 等高效漏洞挖掘系统。他在多种主流应用程序、内核程序上挖掘大量漏洞，获得 CVE 编号超过 160 个。

ProFuzzer：基于运行时类型嗅探的智能模糊测试

游　伟

本文的论文原文"ProFuzzer：On-the-fly Input Type Probing for Better Zero-day Vulnerability Discovery"，原文发表于 IEEE S&P 2019。作者是 Wei You、Xueqiang Wang、Shiqing Ma、Jianjun Huang、Xiangyu Zhang、Xiaofeng Wang、Bin Liang，来自普渡大学、印第安纳大学和中国人民大学。本文较原文有所删减，详细内容可参考原文。

一、背景

模糊测试作为一种有效的漏洞检测技术，被广泛应用于各类软件的安全测试中。现有的基于变异的模糊测试工具，在测试用例生成策略上依然具有较大的盲目性，无法针对目标文件格式和特定漏洞类型进行有效的变异。研究表明，AFL 在 24 小时的测试过程中，超过 60% 的变异操作集中在不会产生任何新代码路径的无效字节上。如何提升变异策略的有效性是模糊测试领域的热点研究问题。

二、功能

ProFuzzer 提出了一种基于运行时类型嗅探的模糊测试技术。它能够自动推测输入域类型信息，并智能适配相应的变异策略，从而提高路径覆盖率和漏洞触发概率。ProFuzzer 的系统架构如图 1 所示，包括 4 个功能模块：类型嗅探引擎、智能变异引擎、程序执行引擎、漏洞报告引擎。类型嗅探引擎的任务是为目标程序的每个输入文件产生一个类型模板，类型模板中包含了输入域的类型信息。智能变异引擎的任务是根据嗅探得到的类型模板，按预先制定的类型策略，对输入文件进行变异。程序执行引擎和漏洞报告引擎复用了 AFL 的底层部件，分别负责执行目标程序并收集路径覆盖信息，以及观测程序执行状态并报告异常。

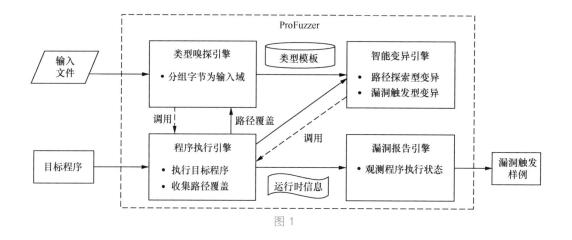

图 1

↘ 三、方法

ProFuzzer 的两个核心技术是运行时类型嗅探和基于类型的智能变异。ProFuzzer 中所使用的类型是文件解析类程序通用的数据类型，主要包括断言、裸数据、枚举、循环计数、偏移、长度。

运行时类型嗅探是一个轻量级的类型分析方案，无须借助动态污点分析等开销巨大的程序分析技术，通过取样分析程序的执行路径推测输入字段的类型。具体而言，在模糊测试过程中，首先对单个字节进行枚举变异，通过分析变异后的执行路径，将相关联的字节组成一个输入域，并根据"变异 - 执行路径"的不同模式，确定该输入域类型。

基于类型的智能变异以输入域为操作单位，对同一个输入域中的多个字节按预先定义的类型策略进行变异，从而缩小测试用例的搜索空间。类型策略包括路径探索型策略和漏洞触发型策略。前者尝试在相应类型的合法值域内进行取值，目标是尽可能地覆盖更多的代码路径。后者则尝试选取相应类型的边界值或不合法值，目标是尽可能地触发漏洞。

图 2 以 OpenJPEG 的 BMP 输入文件为例，形象说明 ProFuzzer 的工作原理。图 2 中，属于同一个输入域的相邻字节被框在了一起，这些字节具有相似的"变异 - 执行路径"模式。各个输入域按照"变异 - 执行路径"模式的特征进行分类。（0x1c，0x1d）是一个枚举类型的输入域，其合法的枚举值是 0x1、0x4、0x8、0x10、0x18、0x20。路径探索型策略在对该输入域变异时，会将取值范围限定在所有合法的枚举值中。（0x16，0x19）是一个长度类型的输入域，漏洞触发型策略会尝试各种边界值，例如文件的大小 0xe3。

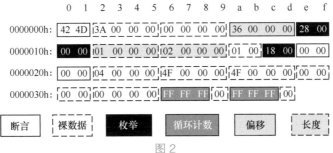

图 2

四、效果

我们在 10 款常用开源软件上对 ProFuzzer 进行了功能验证和性能验证。测试所用的软件涉及图像处理、音频处理、文本处理和压缩处理等多种类型。同时，我们还将 ProFuzzer 同多款最新的模糊测试工具进行了对比。

ProFuzzer 在两个月的部署实施中，挖掘出 10 款常用开源软件的 42 个未知安全漏洞，其中 30 个获得了 CVE 认证。这些安全漏洞未被其他模糊测试工具挖掘出来，有些漏洞甚至在目标软件中存在长达 3 年之久。

同其他模糊测试引擎相比，ProFuzzer 多覆盖 27% ～ 227% 的代码路径，少使用 53% ～ 79% 的时间开销达到其他模糊测试工具的路径覆盖峰值，并且保持较高的有效变异率。

作者简介

游伟，中国人民大学博士，在美国印第安纳大学和普渡大学进行了博士后研究工作，现为中国人民大学副教授。他长期从事软件漏洞的自动化挖掘和二进制程序的动态 / 静态分析，在常见应用程序中挖掘出近百个安全漏洞，曝光了数百个恶意应用的隐蔽可疑行为。他在信息安全和软件工程领域国际顶级学术会议 / 期刊上发表论文十余篇，获得最佳论文奖一次，最佳应用安全论文提名奖一次。

MOPT：模糊测试工具的优化突变调度策略

吕晨阳

本文的论文原文"MOPT：Optimized Mutation Scheduling for Fuzzers"，发表于 USENIX Security 2019，作者是 Chenyang Lyu，Shouling Ji，Chao Zhang，Yuwei Li，Wei-Han Lee，Yu Song，Raheem Beyah。本文较原文有所删减，详细内容可参考原文。

↘ 一、背景介绍

模糊测试是最高效的漏洞挖掘技术之一，大体工作流程如下。

模糊测试工具会维护一个种子池，每次工具从种子池中选出一个种子文件，对它进行 Rt 次变异过程。在每次变异过程中，工具选用 Ro 个变异操作对种子文件进行修改，最终得到 Rt 个测试用例。然后工具使用 Rt 个测试用例去测试目标程序，如果用例触发了程序的异常行为，就认为该用例为有趣的测试用例，并将该用例保存到种子池中，作为后续变异的种子文件。如果用例触发了新的执行路径，许多工具也会认为这一用例是有趣的测试用例并保存到本地种子池中。

许多文章致力于开发更高效的模糊测试工具，如 ACM CCS 2016 的 AFLFast 着力于提高模糊测试的执行路径覆盖率并探索较少受到测试的低频执行路径。

现存的模糊测试工具大多使用均一分布来随机选择变异操作，对种子文件进行变异过程以生成测试用例。那么，使用均一分布来选择变异操作是否为合理的调度策略呢？

以模糊测试工具 AFL 为例，它实现了 11 类不同的变异操作，其中 16 个操作使用频率最高。图 1 是 AFL 的变异调度过程，第一次进行变异的种子文件首先要进入 deterministic 阶段，在这一阶段每个变异操作会对种子文件的每个字节或者比特进行变异，以此生成庞大数量的测试用例来测试目标程序。在结束 deterministic 阶段后，进入 havoc 阶段，AFL 从变异操作中随机选 Ro 个对种子文件进行变异，并使用变异后的测试用例来测试程序。第三个阶段是 splicing 阶段，进入这一阶段的判断条件很苛刻，如果 AFL 变异了种子池中的所有种子文件，得到的测试用例仍然没有发现新的有趣的测试用例，AFL 才会执行这一阶段，splicing 阶段只执行一个变异操作：随机选取另一个种子文件，将它和当前文件的部分内容拼接在一起，然后重新进入 havoc 阶段进行变异。

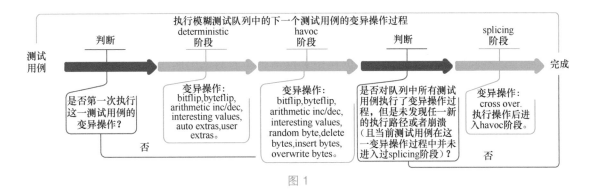

图 1

分析得出 deterministic 阶段和 havoc 阶段使用得最多，splicing 阶段由于判断条件很难满足很少用到。而且，AFL 在 havoc 阶段中使用均一分布选择变异操作。但不同变异操作发现有趣的测试用例的效率是一样的吗？

我们进行实验来求证这一问题。图 2 为 AFL 的 deterministic 阶段中 12 个变异操作发现有趣的测试用例的比例，在同一目标程序上，不同的变异操作发现有趣的测试用例的占比不同。而且，同一个变异操作在不同目标程序上的占比也不同。图 3 为 AFL 在测试 avconv 时每个变异操作的执行次数。可知，产生了许多有趣的测试用例的 bitflip 执行次数较少，后面较为低效的操作执行次数却较多。故 AFL 花费了大量时间来执行低效的变异操作。

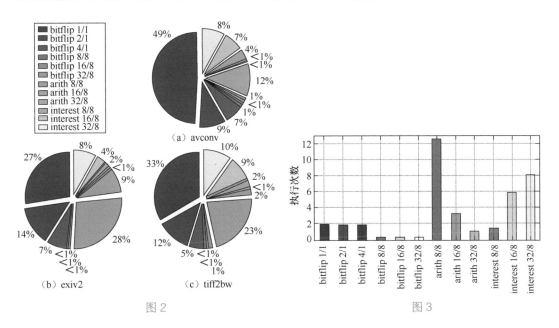

图 2　　　　　　　　　　　　　　　　　图 3

其次，我们探究 AFL 在 3 个阶段花费的时间以及发现的有趣的测试用例占比。可以观察到，splicing 阶段几乎没有占用时间，多数情况下，deterministic 阶段占用了大量时间，发现的却没有占到相应的比例。所以，AFL 投入了大量的时间在 deterministic 阶段，但这一阶段发现的有趣测试用例的占比较低。

综上，不同变异操作在同一测试程序上挖掘有趣的测试用例的效果不同，同一操作在不同程序上的效果不同。AFL 花费了许多时间在低效的变异操作，且花费大量时间在 deterministic 阶段。

显然，工具应该花费更多的时间来执行高效的变异操作，需要一个更好的调度策略。

二、调度策略 MOPT

首先确认实现 MOPT 的阶段。由于 deterministic 阶段的变异是固定的，而 splicing 阶段只有一个变异操作，占时极短，故我们实现 MOPT 的阶段是 havoc 阶段。基于粒子群算法，设计了如下调度策略。MOPT 有多个粒子群，每个粒子群中有着跟变异操作相同个数的粒子，每个粒子所在位置 Xnow 为对应变异操作的选择概率。粒子根据粒子群算法在概率空间中游走，并整合成所有变异操作的选择概率分布。所以每个粒子群是一个选择概率分布，故 MOPT 有多个概率分布。

MOPT 的具体框架如图 4 所示，大体分为 4 个模块。

首先是 PSO 初始化模块，为所有粒子群赋予初值，只在模糊测试过程开始的时候执行。

随后是 pilot 模糊测试模块，在这一模块中，MOPT 将测试每一个粒子群的概率分布。MOPT 将基于一个概率分布选择变异操作，并生成固定个数的测试用例来测试程序，以探究这些概率分布的效率。在每一个概率分布的作用下，MOPT 会记录每个粒子对应的变异操作发现有趣的测试用例的次数和执行的次数，这两个数值用以求解该粒子的局部最优解。MOPT 还会记录该粒子群本次迭代过程中发现的有趣的测试用例的数量，用以求解本次迭代中该粒子群的效率。

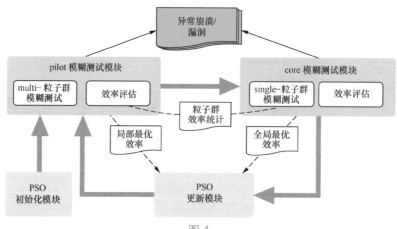

图 4

当每个粒子群都完成上述操作之后，pilot 模糊测试结束，MOPT 进入 core 模糊测试。MOPT 根据本次迭代中每个粒子群的有趣的测试用例挖掘效率，选用效率最高的粒子群的概率分布进行漏洞挖掘，并执行固定次数后结束。此时 MOPT 统计每个变异操作的执行总次数与发现的有趣的测试用例的总个数，用以求得全局最优解。

在结束 core 模糊测试模块后，MOPT 进入 PSO 更新模块，并根据全局最优解和每个粒子的局部最优解，对每个粒子的位置（即对应变异操作的选择概率）Xnow 进行更新，随后对每个粒子群的粒子位置归一化，得到总和为 1.0 的概率分布。随后进入 pilot 模块执行下一轮迭代。

由于 AFL 在 deterministic 阶段花费的时间极多，但实现的 MOPT 位于 havoc 阶段，显然 deterministic 阶段会影响 MOPT 的迭代速率，进而影响 MOPT 的效果。于是我们设计了 pacemaker 模糊测试模式：如果 AFL 在长时间测试过程中没有发现新的有趣的测试用例，MOPT 就会在后续变异中跳过 deterministic 阶段，只执行 havoc 和 splicing 阶段。我们设计了两种，一种是禁止 deterministic 阶段后不再启用的 -ever 版本，另一种是发现了足够数量的有趣的测试用例时，会重新启用 deterministic 阶段的 -tmp 版本。

↘ 三、实验与分析

本节首先介绍的是测试对象，我们从以往论文中选取了通常使用的一些目标程序作为测试对象。

实验结果如表 1 所示，MOPT-AFL-tmp 和 MOPT-AFL-ever 发现的崩溃数量约为 AFL 的 4 倍，两者也发现了比 AFL 多 1 倍的程序路径。

表 1

被测程序	AFL		MOPT-AFL-tmp				MOPT-AFL-ever			
	独一无二的崩溃	独一无二的路径	独一无二的崩溃	增加比例	独一无二的路径	增加比例	独一无二的崩溃	增加比例	独一无二的路径	增加比例
mp42aac	135	815	**209**	+54.8%	1 660	+103.7%	199	+47.4%	**1 730**	+112.3%
exiv2	34	2 195	54	+58.8%	2 980	+35.8%	**66**	+94.1%	**4 642**	+111.5%
mp3gain	178	1 430	**262**	+47.2%	**2 211**	+54.6%	262	+47.2%	2 206	+54.3%
tiff2bw	4	4 738	**85**	+2 025.0%	**7 354**	+55.2%	43	+975.0%	7 295	+54.0%
pdfimages	23	12 915	357	+1 452.2%	22 661	+75.5%	**471**	+1 947.8%	**26 669**	+106.5%
sam2p	36	531	105	+191.7%	1 967	+270.4%	**329**	+813.9%	3 418	+543.7%
avconv	0	2 478	**4**	+4.0%	17 359	+600.5%	1	+1.0%	16 812	+578.5%
w3m	0	3 243	**506**	+506.0%	5 313	+63.8%	182	+182.0%	**5 326**	+64.2%

续表

被测程序	AFL		MOPT-AFL-tmp				MOPT-AFL-ever			
	独一无二的崩溃	独一无二的路径	独一无二的崩溃	增加比例	独一无二的路径	增加比例	独一无二的崩溃	增加比例	独一无二的路径	增加比例
objdump	0	11 565	**470**	+470.0%	19 309	+67.0%	287	+287.0%	**22 648**	+95.8%
jhead	19	478	55	+189.5%	**489**	+2.3%	**69**	+263.2%	483	+1.0%
mpg321	10	123	**236**	+2 260.0%	1 054	+756.9%	229	+2 190.0%	**1 162**	+844.7%
infotocap	92	3 710	340	+269.6%	6 157	+66.0%	**692**	+652.2%	7 048	+90.0%
podofopdfinfo	79	3 397	**122**	+54.4%	**4 704**	+38.5%	114	+44.3%	4 694	+38.2%
总计	610	47 618	2 805	+359.8%	93 218	+95.8%	**2 944**	+382.6%	**104 133**	+118.7%

注：AFL、MOPT-AFL-tmp 和 MOPT-AFL-ever 在不同的被测程序上发现的独一无二的崩溃与路径数量。

随后我们使用 address sanitizer 对崩溃筛选，得到独一无二的漏洞，并对比已公开的 CVE，将未发现的漏洞提交给厂商并申请 CVE，最后总结得到表 2 内容。

表 2

被测程序	AFL				MOPT-AFL-tmp				MOPT-AFL-ever			
	未公开的漏洞		已公开的漏洞	总和	未公开的漏洞		已公开的漏洞	总和	未公开的漏洞		已公开的漏洞	总和
	未被CVE确认	已被CVE确认	CVE公开漏洞		未被CVE确认	已被CVE确认	CVE公开漏洞		未被CVE确认	已被CVE确认	CVE公开漏洞	
mp42aac	—	1	1	2	—	2	1	3	—	5	1	6
exiv2	—	5	3	8	—	5	4	9	—	4	4	8
mp3gain	—	4	2	6	—	9	3	12	—	5	2	7
pdfimages	—	1	0	1	—	12	3	15	—	9	2	11
avconv	—	0	0	0	—	2	0	2	—	1	0	1
w3m	—	0	0	0	—	14	0	14	—	5	0	5
objdump	—	0	0	0	—	1	2	3	—	0	2	2
jhead	—	1	0	1	—	4	0	4	—	5	0	5
mpg321	—	0	1	1	—	0	1	1	—	0	1	1
infotocap	—	3	0	3	—	3	0	3	—	3	0	3
podofopdfinfo	—	5	0	5	—	6	0	6	—	6	0	6
tiff2bw	1	—	—	1	2	—	—	2	2	—	—	2
sam2p	5	—	—	5	14	—	—	14	28	—	—	28
总计	6	20	7	33	16	58	14	88	30	43	12	85

注：AFL、MOPT-AFL-tmp 和 MOPT-AFL-ever 发现的独一无二的漏洞数量。

其中，AFL 发现了 20 个新的 CVE 和 7 个已公开的 CVE。而 MOPT-AFL-tmp 发现了 58 个新的 CVE 和 14 个已公开的 CVE。MOPT-AFL-ever 发现的 CVE 总数也达到了 AFL 的两倍。所以，MOPT-AFL 的漏洞挖掘效率很高。

在实验过程中我们记录了 3 个 fuzzers 发现的崩溃个数与运行时间的关系，可以看到 MOPT-AFL 发现崩溃的速率显著快于 AFL。

现存 fuzzers 使用均一分布来选择变异操作，于是我们在 AFL Fast 和 VUzzer 上实现了 MOPT 调度策略来测试兼容性。由实验结果可知，MOPT 可以提高 AFL Fast 和 VUzzer 的漏洞挖掘表现。

随后我们在 LAVA-M 数据集上测试了 10 种 fuzzers 组合，并发现了一些有趣的结果。首先 MOPT 可以提高 fuzzers 的表现；其次在与 Angora 和 QSYM 的兼容性测试实验中，MOPT 显著提高了漏洞个数，说明 MOPT 和符号执行技术（或近似的技术）是互补的，一同使用可以发现最多数量的漏洞。

后续进行统计学性质的实验。我们选取 MOPT-AFL-ever、AFL、Anogra 和 VUzzer 在 5 个目标程序上进行测试（分别使用 3 种不同的初始种子集），每次测试持续 240 小时，重复 30 次，评价标准是发现的崩溃和漏洞的数量，并且用 p 值分析两个 fuzzers 的表现是否有显著差别，p 值很小说明存在显著差别，反之无显著差别。

首先是崩溃的统计分析结果，可以看到大部分测试用例中，MOPT-AFL-ever 显著多于其他 fuzzers。从图 5 看出，很多实验中 MOPT-AFL-ever 的最小值都大于其他 fuzzers。

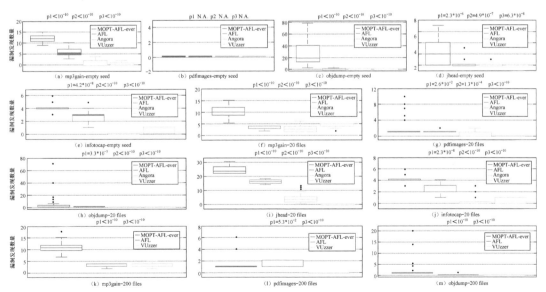

注：这是当分别使用空种子文件、20 个种子文件和 200 个种子文件作为初始种子集时，由 MOPT-AFL-ever、AFL、Angora 和 VUzzer 在 5 个测试程序上发现的独一无二的漏洞数量生成的箱线图。每个模糊测试工具在每一程序上重复 30 次实验。

图 5

随后是漏洞的统计分析结果，可以看出 MOPT-AFL-ever 发现的漏洞多于其他 fuzzers，p 值也证实两个分布是差距显著的。

为了分析 MOPT 主要框架和 pacemaker 模糊测试模式对漏洞挖掘的影响，我们实现了不使用 pacemaker 模糊测试模式的 MOPT-AFL-off，和只实现 pacemaker 模糊测试模式的 AFL-ever 进行测试。从实验结果可以得出，两个部分都能提高 AFL 效率，结合在一起提高得最多。

然后分析实验中不同的变异操作的选择概率变化。我们列出 3 个变异操作在两个目标程序上的概率迭代图。首先纵向对比，不同的变异操作最终具有不同的选择概率，如测试 pdfimages 时 3 个选择概率分别大约是 6.5%、4%、7.5%。纵向对比亦证实了在不同的目标程序上，同一个变异操作最终收敛的选择概率并不相同。

对 MOPT 引入的计算消耗进行分析，我们使用 fuzzer 的执行速率来分析 MOPT 是否对 fuzzing 过程造成计算负担。结果证实，大部分案例中，MOPT 几乎没有影响执行效率，部分情况下执行速率快于 AFL。在 mp3gain 实验中，虽然 MOPT-AFL 比 AFL 的执行速率慢，但是仍发现了更多的崩溃和漏洞。

最后进行长时间的并行实验。对于每个 fuzzer 工具，我们运行了 3 个进程并行地挖掘 pdfimages 的漏洞，实验持续了 24 天，每个 fuzzer 的 CPU 时间超过了 70 天。结果表示，MOPT-AFL 发现的崩溃和路径显著多于 AFL。

总结：我们调研了变异调度策略存在的问题，提出了 MOPT 并证明其有效性，且在 GitHub 上开源了 MOPT-AFL 源码。

↘ 作者简介

吕晨阳，浙江大学博士研究生。他的研究方向为漏洞挖掘、模糊测试、神经网络。

04

第四篇

网络安全

深入解析 GDPR 数据保护法规对基于域名注册信息的网络安全研究的影响

陆超逸

本文根据论文原文 "From WHOIS to WHOWAS: A Large-Scale Measurement Study of Domain Registration Privacy under the GDPR" 整理撰写，原文发表于 NDSS 2021。

通用数据保护条例（GDPR）是由欧盟颁布的法规，旨在进一步规范欧洲公民个人数据的处理。GDPR 的施行对全球互联网应用都产生了影响，例如大量域名的"实名制"WHOIS 数据将不再公开。这篇发表于 NDSS 2021 会议的文章，定量分析了全球 WHOIS 数据在 GDPR 施行后发生的变化，以及隐去 WHOIS 数据对网络安全研究的具体影响。

↘ 一、研究背景：当 WHOIS 遇上 GDPR

互联网域名注册是"实名制"的。根据互联网名称与数字地址分配机构（ICANN）的有关规定，域名注册机构需要收集注册人的真实个人信息（姓名、电话、邮箱等，这些统称为 WHOIS 数据），并且提供公开的查询接口，如图 1 所示。公开真实的 WHOIS 数据对于维护网络安全有重要的意义：我们可以利用它检测恶意域名、追踪网络恶意行为，或者向网站报告漏洞。除研究人员之外，很多知名的网络安全公司也在使用它构建威胁情报。

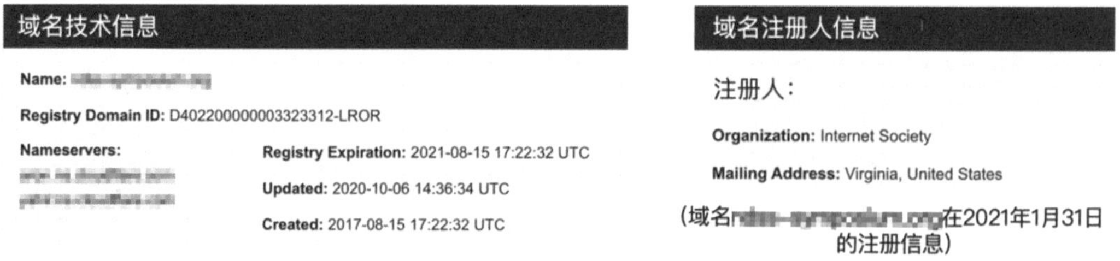

图 1

然而，国家层面隐私法规的出台，正在改变这一现状。2018 年 5 月，欧盟的 GDPR 正式施行，全球机构在处理欧洲公民个人信息之前必须经过公民同意。WHOIS 数据包含个人信息并且公开可查，因此需要采取措施。当月，ICANN 出台临时规范，指出注册机构应该继续收集 WHOIS 数据，但需要在公开时使用特殊字符串（如"REDACTED FOR PRIVACY"）隐去个人信息，以符合 GDPR 的要求，如图 2 所示，使用特殊字符串（图 2 左）和隐私保护服务（图 2 右）隐去 WHOIS 数据中的个人信息。临时规范还指出，欧洲经济区注册人的个人信息必须隐去，其他用户的个人信息是否隐去则由注册机构决定。

图 2

隐去 WHOIS 数据是一把"双刃剑"，对用户而言，这保护了隐私、减少了骚扰和诈骗信息；但对网络安全工作人员而言，追踪网络恶意行为将变得更加困难。我们在本项研究中提出两个问题：

（1）域名注册机构方面，全球机构有没有执行隐私保护的策略，以及如何隐去 WHOIS 数据；

（2）网络安全研究方面，有多少研究依赖公开的 WHOIS 数据，涉及哪些安全问题，该如何弥补数据缺失。

二、研究方法

我们采用数据驱动的思路进行研究，目标是对 WHOIS 的隐私保护进行大规模、长时间的分析。研究方法包含 WHOIS 数据收集、隐私合规性分析和安全研究影响分析 3 个部分。

在 WHOIS 数据收集阶段，我们与一家知名的安全公司合作，获取了该公司从全球域名注册机构爬取的历史 WHOIS 数据。数据收集的时间为 2018 年 1 月至 2019 年 12 月，横跨 GDPR 施行前后。整个数据集包含 2 亿多域名的 WHOIS 数据，其中 12.2% 的域名由欧洲用户持有，如表 1 所示。

在隐私合规性分析阶段，我们设计了 GCChecker 系统判断注册机构是否妥善隐去 WHOIS 数据中的个人信息（即"合规"）。其核心原理是，在隐去 WHOIS 数据时，同一个域名注册机构使用的字符串一般相同，因此合规机构公开的 WHOIS 数据会高度相似。所以，我们提出使用文本聚类的方法将被保护的 WHOIS 记录聚集起来，并使用离群记录的占比来衡量机构是否合规，如图 3 所示。

表1

年份	计数				域名创建时间		域名持有人地区	
	WHOIS 记录	域名	地区	顶级域	2009年以前	2010年~2019年	欧洲经济区	其他
2018	6.59亿	2.11亿	218	758	15.7%	84.3%	12.9%	87.1%
2019	5.83亿	2.15亿	218	754	14.5%	85.5%	12.4%	87.6%
All	12.40亿	2.67亿	219	783	13.4%	**86.6%**	12.2%	**87.8%**

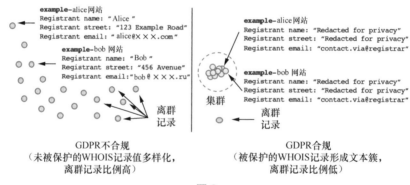

GDPR不合规
（未被保护的WHOIS记录值多样化，离群记录比例高）

GDPR合规
（被保护的WHOIS记录形成文本簇，离群记录比例低）

图 3

在安全研究影响分析阶段，我们爬取了近 15 年内发表于 5 个网络安全 / 测量会议（USENIX Security、ACM CCS、IEEE S&P、NDSS、IMC）的 4 304 篇论文。通过关键字匹配和人工阅读筛选出依赖公开 WHOIS 数据的研究，并对它们的研究问题和应用场景进行分类。

↘ 三、主要发现

（1）多数大型域名注册机构已完全合规，隐去了 WHOIS 数据中的欧洲经济区注册人信息。我们对全球共 143 家大型域名注册机构进行了合规性分析。截至 2019 年 12 月，超过 85% 的机构完全合规，隐去了 WHOIS 数据中欧洲经济区用户的个人信息，注册机构域名占有率及其合规情况（绿色为完全合规）如图 4 所示。少数注册机构的合规方式存在疏漏，例如未隐去邮寄地址等，需要及时修正。

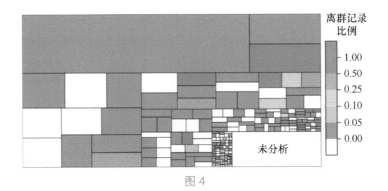

图 4

（2）机构的合规行为多发生在 GDPR 施行前、ICANN 临时规范出台后（仅一周内）。在 GDPR 施行日期前，未隐去个人信息的 WHOIS 记录比例存在明显下降趋势。然而，大规模的变化出现在 ICANN 临时规范出台后，124 家合规机构未隐去个人信息的 WHOIS 记录比例，如图 5 所示，距离 GDPR 施行仅一周，说明域名注册机构此前缺少具体合规指导。

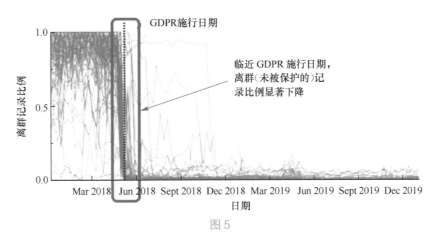

图 5

（3）虽然 GDPR 是欧盟法案，欧洲用户注册域名仅占总量的 12% 左右，但大部分域名注册机构选择同时隐去非欧洲经济区的用户信息，对 WHOIS 数据可用性的影响被显著扩大。我们发现，至少 60% 的合规域名注册机构对所有注册人的信息均进行隐藏。经与业内专家讨论，我们总结产生这一现象可能原因包括如下 3 点：

　　□ 临时规范的出台时间较预期晚，机构难以制定详细方案；

　　□ 机构难以区分受 GDPR 管辖的隐私数据范围；

　　□ 统一隐去后，机构不用因未来新的隐私法律（例如 2018 年加利福尼亚州消费者隐私法案）出台采取其他操作。

（4）WHOIS 数据变动对安全研究的影响较大：69% 使用 WHOIS 数据的网络安全研究依

赖被隐去的个人信息。这些研究涉及多个领域，包括域名安全研究、网络欺诈研究、移动和Web 安全等，如图 6 所示。注册人信息和电子邮件是使用较多的字段。然而这些信息目前已经被大量地隐藏，因此安全系统可能需要进行改动。

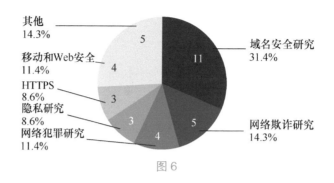

其他
14.3%

移动和Web安全
11.4%

HTTPS
8.6%

隐私研究
8.6%

网络犯罪研究
11.4%

域名安全研究
31.4%

网络欺诈研究
14.3%

图 6

↘ 四、总结

GDPR 的施行对 WHOIS 数据的可用性产生了较大影响：多数域名注册机构已隐去 WHOIS 数据中的个人信息，包括大量非欧洲经济区用户的个人信息。因此，依赖 WHOIS 数据的安全应用将受到显著影响，需要进行改动或重新设计。

值得注意的是，被隐去的 WHOIS 数据可以由域名注册机构提供给具有正当需求的用户。但一项调查显示，多数（超过 70%）来自安全研究人员的请求被驳回。我们建议推广带有身份验证的注册数据访问协议（RDAP）获取域名注册信息。另外，使用模糊哈希算法可以在隐去原始信息的同时保留距离信息，这将降低对安全应用的影响。

WHOIS 数据"不再实名"是互联网应用中，用户隐私和安全系统可用性发生矛盾的一个案例，未来可能会有更多系统受到隐私法律的影响。我们的研究表明，隐私法律的施行需要多方配合，这仍然是一个困难的任务。法律界、监管方和技术社区需要更高效的讨论和沟通机制，更快地出台更具体的指导措施。域名注册机构需要检查当前的数据保护措施，不与法规产生冲突。安全研究人员需要重新评估受影响的系统，并进行相应调整和设计。

我们在本项研究中开发的网络安全论文检索系统已开放试运行，系统提供近 15 年若干网络安全会议的论文检索，系统界面如图 7 所示。欢迎感兴趣的读者访问 Sec Paper 官网进行试用，并将意见反馈给我们。

图 7

↘ 作者简介

　　陆超逸，清华大学 2017 级博士研究生。他的研究方向为网络基础设施安全和互联网测量，多项研究成果发表于 USENIX Security、NDSS、ACM CCS、IMC 等网络安全学术会议。他曾获得 2020 年国际互联网研究任务组—应用网络研究奖、2019 年 IMC 会议最佳论文奖提名和社区贡献奖提名。

FIDO UAF 协议的形式化分析

冯皓楠

本文根据论文"A Formal Analysis of the FIDO UAF Protocol"的相关工作整理撰写，该论文发表于 NDSS 2021 。论文使用形式化分析技术对当前流行的生物因子身份认证协议 FIDO UAF 协议进行了分析，总结了协议的漏洞，提出了几种攻击，并成功实施攻击，获得中国国家信息安全漏洞库（CNNVD）漏洞。该论文工作由北京邮电大学的冯皓楠、李晖、潘雪松，以及纽约州立大学布法罗分校的赵子铭合作完成。

一、背景

安全协议是以密码学为基础的消息交换协议，它被广泛地应用在信息系统之间的加密传输、消息和实体认证、密钥分配等方面，对保障网络中各种通信、交易的安全运行起着十分关键的作用。

然而，正是这样一个以保障安全为目的的安全协议，其自身却不一定安全。常见的安全协议，如 TLS 协议、蓝牙协议和 WiFi 协议等都被发现存在漏洞。安全协议的漏洞将导致隐私信息泄露，甚至造成财产损失。

依靠人工制定和分析协议只能在一定程度上加强协议的安全性，无法保证协议是安全的。形式化分析技术借助数学和计算机技术，解决了人工分析面临的难题。计算机的参与让协议分析变得便捷、高效和自动化。借助数学原理，还能实现安全性的证明。

现有的协议形式化分析技术主要有 3 种。逻辑推理技术基于知识和信念推理，通过逻辑学的基本原则，从系统初始状态、接收和发送的消息出发，构建用户的信念或知识，并通过一系列的推理公式推导出新的信念和知识，最终判断协议是否满足安全目标，如 BAN 逻辑、GNY 逻辑等。模型检测技术主要利用有限状态机理论，通过状态空间搜索方法来检测协议安全性。定理证明技术将需要证明的安全目标以定理的形式进行描述，通过定理推导来证明协议是否满足安全属性。

结合这 3 种技术，目前出现了很多形式化分析工具，如 ProVerif、Tamarin、Scyther、AVISPA 等。通过将自然语言的协议文档，翻译为形式化分析工具可以接受的形式化模型和代码，并将其导入形式化分析工具，工具就可以自动证明安全目标，或构建攻击路径。在本文的分析过程中，我们选择了 ProVerif 形式化分析工具。

形式化分析技术在提出的 30 多年来，已经被应用在大量的协议分析中，除了常见的 TLS 协议、5G 协议等，还包括文件系统的协议验证和医疗领域的协议验证。

FIDO UAF 协议作为当下流行的生物因子身份认证协议，已经被大量应用。目前对 UAF 协议的分析仅限于人工分析，还没有相关的形式化分析，所以本文将使用形式化分析技术对 UAF 协议进行分析验证。

↘ 二、FIDO UAF 协议

身份认证在保障互联网信息安全中起到了至关重要的作用。当下，基于文本的密码仍旧是最普通的身份验证方式，但是这种验证方式存在严重的安全缺陷，并且成为了黑客主要的攻击对象之一。每年都有数以亿计的密码被攻破，导致许多用户账户陷入危险。

为了提高身份认证的安全性，近 20 年出现了很多有效的方法，其中，于 2012 年成立的快速线上身份认证（FIDO）联盟获得了广泛的关注。截至 2021 年 2 月，超过 250 家公司已经成为 FIDO 联盟的成员，市场上已有超过 700 种经过 FIDO 认证的产品。

FIDO 包括两种基本的认证协议，一个是双因子认证协议 U2F 协议，在认证时，它要求用户在输入密码的同时提供第二个验证因子，如 U 盾。另一个是通用认证框架 UAF 协议，它借助生物因子验证技术，彻底取代传统的文本密码登录。

UAF 协议分为注册和认证两个阶段，如图 1 所示（原图来源于 FIDO 官网）。在注册阶段，用户首先使用传统的密码方式登录到依赖方，如银行网站。用户的设备中内置一个可信的认

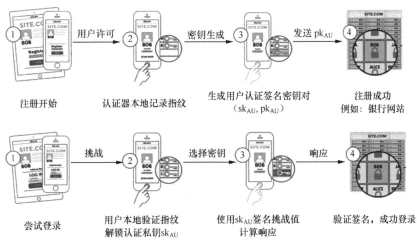

图 1

证器，它能够记录用户的指纹，并生成专属于用户账户的认证签名密钥对，认证器会使用预先内置的鉴证密钥的私钥签名生成的认证密钥的公钥部分，并发送给依赖方，依赖方会将该公钥与用户的账户进行关联，并与认证器建立信任关系。在随后的认证阶段，认证器和依赖方会运行一个挑战-响应协议，用户只需要在认证器本地验证自己的身份，随后认证器会解锁注册阶段生成的认证签名密钥私钥，并对依赖方发送的响应等信息进行签名，来完成身份验证。

对 UAF 协议进行形式化分析有如下几个难点。

（1）UAF 协议的描述，以及安全目标、安全假设需要从 19 个文档共 500 多页中提取。很多安全假设和安全目标的表述并不清晰，需要花很多时间去整理并将它们提取出来。

（2）虽然 UAF 协议只包含两个阶段（注册和认证），但是 UAF 协议支持使用不同类型的认证器，它们会影响协议的具体流程，例如绑定认证器可以内置在手机中，漫游认证器可以便携使用，使用这两种类型的认证器时，协议流程不同。

（3）在不同的认证场景下，协议的交互也不同。例如，在用户首次登录时，依赖方不提供用于定位密钥的 KeyID，而在已经登录过，需要再一次进行身份验证时，依赖方提供 KeyID。

（4）和很多常见的安全协议不同，为了部署 UAF 协议，用户设备中需要增加额外的 UAF 实体，如认证器、ASM 和 UAF 客户端等。这增加了协议交互的复杂度，使分析变得更加困难。

（5）传统协议一般运行在公开网络下，在进行协议分析时，通常假设攻击者符合 Dolev-Yao 模型，即攻击者可以窃听、拦截消息，存储、转发消息，主动构造并发送消息，以及假冒合法主体参与协议。但是，由于 UAF 协议中，大多数实体和他们之间的通信都在设备内部，用户代理和依赖方服务器之间的通信又受到 TLS 的保护，因此实体之间的交互在一定程度上受到保护。为此，不能单纯地使用 Dolev-Yao 模型，需要特意为 UAF 协议的运行环境构建合适的攻击者模型。

↘ 三、最小化假设算法

从 UAF 协议的官方安全文档可以发现，文档中设定的安全假设太强，并且没有给出安全假设的具体描述。考虑到 UAF 协议适配多种场景（如手机、计算机、令牌等），无法保证安全假设的一致性，所以论文提出了最小化假设的验证方法。

最小化假设算法的验证思路让我们把目光从协议是否安全（即在特定的模型下是否安全）转变为协议在什么场景下安全。我们不再分析单一的场景，而是建立多个模型，使其能够涵盖协议运行过程中所有可能的应用场景，并通过验证寻找使协议满足安全目标的最小条件，即在什么前提条件下，协议一定能满足安全目标。这种分析不但能帮助协议部署方确定部署环境的最低要求，还能帮助协议设计方最大限度地减少协议的部署成本。

最小化假设算法的基本思路是定义一个可变的安全假设集合，其中包含了所有可能发生改变的安全假设。例如，"假设认证签名私钥没有泄露"就是一条安全假设，当集合中包含这个安全假设时，表示协议在该应用场景下符合这一安全假设，反之，该场景不符合这一安全假设。通过不断在集合中增加安全假设，使其遍历包含所有安全假设的集合 A，即遍历了所有协议可能的应用场景。通过对每一种应用场景进行分析，即可判断在哪些场景下，协议能够满足安全目标。

由于 ProVerif 等自动化工具只能支持特定模型下的协议分析，无法实现自动寻找最小化假设，论文开发了自动化工具 UAFVerif。UAFVerif 会自动构造安全假设，并生成 ProVerif 的输入文件，导入 ProVerif 工具进行分析。对于一个安全目标，工具会对集合 A 中的安全假设进行全组合，并逐一进行验证。首先，工具令可变安全假设集合为空集，表示应用场景不满足任何安全假设，即"最不安全的状态"，并在该假设下对协议进行分析。随后，分析集合中元素数量为 1 的所有安全假设对应的应用场景，再分析集合中元素数量为 2 的所有安全假设对应的应用场景，以此类推。当结论从"不安全"转变为"安全"时，就表明这个安全假设是一个最小化安全假设，所有以该安全假设为子集的集合都是安全假设。所有找到的最小化安全假设构成了协议对于该安全目标的最小化安全假设。

↘ 四、UAF 协议的形式化建模

形式化分析的一般过程，是将文字语言描述的协议标准，通过形式化翻译将其翻译为精确、形式化的描述，再将其通过形式化建模，构成可供工具输入的形式化模型，工具就可以自动对该模型进行分析，获得结论。结合上文提出的最小化假设算法，论文提出图 2 所示的形式化分析过程：

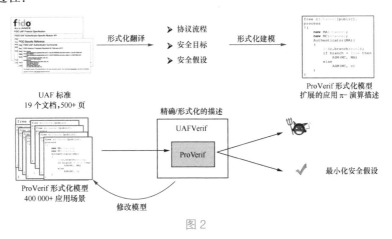

图 2

首先，对 UAF 标准进行形式化翻译，并用形式化的语言对协议流程、安全目标和安全假设进行描述。协议的安全目标包括机密性目标、认证性目标和隐私性目标。机密性目标包括认证签名私钥的机密性、交易文本的机密性和计数器的机密性等。参考 Lowe 提出的认证性分类标准，论文对认证性目标进行了形式化描述。此外，论文还考虑了具有不可链接性的隐私性目标，即相互勾结的依赖方无法将会话关联到同一用户。协议的安全假设包括密码算法的安全假设、数据保护能力的安全假设和信道与实体的安全假设。因为分析的对象主要是协议的逻辑设计，所以论文假设密码算法是安全的。在数据保护能力方面，假设攻击者已知协议中的身份标识（如用户名、ID 等）和公钥证书，此外，假设攻击者可能已知私钥信息或其他机密字段，并将其作为可变安全假设验证最小化安全假设。在信道与实体的安全假设方面，由于协议运行环境不等于 Dolev-Yao 模型，论文提出了设备内部通信的模型。

在设备内部，由于有操作系统的保护，应用之间的通信无法像公开网络一样被攻击者窃听或篡改。但是，当用户在设备中安装恶意软件时，攻击者仍旧可以作为合法主体参与协议，与诚实的实体之间建立通信连接，并获取这次通信的会话内容。所以，论文假设设备环境能够保证诚实实体之间的通信信道是安全的，攻击者无法拦截或发送任何消息，但是，攻击者可能作为合法实体参与协议并与诚实实体进行通信。

五、分析结论

1. 最小化假设结论

结合最小化假设算法，论文分析了获得的让协议满足所需安全目标的最小假设。表 1 所示是分析结果的样例。由表 1 中第 5 行可知，在使用 1 因子绑定认证器时，为了实现 ak 字段的机密性，最小化安全假设是 token 没有泄露（$\neg$tok），并且环境中不存在可以与诚实 ASM 通信的恶意的认证器（$\neg A[M]$）。由表 1 中第 4 行可知，要保证 sk_{AU} 的机密性，最小化安全假设有两种，要么保证认证器内部加密密钥 k_w 是机密的（$\neg k_w$），要么保证环境中没有可以与诚实认证器通信的恶意 ASM（$\neg M[A]$）。详细结论参见论文。

表1

注册阶段	类型	1因子绑定	2因子绑定	1因子漫游	2因子漫游
机密性	k_w	$\sqrt{}$			
	sk_{AT}	$\sqrt{}$			
	sk_{AU}	$\neg k_w \cup \neg M[A]$		$\sqrt{}$	$\neg k_w$
	ak	$\neg tok \cap \neg A[M]$		$\times$	
	CNTR	$\neg C[M] \cap \neg M[A]$			
认证性		$\neg C[U] \cap \neg M[C] \cap \neg A[M]$			

　　基于最小化安全假设的结论，当假设环境中存在恶意实体时，协议无法实现部分字段的机密性，也无法满足部分认证性目标。例如，KHAccesstoken 机制用于认证器验证调用认证器的 ASM 是否合法，然而，这一机制并不能达到该目标，因为攻击者可以很容易地计算 token 的值并伪造 ASM。

　　注册阶段比认证阶段更容易受到攻击，攻击者可以把攻击的重点放在注册阶段，从而控制用户账户。

　　好消息是，UAF 协议满足不可链接性，即使依赖方相互勾结，他们也无法确定是否有同一个用户同时登录两个不同的依赖方。并且 UAF 协议能够在认证阶段抵御钓鱼攻击，即使用户访问钓鱼网站，并在设备中验证指纹，攻击者也无法扮演合法用户在诚实的依赖方登录。

2. 攻击

　　根据结论，论文总结了四大类攻击，这些攻击涵盖了以往论文中通过人工分析得到的攻击方案，也包括了新的攻击，具体如下。

　　（1）认证器重绑定攻击：在注册阶段将用户的账户绑定在攻击者的认证器上，并仿冒用户。

　　（2）平行会话攻击：在认证阶段使用用户的认证器为攻击者接收到的挑战进行签名，并仿冒用户登录依赖方。

　　（3）隐私揭露攻击：通过破坏计数器（CNTR）和交易文本（Tr）字段跟踪用户认证次数、交易等隐私行为。

　　（4）拒绝服务攻击：使认证器端的计数器和服务器端的计数器失序并阻止用户未来登录依赖方。

　　论文从国内 1 856 个与支付相关的 APP 中找到了 42 个使用 UAF 协议的 APP，并将其划分为两类：以移动和包为代表的硬件认证器部署方案，以京东金融为代表的软件认证器部署方案。论文成功在这两类 APP 上部署了认证器重绑定攻击，其中，在移动和包上的认证器重绑定攻击获得了 CNNVD 中危漏洞（漏洞编号：CNNVD-202005-1219）。

　　认证器重绑定攻击是在用户注册阶段实施的，攻击者通过该攻击可以将用户的账户绑定到攻击者的认证器上，从而控制用户账户。为了实现该攻击，攻击者需要说服用户在设备中安装一个恶意软件，该软件可以伪造 UAF 客户端、ASM 或认证器。

　　以用户下载恶意 UAF 客户端为例，如图 3 所示，当用户注册时，因为设备中有两个 UAF 客户端，用户（或用户代理）可能选择恶意的 UAF 客户端进行操作，它会拦截注册请求，并转发到攻击者的设备上。攻击者在攻击者的设备上记录指纹，并用攻击者的认证器完成生成密钥、签名等操作，然后将消息转发回恶意的 UAF 客户端，并进一步发送给用户代理和依赖方，完成注册过程。这样用户账户就被绑定在攻击者的认证器上。详细的流程参见论文。

　　图 4 是实际验证过程中，触发 UAF 注册时的用户选择界面。可以看出用户无法判断哪个

UAF 客户端是正常的，哪一个是恶意的。一旦用户选择右侧的恶意 UAF 客户端，攻击者就能通过认证器重绑定攻击控制用户的账户。

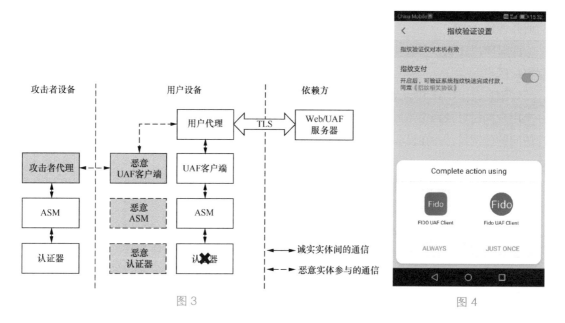

图3

图4

3. 改进建议

（1）明确安全需求。UAF 官方协议中在描述安全目标时，使用了不明确的表达，例如，对于身份验证属性，协议要求实现"强认证"，但是却没有解释什么是"强认证"。所以，协议应当阐明"强认证"的含义，指明什么是强，需要多强的认证。此外，在身份认证性方面，协议多以"协议能够抵抗 ××× 攻击"的方式给出安全目标，但理论上来说，攻击的方式是无限多的，协议应当以正向的、形式化的方式明确安全目标。在注册阶段，协议只给出了"用户许可"这一条安全目标，实际上，注册阶段比认证阶段更容易受到攻击，在论文中提到了一些注册阶段应该满足的目标，这些目标也应当在官方文档中明确。

（2）修改 KHAccessToken 机制。KHAccessToken 机制用于认证器验证 ASM 的合法性，然而，ASM 单纯通过一个令牌并不能实现这一目的。因为攻击者通过恶意的认证器可以直接获得 ASM 的令牌。即使没有恶意的认证器，在漫游认证器场景下，攻击者也可以通过 AppID 直接计算获得令牌。因此，协议应当修改 KHAccessToken 机制，或增加其他验证机制，使认证器能够正确验证 ASM 的身份。

（3）在 UAF 实体之间增加额外的验证机制。UAF 协议要求在用户设备和依赖方增添其他实体，然而，增加的实体将导致协议更容易遭受攻击。验证表明，软件实现的 UAF 客户端是最容易遭受攻击或伪造的，但是协议中却没有提供用户代理和 ASM 对 UAF 客户端的验证。

前者导致用户（或用户代理）可能选择恶意的 UAF 客户端进行通信，从而产生认证器重绑定攻击。后者导致攻击者可以伪造 UAF 客户端，从而恶意地启动认证器完成签名等操作，泄露用户的隐私信息。所以，UAF 协议应当设计 ASM 和用户代理对 UAF 客户端的验证机制，以防止攻击者将攻击聚焦在 UAF 客户端上。

（4）增加计数器恢复机制。通过拒绝服务攻击，攻击者可以使认证器和依赖方的计数器失序，从而彻底阻止用户再次完成认证。虽然计数器的机制可以有效检测和预防克隆认证器攻击，但是 UAF 标准中并没有给出计数器失序后的办法，因此，建议 UAF 标准中增加计数器恢复的相关机制。

↘ 六、总结

本文首次使用形式化分析技术，系统地对当下流行的 FIDO UAF 协议进行了分析验证。由于 UAF 协议的运行环境与一般安全协议不同，本文提出了设备内部进程通信场景下的建模方法，并提出最小化假设的验证理论，开发并开源自动化工具 UAFVerif，实现自动寻找满足安全目标的最小化安全假设。本文提出 4 种类型的攻击方式，这些攻击涵盖了目前对 UAF 协议进行人工分析发现的攻击，并包含新的攻击方式。其中，认证器重绑定攻击成功在京东金融、移动和包上得到验证，并获得了 CNNVD 漏洞。最后，本文对 UAF 协议提出改进意见。在分析过程中，本文还提出了设备内部进程通信场景的 ProVerif 建模方法、满足不可链接性的 ProVerif 建模验证方法，并发现了 ProVerif 1.98 版本的漏洞，促进了工具的更新。

↘ 作者简介

冯皓楠，本科与研究生就读于北京邮电大学网络空间安全学院。他从 2016 年开始进行安全协议形式化分析方向的研究，对形式化分析工具 ProVerif 有比较深入的了解。2021 年在 NDSS 上他以第一作者发表论文 "A Formal Analysis of the FIDO UAF Protocol"。他获得国家发明专利 1 项，在校期间多次获得一等奖学金，并在 2019 年获得国家奖学金，参与第四届全国密码技术竞赛并获得特等奖。

眼见不一定为实：对电子邮件伪造攻击的大规模分析

沈凯文　王楚涵

作为互联网上部署、应用最广泛的基础通信服务，电子邮件服务在企业和个人通信中都扮演着举足轻重的角色。基于电子邮件伪造攻击的钓鱼欺诈、勒索软件和病毒木马已成为当前互联网最严重的安全威胁，给相关企业和个人造成了重大财产损失。虽然不断有新的安全机制被引入来保护电子邮件的安全性，如发件人策略框架（SPF）、域名密钥识别标准（DKIM）和基于域的消息验证、报告和一致性（DMARC）等安全扩展协议，但是基于电子邮件伪造的攻击屡禁不止。

为了找到目前邮件伪造攻击频发的原因，并从根源上提高电子邮件系统的安全性，该研究基于电子邮件传输过程对电子邮件伪造问题进行了系统性的实证研究。该研究共发现14种可绕过 SPF、DKIM、DMARC 和 UI 保护机制的电子邮件伪造攻击方法。为了测量这些攻击在现实中的实际影响，该研究针对全球 30 家主流邮件和 23 个邮件客户端进行大规模实验与分析。实验结果表明这些主流邮件服务和客户端均受到了不同程度的影响，其中甚至包括 Gmail、Outlook 等知名电子邮件服务商。

这一研究成果发表于 USENIX Security 2021。论文 "Weak Links in Authentication Chains: A Large-scale Analysis of Email Sender Spoofing Attacks"，作者包括沈凯文、王楚涵（并列一作）、郭明磊、郑晓峰、陆超逸、刘保君、赵宇轩、郝双、段海新、潘庆丰和杨珉。作者单位有清华大学、奇安信技术研究院、得克萨斯大学达拉斯分校、复旦大学和 Coremail 论客技术有限公司。

↘ 一、研究背景

1. 电子邮件传递过程

图 1 展示了基本的电子邮件传递过程。发件人发送的电子邮件通过协议从邮件用户代理（MUA）传递到邮件传输代理（MTA）。然后，发送方的 MTA 通过 SMTP 将邮件发送到接收方的 MTA。接收方 MUA 通过协议，从接收方 MTA 获取电子邮件内容。此外，当接收方配置了邮件自动转发时，接收方所在的电子邮件服务器会充当邮件中继将邮件转发。

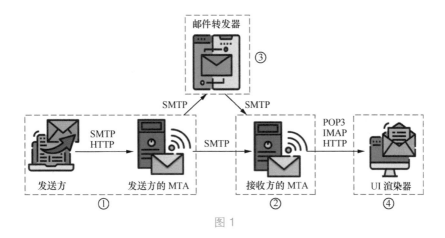

图 1

我们从电子邮件传递过程中提炼出 4 个重要的身份验证阶段。

（1）邮件发送验证阶段：发件人通过 SMTP 从 MUA 发送电子邮件时，发件人需要输入其用户名和密码进行身份验证。在该过程中，发件人的 MTA 不仅需要验证用户的身份，还需要确保发送电子邮件中的 Mail From 与登录的用户一致。

（2）邮件接收验证阶段：接收方的 MTA 接收到邮件后，MTA 将通过 SPF、DKIM、DMARC 校验结果来验证电子邮件发送方的真实性。

（3）邮件转发验证阶段：当邮件转发器自动转发电子邮件时，邮件转发器应确保该邮件发送方的真实性。转发方不应对未经验证的电子邮件提供额外的安全担保，例如对未通过 DKIM 验证的电子邮件主动添加转发域自身的 DKIM 签名。

（4）邮件 UI 渲染阶段：该阶段通常由电子邮件客户端实现，将邮件内容渲染为用户友好的显示界面。然而，大多数的电子邮件客户端不会向用户显示电子邮件的身份校验结果。此外，某些特殊字符、编码格式都可能影响客户端对发件人地址的正确显示。

2. 现有的电子邮件安全扩展协议

目前，最流行的邮件安全扩展协议主要有 SPF、DKIM 和 DMARC。

⊐ SPF 协议是基于 IP 地址的身份验证协议。收件人可以通过查询发件人邮箱域名的 SPF 记录（一组 IP 地址列表，由 TXT 类型的 DNS 记录标识）和发件人 IP 地址来确定电子邮件是否来自真实的电子邮件域名。

⊐ DKIM 协议是基于数字签名的身份验证协议。基于非对称密钥加密算法，DKIM 可以让发件人将数字签名添加到电子邮件的信头字段中，来确保电子邮件不被篡改或者伪造。接收方可以通过查询邮件域名下的 DNS 记录获得 DKIM 公钥并对邮件进行验证。

⊐ DMARC 协议是基于 SPF 和 DKIM 验证结果的身份验证机制。它引入了身份标识符对齐检查和报告反馈机制，以保护域名免受电子邮件伪造攻击的影响。

↘ 二、主要发现

该研究系统地分析了电子邮件传递过程中涉及身份验证的 4 个关键阶段：邮件发送验证阶段、邮件接收验证阶段、邮件转发验证阶段和邮件 UI 渲染阶段。我们发现在这 4 个阶段均存在由协议设计或实现上的缺陷引入的安全问题。我们共发现了 14 种可绕过 SPF、DKIM、DMARC 或 UI 保护机制的邮件伪造攻击，其中 9 种为我们提出的新型攻击。

我们将这 14 种攻击方法归纳成了 3 种攻击模型：共享 MTA 攻击、直接 MTA 攻击、转发 MTA 攻击，如图 2 和表 1 所示。

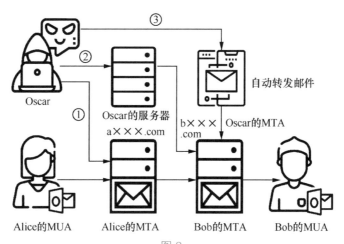

图 2

表 1

类别	攻击方法
邮件发送验证阶段攻击	邮件用户名与发件人头字段之间的不一致（A1）
	邮件发件人和发件人头字段之间的不一致（A2）
邮件接收验证阶段攻击	空白发件人头字段攻击（A3）
	多个发件人头字段攻击（A4）
	多个邮件地址字段攻击（A5）
	解析不一致攻击（A6）
	基于编码的攻击（A7）
	子域名攻击（A8）

类别	攻击方法
邮件转发验证阶段攻击	未经授权的转发（A9）
	DKIM签名欺诈（A10）
	ARC问题（A11）
邮件UI渲染阶段攻击	IDN同形攻击（A12）
	缺少UI渲染（A13）
	从右向左覆盖攻击（A14）

　　在现实攻击过程中，攻击者还可以通过组合不同的攻击技巧来使得攻击更通用。攻击者可以通过组合攻击的方式构建出能够通过 3 个邮件安全扩展协议（SPF、DKIM、DMARC）验证的伪造邮件。图 3 展示了一封来自 admin@aliyun.××× 发往 victim@gmail.××× 的伪造邮件，并且该邮件可以通过 Gmail 的 SPF、DKIM、DMARC 验证。

（a）Gmail的Web UI不显示任何欺骗警报

（b）欺骗电子邮件通过所有电子邮件安全协议验证

图 3

　　图 3 中的攻击是通过组合 A2、A3、A10 这 3 种不同的伪造攻击技巧，同时结合了直接 MTA 攻击、转发 MTA 攻击两种攻击模型实现的，具体的攻击实现细节如图 4 所示。

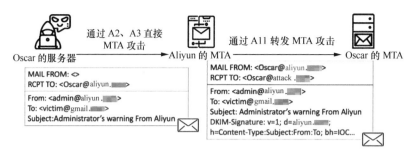

（a）攻击的第一阶段获得阿里云合法的 DKIM 签名

（b）攻击的第二阶段通过 Gmail 的 3 次电子邮件协议安全验证

图 4

为了评估这些攻击方法对现实邮件生态系统的影响，我们对主流的 30 家邮件服务提供商和 23 个电子邮件客户端进行了测量。测量结果非常令人惊讶，几乎所有的邮件服务都受到这些攻击的影响，详细结果参见论文原文。我们已将发现的漏洞汇报给相关的厂商，并协助他们进行了修复。此外，我们还提出了多项缓解措施来应对这些攻击。同时，我们在 GitHub 上开源了相关的测试工具，供邮件管理员评估和增强其邮件系统的安全性。

↘ 三、原因剖析

这项研究发现电子邮件系统中的身份验证机制是一个由多个协议、不同身份角色和多个邮件服务共同维护的身份验证链，研究揭示了这类基于多方的验证链结构的脆弱性。正如"木桶定律"，一个木桶的最大容量取决于其最短的那根木板。电子邮件身份验证链需要多个协议、不同身份角色和邮件服务相互配合，其中的任何一个环节存在安全问题都有可能破坏整个身份验证链的防御机制。

首先，在协议层面，SMTP 设计了多个包含发件人身份信息的字段（如用户名验证、发件人等）。这些字段的不一致为电子邮件伪造攻击提供了基础。此外，如图 5 所示，邮件身份验证的安全性需要由 SPF、DKIM、DMARC 这 3 个协议共同维护。然而，这 3 个协议具体保护的实体（字段）却并不一致。攻击者可以利用这些不一致构造具有歧义的邮件协议数据来绕过 SPF、DKIM、DMARC 的验证机制，从而成功进行伪造电子邮件攻击。

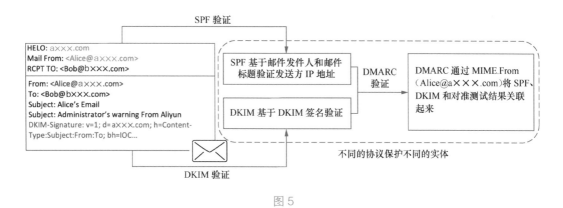

图 5

其次，考虑邮件身份验证链中涉及的 4 个重要角色：发送方、接收方、转发器和 UI 渲染器。在该模型下，每个角色均需承担不同的安全职责。如果任一角色没有提供适当的安全防御解决措施，则整体邮件的真实性便无法保障。例如不同电子邮件服务的安全策略实施侧重点不同，假设电子邮件服务 A 侧重于在发送方实施严格的安全验证机制，而在接收方实施相对宽松的准入机制；电子邮件服务 B 侧重在接收方进行严格的安全验证机制，但在发送时的检查就相对宽松。这导致攻击者可以很容易地从 B 发送具有歧义的伪造邮件到 A。

最后，不同电子邮件服务对安全协议的实现往往不同，而且有些实现会在一定程度上违反 RFC 规定。因此，在处理带有歧义数据的电子邮件（如多个邮件标题）时，不同的电子邮件服务大概率会存在不一致的语义理解。这些不一致的缺陷最终也将导致邮件伪造攻击的形成。

↘ 四、总结

该研究证明了电子邮件生态中这种基于链结构的身份验证机制的脆弱性。在整个研究过程中，该研究共发现了 14 种不同的邮件伪造攻击技巧。此外，该研究还对 30 种流行的电子邮件服务和 23 个电子邮件客户端进行了大规模测量与分析。结果表明，目前主流的邮件服务均容易被相关的攻击影响。依据这些发现，该研究深入剖析了邮件伪造攻击频发且难以治理的根本原因之一：多方对安全机制理解和实现之间的不一致。我们希望这项工作能帮助电子邮件服务商更有效地保护用户，减少邮件伪造攻击的危害，切实提高电子邮件生态系统的整体安全性。

↘ 作者简介

沈凯文，清华大学网络安全实验室博士生，蓝莲花、Tea-Deliverers 战队队员，具备丰富的安全研究及攻防渗透经验。他曾在 USENIX Security、ACM CCS、NDSS 等网络安全国际会议发表多篇论文，在 DEFCON、HITCON 等 CTF 竞赛中多次获得优异名次，在 GeekPwn 国际安全极客大赛漏洞挑战中斩获第一名，在 GeekPwn2019 入选"极棒名人堂"。

王楚涵，清华大学网络安全实验室硕士生，清华大学 CTF 战队 Redbud 队员。他曾在网络安全顶级学术会议 USENIX Security 上发表多篇论文。目前主要从事电子邮件相关安全研究，研究成果帮助谷歌、苹果、Yandex 等知名互联网公司修复了漏洞。

RangeAmp 攻击：将 CDN 变成 DDoS 加农炮

李伟中　郭　润

内容分发网络（CDN）本来是当前防范拒绝服务攻击的最佳实践，然而攻击者可以利用当前 CDN 设计和实现中的漏洞把它变成威力巨大的分布式拒绝服务攻击（DDoS）武器，然后用它来攻击任意的网站，甚至攻击 CDN 平台自身。这是一种流量放大类型的攻击，其放大倍数远远超过 NTP、DNS 等反射攻击。这一研究成果发表于 DSN 2020 的学术论文 "CDN Backfired:Amplification Attacks Based on HTTP Range Requests" 中，论文作者包括清华大学的李伟中、沈凯文、郭润、刘保君、张甲，清华大学 - 奇安信联合研究中心的段海新，得克萨斯大学达拉斯分校的郝双，北京大学的陈夏润，北京信息科技大学的王垚。

一、问题背景

CDN 是当前提高网站的性能、可靠性和安全性的最佳实践之一，它是由分布在不同地理位置的服务器集群组成的分布式网络，目标是帮助其客户网站实现负载均衡、降低网络延迟、提升用户体验、过滤 SQL 注入等，分散拒绝服务攻击的流量。如果一个网站被托管在 CDN 上：网站用户总是从距离自己最近的 CDN 节点快速地获取缓存内容；当用户请求在 CDN 缓存中缺失，CDN 节点会将该请求转发到源站服务器，以获取目标文件内容并将其缓存，如图 1 所示。除了均衡负载和加速缓存，CDN 还能够隐藏其客户网站的实际 IP 地址，并为其提供 DDoS 攻击保护。

图 1

因此，越来越多的网站被托管在 CDN 上。根据 Lin Jin 等人的测量结果，Top10 000 网站中大约有 39% 被托管在 CDN 上。而根据思科报告，在 2016 年有 52% 的互联网流量是通过 CDN 分发的，2021 年这一比例将会上升到 70%。

　　HTTP 范围请求机制旨在减少网络传输、提高网站性能。当通过互联网传输文件时，有时会因为网络等问题导致传输被中断；而 HTTP 是一种无状态协议，因此客户端必须重新请求整个目标文件。当下载大文件时，这可能会非常低效。为了减少不必要的网络传输，HTTP/1.1 开始引入范围请求机制，允许客户端只请求目标文件的一个或多个子范围，如图 2 所示。

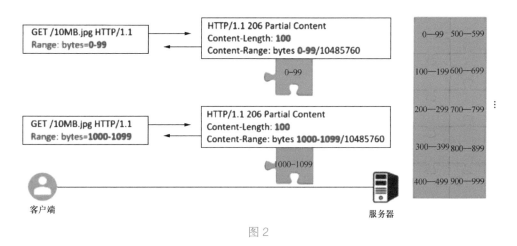

图 2

↘ 二、主要发现

　　虽然 CDN 和 HTTP 范围请求机制都致力于提升网络性能，但是我们却发现，CDN 对 HTTP 范围请求机制的实现存在安全缺陷，使得 CDN 的前端连接和后端连接之间产生巨大流量差异，导致潜在的流量放大攻击，攻击者能够利用 CDN 对网站服务器或 CDN 节点实施 DDoS 攻击。本文将这类新型的应用层放大攻击技术称为 Range-based Traffic Amplification Attacks，即 RangeAmp 攻击。

　　（1）漏洞发现：通过分析 CDN 对范围请求的转发策略和响应行为，我们提出了 RangeAmp 攻击的两种攻击变体，分别是小字节范围（SBR）攻击和重叠字节范围（OBR）攻击。其中，SBR 攻击者能够利用 CDN 对网站服务器实施 DDoS 攻击，而 OBR 攻击者能够利用 CDN 对 CDN 节点实施 DDoS 攻击。

　　（2）影响范围：对全球 13 个主流 CDN 进行了测量，我们发现这 13 个 CDN 都存在潜在的 SBR 攻击，能够被用于攻击大多数网站服务器；发现 11 种 CDN 级联组合（涵盖了 6 个 CDN）存在潜在的 OBR 攻击，这将直接威胁 CDN 的网络可用性。

　　（3）严重程度：在某些场景中，SBR 攻击的流量放大倍数高达 43 330，OBR 攻击的流量放大倍数高达 7 471，远远超过大多数已知攻击方法。此外，这类攻击无须利用僵尸网络，能够绕过 CDN 的 DDoS 检测机制，可能给受害者造成巨大的经济损失。

（4）解决方案：我们从 CDN、网站服务器和 HTTP 这 3 个层面分别提出了缓解措施和解决方案，并积极协助受影响的 CDN 厂商修复漏洞。

↘ 三、SBR 攻击原理

我们发现，CDN 会采用不同的策略来处理范围请求，再将其转发到源站服务器，如图 3 所示。其中，Laziness 策略表示 CDN 直接转发范围请求；Deletion 策略表示 CDN 删除 Range 头部再转发请求；Expansion 策略表示 CDN 扩展 Range 头部中的字节范围再转发请求。

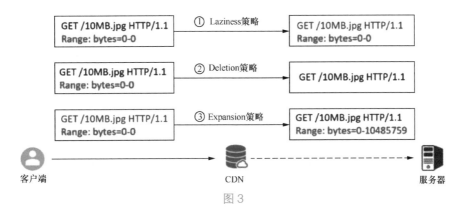

图 3

大多数 CDN 倾向于采用 Deletion 策略或 Expansion 策略来处理范围请求。当接收到一个范围请求时，CDN 往往会"认为"客户端可能会继续请求同一目标文件的其他字节范围，因此会将 Range 头部删除或将其扩展为更大的字节范围，再将请求转发到源站服务器，为后续的范围请求缓存来自源站服务器的响应内容。一旦接收到同一目标文件的其他范围请求，CDN 便可以尝试直接从本地缓存进行快速响应。这不仅优化了缓存，还减少了访问延迟，而且能够防止过多的回源请求。

Deletion 策略和 Expansion 策略确实能够帮助 CDN 改善服务，但是与客户端所请求的字节数相比，这两种策略要求 CDN 从源站服务器请求更多的字节数。如果 CDN 采用 Deletion 策略或 Expansion 策略（这是攻击条件），那么攻击者可以构造一个具有较小字节范围的范围请求来发起 RangeAmp 攻击，使得 CDN 和源站服务器之间需要传输巨大的响应流量，从而大量消耗源站服务器的出口带宽资源（这是攻击目标），如图 4 所示。本文将这种攻击称为 Small Byte Range Attack，即 SBR 攻击。

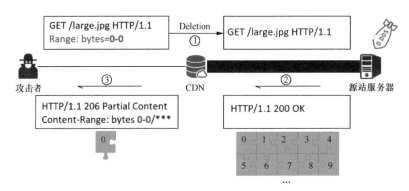

图 4

↘ 四、OBR 攻击原理

HTTP 范围请求机制允许客户端请求目标文件的多个子范围，但是 RFC2616 对多范围请求没有任何限制。Apache Killer（CVE-2011-3192），允许攻击者通过发送多范围请求来耗尽 Apache 服务器上的内存资源。因此，RFC7233 针对多范围请求增加了一些安全考虑，建议 HTTP 服务器应该忽略、合并或拒绝某些可能存在恶意目的的多范围请求，例如具有两个以上重叠范围或者具有许多小范围的多范围请求。大多数 CDN 确实采用了 RFC7233 的安全建议，但很遗憾的是，某些 CDN 出于业务需求或者其他考虑，完全忽略了该建议。

在图 5 中，两个 CDN 可以被级联。如果前端 CDN 采用 Laziness 策略，而且后端 CDN 对多范围请求直接返回大部分响应而不检查范围是否重叠（这是攻击条件），那么攻击者可以构造一个具有大量重叠范围的多范围请求来发起 RangeAmp 攻击，使得前端 CDN 和后端 CDN 之间需要传输巨大的响应流量，从而大量消耗前端 CDN 和后端 CDN 的特定节点的带宽资源（这是攻击目标）。本文将这种攻击称为 Overlapping Byte Ranges Attack，即 OBR 攻击。

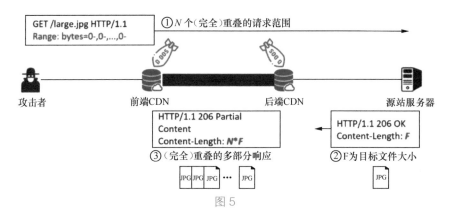

图 5

↘ 五、测量评估

1. 实验测量

我们测量了全球 13 个主流 CDN 的范围请求转发策略，发现所有 CDN 都对特定格式的 Range 头部采用 Deletion 策略或 Expansion 策略。因此，这 13 个 CDN 都受到 SBR 攻击的影响。我们还测量了 SBR 攻击在不同大小的目标文件（1MB ～ 25MB）时的流量放大倍数，如表 1 所示，第一列是受影响的 CDN 厂商，第二列是精心构造的测试用例，第三列是目标文件大小分别为 1MB、10MB 和 25MB 时所取得的流量放大倍数。

表 1

CDN	可利用的Range头部示例	流量放大倍数		
		1MB	10MB	25MB
Akamai	bytes=0-0	1 707	16 991	43 093
Alibaba Cloud	bytes=-1	1 056	10 498	26 241
Azure	bytes=0-0（F≤8MB） bytes=8388608-8388608(F＞8MB)	1 401	15 016	23 481
CDN77	bytes=0-0	1 612	15 915	40 390
CDNsun	bytes=0-0	1 578	15 705	38 730
Cloudflare	bytes=0-0	1 282	12 791	31 836
CloudFront	bytes=0-0,9437184-9437184	1 356	9 214	9 281
Fastly	bytes=0-0	1 286	12 836	31 820
G-Core Labs	bytes=0-0	1 763	17 197	43 330
Huawei Cloud	bytes=-1（F＜10MB） bytes=0-0（F≥10MB）	1 465	14 631	36 335
KeyCDN	bytes=0-0 & bytes=0-0	724	7 117	17 744
StackPath	bytes=0-0	1 297	13 007	32 491
Tencent Cloud	bytes=0-0	1 308	12 997	32 438

注：F 为目标资源大小。

我们测量了上述 13 个 CDN 对多范围请求的转发行为和响应行为，发现有 4 个 CDN 采用 Laziness 策略转发多范围请求，有 3 个 CDN 对多范围请求直接返回大部分响应而不检查范围是否重叠。因此，这些 CDN 都受到 OBR 攻击的影响，其中有 11 种 CDN 级联组合，涵盖 6 个不同的 CDN 厂商。我们进一步测量了这 11 种 CDN 级联组合能够产生的最大流量放大倍数，如表 2 所示，第一列和第二列是受影响的 CDN 级联组合，第三列是精心构造的测试用例，第四列是测试用例中能够包含的重叠范围最大数量，第五列是目标文件大小为 1KB 时服务器返回给后端 CDN 的流量大小、后端 CDN 返回给前端 CDN 的流量大小和相应的流量放大倍数。

表 2

前端CDN	后端CDN	可利用的Range头部示例	当目标资源大小为1KB、n为最大值时			
			n的最大值	服务器返回给后端CDN的流量大小	后端CDN返回给前端CDN的流量大小	流量放大倍数
CDN77	Akamai	bytes=-1024,0-,···,0-	5 455	1 676B	6 350 944B	3 789.35
	Azure		64	1 620B	86 745B	53.55
	StackPath		5 455	1 808B	6 413 097B	3 547.07
CDNsun	Akamai	bytes=1-,0-,···,0-	5 456	1 676B	6 337 810B	3 781.51
	Azure		64	1 620B	84 481B	52.15
	StackPath		5 456	1 808B	6 414 011B	3 547.57
Cloudflare	Akamai	bytes=0-,0-,···,0-	10 750	1 676B	12 456 915B	7 432.53
	Azure		64	1 620B	85 386B	52.71
	StackPath		10 750	1 940B	12 636 554B	6 513.69
StackPath	Akamai	bytes=0-,0-,···,0-	10 801	1 667B	12 522 091B	7 471.41
	Azure		64	1 620B	82 191B	50.74
	StackPath		—	—	—	—

注：n 为多范围请求中的请求范围的重叠次数。

2. 攻击演示

为了探索 RangeAmp 攻击对受害者服务器带宽资源的损害程度，我们将受害者服务器出口带宽设置为 1 000Mbit/s，将目标文件大小设置为 10MB，然后发起 SBR 攻击，持续 30 秒。在攻击期间，当并发请求数超过 13，受害者服务器的千兆出口带宽基本被耗尽，而攻击端带宽消耗基本不到 500kbit/s，如图 6 和图 7 所示。

此外，在 GeekPwn 2019 国际安全极客大赛上，我们成功演示了利用 RangeAmp 攻击对出口带宽为 3Gbit/s 的网站服务器实施 DDoS 攻击。受害者网站为主办方提供的位于中国的网站服务器，攻击持续 5 分钟以上。在攻击期间，目标网站服务器的出口带宽被完全耗尽。主办方在受害者网站首页上放置了两张图片，大小分别为 6.4MB 和 5.3MB。在攻击之前，网站首页加载延迟大约为 2 秒；在攻击期间，主办方多次访问网站首页，加载延迟几乎每次都超过

20 秒。

　　部分 CDN（如 Cloudflare 和 CloudFront）声称它们对 DDoS 攻击具有检测能力和防御能力。但是，在所有 CDN 的默认配置和潜在 DDoS 防御机制下，本文的实验测量和攻击演示过程没有触发任何安全告警。

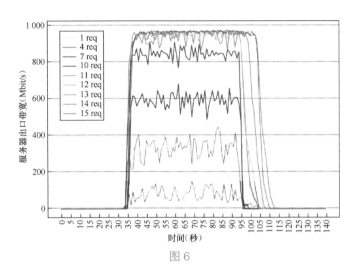

图 6

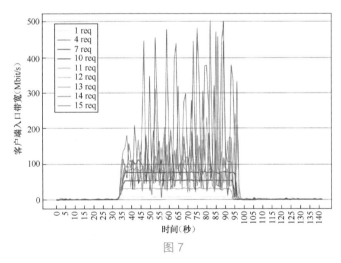

图 7

3. 攻击评估

现有 DDoS 防御机制基本失效，原因如下。

　▫ 传统 DDoS 攻击技术在 CDN 环境中不再那么有效；而 RangeAmp 攻击利用 CDN 的安全缺陷来对受害者服务器发起攻击，攻击请求均由 CDN 节点产生，这可能会误导 CDN 将攻击请求判定为正常请求。

- 传统 DDoS 攻击技术主要针对受害者服务器的入口带宽，而 RangeAmp 攻击主要消耗受害者服务器的出口带宽，现有检测机制不一定能够识别此类攻击。
- CDN 平台往往建议源站服务器设置防火墙白名单，只允许 CDN 节点访问源站服务器，这样源站服务器可以完全委托 CDN 进行 DDoS 防御；而 RangeAmp 攻击使得 CDN 提供的 DDoS 保护功能不再可信，一旦 CDN 节点被源站服务器列入白名单，源站服务器的 DDoS 防御机制将形同虚设。

攻击影响范围非常广泛，原因如下。

- 被测试的 13 个主流 CDN 都存在潜在的 RangeAmp 攻击，而这些 CDN 在世界范围内都很受欢迎，市场份额排名较高，许多主流网站都托管在这些 CDN 上，这使得大量网站和 CDN 节点都暴露于该类攻击中。
- 大多数 CDN 都不验证源站服务器的所有权，因此恶意客户可以将 CDN 的源站服务器配置为任意目标网站。这意味着，受害者服务器不仅可以是已经托管在 CDN 上的网站，还可以是未被托管在 CDN 上的网站。
- 不同 CDN 的架构和功能大同小异，其他未被测试的 CDN 存在潜在的 RangeAmp 攻击的可能性非常高。

攻击成本低但破坏严重，原因如下。

- 同需要控制大量僵尸网络的传统 DDoS 攻击不同，CDN 的入口节点广泛地分散在世界各地，形成自然分布的"僵尸网络"，因此攻击者只需要一台普通笔记本电脑就可以发起 RangeAmp 攻击。
- 根据实验测量结果，RangeAmp 攻击的流量放大倍数远远高于大多数已知攻击方法，在某些场景中，SBR 攻击的流量放大倍数高达 43 330，OBR 攻击的流量放大倍数高达 7 471。这意味着，攻击者消耗的资源非常少，而受害者消耗的资源非常多，攻击者可以轻松地耗尽受害者服务器的带宽资源，导致受害者服务器完全拒绝服务。

给受害者造成巨大的金钱损失。大多数 CDN 厂商根据流量消耗向客户收取费用，包括 Akamai、Alibaba Cloud、Azure、CDN77、CDNsun、CloudFront、Fastly、Huawei Cloud、KeyCDN 和 Tencent Cloud。当网站被托管在这些 CDN 上时，其商业对手可以滥用相应的 CDN 对源站服务器发起 RangeAmp 攻击，使得源站服务器和 CDN 节点之间持续传输巨大的流量，从而产生高昂的 CDN 服务费。

六、解决方案

我们向所有相关 CDN 厂商负责任地披露了相关漏洞，并为他们提供了缓解措施和解决方案，积极帮助他们修复问题，如表 3 所示。

表3

对象	建议
CDN厂商	1. 采用更安全的Expansion策略来转发范围请求，不对Range头部中的字节范围进行太多的扩展； 2. 遵守RFC7233的建议，拒绝、合并或忽视某些多范围请求，例如存在重叠字节范围或存在许多小范围时； 3. 完善DDoS保护机制，增加对RangeAmp攻击的检测和防御
网站管理员	1. 如果网站已被托管在CDN上，建议检查该CDN是否存在RangeAmp漏洞； 2. 如果网站未被托管在CDN上，建议阻塞来自CDN的网络流量
HTTP规范	1. 增加对RangeAmp攻击的安全考虑； 2. 考虑在复杂网络环境中对范围请求机制进行更明确的限制，例如在代理环境和CDN环境中

↘ 七、总结

在这项研究中，我们提出了由 CDN 环境中 HTTP 范围请求机制实现不当所引起的新型 RangeAmp 攻击，并提出了两种具体的攻击方法。攻击者可以滥用易受攻击的 CDN 来攻击大多数网站和 CDN 服务。RangeAmp 攻击的攻击成本非常低，影响范围非常广，流量放大倍数非常高。这类攻击将严重威胁网站和 CDN 服务的可用性，我们的研究提前暴露了这类攻击，以帮助潜在受害者充分理解攻击原理和危害。

↘ 作者简介

李伟中，清华大学网络与信息安全实验室 2017 级硕士研究生，师从段海新教授。他的主要研究方向为 HTTP 安全和 CDN 安全。他曾在学术会议 DSN 2020 和 NDSS 2020 上发表相关论文并获得 DSN 2020 最佳论文奖。

郭润，清华大学计算机系博士生，从事网络安全方面的研究，侧重于对 Content Delivery Network 平台的测量和安全性分析。

最熟悉的陌生人——基于共享证书的 HTTPS 上下文混淆攻击实证研究

张明明 郑晓峰

本文论文原文"Talking with Familiar Strangers: An Empirical Study on HTTPS Context Confusion Attacks",发表于 ACM CCS 2020。

一、问题背景

HTTPS 是为保护"端到端"安全通信而设计的协议,用于保障数据的隐私性、完整性和可靠性,而本文证实了 HTTPS 加密通信的又一个严重的安全威胁——共享证书会导致 Web PKI 生态缺陷。

在 Web PKI 生态中,TLS 证书可对多个域名有效或被多台服务器共享。这些域名与服务器之间未必存在业务联系,甚至可能属于不同主体,但是它们会因为共享了同一个 TLS 证书而产生安全关联,所以本文将它们比喻为"最熟悉的陌生人"。共享证书的域名之间存在的安全依赖关系,会使它们整体的安全性出现"木桶效应",即任何一台服务器上的配置缺陷都有可能影响其他关联网站的安全。

基于共享证书导致的生态缺陷,攻击者可以绕过 HTTPS 的相关安全防护,破坏 HTTPS 通信过程的安全性。针对这类新型的攻击方法,本文对 Alexa 网站 Top 域名展开了测量与实证研究,发现很多流行应用可被劫持,包括在线支付、第三方登录、邮件服务和文件下载等。目前,我们已经将发现的漏洞报告给受影响的厂商,并提出了降低风险的解决方案。

二、威胁模型

在 2015 年 Antoine Delignat-Lavaud 等人提出,当两个虚拟主机使用相同 TLS 证书、共享 TLS Session 缓存或共享密钥时,攻击者可在一个 Origin 加载另一个域下的资源,造成 Origin 混淆。本文研究的攻击均基于共享 TLS 证书的场景,利用共享证书的不同主体间策略配置的不一致性,将其中一台服务器的缺陷配置引向另一个安全的服务器,从而绕过后者的安全配置。

这个过程除了会导致服务端加载资源的 Origin 混淆，也会造成客户端的浏览上下文混淆，即攻击可发生在用户和应用程序所认为的"安全上下文"中，实现透明的、过程间的 HTTPS 劫持。在本文中，我们将此类攻击概括为 HTTPS Context Confusion Attack，即 SCC 攻击。

1.SCC 攻击假设

在 SCC 攻击中，我们做出如下假设：

（1）TLS 协议本身是安全的，SCC 攻击不利用协议本身的漏洞或缺陷；

（2）客户端接收的 TLS 证书是合法有效的，即在通信初始的证书验证环节可顺利通过，客户端可以接收到服务器返回的合法、有效和可信的 TLS 证书。

2. 谁可以成为 SCC 攻击者

在本文的攻击模型中，我们假设攻击者是网络中间人的身份，仅能拦截加密流量并进行路由重定向，或篡改明文数据，而无法解密加密流量，具体如下。

（1）最典型的攻击者与受害者处于相同局域网。例如，攻击者能够在本地 WiFi 或以太网对通信进行拦截，如利用家用路由器。类似地，攻击者也可以控制防护较弱的开放的 WiFi 网络，例如当用户连接机场或咖啡厅的免费 WiFi 时，其网络通信便有可能被中间人拦截和窃听。

（2）恶意的网络中间件，例如被攻破的网关或使客户端使用恶意的代理服务器等。

（3）被攻破或被恶意利用的 ISP 路由节点等。

3.SCC 攻击模型

攻击模型如图 1 所示，本文的攻击模型主要包含 4 个组成部分。

（1）客户端：通过浏览器浏览网站的受害者。

（2）攻击者：能对加密流量进行路由重定向的网络中间人。

（3）服务器 A：用户访问的网站，该网站部署了安全策略的最佳实践，如 HSTS 策略等。

（4）服务器 B：与服务器 A 共享 TLS 证书的网站，该网站存在安全策略配置缺陷，如存在 HTTP 响应头部误配置等。

在 SCC 攻击中，攻击者的主要目的就是利用第三方服务器（服务器 B）的配置缺陷来劫持客户端与已经安全部署的服务器 A 间的 HTTPS 通信过程。当用户访问服务器 A 时，攻击者首先需要拦截客户端发往服务器 A 的 HTTPS 请求（①），并在 TCP 和 IP 层将请求重定向至服务器 B（②），使客户端与服务器 B 建立 TLS 连接。但是，浏览器仍会将此时的上下文视为与服务器 A 建立起的连接。一旦服务器 B 未严格检查域名，向客户端返回存在安全缺陷的响应头部配置（③），浏览器就会将这种缺陷策略（④）部署给服务器 A，从而降低服务器 A 的安全等级（例如将 HTTPS 降级为 HTTP），以便攻击者的进一步利用。

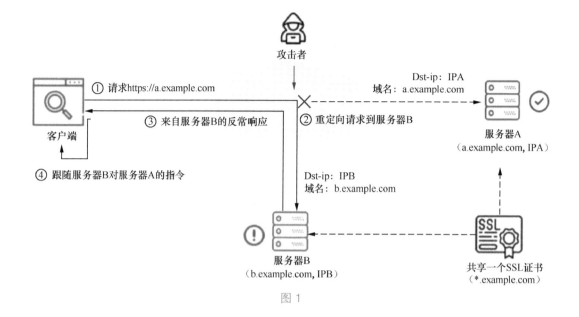

图 1

为了保证攻击的透明性和欺骗性，攻击者需要准确定位待攻击的请求，进行有针对性的拦截，实施攻击（如替换部分资源或窃取用户数据）后，再将上下文恢复至原始状态，让用户以为自己仍旧在原始的受到 HTTPS 加密保护的上下文中执行操作，做到用户操作的上下文混淆。

4. 为什么客户端能与服务器 B 建立连接

（1）TLS 不保护下层（TCP 和 IP 层）数据，应用层也无法感知到下层 IP 地址的切换。在现实网络中，由于负载均衡、CDN 部署等原因，IP 地址的切换也很常见，因此浏览器无法根据目标 IP 地址或端口的切换而察觉到攻击行为。

（2）服务器 B 提供与服务器 A 共享的 TLS 证书，浏览器对证书的校验也能够通过，即服务器 B 可以通过浏览器的身份验证。

（3）在现实环境中，出于提高容错性、改善用户体验、增加收益或促进商业合作等多方面的考虑，很多服务器并不会直接拒绝 Host 不匹配的请求，因为用户可能由于手误错误地输入域名。相反，一些服务器会将所有 Host 不匹配的请求交给一个默认的虚拟服务器处理，而通常这类默认服务器配置比较简单，例如统一将请求重定向至一个 URL。服务器端也可能实现了域名映射，例如将发往不同域名的请求重定向至同一个后端服务器，这个方法同样也是为了避免用户经常在浏览器地址栏输错地址带来的浏览问题。此外，服务端也可能存在 Host 宽松检查的问题，例如未检查或未严格检查 Host 头，如此便可接受 Host 为相同根域名下的其他子域名的请求。

5. 与现有的 SSL Stripping 系列攻击的区别

与 SSL Stripping 及各类变形攻击相比，SCC 攻击具有一定的特殊性。

（1）即使待劫持的目标网站遵循了安全策略的最佳实践，SCC 攻击也能够正常发起，因为攻击者可以用第三方服务器的配置缺陷来绕过原本安全的策略。

（2）SCC 攻击不依赖于初始的 HTTP 明文请求，攻击者可以在 TLS 握手阶段完成对 HTTPS 请求的劫持。因此，现有的 HSTS 策略、CSP 策略等无法直接防御此类攻击。进一步地，SCC 攻击适用于已经建立起的安全的 TLS 连接，因为攻击者能够通过触发重握手的方式在安全上下文中做到过程间劫持。

（3）客户端无须安装攻击者提供的根证书，此时的 TLS 连接仍可受到可信的、有效的证书保护。因此，攻击不会触发浏览器的证书验证错误等警报，浏览器很难检测到此攻击的发生，可以做到对用户透明。

三、SCC 攻击场景：HTTPS 安全策略绕过

基于图 1 中的攻击模型，SCC 攻击者可以利用共享证书的服务器 A 与服务器 B 之间响应头的不一致发起攻击。经过系统地分析，我们发现有两种响应头部可以被用来绕过 HTTPS 的保护，从而使用户陷入被攻击的威胁，具体利用场景如下。

场景 1：利用不安全的 Location 字段实现 HTTPS 到 HTTP 的降级攻击

在实际应用中，网站服务器可以通过配置 3×× 跳转，默认地将所有 HTTP 请求重定向至 HTTPS 连接，从而实现 HTTPS 的加密保护。然而，如果 Location 字段设置的是不安全链接（HTTP URL），这种 3×× 跳转便会将通信暴露于明文环境下。在本文的攻击模型中，SCC 攻击者便可以利用服务器 B 返回的不安全 3×× 跳转，将 HTTPS 请求降级至 HTTP 状态，我们将这类攻击称为 HTTPS 降级攻击。

（1）单级降级攻击。如果共享证书的服务器 B 直接返回 3×× 到 HTTP URL 的跳转，那么攻击者通过一次路由重定向，就可以将 HTTPS 请求降级，如图 1 所示。首先，当用户请求 https://a.example.com（Host 为 a.example.com）时，攻击者需要拦截该请求并将其重路由至服务器 B（IPB）。如果服务器 B 返回一个到 HTTP URL 的 3×× 跳转，那么在浏览器跟随跳转后，请求的上下文便会被降级至明文状态，攻击者就可以篡改明文数据并进一步实现攻击（如钓鱼、资源替换等）。

（2）多级降级攻击。如果与服务器 A 共享证书的所有服务器均不会返回不安全的 3×× 跳转，只有个别服务器会返回 302 到 HTTPS 的安全跳转，那么仅通过单级跳转是无法成功降级的。此时，攻击者可以将一系列 3×× 跳转串联起来的方式，通过多级跳转完成降级攻击，如图 2 所示。

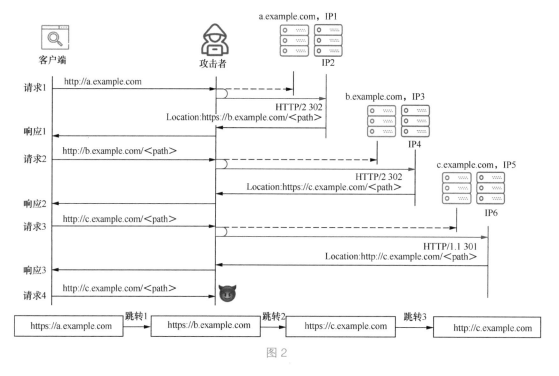

图 2

在图 2 这个例子中，每对服务器（一黄一蓝）共享 TLS 证书。当攻击者将发往黄色服务器的 HTTPS 请求重定向至共享证书的蓝色服务器时，后者会返回 301/302 跳转至第三方域。攻击者构造的跳转链中，只要有一个域名可以被降级，那么整条链上所有域名的 HTTPS 请求就都可以被降级。

场景 2: 利用 Strict-Transport-Security 字段的缺陷配置绕过 HSTS 策略

在实际应用中，网站服务器通过 Strict-Transport-Security（STS）头部字段来部署 HSTS 策略，让浏览器在策略生存期内强制使用 HTTPS 与该网站通信。但是，该头部字段属性的误配置可能使 HSTS 策略失效。

与降级攻击类似，我们仍旧假设待攻击的服务器 A 已经部署了 HSTS 策略的最佳实践，而服务器 B 存在 HSTS 配置缺陷。下面我们来介绍利用服务器 B 的 STS 误配置来绕过服务器 A 的 HSTS 保护的 3 种情况。

（1）利用服务器 B 清除服务器 A 的 HSTS 策略缓存（HSTS-1）。如果服务器 B 给客户端返回 STS: max-age=0，而浏览器又把它当作是服务器 A 的响应，就会清空服务器 A 的 HSTS 策略配置。

（2）利用服务器 B 取消对服务器 A 子域名的 HSTS 保护（HSTS-2）。在中间人重定向之后，如果服务器 B 给客户端返回的 STS 域缺少 includeSubDomain 指令，除非服务器 A 的子域名单独配置过 HSTS 策略，否则浏览器会更新 HSTS 配置，不再对服务器 A 的子域名提供 HSTS

保护。另外，如果服务器 B 返回 STS: max-age=0; includeSubDomains，则 includeSubDomain 指令会被浏览器忽略。此时，浏览器会清空服务器 A 的 HSTS 策略，同时也不会再为它的子域名提供 HSTS 保护。

（3）利用服务器 B 降低服务器的 HSTS 策略缓存期（HSTS-3）。如果服务器 B 返回的 STS 头部的 max-age 比服务器 A 的小，那么通过路由重定向，浏览器中服务器 A 的 HSTS 策略将会被更新，使缓存期缩短。如果用户在这很短的 max-age（一天）内没有访问服务器 A，一天后浏览器中关于服务器 A 的 HSTS 缓存就会失效，这意味着在很短的时间后用户再次访问服务器 A 时，浏览器便会再次发出初始 HTTP 请求，使明文请求被攻击者拦截的可能性增高。

我们做一个小结，场景 1 是利用不安全的 3×× 跳转将 HTTPS 降级至 HTTP，场景 2 是利用误配置的 STS 头部来绕过 HSTS 策略保护，二者均使 HTTP 明文请求在原本安全的 HTTPS 上下文保护下发出，给攻击者提供拦截和篡改的机会。但是，如果共享证书的所有域名全都安全部署了 HSTS，且加入 HSTS 预加载列表，上述问题便可以避免。然而，HSTS 预加载列表是一个自愿加入的项目，在各域名尚未全部完美部署 HSTS 的情况下，更难保证所有域名均加入了预加载列表。

四、现实网络环境中攻击的技术挑战

现有的 SSL Stripping 等攻击只能在初始的明文请求处实现对 SSL 的剥离，而在本文的攻击模型中，攻击者可以在连接的任意时刻实施攻击：既可以在 TLS 握手阶段进行劫持。也可以拦截一个已经建立完成的 TLS 连接，做到 HTTPS 通信"过程间"的劫持。这使 HTTPS 劫持具备更高的可行性。

为了实现在任意时刻劫持 HTTPS 通信，攻击者将面临以下 3 个挑战。

- 如何找准攻击时机，准确定位待劫持的目标请求？
- 如果目标请求和其他资源请求复用一个已经成功建立的 TLS 连接，如何悄悄打断连接，而不影响网站的其他正常功能？
- 如何保证整个劫持过程对用户透明，使攻击更具备欺骗性？

下面我们将介绍能够克服这些挑战的技术方法。

1. 攻击时机

在实际应用中，攻击者想要劫持的敏感请求（如付款操作）可能处在不同连接状态下：

（1）该请求资源由一个独立的域名提供服务；

（2）该请求资源与其他资源托管在同一域名的不同路径下，但每次的资源请求占用一个独立的连接；

（3）该请求资源与其他资源复用相同连接，例如连接是在保活状态下。

在情况（2）和情况（3）中，如果攻击者将指向目标域名的连接都拦截，会影响其他资源加载，导致网站正常功能被破坏，这很容易被用户察觉。

在攻击之前，攻击者首先需要准确判断待劫持的目标请求是在何种连接状态下，然后采取相应行动，将目标请求重定向到第三方服务器（图 1 中的服务器 B）。图 3 中展示了在不同连接状态下 HTTPS 请求的劫持时机：

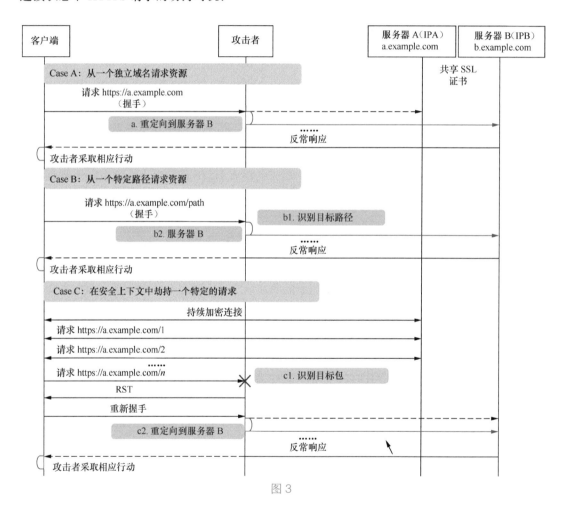

图 3

Case A：如果目标请求资源托管于一个独立的域名，那么攻击者可以直接通过 DNS 污染等方式，将该域名的解析指向服务器 B（IPB）。因此，当用户访问 https://a.example.com 时，浏览器实际是在与服务器 B 建立 TLS 连接进行通信。如果服务器 B 返回不安全的 3×× 跳转或存在缺陷配置的 STS 头部，便可被攻击者利用，绕过对服务器 A 的 HTTPS 通信。

Case B：如果目标资源与其他资源托管于同一域名，只通过不同路径来作区分，并且每个请求都发生于独立连接，那么攻击者首先需要在加密流量中识别到指向目标路径的连接，然后通过 TCP 重定向的方式将该请求发往服务器 B。

Case C：如果目标资源的请求与其他资源复用相同连接（在长连接中），那么攻击者需要在加密流量中识别到关键请求后中断现有连接，并通过一定方法促使浏览器重新发起合法的 TLS 握手。在重握手阶段，攻击者便可以将请求重定向至服务器 B，使客户端与服务器 B 建立起连接。

2. 在加密流量中泄露请求路径

在上文 Case B 和 Case C 中，攻击者均需在加密流量中寻找针对关键路径的请求包，以泄露请求路径。在 2018 年 Chen 等人提出了一种通过侧信道泄漏 HTTPS 路径的方式，其利用了 Cookie 机制中的一个缺陷——在 HTTP 会话下为目标域名和路径设置的 Cookie 同样会携带至 HTTPS 连接中，因此通过向特定路径注入超长 Cookie 的方法，就可以在 TLS 层根据 TLS 记录大小检测到目标请求包。这种方法同样适用本文的 SCC 攻击场景，攻击者可以向待劫持的目标路径注入长 Cookie，在 TLS 层检测到超大的包（目标请求包）时，中断当前连接、触发重握手并重定向新请求。

3. 触发合法的 TLS 重握手

在一个已建立的连接中实施 HTTPS 劫持，攻击者需要在打断当前连接后促使浏览器发起新的 TLS 握手（此处我们称为 TLS 重握手），以便于重定向 TLS 请求。经过检测，我们发现在现有连接中，当连接超时或接收到 TCP RST 包时，浏览器会主动发起新的 TLS 握手。与 TLS 安全重协商不同，重协商时的握手信息是加密的，攻击者无法监视协商过程；而重握手是浏览器为了继续发送长连接中的请求而主动发起的新连接，其握手过程与正常过程无差别。

↘ 五、SCC 攻击中浏览器的行为检测

接下来，我们将介绍浏览器是否存在可能检测到 SCC 攻击的风险提示机制或拦截措施。

1. 在 HTTPS 降级攻击中，浏览器会发出怎样的安全提示？

现今主流浏览器会对网络连接状态、通信安全状态做出风险提示和安全警报，例如地址栏的安全锁、盾牌等，以及证书错误等警示页面。在本文中，我们对不同场景下的 SCC 降级攻击的浏览器提示进行了测量分析，根据攻击目标与过程，我们可以将降级攻击分为以下 3 类：

（1）直接降级"输入地址栏"或"点击超链接"时发出的 HTTPS 请求。在这类请求中，浏览器会在一个全新的上下文中请求和加载资源，因此地址栏会跟随请求的跳转。如果服务器端返回 302 跳转至 HTTP 连接，地址栏也会显示 HTTP 不安全连接状态。

（2）降级 HTTPS 请求并实施攻击后，再将上下文恢复至 HTTPS 状态，如图 4 所示。攻击者首先可以利用共享证书的服务器 B 降级 HTTPS 请求（过程①）；然后拦截 HTTP 请求，通过伪造 HTTP 响应，促使客户端跟随一系列伪造的 302 跳转（过程②）；最后再利用一次 302 重定向使浏览器跳转回 HTTPS 请求，将连接恢复至 HTTPS 状态（过程③）。

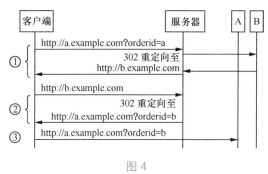

图 4

在①和②的这些中间跳转过程中，客户端只接收到响应头部而无响应体，属于非渲染响应。我们发现浏览器（包括 Chrome、Firefox、Safari、IE）地址栏和网页无任何跳转变化，仍旧停留在原始状态。只有当③结束后，浏览器的才会显示 https://a.example.com?orderid=b 这个 HTTPS 页面。用户只看到网页加载一次，且连接状态安全，浏览器显示并无异常，而地址栏参数的变化在正常请求中也很常见，因此很难察觉攻击行为的发生。

在这种攻击中，攻击者可在②中完成 Cookie 的注入，也可以在③中完成对请求参数的篡改，例如替换用户支付的订单信息。此外，如果用户在①中要请求一个非渲染资源（如软件安装包、邮件附件），攻击者可在①②后将请求引向一个下载恶意程序的地址，而在整个下载过程，浏览器的地址栏和网页无任何变化。

（3）降级网页中加载被动资源的 HTTPS 请求。如果攻击者欲劫持网页中的被动子资源，在实施降级后，我们发现 iOS 版本的 Firefox 仍旧显示安全小锁，Chrome 会将安全锁转换为叹号标识，而 Safari 和 IE 只显示 URL、不再显示任何安全标识。

2. 各浏览器是否会在接收到 RST 后主动发起 TLS 重握手？

为了验证通过触发 TLS 重握手实施 HTTPS 劫持的可行性，我们对不同操作系统中主流浏览器的处理行为进行了检测。检测结果显示，各操作系统下的 Chrome、Firefox、Edge、Safari 均会在接收到 TCP RST 后立即启动 TLS 重握手来完成长连接中未完成的请求。其中，Chrome 会在重握手结束后正常从服务器 B 加载资源，而 Firefox 会发出报警提示。

↘ 六、大规模测量与结果分析

1. 测量方法和数据集

在大规模检测存在 SCC 威胁的网站的实验中，我们主要采用交叉请求的方法：给定一个域名列表去检测哪些可能受到 SCC 攻击，首先找到与这些域名共享 TLS 证书的相关域名集合，然后尝试将发往原域名列表的 HTTPS 请求重定向至存在缺陷的相关域名，来模拟攻击者恶意的路由重定向行为，如图 5 所示。在将相关域名分组后，我们开始交叉发送请求，即将每个 Host 的 HTTPS 请求分别发往同组中的不同服务器，例如分别向 IP1、IP2、IP3 请求 https://sub1.example.com。通过比较共享证书的服务器返回的响应差异，就可以判断是否存在第三方服务器可被攻击者利用实施 SCC 攻击。

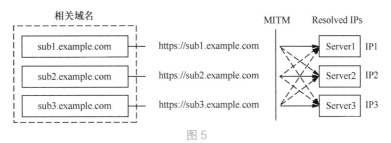

图 5

我们以 Alexa 网站 Top 500 的域名作为种子域，然后通过解析 CT 日志中的证书和 PassiveDNS 共获取到它们的 283 311 个子域名。在交叉请求的不断迭代过程中，我们将新获取的证书和解析出来的域名也加入域名列表，最终一共扩展出 292 227 个 Alexa 网站 Top 500 的子域名。基于这个域名列表，我们将每个域名与所有共享证书的域名解析 IP 进行关联，共得到 6 765 333 个域名-IP 组合，用于 HTTPS 请求重定向的测量。其中有 34 317 个 Top 500 域名的子域名可以收到正常的响应（状态码为 2×× 或 3××）。所有域名和证书数据集分布情况如表 1 所示。

表1

Alexa排名			1~100	101~200	201~300	301~400	401~500	总计
多域名证书数量			4 630	1 400	1 017	1 120	725	8 892
所有FQDN数量			83 367	67 262	41 296	60 325	39 977	292 227
部署HTTPS的FQDN			12 453	5 695	5 113	5 904	5 152	34 317
影响主域名	HTTPS降级（C1.1）	Down-1	36	19	19	20	20	114（22.8%）
		Down-2	11	4	4	4	4	27（5.4%）
	HTTPS降级（C1.2）（过滤掉HSTS）	Down-1	32	17	16	18	15	98（19.6%）
		Down-2	7	4	1	3	4	19（3.8%）
	HSTS绕过（C2）	HSTS-1	3	2	0	0	0	5（1%）
		HSTS-2	7	6	5	2	1	21（4.2%）
		HSTS-3	7	7	7	7	3	31（6.2%）
	全部	C1.1+C2	37	21	21	24	23	126（25.2%）
		C1.2+C2	34	19	19	24	18	114（22.8%）

续表

Alexa排名			1~100	101~200	201~300	301~400	401~500	总计
易攻击的FQDNs	HTTPS降级（C1.1）	Down-1	826	434	352	476	354	2 442（7.12%）
		Down-2	266	48	151	98	24	587（1.71%）
	HTTPS降级（C1.2）（过滤掉HSTS）	Down-1	590	391	268	174	328	1 751（5.10%）
		Down-2	119	48	5	95	24	291（0.85%）
	HSTS绕过（C2）	HSTS-1	23	19	0	0	0	42（0.12%）
		HSTS-2	37	24	14	19	1	95（0.28%）
		HSTS-3	54	24	28	43	12	161（0.47%）
	全部	C1.1+C2	1 087	497	391	572	371	2 918（8.50%）
		C1.2+C2	725	458	297	304	356	2 140（6.24%）

2. 威胁规模

经过测量，我们发现在 Alexa 网站 Top 500 的域名中，有 126（25.2%）个网站的子域名会受到 SCC 攻击威胁，具体影响了 2 918（8.5%）的子域名。表 1 给出了测试域名的排名分布、证书收集情况，以及受各类攻击影响的域名情况。

（1）HTTPS 降级攻击。如表 1 中 C1.1 所示，其占据所有威胁中的大多数。通过将 HTTPS 请求重定向至共享证书的服务器，我们发现 Alexa 网站 Top 500 中 114 个主域名的 2 442 个子域名的 HTTPS 请求可以被单级降级，包括百度、亚马逊、天猫等知名网站域名的部分子域名。另外，还有 27 个主域名的 587 个子域名可以通过多级降级的方式进行攻击，包括 Office、领英、微软的部分子域名。

在单级和多级降级攻击中，3×× 跳转会给不同域名间引入安全依赖关系。例如，将请求 https://a.example.com（服务器 A）重定向至共享证书的 b.example.com（服务器 B）的服务器后，服务器 B 返回 302 至 http://b.example.com 的降级跳转，那么服务器 A 的安全性就会在一定程度上受服务器 B 的影响。为了检测由 3×× 跳转带来的不同域间的依赖情况，我们对所有发生降级现象的测量结果进行了统计，发现有 16.56% 的 HTTPS 请求被 3×× 重定向至相同域名的不同 URL，有 49.12% 的请求被重定向至相同主域名下的不同子域，而其他的跳转均指向了不同的主域名。

但是，如果降级跳转的目标域名部署了 HSTS，则服务器 B 的不安全响应无法成功将上下文降级至 HTTP。因此，我们在分析降级结果时，进一步过滤掉了目标域部署 HSTS 的情况，结果如表 1 的 C1.2 所示，仍旧有 1 751 个 FQDN 能够利用共享证书的第三方域名实施降级。

（2）HSTS 策略绕过。如表 1 中 C2 所示，在 Alexa 网站 Top 500 的域名当中，我们发现有 43（8.6%）个主域名的 271 个子域名可以被第三方不安全配置的 STS 头部影响，其中 HSTS-1、HSTS-2 和 HSTS-3 的数据分别对应的"清除 HSTS 策略""消除子域名 HSTS 保护"和"降级 HSTS 缓存期"3 种攻击。

3. 多方主体的安全依赖关系

在现实中，共享 TLS 证书的域名之间未必存在业务联系，甚至可能属于不同主体，但是在我们的攻击模型中发现，一方（服务器 A）的安全策略配置的安全性会受到共享证书的另一方（服务器 B）的影响，说明不同实体之间可能直接或间接存在着安全依赖关系。这里提到的"另一方"包括很多种主体。例如，在 HTTPS 降级场景中，待访问域名的安全性不仅依赖于与其共享证书的域名配置，也依赖于 3×× 跳转的目标域名的安全策略。也就是说，如果一个域名存在安全缺陷，那么与之关联的其他域名都有可能受到攻击。

在 FQDN 的依赖程度上，为了展示证书共用场景下的安全依赖关系，我们提取了如下相关联的域名对：请求的域名和共享证书的域名；请求的域名和 3×× 跳转的目标域名。然后将 FQDN 的依赖关系表示为图结构，如图 6 所示。

我们用 A->B 表示 A 依赖于 B，即每个节点的入度表示有多少域名的安全性依赖于该节点对应的域名。在图 6 中，汇聚结果形成了明显的簇，很多"中心"域名被成百上千个域名所依赖。据数据统计，我们发现拥有最大入度的节点被 900 个域名依赖。如果这些中心点的配置存在缺陷，那么将会产生很大的影响规模。

在主域名的依赖程度上，通过 FQDN 的依赖关系，我们可以进一步地描绘出主域名甚至不同实体之间的信任关系，具体参见论文原文。根据汇聚结果，我们总结出了这些存在安全依赖的域名和实体之间的关系：

（1）同一公司或组织的主域名与子域名之间存在依赖关系；

（2）同一公司服务于不同地理区域的域名之间；

（3）子公司与母公司之间存在依赖关系；

（4）行业合作和投资关系；

（5）其他关系，如服务提供商与客户之间的关系。

在上述关系的基础上，我们发现现实生态中实际存在着安全信任链。这意味着，TLS 证书共享的现象在多方主体的生产、业务和合作中具有很高的重要性，一旦某个环节存在安全配置缺陷，将有可能导致大规模的安全威胁。

4. 攻击场景

在测量中，我们发现了一些实际案例，并将可能发生 SCC 的攻击场景总结为几类：在线支付劫持、资源下载劫持、登录劫持、网站钓鱼和其他（具体案例的细节信息请参考原文 5.3

节，此处不做详细介绍）。

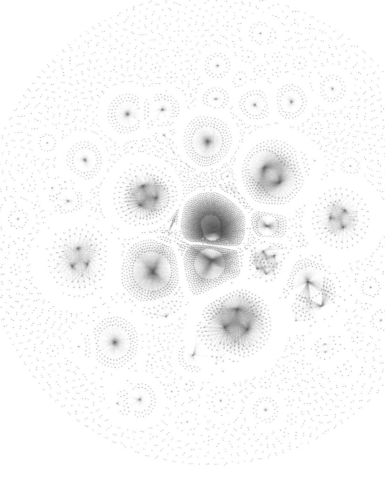

图 6

七、根本原因

1.TLS 证书共享

为了提高管理效率和降低成本，多域名和泛域名证书在现实中被共享的情况在现实中普遍存在。一方面，同一个证书可以对多个域名主体有效；另一方面，同一个证书也可以被部署于多台服务器上。例如，在 CDN 为多个客户实体签发同一个证书，同一台服务器为不同虚拟主机部署同一个 TLS 证书，或者存在业务联系的主体之间也有可能共享相同证书。这种共享证书的机制为证书管理提供了很大的便利。然而，被共享的 TLS 证书也会给不同域名主体之间带来安全依赖关系，造成木桶效应，任何一个存在缺陷的域名配置都有可能拉低整体的安全性，甚至引入 SCC 等攻击。

2. 不同主体之间的配置的不一致性与缺陷

在整个生态中，配置实践和安全标准之间尚存一定差距，目前并非所有主体都遵循了安全配置的最佳实践。在共享证书的场景下，不同域名所对应的服务器可能分别由其管理员或开发人员人工配置，难免存在配置上的不一致性，甚至有的会存在配置缺陷：首先，服务器可能未严格检查 Host 头，例如当 Host 头未匹配对应的主机名称时，会返回 302 跳转，甚至200 OK；其次，服务器端可能没有严格部署 HSTS 和 CSP 策略等。正是共享证书的不同域名之间的配置差异与配置缺陷，给 SCC 攻击提供了可能。

3. 目前尚无维护安全上下文的策略

SCC 攻击之所以能够成功，是因为 HTTPS 流量被重定向至第三方服务器，并且第三方服务器存在配置缺陷，而客户端代理对服务器的身份认证只停留在证书验证层面，TLS 上层根本无法察觉到下层 IP 地址或端口的切换。这种认证机制在共享证书的场景中是不够的。

因此，为了让客户端更清楚地知道与之通信的服务器究竟是谁，除了验证证书，还需要一种安全策略，让客户端代理检查对方服务器的主机名称是不是自己所访问的域名，确保通信的上下文是建立在客户端与待访问的目标服务器之间。

↘ 八、缓解措施

我们认为，各浏览器需要加强以下策略的部署来保护浏览上下文的安全。

首先，需要对所有不安全的上下文切换给出安全提示。在 SCC 攻击中，尽管攻击者可以让上下文在恶意操作后恢复至 HTTPS 状态（如 HTTPS → HTTP → HTTPS），但是中间过程会有明文状态发生，浏览器作为客户端代理有能力检测出所有这类不安全上下文的跳转，并给用户做出风险提示。具体而言，从 HTTP 上下文重定向而来的 HTTPS 连接状态不应被标记为"secure"，尽管该请求受到合法 TLS 证书的保护。例如，图 4 中的 https://a.example.com?orderid=b 请求应该被标记为"not absolutely safe"等。

其次，需要拦截所有 mixed-content，包括 active content 和 passive content。当今主流浏览器已经认为混合加载（在 HTTPS 页面下通过 HTTP 加载）active content（如 script、XHR 请求等）是危险的，并且拦截了所有这类资源，但是 passive content（如视频、图片等）仍未被拦截。然而在本文中，我们发现很多登录、支付的二维码是以图片的形式加载，这也存在很严重的安全威胁，如通过替换图片窃取登录信息、替换支付订单等。因此，我们建议浏览器拦截网页资源加载过程中可能出现的所有混合内容。

↘ 九、总结

在这篇文章中，我们系统地分析了共享 TLS 证书所能带来的安全威胁，并对该场景下所能实施的 SCC 攻击展开了实证研究，分析了其攻击场景、技术挑战、影响规模、根本原因与缓解措施等。我们希望这项研究成果能够进一步推进 HTTPS 的安全部署和 TLS 证书的规范管理。

↘ 作者简介

张明明，清华大学网络科学与网络空间研究院（网络和信息安全实验室）博士研究生，导师是段海新教授。她的研究方向为网络基础设施安全、网络协议安全，研究成果发表在网络安全领域国际顶级学术会议 ACM CCS 2020、IMC 2019 和工作组会议 FOCI 2018 上。她曾获 IRTF ANRP 2020（国际互联网研究工作组 应用网络研究奖）、中国互联网发展基金会网络安全奖学金、GeekPwn2019 国际安全极客大赛一等奖等奖项。

郑晓峰，清华大学 - 奇安信联合研究中心研究员，奇安信集团羲和实验室负责人。他专注于网络基础设施 / 基础协议安全研究，他的研究成果发表在网络安全国际顶级学术会议 USENIX Security、NDSS、ACM CCS 上。他曾获得 NDSS 2016、ACM CCS 2020 杰出论文奖，并促使 IETF 修改或新设计了多项国际标准。他曾获谷歌浏览器安全计划奖励、多次获得 GeekPwn 竞赛大奖、腾讯 TSRC 通用软件漏洞奖励等荣誉。

WiFi 网络下的设备识别技术

喻灵婧　罗　勃　马　君　刘庆云

现今，无线设备和物联网设备已经被广泛应用于社会的各个领域中。越来越多的传统（有线）设备通过无线方式连入网络。根据思科的报告，全球公共 WiFi 热点数量将在 5 年内从 1.24 亿个（2017 年）增长到 5.49 亿个（2022 年）。与此同时，WiFi 网络中由无线设备和物联网设备带来的安全风险也随之产生。

在此背景下，网络管理员需要识别联网设备的类型和型号，以便设置网络的访问规则、防火墙规则、检查是否存在已知漏洞或配置相应的入侵检测系统。同时，WiFi 网络中的普通用户需要发现网络中的潜在恶意设备（如假冒网关或者隐藏的恶意摄像头），以保护自身的安全与隐私。然而，移动设备和物联网设备在加入 WiFi 网络时没有被强制报告自己的详细类别信息。而且，攻击者还可以轻松地通过伪造设备属性来假冒其他类别的设备或者隐藏设备类别。

本文旨在利用 WiFi 网络中设备发出的广播和多播数据包来识别设备类别和发现恶意设备。我们的主要贡献如下。

（1）提出了一种基于设备广播和多播流量的设备指纹构建技术，从这些不易加密且能同时被网关和普通用户接收到的设备广播和多播数据包中抽取设备内生特征。

（2）提出了一种用户设备分类和恶意设备检测的多视图广深学习算法模型 MvWDL。该模型可以通过特征画像和特征视图间的不一致性，同时识别设备类别和发现可能的恶意设备。

（3）基于设备指纹和 MvWDL 模型，设计了一种设备识别机制 overhearing on WiFi for device identification，即 OWL。通过对大规模设备的识别实验、案例分析和攻击实验，从多个角度展示了 OWL 在设备类别识别与恶意设备识别上的能力。

本文论文原文 "You Are What You Broadcast: Identification of Mobile and IoT Devices from (Public) WiFi" 发表于 USENIX Security 2020。

一、问题描述

本文中的设备识别包括两个方面：

⌐ 设备类别识别，识别设备的制造商、类型、型号；

⌐ 可疑设备识别，识别网络中的潜在恶意设备或者具有异常行为的设备。

本文提出的设备识别技术可以部署在任意使用 WiFi 网络的场所的任意计算机上，例如在机场中使用 WiFi 网络的个人计算机或者使用咖啡店 WiFi 网络的个人计算机等。设备识别器采集 WiFi 网络中的广播与多播流量，对其进行处理后用于设备识别。设备识别器会标出识别出的设备的制造商、类型和型号。对于摄像头这类可能存在潜在危害的设备，识别器会在识别结果中重点提示。对于识别出的恶意设备，识别器会向用户预警。设备识别技术的应用场景如图 1 所示。

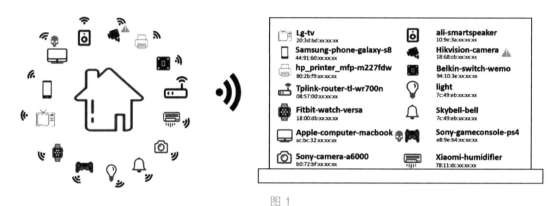

图 1

在可疑设备检测任务中，本文采用一个简单的威胁模型：攻击者试图将（未经授权的）恶意设备连接到 WiFi 网络。这些恶意设备可能是如下两种情况。

（1）它们不伪造自己的身份，所以它们是流量内容未经更改的真实设备，但是它们在网络中是被禁止的，例如隐藏的摄像头。

（2）它们是试图隐藏真实身份的恶意设备，例如存在假接入点或 DHCP 服务器、伪造的物联网设备标识的设备。这类设备还包括在生产过程中就被伪造的设备。

↘ 二、设备流量采集、特征提取与样本集构建

本文采用完全被动的方式来采集 WiFi 网络中的设备流量数据，采集器不主动发送任何探测请求，也不使用嗅探模式获取流量。我们从 3 类网络上采集流量。

（1）完全开放的公共 WiFi 网络。

（2）带有登录界面的 WiFi 网络：用户设备可以直接连接 WiFi 热点，但需要在登录界面做进一步的操作后才能连接（流量采集时并不需要登录）。

（3）安全的封闭式 WiFi 网络，如公司内网。我们只在已授权的网络中采集数据，例如作

者单位网络和向客户提供密码的零售商店等。

从 2019 年 1 月到 2019 年 7 月，我们从 7 个国家（中国、美国、葡萄牙、瑞典、挪威、日本和韩国）共 176 个 WiFi 网络中收集了 31 850 个不同设备发出的广播与多播流量数据。图 2 和图 3 展示了数据采集的 WiFi 网络数量和设备数量的国家分布。

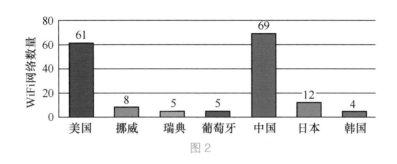

图 2

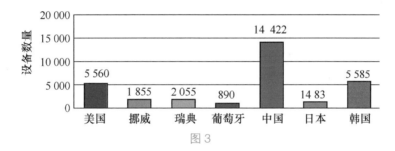

图 3

我们对采集到的数据进一步地统计分析，例如广播和多播协议数量、国家分布、设备分布等。具体细节请参见我们的论文。

由于采集到的设备数量巨大，本文设计了一种半自动化方法来构建训练样本集。在标注设备时，最细粒度标签包含设备的制造商、类型和型号，即 {Manufacturer, Type, Model}。根据标签的可用性和可信度，本文将设备样本分为如下 4 组。

（1）带有真实标签的设备样本（即设备类别已知），包含 423 个设备。

（2）通过半自动化方法标注的设备样本，其中 4 064 个设备被标注了全部 3 个标签；6 519 个设备被标注了制造商和类型标签；15 895 个设备只被标注了制造商标签。

（3）仅带有辅助特征（通过 SSDP 流量获取的设备描述文件中的特征）的设备样本集，包含 78 个设备。

（4）无标签设备样本集，包含 4 871 个设备。

↘ 三、基于多视图特征的设备识别

在采集到的数据集中，我们观察到，每种协议的特征都在设备识别任务中提供了一定程度的区分能力。然而，当设备样本数量达到数万时，没有一种协议可以提供足够的信息对设备进行精准地画像。通过进一步分析，我们发现：

（1）每种广播和多播协议都可以生成一组独立的特征，这些特征都能为设备识别提供或多或少的信息；

（2）来自不同类型协议的特征可以互相补充，共同区分设备的制造商、类型和型号；

（3）不同设备的功能和网络配置不尽相同，因此一种设备往往不会包含所有的协议类型。

基于以上发现，我们决定以多视图学习为底层思想来进行设备识别。来自不同类型的广播协议和多播协议的特征被自然地组织到相应的视图中，分类模型将基于所有特征视图的联合来进行优化。在实践中，多视图学习能认识到视图内特征的内在多样性和多个视图特征之间的相互关系，各个视图在特征空间中相互印证或相互补充。在训练过程中，不同特征视图的一致性得到增强，即让多个视图可以尽量一致地识别训练样本的制造商、类型和型号。同时，一旦测试样本触发了视图间的强烈不一致时，那么这个样本要么是不在训练数据集中的新设备，要么是已被攻击者篡改网络组件的恶意设备（即异常设备）。特别是，当多个视图都显示出对本视图的预测分类有很强的信心而不同视图的预测分类又相互矛盾的时候，该设备极有可能是被攻击篡改的恶意设备。

在这个思路下，本文提出了一种用于设备分类和异常设备检测的多视图广深学习模型（MvWDL），其算法框架如图 4 所示。

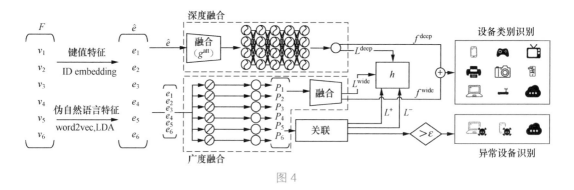

图 4

（1）MvWDL 首先从广播和多播协议的数据包中提取特征，并学习这些特征的多视图嵌入表征，将其作为设备指纹。

（2）我们设计了一种基于混合融合方式的多视图人工神经网络，将 6 个独立互补的特征视图的密集嵌入表征融合到两个结构中，一个是用于进行早期融合的深度神经网络，以最大化模型的泛化性能；另一个是用于后期融合的广度神经网络，以提升设备类别标签与视图之间的交互记忆。

（3）使用视图间的预测不一致性来检测可能的恶意设备。本文用一个"正"损失函数来增强良性设备样本的不同特征视图间的一致性。同时，用一个"负"损失函数捕获和增强恶意设备所导致的视图之间的不一致性。

四、实验结果

我们从 3 个方面对 OWL 的识别效果进行测试：

（1）与其他方法比较设备类别识别的准确性和覆盖范围；

（2）对内容精简过后的设备样本数据（极端条件下）的识别效果；

（3）识别设备类别的速度。

设备识别的性能由以下 3 个指标来评估：覆盖率（C），OWL（或其他方法）可以识别的设备占所有设备的比例；准确率（A），被识别的设备中正确识别的比例；整体识别率（OIR），表示被正确识别的设备在所有设备中的比例。

目前最先进的设备类别识别技术可以归纳为两大类，一种是基于设备指纹的设备类别识别，另一种是基于规则的设备类别识别。本文将 OWL 的设备识别效果与目前这两类设备类别识别技术中各自最先进的技术进行了比较：WDMTI 和 ARE。

基于真实标签设备集的性能评估。本文比较 OWL、WDMTI 和 ARE 在不同粒度下的准确率、覆盖率和整体识别率，这 3 个粒度从粗到细依次是 {manufacturer}、{manufacturer，type} 和 {manufacturer，type，model}。ARE、WDMTI 和 OWL 在已知类别设备集合上的识别效果对比如图 5 所示，OWL 在所有粒度级别上都提供了最佳的总体性能：OWL 的覆盖率一直是最高的，因为 OWL 永远能够从网络流量中提取特征并预测设备的类别标签；在更细的粒度上，OWL 的整体识别率表现明显优于 ARE 和 WDMTI。

基于已标注设备集的性能比较。已标注设备集包括带有真实标签和半自动标注的样本集。基于已标注设备的识别效果比较如图 6 所示，在这个样本集上，OWL 达到了与 ARE 相似的准确率。由于 OWL 在覆盖率上的显著优势，OWL 在 {manufacturer，type} 和 {manufacturer，type，model} 这两个粒度的类别上的整体识别率表现远优于其他方法。这个样本集中所有样本都包含了足够的特征使得 OWL 和 ARE 能识别其中设备的厂商。但是，并不是所有的设备样本都包含足够识别它们的类型和型号的信息。正是出于同样的原因，即使人工方式也无法标注所有样本的类型和型号。然而，OWL 仍然可以利用人类不能直观获取或解释的特征（本文称之为设备的内生特征）来对这些设备进行分类。因此，对于两个细粒度的设备类别标签，

OWL 性能明显优于 ARE 和 WDMTI。通过进一步实验，我们合理地估计 OWL 对所有数据的整体识别率区间为 [0.884, 0.975]。

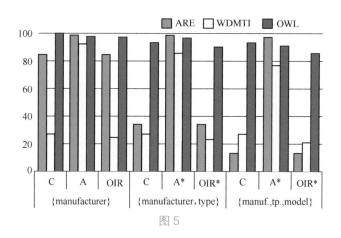

图 5

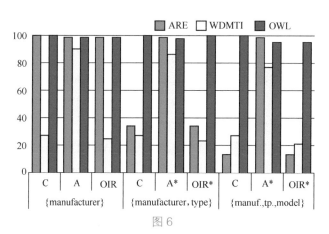

图 6

基于精简设备样本集的识别性能。我们想进一步回答这样一个问题："OWL 在多大程度上依赖人类可解释的文本特征来识别设备？"为此，我们移除了已标注数据集中所有人类可读的文本（包括 MAC 前缀），构造了精简设备样本集。在这个数据集上，即使人工标注方式也不能在任何粒度上区分任何设备。实验表明，在极端条件下，OWL 的准确率仍然可以维持在较高的水平，区间约为 [0.75, 0.88]。

五、可疑设备识别案例分析

OWL 首次尝试利用不同特征视图间的不一致性来识别网络中的异常设备。我们在这里介绍实验中发现的两个可疑设备案例，以及一个识别（隐藏）摄像头的案例。

"假冒"的 Apple TV。在本文采集到的样本中有 31 个设备在触发警报的同时，表现出很相似的异常行为。它们都在 mDNS 特征视图上以很高的置信度被 OWL 归类为 Apple TV；但是，在其他视图上却都没有被 OWL 预测为 Apple TV，并且这些预测的置信度也都相对较高。因此，我们进一步用人工的方式检查了这些设备。

首先，这些设备都是各种型号的电视机或流媒体广播接收器。来自这些设备的 mDNS 协议数据包与真实的 Apple TV 设备的 mDNS 协议数据包非常相似。通过进一步地调查，本文将这些设备的行为与苹果的 AirPlay 功能联系起来。AirPlay 是苹果公司的私有协议套件，在 WiFi 网络中用于多媒体流传输。苹果从未开源或授权 AirPlay，此功能应该只在苹果设备上看到。但是，我们发现，AirPlay 已被进行了逆向工程。GitHub 网站上提供了几个 AirPlay 的开源实现。我们的数据集中，这些"假冒"Apple TV 设备都在非苹果公司的智能电视上实现了 AirPlay，伪装成 AirPlay 的接收设备。它们的 AirPlay 几乎都是由一家名为 Lebo（或 HappyCast）的公司开发的。Lebo 公司在公司主页声称，他们独立研究了 iOS 的流媒体播放协议，并开发了 Lebo 软件来支持流媒体播放功能。

在本案例中，OWL 发现了这些设备的不同特征视图间的不一致，并判定这种不一致属于异常情况。通过进一步地人工检查，我们发现了造成这些视图间不一致的根本原因。本案例也证明了 OWL 具有识别真实世界中假冒设备的能力。

假冒的 DHCP 服务器和网关。无标签样本集中的一个设备在实验中触发了警报。OWL 在 DHCP 特征视图上将该设备以高可信度标记为一个路由器，而其他视图却与 DHCP 视图的判断很不相同。人工调查显示，该设备广播了 DHCP 的 Offer 和 ACK 数据包。这种行为显然类似于 WiFi 网络中的路由器或网关。但是，该设备的 mDNS 和 SSDP 特征视图却几乎等同于微软公司的笔记本计算机 Surface Book。MAC 地址前缀也证实了该设备的生产厂商正是微软。

对这一现象的合理解释是，这台 Surface Book 设备被用来假冒所在 WiFi 网络中的一个网关，且诱使网络中的其他设备通过它连接到互联网。我们进一步分析了该 WiFi 网络中的其他设备的 DHCP 数据包，发现确实存在一些设备通过此假冒网关进行网络连接。这一行为使得该假冒网关很容易发动中间人攻击，或者使用门户页面钓鱼连入设备，获取设备的隐私信息。

我们在实验室 WiFi 网络中模拟了同样的攻击。在一台装有 Kali Linux 操作系统的计算机上启动 DHCP 服务，并设置这台计算机作为网关。很快，我们就发现新进入网络的设备开始从这台假冒网关请求 IP 地址。本文采集这个假冒网关的广播和多播数据包进行检测，OWL 生成的警报信息与样本数据集中的假冒网关的警报信息非常相似。

隐藏的摄像头。监控摄像头，尤其是隐藏的摄像头，通常被视为侵犯用户隐私的敏感设备或者恶意设备。目前已有的工作往往通过在摄像头独特的网络流量模式特征来检测隐藏的摄像头。然而，攻击者可以将（隐藏的）摄像头设置为待机模式，或先在本地存储视频，只在收到摄像头主人的远程命令时（例如深夜或酒店客人退房以后）才传输存储的视频流，从而避免基于流量模式特征的检测器。本文同时发现，这些摄像头即使没有传输视频流，仍然需要连接到网络以接收远程命令。因此，摄像头会发送广播或者多播数据包，而这些数据包可以被 OWL 检测到。

实验中，OWL 在 {manufacturer，type} 粒度上识别摄像头的准确率达到了 100%。即使对于训练集中没有出现过的型号，OWL 依然能依靠从同厂商其他型号的摄像头学习到的特征，准确地将未知型号的设备标记为摄像头。这是因为同一厂商经常重复使用软硬件模块，特别是对于同类产品。最后，虽然这些设备被正确地标记，但由于摄像头的危害性，它们也会触发 OWL 的恶意设备警报，以提醒网络管理员或普通用户的注意。

六、总结

本文利用移动设备和物联网设备所发出的广播和多播数据包中的特征，提出了基于多视图广深学习模型的设备识别方法 OWL，并进一步利用不同特征视图间的不一致性，设计了新的可疑（恶意）设备检测方法。实验表明，OWL 能以极高的准确率和覆盖率识别移动和物联网设备制造商、类型和型号，同时具有分辨新设备类型和识别可能的恶意设备的能力。

最后，为了分析 OWL 技术的鲁棒性，我们还设计了不同等级的攻击实验：简单攻击、资深攻击与专家攻击。实验表明，OWL 在应对并非 100% 完美的伪造攻击时，都可以有效地检测到恶意设备。在论文中我们还对 OWL 技术的恶意设备识别功能进行了安全性分析，并且讨论了相关的其他重要问题，例如对 WiFi 网络中静默设备的分析、设备识别技术在覆盖率和准确率上的权衡、MAC 地址随机化问题、单播流量问题、从设备广播与多播流量中能获取的额外信息，以及本文提出的设备识别技术的局限性。更多细节，请参考我们的论文。

作者简介

喻灵婧，中国科学院信息工程研究所特别研究助理，2020 年于中国科学院信息工程研究所获得博士学位。她目前的研究方向包括物联网安全、网络安全、网络内容安全等，在 USENIX Security、SACMAT、MASS、ICICS 等会议上发表多篇论文，获得国家发明专利授权 4 项，已受理国家发明专利 6 项。她主持和参与了某安全中心科研项目多项；作为核心人员参与了国家重点研发计划项目（NO. 2016YFB0801300），中科院先导项目（XDC02030000），网络安全审计、特定网站研究、流量串联平台等重大科研项目与工程项目的研究和开发。

罗勃，博士，现任美国堪萨斯大学电子工程和计算机科学系教授、信息科学研究院可信和安全系统研究中心主任。他于 2001 年获得中国科学技术大学电子信息工程本科学位，于 2003 年获得香港中文大学信息工程硕士学位，于 2008 年获得美国宾夕法尼亚州立大学信息科学与技术博士学位。他的科研工作主要着重于数据科学、隐私和安全，包括系统和信息安全、机器学习安全、硬件和 IoT 安全、隐私保护等。他在学术期刊和会议（包括 IEEE S&P、ACM CCS、USENIX Security、ACM Multimedia、ACSAC、ESORICS、ACM CIKM、IEEE INFOCOM、IEEE TKDE、IEEE TIFS、IEEE TDSC 等）发表论文 80 余篇。他曾获得堪萨斯大学工程学院 2015 年米勒专业发展奖和 2016 年度、2017 年度、2021 年度的米勒学者奖。他也是 ACSAC 2017 和 ACSAC 2021 最佳论文的合作作者。

马君，博士，现任中国科学院计算技术研究所副研究员。他于 2015 年取得中国科学院计算技术研究所博士学位。他曾为清华大学计算机系、电子系博士后，杜克大学访问学者，工业物联网 startup 联合创始人、董事长、总裁，中国石油东方地球物理公司数据科学家，阿里巴巴达摩院决策智能实验室算法专家、发表计算机体系结构 CCF A 类文章 5 篇、专利 28 项，获阿里天池在内的 4 次国内外顶级产业 AI 算法竞赛冠军，具有丰富的工业智能、计算机体系结构与算法经验。

刘庆云，博士，现任中国科学院信息工程研究所正高级工程师、博士生导师，信息智能处理技术研究室（第二研究室）副主任、处理架构组组长，主要研究方向为信息内容安全和网络空间测绘，侧重网络安全系统体系架构、网络内容深度分析与检测理论与技术。作为主要负责人，他先后承担国家 863 计划重大项目、国家 242 信息安全计划项目，以及工信部、发改委等的多项国家级重大信息安全科研项目。他主持研发的多个系统在国家重要部门实际应用效果显著。他曾获国家科技进步二等奖 1 次，省部级科技进步一等奖 1 次、二等奖 1 次。近 3 年他发表论文 20 篇，申请专利 12 篇、软著 6 项，培养研究生 10 余名。

证书透明化机制的 Monitor 可靠性研究

李冰雨　林璟锵

谷歌提出证书透明化（CT）机制、联手 Let's Encrypt（免费 CA 机构）已经彻底颠覆了原有 PKI 数字证书服务领域。我们历时近 2 年的数据收集和实验研究分析发现，在互联网上提供证书查询、虚假证书监视服务的 CT Monitor（CT 的核心部件），其服务质量都有明显缺陷、存在受攻击隐患；其中，谷歌和脸书提供的 Monitor 平台尤其需要改进。CT 的推广与大规模部署，还有很多技术问题需要解决。

本文的论文原文 "Certificate Transparency in the Wild：Exploring the Reliability of Monitors" 发表于 ACM CCS 2019，作者是 Bingyu Li、Jingqiang Lin、Fengjun Li、Qiongxiao Wang、Qi Li、Jiwu Jing、Congli Wang。作者单位是中国科学院信息工程研究所、堪萨斯大学、清华大学、中国科学院大学。本文较原文有所删减，详细内容可参见原文。

↘ 一、传统 PKI 面临的挑战：虚假证书

PKI 技术采用数字证书在网络中建立并传递信任。截至 2020 年，互联网中出现过的有效证书数量超过了 23 亿张。CA 作为信任锚，负责签发证书，绑定用户的身份信息和公钥，因此通常假设 CA 是完全可信的。在信息系统中部署 PKI 体系，必须保证证书的合法性；否则，客户端即使严格执行证书验证，也无法发现"虚假"证书，从而无法发挥 PKI 体系应有的效果。

近年来一系列安全事件表明，因管理疏忽或受到攻击，如黑客入侵、误操作、弱密码算法、身份验证疏漏和行政指令等，CA 机构可能签发虚假证书。攻击者通过虚假证书将其掌握的密钥与不属于它的主体身份标识绑定，从而可以在目标设备没有任何告警的情况下，发起恶意网站、中间人或身份冒用等攻击。PKI 体系提供的信任被层出不穷的虚假证书削弱，这对 PKI 应用与推广造成严重威胁。

传统 PKI 体系缺乏发现虚假证书的机制，一个虚假证书往往需要经过很长时间才被发现（数周到数月）。此外，目前 PKI 体系中任何 CA 机构都具有为任意网站签发证书的权利。客户端对 CA 机构的信任是无差别的，任何一个出现问题，都可能危害整个互联网生态系统。

因此，虚假证书对网络的攻击面是长期而又广泛的。

二、什么是证书透明化

　　针对虚假证书产生的安全威胁，证书透明化（CT）机制被提出，用于实现及时发现虚假证书和提高对 CA 机构的问责能力。CT 作为一个开放的审计和监视系统，基本思想是将所有 CA 签发的证书记录在公开可访问的日志中，客户端（如浏览器）只接受公开发布的证书。其目的是使 CA 签发的所有 TLS 服务器证书开放可见，能够被公开监视、审计；虚假证书一旦公开发布，就可以被域名所有者发现。CT 强化了证书的可信度及 HTTPS 网站的安全性，增强了 PKI 提供的信任。近年来，在 PKI 体系中引入 CT 机制，已成为业界共识。

　　CT 工作机制如图 1 所示，相比传统 PKI 体系，CT 引入以下 3 个新组件。

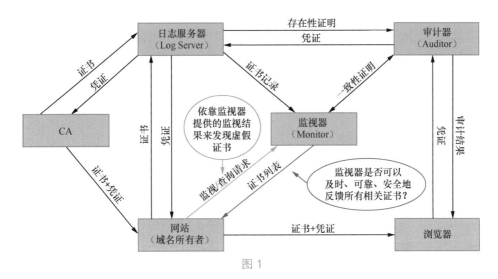

图 1

　　（1）Log Server：日志服务器，负责公开记录 CA 签发的所有证书，签发"凭证"（SCT）承诺在规定时间内将证书信息添加到日志中，其采用默克尔树数据结构记录证书，保证数据的一致性和仅可添加、不可篡改的特性；

　　（2）Auditor：审计器，定期检查日志服务器行为是否正确、审计证书是否确实被记录在日志中；

　　（3）Monitor：监视器，持续、定期地获取、解析并缓存日志中的每个证书信息，对外提供证书查询和监视服务，帮助发现可疑（虚假）证书。

　　相比传统 PKI 体系，CT 机制不依赖于单一可信方，而是作为一个去中心化的分布式系统，将信任分布到众多 CA、日志服务器、审计器和监视器中。CT 日志只负责记录 CA 等提交的有效证书，不检查该证书是否由域名所有者授权签发。一个证书基于浏览器 CT 策略被提交并记录到多个日志中，它将获得多个 SCT。浏览器在与网站建立 HTTPS 连接时，将对 SCT 进行检查，只有同时满足 CT 策略且被可信 CA 签发的有效证书才会被接受。

需要注意的是，可信 CA 签发的虚假证书在提交给 CT 日志获得 SCT 后，同样可以被浏览器验证通过。因此，CT 本身不能防止 CA 签发虚假证书，而是依赖监视器检查日志记录的证书，帮助发现虚假证书。CT 机制允许任何利益相关方（如域名所有者、可信第三方）充当 CT 监视器。

三、CT 应用及部署现状

目前，CT 已经实现了大规模应用与广泛部署，如图 2 所示。截至 2018 年 10 月，网络中部署的 88 个 CT 日志服务器，共记录了 28.7 亿条证书信息，且仍在快速增长（日增长量约 700 万条）。此外，Chrome 浏览器和苹果平台自 2018 年 6 月起陆续开始强制执行 CT 检查：任何不满足 CT 策略的服务器证书，将不再被接受。这进一步推动了 CT 快速部署与应用。

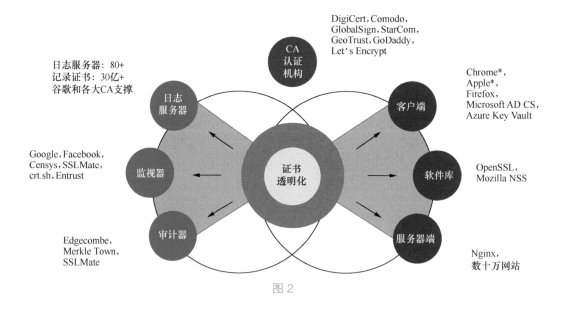

图 2

四、Acting as a Monitor：要求与挑战

作为 CT 核心部件，监视器在监测虚假证书方面起着关键作用。监视器证书监视方法的服务质量将直接决定 CT 框架的有效性，影响 CT 的推广与部署。

　　监视器在实现过程中如果存在漏洞或缺陷，则攻击者会利用漏洞规避监视器对虚假证书的监测。如果存在虚假证书，由公共信任 CA 签发、满足 CT 策略、浏览器验证通过、却不能被监视器及时发现，进而对域名合法所有者不可见，则攻击者就能利用虚假证书对目标发起攻击。虚假证书在系统（或 CT 日志）中隐藏的时间越长，它们对 PKI 生态系统造成的破坏就越大。监视器可靠性存在问题将直接影响到 CT 框架的安全效果：在 TLS/HTTPS 生态系统中，符合 CT 策略的证书本应更值得信任。

　　一个可靠监视器在提供证书查询 / 监视服务时，应满足以下要求：对于给定域名，监视器应能够及时从全部公共日志中检索并反馈所有 CA 为该域名签发的完整有效证书集。谷歌等在内的第三方监视器提供方声称可以为用户提供可靠证书监视服务。然而，在实际应用与部署中，实现这一目标涉及诸多操作，面临诸多技术挑战。

　　（1）超大规模证书集高频变动下，监视器监视日志集的完整性问题。公共日志之间重复记录海量证书信息且信息量仍在急剧增长，这为全面覆盖带来了挑战，导致监视器通常选择部分合适的日志集监视。对于监视器选择监视的日志集，应该保证监视结果的时效性和完整性。

　　（2）证书和域名格式多样、绑定关系复杂，可能包含多种特殊字符，这为正确解析增加了难度和不可预测性。

　　（3）不同证书间的域名信息关联和存储方式不同，这为完整查询和监视引入了不确定性。

　　在实际应用中，出现上述任何一个问题，监视器都可能无法提供预期的可靠服务。

↘ 五、普通域名所有者是否能够独立充当监视器

　　我们从完整性、CT 部署策略、CA 覆盖率等多个角度研究了各种类型的日志集，发现了每种类型的监视器可以在保证可靠性的同时，监视最小的日志集，从而减少额外监视开销，提升时效性。

　　为此，我们首先分析了网络中部署的公共日志服务器、日志所记录的证书，以及日志所接受的 CA 等因素对监视器运行产生的影响。在此基础上，提出了 5 种合理的日志集（例如，最大 / 小集），分别从日志服务器来源、证书和 CA 覆盖范围、所满足的客户端 CT 策略等角度，阐述了这些日志集的合理性，并提供给监视器监视使用。

　　⊐ 常规日志集：包含 50 个日志服务器，是最大集。

　　⊐ 谷歌许可日志集：包含 26 个日志服务器，获得 Chrome 认可。

　　⊐ 谷歌运行日志集：包含 25 个日志服务器，由谷歌运行并维护。

　　⊐ 谷歌运行且许可日志集：包含 9 个日志服务器，谷歌提供的 CT 策略要求证书必须提交给的日志集合，最小集。

　　⊐ 最小日志扩展集：包含 9+2 个日志服务器，相比"最小集"，其可以覆盖更大范围的主

流 CA 签发的证书。

我们以日志集为单位，从存储、网络带宽、计算等角度测量对充当监视器实现监视服务的实体的要求。公共日志中快速增长的证书记录如图 3 所示，在对 2018 年近一年的数据分析表明，作为监视器所需的能力远远超出了大多数普通域名所有者拥有的。

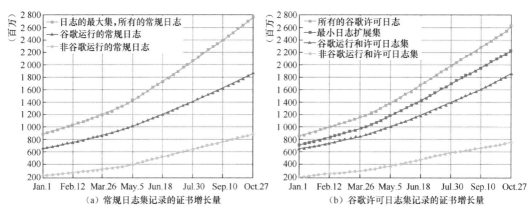

图 3

截至 2018 年 10 月，互联网上一共部署有 80 多个公共日志服务器，共接收约 700 多个 CA 提交的证书，记录的证书数量已超过 28.7 亿个。无论监视器监视哪种日志集，开销都是巨大的。例如，常规日志集作为监视器可以监视的最大日志集，包含了所有正在运行且记录公共信任证书的 50 个日志，共约 27.7 亿个证书，存储开销约 15.31TB，日增加 700 多万条记录，日增加存储空间消耗 43.99GB，需要 5Mbit/s 带宽。即使是最小日志集仅覆盖 9 个日志服务器（含 18.7 亿个证书），每日仍增加 500 多万条记录、消耗 28.29GB 存储空间。

监视器需要拥有巨大的存储、带宽容量来获取并存储这些急剧增长的数据，以及强大计算能力来解析并处理这些数据，以保证监视器时效性和可靠性。因此，让普通域名所有者自行承担 CT 监视器职责是不切实际的！

六、第三方监视器是否可以提供可靠证书监视服务

上述研究表明，更合理的方式是依赖专业第三方监视器提供可靠证书监视服务。目前互联网中已公开部署且提供证书查询 / 监视服务的主流第三方监视器一共有 5 个：crt.sh、SSLMate、Censys、Google Monitor 和 Facebook Monitor。

我们以 2 个测试域名和 Alexa 网站 Top 1 000 000 域名为测试对象，对 5 个主流监视器方案平台进行研究，评估它们提供的证书监视 / 查询服务的可靠性。实验数据集共包含 300 多万个证书。

为全面精确地评估监视器可靠性，保证度量结果的公平性和普适性，我们首先解决以下问题和挑战。

- 定义期望监视的证书范围。对于给定域名类型，我们需要定义合理证书监视范围。
- 定义"参考集"近似域名证书"完整集"。对于任一域名，任何一方都很难获得该域名在网络中存在的全部有效证书（这也是 CT 期望解决的问题）。我们将全部监视器查询结果的并集作为"参考集"，开展测试对比工作。
- 基于实现策略定制查询程序。探索 5 个监视器的实现策略及接口差异，分别设计查询策略和工具，屏蔽差异导致的不同查询范围，保证监视器各自返回它们能够监视到的所有期望的证书集合。
- 过滤与处理测量数据集。各监视器对证书的解析和分割粒度不同，接口存在差异。我们需对异常数据进行处理，可采用移除过期 / 代码签名 / 测试证书、避免大小写敏感、实施去重的方式。

1. 初步实验

我们通过向 Let's Encrypt 为 2 个测试域名申请共 102 个证书，并提交给 CT 日志服务器，以评估 5 个监控器是否可以实现及时监测。该测试是在已知每个域名完整证书集的情况下实现，可以很好地评估 Monitor 表现。结果显示，除了 Facebook Monitor，其他监视器都可以在证书提交给日志的 8 小时内查询到。Facebook Monitor 存在较大延迟，其中 81 个证书可以被查询到，最大延迟大于 55 小时；21 个证书在提交 4 周后，仍无法被监测到。

这个初步实验规模很小，但也暴露了现有监视器存在的关键问题：可能无法（及时）监测到 CA 为某个域名签发的所有证书。虚假证书隐藏的时间越长，造成的危害越大（本实验中为 4 周）。这也让我们进一步对 CT 的有效性提出了质疑，促使我们对监视器可靠性进行更为深入、详细、系统地研究，以发现潜在漏洞及安全问题。

2. 热门域名实验

该组实验以 Alexa 网站 Top 1 000 的域名为测试对象，通常每个域名拥有数百个证书。这类测试是在未知每个域名的完整证书集的情况下进行。

实验结果表明，没有任何一个第三方监视器可以保证返回公共日志中记录的查询域名的完整有效证书集合。我们从两个角度评估监视器的表现，与"参考集"相比，监视器查询缺失的证书数量，如表 1 所示；监视器查询证书不完整的域名数量，如表 2 所示。

从证书数量角度看，Censys 表现最好，只有 12.6% 的证书缺失；而从域名证书查询完整性角度看，crt.sh 最佳，只有 104 个域名的证书查询不完整。Google Monitor 和 Facebook Monitor 表现最差，分别有 52.3%、34.0% 的证书缺失，546 个、289 个域名的证书查询不完整。基于域名拥有的证书数量分布分析发现：更热门的域名（具有更多的证书），监视器监视 / 查询证书不完整的概率更大，如表 3 所示。

表1

	Top 1 000	Top (1 000,5 000]	Top (5 000,20 000]	Top (20 000,100 000]	Top (100 000,500 000]	Top (500 000,1 000 000]
crt.sh	14.4%	3.9%	0.3%	0.4%	0.4%	0.8%
SSLMate	47.1%	10.5%	1.3%	0.7%	0.4%	0.9%
Censys	12.6%	0.3%	1.0%	0.5%	0.1%	0.2%
Google Monitor	52.3%	22.2%	16.2%	10.2%	8.6%	6.7%
Facebook Monitor	34.0%	12.9%	5.0%	5.3%	5.7%	6.0%

表2

	Top 1 000	Top (1 000,5 000]	Top (5 000,20 000]	Top (20 000,100 000]	Top (100 000,500 000]	Top (500 000,1 000 000]
crt.sh	104	78	46	29	16	11
SSLMate	164	100	61	33	19	15
Censys	120	52	27	14	7	7
Google Monitor	546	421	294	198	117	73
Facebook Monitor	289	307	393	259	226	160

表3

	Φ	=0	=1	(1,10]	(10,100]	(100,+∞)	[0, +∞)
Top 1 000	D_{Φ}	18	50	235	471	226	1 000
	crt.sh	—	0	8	28	68	104
	SSLMate	—	0	7	53	104	164
	Censys	—	0	3	33	84	120
	Google Monitor	—	0	59	269	218	546
	Facebook Monitor	—	0	14	102	173	289
Top (1 000,5 000]	D_{Φ}	32	82	309	452	125	1 000
	crt.sh	—	0	12	35	31	78
	SSLMate	—	0	11	39	50	100

续表

	Φ	=0	=1	(1,10]	(10,100]	(100,+∞)	[0, +∞)
Top (1 000,5 000]	Censys	—	0	3	16	33	52
	Google Monitor	—	0	57	245	119	421
	Facebook Monitor	—	0	21	190	96	307
Top (5 000,20 000]	D_{Φ}	62	134	310	423	71	1 000
	crt.sh	—	0	4	17	25	46
	SSLMate	—	0	5	26	30	61
	Censys	—	0	1	9	17	27
	Google Monitor	—	1	55	175	63	294
	Facebook Monitor	—	4	69	257	63	393
Top (20 000,100 000]	D_{Φ}	122	179	377	297	25	1 000
	crt.sh	—	0	10	15	4	29
	SSLMate	—	0	9	18	6	33
	Censys	—	0	5	5	4	14
	Google Monitor	—	1	62	113	22	198
	Facebook Monitor	—	8	68	164	19	259
Top (100 000,500 000]	D_{Φ}	166	218	390	222	4	1 000
	crt.sh	—	0	6	10	0	16
	SSLMate	—	0	6	11	2	19
	Censys	—	0	4	2	1	7
	Google Monitor	—	2	51	61	3	117
	Facebook Monitor	—	12	85	125	4	226
Top (500 000,1 000 000]	D_{Φ}	228	233	392	143	4	1 000
	crt.sh	—	0	3	8	0	11
	SSLMate	—	0	4	10	1	15
	Censys	—	0	3	3	1	7
	Google Monitor	—	1	33	36	3	73
	Facebook Monitor	—	9	70	77	4	160

注：Φ 为一个域名证书数量的范围。

D_{Φ} 为一组网站的域名数量。对组中的每个域名，返回的唯一证书总和在 Φ 范围内。

3. 普通域名实验

为此，本文对应用范围更广泛的普通域名开展了进一步实验分析，以便更全面地了解监视器对普通域名的支持情况。该组实验测试对象是 Alexa 网站 Top 1 000 000，更普通的域名，通常每个域名拥有的证书数量在 1~100 之间。相比热门域名，监视器表现要好一些。但仍没有任何监视器可以保证返回所有测试域名的完整证书集。Censys 在最好情况下，在 Top (100 000，500 000] 抽样选取的 1 000 个域名中，有 0.1% 的证书缺失，7 个域名的证书查询不全。Google Monitor 和 Facebook Monitor 在表现最好的情况下，仍各自分别有 6.7%、5.0% 的证书缺失；此外，Facebook Monitor 总会有至少 16% 的域名的证书查询不全。

4. 监视 / 查询服务缺陷

由于各个监视器实施策略和实现机制的不透明化，我们从各个 CT 监视器方案的外部环境中，基于实验结果，分析了查询证书缺失的可能原因，总结如下。

- 处理延迟：crt.sh、SSLMate（数据积压），Censys（延迟一两天）。
- 预证书处理存在问题：Google Monitor（Alexa 网站 Top 1 000 域名中缺失的 76.9% 为预证书）。
- 未及时恢复的事故：Censys（特定时间窗口，实施数据中心转移），Google Monitor（特定时间窗口，原因未知）。
- 不支持的域名：SSLMate（特定顶级域名），Google Monitor（未知），Facebook Monitor（无效或未监测到）。
- 查询接口限制：Censys(25 000 条 / 次)，Facebook Monitor(5 000 条 / 次)，SSLMate(超时未返回)。

我们将上述发现的问题和漏洞分别报告给了各监视器提供方。Censys 给出了一种可能的合理解释：曾进行数据中心迁移导致部分查询结果缺失；谷歌 CT 小组确认了他们存在的问题，并在 2019 年 7 月修复了预证书编解码错误，这一错误可以覆盖缺失的 86% 证书，他们目前仍在调查本论文提出的其他问题。其他监视器尚未给出有意义的答复。

需要注意的是，真实结果可能要比本文发现的更为严重，因为我们使用的"参考集"来自 5 个监视器查询结果的并集、不是真正完整的证书集。以上问题不仅会降低监视器可靠性，也会严重降低 CT 机制可靠性和有效性。

↘ 七、总结

本论文从可靠性角度研究分析了 CT 监视器实际部署与应用的安全，旨在研究 CT 机制有效性。首先我们从多个角度提出了多种监视器可监视的最小有效日志集，并证明了其合理性。其次，通过度量证书查询结果的完整性，我们发现各主流监视器证书监视 / 查询服务在实践中普遍存在安全漏洞与缺陷。最后，我们分析总结了监视器证书监视结果不完整的潜在原因和技术挑战，并讨论了改进措施和建议。

↘ 作者简介

李冰雨，北京航空航天大学网络空间安全学院副教授，博士毕业于中国科学院信息工程研究所信息安全国家重点实验室。他的主要研究方向为密码应用、网络认证、信任管理。他作为项目负责人承担国家自然科学基金青年项目、中国博士后科学基金特别资助项目等课题。他的学术论文发表在 ACM CCS、IEEE TIFS 和 IEEE/ACM TON 等顶级会议和期刊中；授权发明专利 5 项，包括 2 项美国专利。他致力于推动成果转化广泛应用，实现国密算法出口海外。

林璟锵，中国科学技术大学网络空间安全学院教授、博导。他长期从事网络空间安全研究，尤其是密码技术在计算机和网络系统中的应用；作为项目负责人承担国家重点研发计划项目，以及国家自然科学基金等国家级课题。他的学术论文发表在 IEEE S&P、ACM CCS、NDSS、AsiaCrypt 等顶级会议和 IEEE TDSC、IEEE/ACM TON、IEEE TIFS 等顶级期刊；技术成果广泛应用于我国各种电子签名、电子合同、电子证照、视频加解密等系统。

首个 NSA 公开披露的软件系统漏洞——CVE-2020-0601 数字证书验证漏洞分析与实验

林璟锵

↘ 一、CVE-2020-0601 漏洞

2020 年 1 月 15 日，微软公布了 1 月的补丁更新列表，其中包括 CVE-2020-0601，它是 Windows 操作系统 CryptoAPI（Crypt32.dll）的椭圆曲线密码（ECC）数字证书验证相关的漏洞。该漏洞会导致 Windows 操作系统将攻击者伪造的数字证书误判为由操作系统预置信任的根 CA 所签发。该漏洞由美国国家安全局（NSA）发现并通知微软公司。这一漏洞被认为是第一个 NSA 公开披露的软件系统漏洞。

↘ 二、影响

基于该漏洞，攻击者可以基于某一个 Windows 操作系统预置信任的根 CA 证书、伪造任意虚假信息的数字证书，而且该证书会被 Windows 操作系统误判为没有问题、误判为是由操作系统预置信任的根 CA 所签发。进一步地，攻击者能够（结合其他的攻击手段）任意创建可被验证通过的代码签名证书、安装恶意可执行代码，创建任意域名的服务器 TLS 证书、发起 TLS 中间人攻击，创建可被验证通过的电子邮件证书、以他人名义发送安全电子邮件。

只有支持"定制参数的 ECC 数字证书"的 Windows 操作系统版本会受到影响。这一机制最早在 Windows 10 引入，所以该漏洞只影响 Windows 10 和 Windows Server 2016/2019，以及各种依赖于 Windows 操作系统数字证书验证功能的应用程序。2020 年 1 月 14 日起停止维护的 Windows 7 和 Windows Server 2008 不支持"定制参数的 ECC 数字证书"，所以不受影响。

↘ 三、漏洞基本原理

Windows 操作系统 CryptoAPI 的 CertGetCertificateChain() 函数，在构建证书链过程中，对

ECDSA 的公钥参数验证存在漏洞。构建证书链、判定是否由操作系统预置信任的根 CA 签发，过程如下：先逐层验证输入者提供的各数字证书的 CA 数字签名是否正确有效直至输入者提供的根 CA 自签名证书；然后比较输入者提供的根 CA 自签名证书与操作系统预置信任的根 CA 证书列表，如果 CA 数字签名全部正确有效且输入者提供的根 CA 自签名证书在 Windows 操作系统预置信任列表中，则判定该证书链没有问题。

其中，Windows 操作系统 CryptoAPI 在比较输入者提供的根 CA 自签名证书与操作系统预置信任的根 CA 证书列表过程中存在缺陷。攻击者可以自己生成恶意的根 CA 自签名证书，满足 ECC 公钥坐标点与某一个 Windows 操作系统预置信任的根 CA 证书的 ECC 公钥坐标点完全一致；但是二者 ECC 曲线参数不一致，即椭圆曲线基点不一致；攻击者能够自动拥有该根 CA 自签名证书的私钥。然后，Windows 操作系统 CryptoAPI 会将攻击者伪造的根 CA 自签名证书误判为操作系统预置信任的根 CA 证书（只是比较 ECC 公钥坐标点、没有比较所有的 ECC 曲线参数；因为 ECC 公钥坐标点相同，所以实体的密钥标识符扩展值相同）。

对于 ECDSA，ECC 曲线参数包括素域 p、方程参数 a 和 b、基点 G、阶 n 和 cofactor 系数 h、私钥 d、公钥 P，其中私钥 d 是随机数，公钥 $P = [d]G$ 是椭圆曲线的点坐标。美国 NIST 已经标准化地确定了多条椭圆曲线（即确定了各条曲线的参数 p、a、b、G、n 和 h），所以，在 X.509 数字证书中，ECC 曲线参数可以直接以 OID 的形式表示、不需要一一列出参数，如曲线 secp224k1 的 OID 就是 1.3.132.0.32。同时，X.509 数字证书允许以定制参数的方式来给出 ECC 曲线参数，也就是说，在 X.509 数字证书中，可以直接一一列出曲线的参数 p、a、b、G、n 和 h。

攻击者伪造数字证书的过程如下。对于某一个 Windows 操作系统预置信任的根 CA 证书，已有公钥 $P =[d]G$；攻击者生成随机数 r，计算 $G'= [R]P$，其中 R 是 r 的模 n 逆元，则有 $[r]G'=[r*R]P = P$。也就是说，对于基点为 G 的椭圆曲线，公钥 P 对应的私钥是 d，攻击者并不知道；但对于基点为 G' 的椭圆曲线，攻击者拥有公钥 P 对应的私钥 r，甚至 r 可以等于 1。基于以上原理，攻击者就可以任意伪造 Windows 操作系统 CryptoAPI 验证通过的证书链。

↘ 四、实验

我们基于 Microsoft ECC Product Root Certificate Authority 2018（使用 NIST P384 曲线，OID 是 1.3.132.0.34）生成了用于攻击测试的根 CA 自签名证书，然后签发了用于代码签名攻击测试的终端证书，进行代码数字签名，结果如图 1 所示（在未安装补丁的 Windows 操作系统上）。

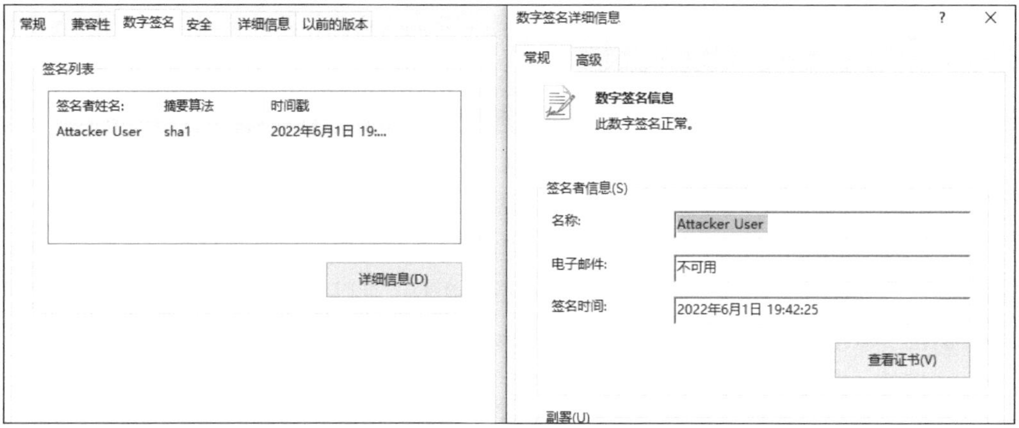

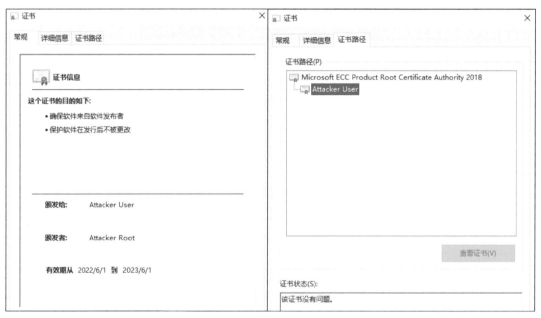

图 1

相应的证书路径如图 2 所示（注意，左图的颁发者是 xu，右图的证书路径则显示是颁发者 Microsoft ECC Product Root Certificate Authority 2018）。

图 2

在已经安装了补丁的 Windows 操作系统上，则显示验证不通过，如图 3 所示。

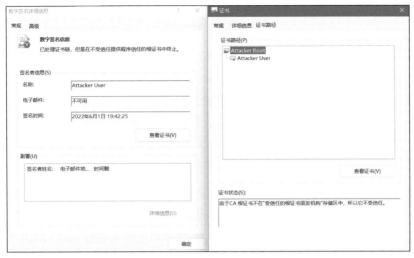

图 3

类似地，我们也生成了用于 HTTPS 攻击测试的服务器证书，在 Edge 浏览器上显示如图 4 所示，浏览器有警告提示"不安全"，但是 Windows 操作系统的证书路径显示成功。

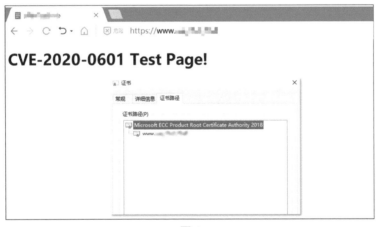

图 4

浏览器应该在 Windows 操作系统 CryptoAPI 之外，进一步额外处理。注意，按照互联网公开的其他攻击测试，有些浏览器没有警告提示。

↘ 五、讨论

CVE-2020-0601 数字证书验证漏洞涉及 ECC 椭圆曲线密码的基础知识，难以发现漏洞；

同时，Windows 操作系统 CryptoAPI 在比较根 CA 证书时，只处理了公钥坐标点（或者实体的密钥标识符扩展值），也是实现上的常见疏忽。

对于国产公钥密码算法 SM2，有不同的情况。目前 SM2 算法只支持唯一的一条 ECC 曲线，实现中出现类似漏洞的可能性很小；但是，也不能完全排除可能性，如果系统支持"定制参数的 ECC 数字证书"，就可能会产生类似问题。

↘ 作者简介

林璟锵，中国科学技术大学网络空间安全学院教授、博导。他长期从事网络空间安全研究，尤其是密码技术在计算机和网络系统中的应用；作为项目负责人承担国家重点研发计划项目，以及国家自然科学基金等国家级课题。他的学术论文发表在 IEEE S&P、ACM CCS、NDSS、AsiaCrypt 等顶级会议和 IEEE TDSC、IEEE/ACM TON、IEEE TIFS 等顶级期刊；技术成果广泛应用于我国各种电子签名、电子合同、电子证照、视频加解密等系统。

第五篇

物联网安全

Android 智能电视盒漏洞 / 缺陷挖掘

游 伟

本文根据论文原文"Android SmartTVs Vulnerability Discovery via Log-Guided Fuzzing."整理撰写。原文发表于 USENIX Security 2021。本文较原文有所删减，详细内容可参考原文。

↘ 一、介绍

近些年，越来越多的物联网（IoT）设备投入使用，为人们营造更加智能的生活。其中，智能电视因其可接入互联网提供定制的娱乐体验，受到广大用户欢迎。据分析预测，智能电视的全球市值在 2023 年将达到 2 500 亿美元。IoT 设备在给用户带来方便体验的同时，也成为热门的攻击目标。一种较为常见的攻击方式是通过在设备上安装恶意应用，利用设备提供的含漏洞或缺陷的功能代码进行攻击。

为了主动防御攻击，我们需要对智能电视系统的安全性进行综合评估。所面临的挑战包括以下 3 个方面：一是识别出潜在的攻击目标，主要是 Java 层和 Native 层的与智能电视功能相关的 API；二是有效生成使得潜在的攻击目标得以执行的测试用例，这需要从 Java 层和 Native 层的代码实现中推断输入规范；三是感知测试用例在网络空间和物理世界的执行结果。

面对上述挑战，我们提出了一个将静态分析和动态测试相结合的方案。通过静态分析识别出需要进行检测的目标，主要关注设备厂商定制的与智能电视功能相关的 API。动态测试则采用模糊测试技术，通过运行时的日志分析推断目标 API 的输入规范，并通过特定装置收集测试用例在网络空间和物理世界的执行结果。

在智能电视的测试场景中，大部分 API 主要由本地代码实现，缺乏必要的符号信息，较难通过分析代码实现的方式获得输入规范。因此，我们通过解析 API 输出日志中与输入格式验证相关的信息，来推断输入规范（如关键字、格式和值域等）。具体而言，使用静态分析从 Java 层抽取大量与日志相关的语句，通过字符串分析重构日志信息，并自动标注其是否与输入验证有关和属于哪个类型的输入验证。我们使用自然语言处理的词嵌入技术，训练出一系列分类器，用于预测 Native 层的日志属于哪种输入验证。

在进行模糊测试时，我们引入了一个外部监控器，用于观测测试用例在物理世界的执行结果。物理世界的执行结果无法从设备的系统状态中获得。我们通过将 HDMI 声音、图像信号重定向到外部监控器，使用声音、图像比对技术来检测可能的异常。

我们使用提出的检测方案，对 11 台流行的智能电视设备进行系统化的安全性评估，总共发现了 37 个安全漏洞 / 缺陷。其中在网络空间中能够造成内存破坏、隐私威胁等危害的有 21 个安全漏洞，以及在物理世界中能够影响视听效果的安全缺陷有 16 个。我们的研究表明，智能电视上的漏洞 / 缺陷较为普遍，每台设备上有 1~9 个安全漏洞 / 缺陷，包括知名厂商的荣誉产品，例如英伟达的 Shield 和小米的 MIBOX3 等。我们向相关厂商报告了检测出的漏洞 / 缺陷，均已得到回复确认，并在新发行的设备中进行了修复。

此外，我们还进行了攻击实验，以验证检测出的漏洞 / 缺陷的可利用性。在网络空间层面，利用这些漏洞 / 缺陷可以在无须特定权限和用户知晓的情况下，访问敏感数据、覆盖系统文件、删除目录、在系统路径下创建隐藏文件，甚至破坏关键的启动参数，造成设备永久无法启动。在物理世界层面，利用这些漏洞 / 缺陷可以造成显示异常、静音等设备故障，甚至造成难以察觉的频闪损害用户视力健康，或者使设备处于"假关机"模式对用户隐私造成威胁。

⬊ 二、背景

Android 智能电视通常在标准 Android 开源项目基础上进行个性定制，添加额外的系统组件支持电视功能。为了了解 Android 电视的个性定制程度，我们提取了多款 Android 智能电视的固件，发现自定义的 API 数目相当大，在 H96 Pro 设备上的自定义 API 甚至多达 101 个。由于这些系统组件运行在高特权进程中，如果缺乏恰当的保护而被利用进行攻击将导致较为严重的危害。例如，在小米 MIBOX3 中，SystemControl.XYZ(int x, int y, int w, int h) 这个 API 用于设置 HDMI 屏幕以宽 w 高 h 的尺寸显示在坐标 (x, y) 的位置上。通过分析，我们发现这个 API 没有实施任何保护，允许任何应用使用任意参数值调用这个 API，这将破坏屏幕显示。图 1 展示了 MIBOX3 的首页屏幕在以参数值（1 000，1 000，1 000，1 000）调用这个 API 前后的显示情况。调用后，显示位置被移到了屏幕的右下方，显示内容变得混乱。并且，这个 API 对显示参数的设置是永久的，无法通过重启设备的方式恢复，只能进行硬件重置。这个漏洞可以被进一步用于恶意攻击：通过与其他的侧信道技术相结合，可以针对特定应用发起拒绝服务攻击。例如，当检测到 Netflix 应用在前台运行时，可以利用这个 API 的漏洞使得屏幕内容显示失败，勒索用户付费。

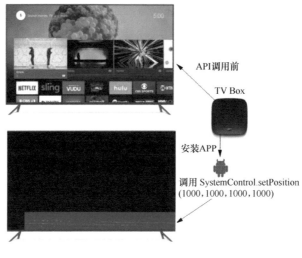

图 1

检测智能电视的定制系统组件中的漏洞 / 缺陷是十分有必要的。然而，由于设备厂商的定制系统组件通常不开源，这些组件大多使用多个语言（C、C++ 和 Java）混合实现，因此难以直接采用现有的代码静态分析工具进行漏洞检测。为此，我们提出了一个基于模糊测试技术的检测方案。在智能电视漏洞 / 缺陷检测的场景下，设计一个有效、高效的模糊测试工具需要解决的关键技术挑战如下。

1. 通过逆向工程获得 API 信息

对参数复杂的 API 而言，其测试用例的搜索空间巨大，盲目的随机测试只能覆盖有限的浅层路径。现有的研究工作通过源代码插桩或者模拟器监控执行的方式，收集运行时状态信息用以推断测试用例的有效性。然而，智能电视设备厂商一般不提供定制系统组件的源代码，现有的模拟器也无法运行大部分智能电视设备固件。一个可行的替代方案是从 API 执行的输出日志中推断参数信息。日志往往包含与输入验证相关的数据，例如指出合法的输入数值或者适当的值域。

图 2 展示了以随机参数值（20, 21, 20.2）调用 XYZ(int, int, float) 这个 Native API 的输出日志。从第 2 行日志可以看到由于两个参数值大于 16，这个输入被拒绝。虽然对分析人员来说，这个日志的输出非常容易理解，但对自动化程序来说则不然。首先，这条输出日志不是标准的异常格式，而是自然语言的形式；其次，自动化程序难以直接推断 x 和 y 代表哪个参数；最后，自动化推断日志中的输入验证语义也比较困难。

此外，从所有的输出日志中识别出与目标 API 执行结果相关的日志也是一个不小的挑战。一方面，目标 API 的执行过程可能涉及多个系统组件，输出日志没有统一标识符。另一方面，目标 API 的输出日志经常被淹没在大量无关的其他日志中，难以判断某条输出日志与目标

API 执行的关联性。

```
1   BatteryChangedJob: Running battery changed worker
2   ImagePlayerService: max x scale up or y scale up is 16
3   DiskIntentProviderImpl: Successfully read intent from disk
4   MediaPlayer: not updating
```

图 2

2. 获得执行结果反馈

模糊测试工具的监控器需要观测网络空间中的状态反馈以判断是否有潜在的安全漏洞 / 缺陷。除此之外，由于智能电视的功能需要额外的物理组件，因此监控器也需要关注物理世界的反馈信息。值得强调的是，由于物理世界的异常可能并不会在设备内部的状态上有所体现，不会产生任何错误或失败的信息，因此无法被现有的基于系统状态的监控器捕获。例如，使用恶意构造的参数值执行 SystemControl.XYZ() 这个有漏洞的 API，在系统内部不会抛出任何错误信息，然而屏幕显示已经发生了异常。

↘ 三、系统设计

图 3 展示了我们方案的系统结构，包括 4 个核心部件：目标 API 识别器、日志分析器、模糊测试器和外部观测器。这些部件协同工作，测试 Android 智能电视定制组件中是否有潜在的漏洞 / 缺陷。给定一个智能电视的固件，目标 API 识别器（A）从中抽取出 Java 层和 Native 层的定制 API。模糊测试器（C）为每个目标 API 生成测试用例，使用输入验证相关的输出日志推断参数信息，旨在尽可能覆盖被输入验证保护的代码。具体而言，日志分析器（D）使用大量日志离线训练出一系列日志分类器（B），在运行时使用这些分类器从目标 API 的输出日志中查找与输入验证相关的信息，用以推断输入规范（值域、常量值等）。这些输入规范将被用于优化模糊测试器的测试用例生成。此外，为了检测物理世界的异常，我们引入了外部监控器（E）。在智能电视设备上播放一段标准视频，在目标 API 执行前后，使用外部监控器捕获标准视频的图像和声音信息，采用声音和图像比对算法检测是否存在差异。

1. 目标 API 的识别

我们关注设备厂商定制或新增的系统服务。接下来，我们将描述如何从设备固件中抽取 Java 层和 Native 层的系统服务 API 列表。对比固件中提出的 API 列表和标准 Android 开源项目的 API 列表，即可获得厂商定制或新增的系统服务 API。Android 的系统服务通过 Binder 进程间通信机制，向应用程序开放调用底层功能的特定 API。在设备启动时，系统服务会向 ServiceManager 进行注册，提供服务名和处理句柄（即一个定义了导出函数的 IBinder 接口）。

应用程序通过发起 Binder 事务的方式调用系统服务的导出方法。在一个 Binder 事务中包含待调用的目标方法 ID，以及参数和返回值数据。

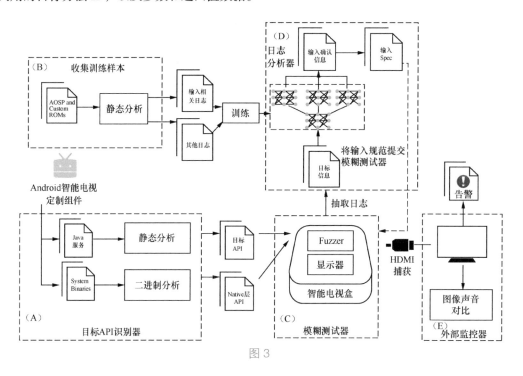

图 3

　　图 4 展示了 Binder 事务的一般模式：客户端进程在获得系统服务的处理句柄（IBinder 接口）后，通过处理句柄调用系统服务导出的函数，如图 4 中①；客户端代理（实现了 IBinder 接口）将参数数据封装打包成 Parcel 结构，并通过事务 ID 指明要调用的方法，如图 4 中②；服务端桩（实现了相同的 IBinder 接口）把 Parcel 数据拆封解包，根据事务 ID 调用服务端的目标函数具体实现，如图 4 中③；服务端桩将函数运行的结果封装打包返回客户端代理，如图 4 中④；客户端代理拆封解包服务端返回的结果，如图 4 中⑤；将结果返回给调用者，如图 4 中⑥。

　　为了获得 Java 层和 Native 层可用的系统服务 API，可以查询 ServiceManager 获得已注册的服务，检索其对应的服务接口描述符（即 IBinder 接口的名字字符串），并寻找接口的具体实现代码。识别 Java 层 API 比较容易，只需从字节码中提取 IBinder 接口声明的方法。识别 Native 层 API 则较为困难，因为大部分发布的二进制文件都去除了符号信息。为此，我们从底层 Binder 进程间通信层面提取 Native 层 API 信息。具体而言，对于每个 Native 层 API，我们在二进制代码层面利用不可去除的符号引用数据恢复 Binder 事务 ID、参数和返回值类型等信息。利用这些信息，我们可以构造出一个合规的 Binder 事务，调用 Native 层 API（如图 4 中⑦）。

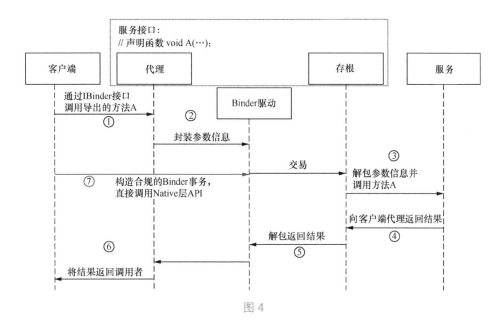

图 4

2. 日志引导的输入生成

为了覆盖深层代码，测试用例的生成策略应当具有一定的智能性。在有输入验证检测的情况下，如果参数不符合必要的规范要求，目标 API 将直接结束运行，无法测试其底层功能。在智能电视的测试场景下，我们无法通过源代码插桩或者模拟器监控执行的方式，获得与参数有关的反馈信息。换句话说，我们对智能电视的测试是单纯的黑盒模式。

我们使用 Android 运行时的输出日志推导输入规范。事实上，为了调试的方便，Android 开发人员通常会在输入验证的代码处添加与之相关的日志信息，例如验证失败的原因、相关的参数信息和希望的正确值。这些日志信息对于推导输入规范十分有意义。

推导输入规范的具体步骤如下：首先，采用差分多次执行，从 Android 的日志记录中识别目标 API 的输出日志，排除其他进程输出的无关日志；其次，我们采用监督学习的方式，训练一系列分类器，用于筛选目标 API 的输出日志中与输入验证相关的条目，并确定是哪种类型的输入验证（如数值范围验证、数值相等验证、字符串匹配验证、字符串前缀验证等）；最后，根据不同类型的输入验证，我们使用不同的模式识别方案推导出输入规范。日志分析器与模糊测试器紧密结合，可以在测试过程中解决依次出现的多个输入验证。

3. 带外部观测器的模糊测试

在模糊测试过程中，从目标 API 的输出日志中迭代地学习和生成合规的输入，同时评估执行结果在网络空间中是否出现异常。特别地，如果执行 API 产生了一条新的日志，意味着程序运行到达了一个新的状态；而某些关键词的出现则意味着异常状态。对于一个给定的目标 API，模糊测试器一开始使用随机参数值对其进行调用，然后使用日志分析器从输出的日志中推导输入规范，用于后续的测试用例生成。

在图 5 中，我们通过一个例子来展示模糊测试的基本过程。这个例子涉及的目标 API 在 image.player 系统服务中，Binder 事务 ID 为 5，参数类型是（float, float, int）。

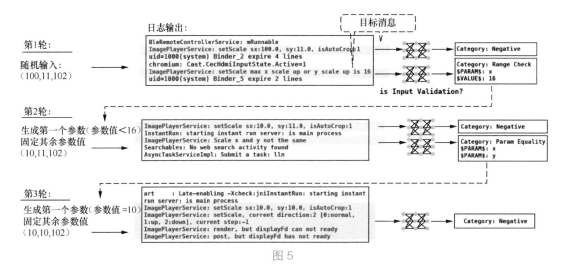

图 5

在第一轮尝试中，模糊测试器为每个参数生成符合其类型的随机值，如（100, 11, 102），日志分析器对执行 API 产生的输出日志进行分析，判定图 5 上部高亮显示的那条日志与输入验证有关，并且分类为数值范围验证，进一步分析得到范围小于 16。

在第二轮尝试中，模糊测试器假定输出日志中提到的参数 x 是 API 的第一个参数，为其生成范围要求内的值 10。使用（10, 11, 102）作为新的参数值，执行目标 API，产生新的输出日志，要求参数 x 和 y 的数值必须相等。这意味着推测"参数 x 是第一个参数"是正确的，并且另一个参数 y 要和第一个参数的值相等。

在第三轮尝试中，模糊测试器假定输出日志中提到的参数 y 是 API 的第二个参数，并让其值与第一个参数值相等，即使用（10, 10, 102）作为新的参数值，执行目标 API 没有产生与输入验证相关的日志信息，但是产生的新日志表明程序运行到达了一个新的状态。

在整个过程中，模糊测试器在日志分析器的协助下，学习了关于输入规范的知识：第一个参数与第二个参数相等，且范围要小于 16。这个知识有助于更有效地生成后续的测试用例。

为了检测物理世界中的异常，模糊测试器配备了一个外部观测器，用于观测设备的物理状态。在测试过程中，使用媒体播放器播放一段有声音和图像的视频，使用 HDMI 捕获工具重定向智能电视的声音和图像信号，使用标准声音和图像比对算法比较目标 API 执行前后在声音和图像上是否存在差异。我们采取以下措施尽可能减少干扰因素：全屏播放视频、控制视频时间在 1 秒之内、禁用屏幕通知等服务。

↘ 四、实验结果

通过对 11 款流行的智能电视设备进行检测，测试的设备覆盖了 8 个设备知名厂商，涉及的 Android 版本从 6.0 到 9.0，详情如表 1 所示。表 1 的 4~5 列展示了每个设备定制的系统服务数量和 API 数量。我们可以看到平均每个设备包含 6 个定制的系统服务，其中英伟达 Shield 设备包含的定制系统服务个数高达 17 个。这些定制的系统服务共有 603 个新增 API，表 1 的 6~8 列对新增 API 进行了分类。我们可以看到 Java 层实现的 API 占 13%，其余 87% 的 API 则由 Native 层实现或者混合实现。

使用我们提出的方案，共检测出 37 个安全漏洞 / 缺陷，其中包括 21 个在网络空间中能够造成内存破坏（MC）、隐私威胁（CT）等危害的安全漏洞，以及 16 个在物理世界中能够影响视听效果（PD）的安全缺陷，具体检测结果如表 2 所示。表 2 的第 3 列展示了含有漏洞 / 缺陷的目标 API，对于 Java 层 API 展示其名字，对于 Native 层 API 展示其 Binder 事务 ID，我们可以看到 46% 的问题 API 是 Native 层 API。第 6 列展示了产生输入验证相关日志的目标 API 数量（约占 59%）。表 2 的第 7 列展示了产生新状态日志的目标 API 数量（约占 54%）。表 2 的第 8~9 列展示了系统内部状态反馈和外部监控器反馈的效果，我们可以看到绝大多数与 MC、CT 相关的漏洞 / 缺陷可以由系统内部状态获得反馈，而与 PD 相关的漏洞 / 缺陷则由外部监控器获得反馈。

表 1

设备	厂商	OS	服务数	API数目	API细分		
					Native	Java	Hybrid
MiBOX3	Xiaomi	6.0.1	5	49	49	0	0
X96	Ebox	6.0.1	7	101	91	6	4
RK MAX	RockChip	6.0.1	6	76	0	34	42
Shield	NVIDIA	7.0	17	73	33	13	27
X3	ZXIC	7.1	1	12	0	0	12
H96 Pro +	Ebox	7.1	7	95	85	6	4
V88.Max	RockChip	7.1.2	7	75	0	19	56
MiBOX S	Xiaomi	8.1	2	31	0	0	31
RK3318	RockChip	9.0	1	29	0	0	29
Q+	CAT95S1	9.0	4	25	17	0	8
GT King	Beelink	9.0	1	37	0	0	37

表 2

缺陷类型	系统服务	API	描述	目标设备	日志指导			外部反馈	触发时间	
					Input Inference	New state Inference	Feedback Inference		Random	Guided
CT	system_control	Transaction Id 47	损坏的引导环境变量	H96 Pro+	√	√	√	√	Timed out	0.11小时
CT	mount	createRemoteDisk	覆盖系统目录	NVIDIA Shield	√	√	√	√	Timed out	4.71小时
CT	mount	destroyRemoteDisk	删除内存中的文件	NVIDIA Shield	√	√	√	√	Timed out	2.14小时
CT	window_manager	dispatchMouse	输入鼠标坐标	V88.Max	×	×	×	√	0.03小时	0.04小时
CT	window_manager	dispatchMouseByCF	输入鼠标坐标	V88.Max	×	×	×	√	0.03小时	0.03小时
CT	systemmix	Transaction Id 16777215	更改持久系统属性	Q+	√	√	√	×	Timed out	0.14小时
CT	systemmix	Transaction Id2	读取高度敏感的数据	Q+	√	√	√	×	Timed out	0.14小时
CT	gpio	Transaction Id1	覆盖某些系统文件	Q+	√	√	√	×	Timed out	0.19小时
CT	gpio	Transaction Id 16777215	读取高度敏感的数据	Q+	√	√	√	×	Timed out	0.15小时
CT	SubTitleService	load	在/sdcard/下创建隐藏文件	GT King	√	×	√	×	Timed out	0.05小时
CT	CecService	Transaction Id1	将设备重新启动到恢复模式	MiBOX4	×	×	√	√	0.03小时	0.03小时
MC	Imageplayer	Transaction Id 2	内存崩溃	MiBOX3,X96,H96 Pro+	×	×	√	√	0.15小时	0.17小时
MC	Imageplayer	Transaction Id 20	内存崩溃	MiBOX3,X96,H96 Pro+	×	×	√	√	0.11小时	0.10小时
MC	Imageplayer	Transaction Id 15	内存崩溃	MiBOX3,X96,H96 Pro+	×	×	√	√	0.45小时	0.38小时
MC	Imageplayer	Transaction Id 14	内存崩溃	MiBOX3,X96,H96 Pro+	×	×	√	√	0.47小时	0.53小时
MC	system_control	Transaction Id 17	内存崩溃	H96 Pro+	√	×	√	×	Timed out	0.07小时
MC	Display_manager	getCurrentInterface	内存崩溃	RK MAX	√	√	√	×	1.45小时	0.11小时
MC	Display_manager	enableInterface	内存崩溃	RK MAX	√	√	√	×	Timed out	0.07小时
MC	Display_manager	switchNextDisplayInterface	内存崩溃	RK MAX	√	√	√	×	0.57小时	0.23小时
MC	systemmix	Transaction Id 16777215	内存崩溃	Q+	√	×	√	×	Timed out	0.13小时
MC	drm	setGamma	内存崩溃	RK MAX	√	×	√	×	0.33小时	0.11小时

续表

缺陷类型	系统服务	API	描述	目标设备	日志指导			外部反馈	触发时间	
					Input Inference	New state Inference	Feedback Inference		Random	Guided
PD	Display_manager	switchNextDisplayInterface	丢弃HDMI信号	V88.Max	√	√	×	√	0.05小时	0.02小时
PD	Display_manager	switchNextDisplayInterface	损坏显示	V88.Max	√	√	×	√	0.05小时	0.03小时
PD	Display_manager	getCurrentInterface	损坏显示	V88.Max	√	√	×	√	0.08小时	0.02小时
PD	Display_manager	setContrast	停电显示	V88.Max	×	×	×	√	0.07小时	0.1小时
PD	Display_manager	setScreenScale	重新缩放显示	V88.Max	√	√	×	√	0.03小时	0.02小时
PD	Display_manager	enableInterface	丢弃HDMI信号	V88.Max	√	√	×	√	Timed out	0.02小时
PD	Display_manager	setHue	操纵颜色方面	V88.Max	×	√	×	√	0.38小时	0.29小时
PD	Display_manager	setSaturation	操纵颜色方面	V88.Max	×	√	×	√	0.17小时	0.19小时
PD	Display_manager	setBrightness	操纵颜色方面	V88.Max	×	√	×	√	0.18小时	0.22小时
PD	system_control	Transaction Id 13	停电显示	X96,H96 Pro+	√	√	×	√	0.11小时	0.03小时
PD	system_control	Transaction Id 16	重新缩放显示	X96,H96 Pro+,MiBOX3	×	×	×	√	0.54小时	0.37小时
PD	system_control	Transaction Id 16	损坏显示	X96,H96 Pro+,MiBOX3	×	×	×	√	0.46小时	0.33小时
PD	system_control	Transaction Id 15	禁用鼠标指针	X96,H96 Pro+,MiBOX3	×	×	×	√	0.05小时	0.03小时
PD	system_control	Transaction Id 23	静音系统	X96,H96 PRo+,MiBOX3	√	√	×	√	Timed out	0.02小时
PD	tvout	setPosition	重新调整显示比例	X3	×	×	×	√	0.14小时	0.15小时
PD	tvout	setNew Sdf	停止流媒体服务	X3	√	×	×	√	0.06小时	0.02小时

↘ 五、总结

　　智能电视作为最广泛使用的家庭物联网设备，其潜在的安全风险尚未得到足够的关注。我们设计了一个针对 Android 智能电视的模糊测试方案。该方案使用日志信息作为生成输入数据的向导，并引入特殊的外部观测器以监控声音和图像上的异常。我们在 11 款不同型号的 Android 智能电视盒上进行了实验，共检测出 37 个安全漏洞，这些安全漏洞均已得到设备厂商的确认和修复。这些漏洞不仅涉及系统层面的危害（如内存破坏、越权访问敏感数据等），还涉及物理层面的危害（如显示画面永久性破坏、强制静音等）。

↘ 作者简介

　　游伟，中国人民大学博士，在美国印第安纳大学和普渡大学进行了博士后研究工作，现为中国人民大学副教授。他长期从事软件漏洞的自动化挖掘和二进制程序的动态 / 静态分析，在常见应用程序中挖掘出近百个安全漏洞，曝光了数百个恶意应用的隐蔽可疑行为。他在信息安全和软件工程领域国际顶级学术会议 / 期刊上发表论文十余篇，获得最佳论文奖一次，最佳应用安全论文提名奖一次。

破碎的信任链：探究跨 IoT 云平台访问授权中的安全风险

袁　斌

作为主要的 IoT 服务平台，IoT 云使得 IoT 用户能够远程控制设备（这种远程控制甚至可以跨越不同的 IoT 云平台）。支撑这种跨云平台的设备访问及其权限控制的是各个 IoT 云平台的授权机制。目前，由于缺少跨 IoT 云平台授权的行业标准，现有的授权机制往往由各厂商自己开发设计。而由于统一接口、协商等机制的缺失，现有的 IoT 授权机制存在严重安全隐患。为此，我们开发了半自动检测与验证工具 VerioT，首次对现有的主流 IoT 授权机制进行了系统的分析，结果表明这些机制中普遍存在严重的安全漏洞。通过 PoC 攻击验证和系统性的评估研究，进一步提出了设计安全的跨云 IoT 授权机制所要遵循的原则。

该 成 果 "Shattered Chain of Trust: Understanding Security Risks in Cross-Cloud IoT Access Delegation" 发表在 USENIX Security 2020 上。

一、背景与动机

IoT 应用的普及促进了对 IoT 设备进行高效管控的需求。为此，各个 IoT 厂商纷纷推出跨云平台的设备访问和控制方案。例如，用户可以把自己在 Philips 云平台中的设备授权给 Google Home 云平台，进而通过 Google Home 云平台来远程控制其 Philips 设备。支撑这样的跨平台 IoT 设备访问的是各个 IoT 厂商设计的跨平台授权机制。通过使用各个 IoT 平台的授权服务，用户可以构建极其复杂的授权关系，如图 1 所示，IoT 平台间可以形成多级授权链。然而，与理论模型不同，跨 IoT 云平台的授权机制需要兼容所支持的各个 IoT 云平台已有的系统和服务，因此，其设计和实现上各不相同。这种专用且异构的跨 IoT 云平台授权机制被广泛应用于真实 IoT 平台中，如 Samsung SmartThings 和 Google Home，了解这些机制对于 IoT 生态系统的安全保证至关重要，但这些机制却从未被研究过。

我们开发的半自动化工具 VerioT，首次对主流 IoT 云平台的授权机制进行了形式化安全验证，证明了现有跨 IoT 云平台的授权机制普遍存在安全风险。进一步地，我们通过 PoC 攻击验证和系统性评估研究，总结了漏洞的根本成因，并提出如何规避所发现的安全风险的设计原则。

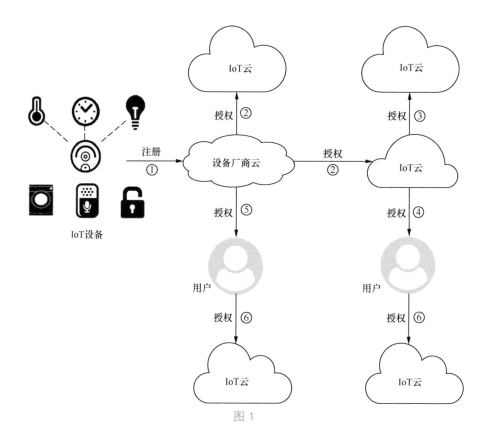

图 1

↘ 二、设计与实现

首先，从表 1 可以看到，通过对 Google Home、Samsung SmartThings、IFTTT、Philips、LIFX 等主流 IoT 平台的分析，我们总结了 9 种不同的授权操作。每个授权操作都会导致 IoT 系统状态的变化，如 LIFX 云平台通过 OAuth 操作对 Samsung SmartThings 云平台进行授权，导致两个云平台授权令牌集合的变化，即 LIFX 云平台颁发一个授权令牌并传给 Samsung SmartThings 云平台。为了保证安全性，整个授权过程中，必须保证不存在越权访问现象，如用户不能访问未对其授权（或者权限已被取消）的设备。

表 1

操作类型	语义
bind	绑定或注册设备至设备厂商云
unbind	将设备从设备厂商云解绑或重置

续表

操作类型	语义
share	授予访问权限给某用户
un-share	撤销某用户访问权限
OAuth	通过OAuth协议授权给第三方
un-OAuth	撤销OAuth授权
setTrigger	设置一个联动规则
un-setTrigger	删除一个联动规则
APIRequest	调用API请求（如Web API）

基于上述分析，我们使用状态机 $M = (A, S, O, T, s_0)$ 来描述 IoT 系统的授权过程。其中，A 表示系统中的实体，如设备、云平台、用户；S 表示系统的状态，每个状态记录了各个实体的授权令牌集合；O 表示授权操作（如表 1 所示）的集合；T 表示系统状态的转移，即在授权操作的驱使下，系统从一个状态转移到另一个状态；s_0 则表示没有任何授权操作发生的初始状态。为保障授权过程的安全，我们提出"在任何状态下，任何用户都不能找到对其不具备访问权限的设备的访问路径"的安全属性。其中，访问路径是通过各个实体的授权令牌集合计算得来。为了对跨 IoT 云平台的授权进行形式化验证，我们在发生特定操作（如取消授权操作）后，对系统的状态进行检查，通过各个实体接收到的授权指令集合和颁发的授权指令集合来计算两个实体之间是否存在访问路径。一旦发现非法访问路径，就证明存在安全漏洞。进一步地，通过查看对应的系统状态转移情况，获得授权操作顺序，并在真实系统和设备中复现授权操作，最终验证安全漏洞的真实性，并评估其后果。

为了能够实现对不同的 IoT 平台进行高效分析，我们设计并实现了图 2 所示的半自动化工具 VerioT。

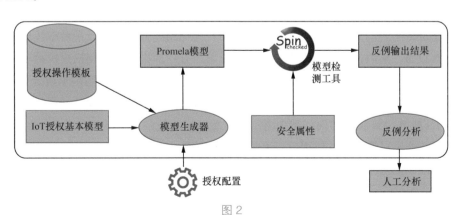

图 2

首先，我们通过人工总结，构建了授权操作数据集，该数据集包含了表 1 中所有的授权操作类型和其不同的实现。我们利用 IoT 授权基本模型、模型生成器和配置文件来自动生成可用于形式化验证的模型，具体而言，就是通过读取配置文件的配置信息（如 IoT 云平台类型、设备类型、涉及的授权操作等）和基本模型，模型生成器自动生成 Promela 模型来描述授权过程。然后，Promela 模型由形式化验证工具 Spin 执行，基于我们所提出的安全属性，Spin 会报告出所找到的全部漏洞。最后，通过阅读漏洞报告，对漏洞进行人工确认，完成对 IoT 授权过程的分析。

三、发现

基于不同 IoT 平台支持的授权操作类型，我们编写了不同的配置文件。通过把这些不同的配置文件输入 VerioT，我们对 10 个主流 IoT 云平台（Google Home、Samsung SmartThings、IFTTT、Amazon Alexa、Wink、Philips、August、LIFX、MiHome 和 iHome）进行了分析。结果显示，上述所有平台的跨平台授权机制均存在安全风险。例如，攻击者可以从 Google Home 云平台获得 Samsung SmartThings 设备的 ID 并恶意触发 Samsung SmartThings 云平台上的应用；可以从 Samsung SmartThings 云平台获取 LIFX 云平台的 OAuth 令牌，进而实现对 LIFX 设备的越权访问；可以利用 Philips 平台的授权 API 来重新获得已经被撤销的设备访问权限。利用这些漏洞，攻击者可以发动设备恶意控制、伪造设备事件等攻击。根据上述平台的使用情况，预计数百万用户的设备面临安全风险，具体的受害设备包括智能门锁、智能插座、智能灯泡等各类智能家居设备。

下面将具体介绍其中的 3 个漏洞。

（1）漏洞 1：设备 ID 泄露导致非法访问。

Google Home 是由谷歌推出的智能家居云服务平台。Google Home 支持很多其他厂商设备的接入，如 Samsung SmartThings 设备、Philips Hue 设备、LIFX 设备等。第三方厂商设备接入 Google Home 平台的方式是 OAuth 授权，即用户先在第三方厂商的云平台中注册自己的账号并绑定其设备。然后，通过 OAuth 协议将其对第三方厂商设备的控制权授权给用户自己的 Google Home 账户。通过这样的授权，用户可以只用 Google Home 一个智能家居云平台就能管理家中的全部设备，极大地便利了用户对来自不同厂商的各类智能家居设备的管理。

设备 ID 泄露导致非法访问如图 3 所示，智能家居系统的主人使用 Google Home 平台来管理其所有智能家居设备和其他用户。为此，主人使用 Google Home 和 Samsung SmartThings 之间的 OAuth 授权服务，把 Samsung SmartThings 下的设备（智能开关）控制权限委派到其 Google Home 账号下，并在 Google Home 系统中把该智能开关的权限临时授予其访客。当访客离开时，主人再在 Google Home 系统中撤销访客对智能开关的访问权限。

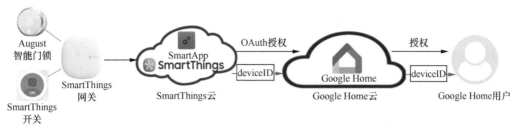

图 3

然而，当访客在具有对智能开关的（临时）访问权限期间，访客可以从 Google Home 系统中获取到智能开关的设备 ID。进而，当主人在 Google Home 系统中撤销访客的权限后，访客可以直接用这个设备 ID 与 Samsung SmartThings 平台进行交互，继续非法访问 Samsung SmartThings 的系统服务，最终使得其能够非法地打开主人的智能门锁。

（2）漏洞 2：回调 URL 泄露导致非法访问。

与 Google Home 类似，Samsung SmartThings 云平台也支持第三方设备的接入，如 IFTTT 平台的设备、LIFX 设备等。另外，Samsung SmartThings 云平台支持多用户共享，例如家庭的主人用户在 Samsung SmartThings 云平台中创建 Location（一组设备、设备自动管理程序等的集合）后，可以将该 Location 共享给其他用户，如家庭的其他成员、临时访客或租客等。而获得共享后的其他用户，将可以控制、管理该 Location 下的全部设备和设置管理程序（如 SmartApp）。最后，IFTTT 支持用户设置基于事件的自动化响应规则，如收到门锁的状态改变后，发送短信通知用户，或者当某个开关的状态发生变化时，对其他设备发送相关的控制指令。

回调 URL 泄露导致非法访问如图 4 所示，智能家居系统的主人使用 Samsung SmartThings 平台来管理其智能家居设备和其他用户。为此，主人使用 IFTTT 和 Samsung SmartThings 之间的授权服务，把 Samsung SmartThings 下的智能开关设置为 IFTTT 平台下智能门锁的触发设备，即当智能开关打开 / 关闭时，自动将智能门锁上锁 / 打开。另外，主人通过 Samsung SmartThings 的用户管理服务，将智能家居设备的访问权限临时授予某个访客。当访客离开时，主人再在 Samsung SmartThings 系统中撤销访客对设备的访问权限。

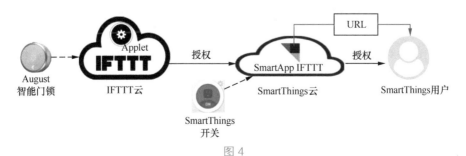

图 4

　　然而，当访客在具有对主人的 Samsung SmartThings 系统（临时）访问权限期间，访客可以利用 API 调用，获取到 IFTTT 和 Samsung SmartThings 之间的回调 URL，通过给该 URL 发送 HTTP Post 请求，可以触发对 IFTTT 下的智能门锁的操作。由于该 URL 在主人撤销访客权限之后仍然有效，因此该访客可以在其权限被撤销后仍然对主人的智能门锁进行非法控制。

　　（3）漏洞 3：OAuth 令牌泄露导致非法访问。

　　LIFX 是一个知名的智能灯泡生产商，其支持通过 OAuth 协议将用户的 LIFX 设备授权给用户在其他云平台的账户，如 Samsung SmartThings 云平台、Google Home 云平台、IFTTT 云平台等。对于授权给其他云平台的设备，LIFX 云平台会将 OAuth 令牌和设备的 ID 发送给授权方。这样，任意一个获得正确的 OAuth 令牌和设备 ID 的实体，都可以使用 LIFX 官方的 API 对该设备发送控制指令。此外，除了便于用户对其 LIFX 设备的管理，LIFX 还提供了设备信息查询 API，任何拥有正确的 OAuth 令牌的实体，都可以使用该设备信息查询 API 获得设备的各种信息，如设备 ID、设备分组等。

　　OAuth token 泄露导致非法访问如图 5 所示，智能家居系统的主人使用 Samsung SmartThings 平台来管理其所有智能家居设备和其他用户。为此，主人使用 Samsung SmartThings 和 LIFX 平台之间的 OAuth 授权服务，把 LIFX 下的智能灯泡 1（ID1）控制权限委派到其 Samsung SmartThings 账号下，并在 Samsung SmartThings 系统中把该智能灯泡的权限临时授予其访客。当访客离开时，主人再在 Samsung SmartThings 系统中撤销访客对智能灯泡的访问权限。

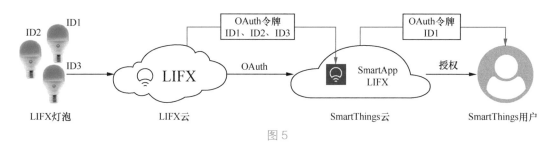

图 5

　　然而，当访客在具有对主人的 Samsung SmartThings 系统（临时）访问权限期间，访客可以从 Samsung SmartThings 系统中获取到 LIFX 与 Samsung SmartThings 之间的 OAuth 授权令牌。使用该 OAuth 令牌，访客可以直接向 LIFX 平台发送请求，获取主人的所有 LIFX 智能灯泡的 ID 并对其进行任意控制。由于该 OAuth 令牌在访客的权限被撤销后仍然有效，因此，访客可以在获得一次授权后，在任意时间和地点，对主人的 LIFX 设备进行远程（恶意）控制。

↘ 四、总结与讨论

我们的研究表明，由于缺乏标准的授权协议，现今被普遍使用的专用且异构的跨 IoT 云平台授权机制存在诸多安全隐患。而标准的制定往往需要各个厂商、业界标准组织等协同商议。可以预见，标准的广泛部署和实施还需要很长时间。而在此之前，各个 IoT 厂商可以从如下几个方面加强其授权机制的安全性。

- ↲ 授权解耦：高度耦合的授权机制使得授权方和被授权方相互影响，容易导致访问控制管理的不一致。
- ↲ 互通安全假设：授权方与被授权方应该相互告知彼此的安全假设，避免基于不同安全假设下的处理而导致授权令牌的泄露。
- ↲ 严格的安全验证：形式化验证能够很好地排查授权过程中的安全风险，IoT 云平台在推出授权服务前，应该对其授权过程进行完备的形式化安全验证。

↘ 作者简介

袁斌，华中科技大学网络空间安全学院副教授。他的研究方向主要包括软件定义网络、网络安全、物联网安全、云计算安全等。他在 USENIX Security、IEEE TSC、IEEE TNSM、IEEE TNSE、ACM TOIT、FGCS 等国际顶级会议和期刊上发表多篇论文，获得国家发明专利授权 1 项。他主持了国家自然科学青年基金、博士后科学基金等项目；参与了国家重点研发计划项目、973 项目等重大科研项目。

理解物联网云平台中部署通用消息传输协议的安全风险

贾　岩

本文根据论文原文 "Burglars' IoT Paradise: Understanding and Mitigating Security Risks of General Messaging Protocols on IoT Clouds." 整理撰写，原文发表于 IEEE S&P 2020。作者在完成论文原文工作时，为西安电子科技大学在读博士生。本文较原文有所删减，详细内容可参考原文或作者的博士学位论文。

一、介绍

随着消费物联网的流行，物联网云平台被众多的设备厂商广泛使用。物联网云平台服务最核心的功能之一就是为设备与用户提供通信服务，包括传送用户对设备的控制指令、向用户回馈设备状态与事件等。在物联网云平台的帮助下，用户能够随时随地远程控制和监视智能门锁、插排、温度计等各种各样的设备。为了便捷性与兼容性，物联网云平台通常基于已有的通信协议来构建，如 HTTP、AMQP、MQTT 等。

MQTT（Message Queuing Telemetry Transport，消息队列遥测传输）协议是 OASIS 的一项即时通信协议标准，具有低开销、低带宽占用的特点，特别适用于计算能力较弱的物联网设备。因此，MQTT 协议被众多主流物联网云平台采用，包括亚马逊、微软、IBM、阿里巴巴、涂鸦智能、谷歌等。

然而，不幸的是，MQTT 协议最初并非针对存在敌手的环境设计的，因此协议自身没有充分考虑现今消费物联网系统中潜在的威胁。协议自身仅提供了简单的认证机制，物联网云平台提供商不得不自己开发对 MQTT 协议的保护机制。然而，通用消息传输协议具有复杂的状态转换与敏感实体，消费物联网应用场景却十分复杂，目前没有一个公认的标准来指导开发人员如何在一个通用的通信协议上定制安全措施。与此同时，通信协议在物联网系统中扮演着极其重要的角色，是物联网设备与用户交换信息的基石，因此协议层的任何访问控制漏洞均可能导致严重的后果，包括远程非法控制、敏感信息泄露等。但是，关于商业物联网云平台中基于 MQTT 协议的通信是否得到了有效的安全保护却鲜有相关工作研究。

　　本文首次系统性地研究了主流物联网云平台集成和部署通用消息传输协议 MQTT 时存在的安全风险，发现物联网云平台对 MQTT 协议定制的安全措施普遍存在隐患，使得敌手利用设计中的漏洞能够开展如下攻击：非法远程控制目标设备；窃取用户隐私信息，如作息规律、位置、同居者等；大规模拒绝服务；伪造设备状态。经评估，这些攻击将带来十分严重的后果，例如，敌手能够远程收集某物联网云平台上所有设备产生的事件消息，进而获得用户的个人可识别信息。

　　在复杂的消费物联网环境中，大部分的物联网云平台不知如何安全地部署一个通用消息传输协议，即使是相对简单的 MQTT 协议。通过进一步深入分析，我们发现原协议设计与现应用场景之间存在的差异。现阶段，物联网设备会被不同的用户共享使用，如宾馆旅客、民宿的租客、家庭访客、保姆等，一旦临时用户访问设备的权限被撤销，该用户就不应再具有该设备的控制权；另外，MQTT 协议设计了针对其他特殊场景的异常处理消息机制和功耗优化机制，客户端能够在离线后继续发送消息。这种设计与应用场景的差异所带来的复杂性，给安全部署访问控制机制带来了严峻的挑战。通过人工分析与测试，我们发现即使客户端的权限已被撤销，敌手仍能够利用协议中的会话和特殊消息类型来绕过云端的限制继续访问设备，从而违背消费物联网环境中的安全需求。

　　除了消费物联网环境带来的新威胁模型，另一项造成安全问题的重要原因是物联网云平台厂商对协议中安全敏感的状态与实体没有充分的认识和保护。例如，MQTT 使用 ClientId 字段来唯一标识一个客户端，当有相同 ClientId 的客户端新建立 MQTT 连接时，服务器将断开旧的客户端；而由于最初良性的应用环境，协议标准（MQTT 3.1.1 版本）中并没有强调该关键实体需要在部署中被特殊保护。这个认识差异导致其在消费物联网环境中缺乏充分的认证与授权，敌手能够恶意利用 ClientId 将其他客户端挤下线，甚至劫持会话。

　　通过对 8 个主流物联网云平台的实践分析，我们发现这些平台在使用 MQTT 协议时存在大量的安全问题，使众多设备厂商和用户暴露于上述安全风险之中。我们将发现的问题报告给了受影响的相关厂商与组织，包括亚马逊、微软、IBM、阿里巴巴、百度等，并帮助这些厂商和组织修复相关问题。此外，本文研究发现的问题已被 OASIS MQTT 协议标准技术委员会认可，截至撰文时这些问题正处于公开讨论解决方案的阶段。

　　最后，我们提出了一系列的安全设计准则和面向消息的访问控制模型，实验结果证明本文所提方案能防御我们发现的所有攻击并具有较低的开销与负载，为物联网云平台安全地部署通用消息传输协议提供了参考。另外，Eclipse Mosquitto 已根据报告与建议修补了相关漏洞（CVE-2018-12546）。

↘ 二、背景

1.MQTT 及其物联网应用

基于云的典型物联网系统包括 3 个部分，分别为物联网设备、云和用户控制台（如移动 APP），如图 1 所示。位于中心的是负责管理设备与 APP 通信的云服务器，云中部署有负责消息转发的消息代理；用户使用 APP 通过云发送消息给设备，如设备控制指令等；同时，设备也与云通信，云将设备上报的状态信息发送给 APP，例如温度计的读数、门锁的开关状态等。为了实现通信交互功能，云平台提供商会为设备厂商提供方便其开发的 SDK 以集成至设备和移动 APP 中。设备厂商只需在云端简单地配置，利用 SDK 便可以快捷地在客户端实现云平台约定的通信功能。这种以云为核心转发通信消息的模式已经被许多物联网云平台提供商（亚马逊、微软、IBM、涂鸦智能、阿里巴巴）和设备厂商应用。在整个系统中，云承担着保护用户与设备交互安全的核心功能，例如对设备和 APP（用户）进行认证与权限检查。

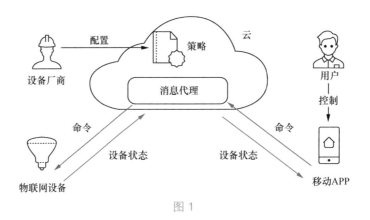

图 1

MQTT 协议（本文主要关注 MQTT 协议 3.1.1 版本。尽管 OASIS 于 2019 年 3 月推出了最新 MQTT 协议 5 版本，它在 3.1.1 版本基础上增加了新功能，但是截至本文工作完成时尚未发现有商业物联网平台采用）。作为一种低功耗、低带宽占用的即时通信协议，MQTT 协议在物联网方面有着广泛的应用。MQTT 协议是一种发布 - 订阅模式的轻量级通信协议，位于 OSI 网络模型的应用层，工作于 TCP/IP 或其他可靠、有序的全双工连接之上，如 WebSocket。发布 - 订阅消息模式中，发送方将消息按照某种类型发布而非直接发布给接收方，类似地，订阅者（接收方）根据需求订阅某类消息。

接下来我们以一个物联网应用场景为背景简单介绍 MQTT 协议工作的基本原理。如图 2 所示，位于中心的是消息代理，部署于物联网云中，作为连接的中枢，以发布 - 订阅模式来转发客户端的消息。MQTT 协议根据"主题"来管理消息的转发并将发布者和订阅者解耦。因此，消息代理维护着消息主题的列表，每个主题的格式类似于 Linux 操作系统中的文件路径，以斜线分割层级，如 DeviceId/status。想要互相通信的物联网设备和移动 APP 作为 MQTT 客户端首先连接至消息代理，之后向消息代理发送消息至某个主题；消息代理随后将收到的消息根据主题转发至订阅了该主题的所有客户端。一个客户端可以订阅某个具体的主题，同时也可以使用通配符（如 #）来同时订阅多个主题。

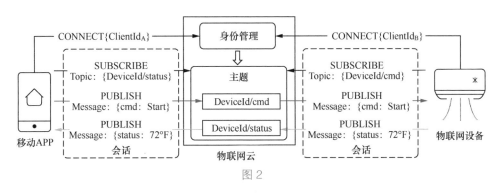

图 2

一个 MQTT 客户端可以发送 3 种基本类型的消息给消息代理，分别是连接（CONNECT）、发布（PUBLISH）和订阅（SUBSCRIBE）。首先，在建立传输层连接（如 TCP 连接和 WebSocket 连接）后，MQTT 客户端（物联网设备和 APP）发送 CONNECT 至消息代理来建立一个 MQTT 会话，类似于 HTTP 中的会话 Cookie，MQTT 会话被 CONNECT 消息中的 ClientId 字段唯一标识；不过，MQTT 是一个长连接协议，建立 MQTT 连接后会话依赖于客户端和消息代理之间保持的传输层连接，ClientId 仅在第一个 CONNECT 消息中被携带。建立会话后，物联网设备通过发送 SUBSCRIBE 给消息代理来订阅其"关联主题"，要订阅的主题携带在 SUBSCRIBE 消息中，如 DeviceId/cmd。消息代理在接受订阅后会为每个客户端会话维护其订阅状态，并将发送至该主题的消息转发给订阅者。因此，用户便可以使用移动 APP 通过 PUBLISH 消息来向设备订阅的主题 /DeviceId/cmd 发送控制指令，例如发送"Start"消息来开启空调。同理，设备可以向其关联的主题，如 DeviceId/status，周期性地发布自己的状态，如室内温度信息；用户的 APP 只要订阅此主题即可接收到设备的状态信息。综上所述，整个 MQTT 的通信过程依赖于 4 个重要实体：身份（即 ClientId）、消息、主题和会话。因此，用户与设备的安全交互就要求对这 4 个实体进行有效的安全保护。

2. 物联网云平台的安全措施

作为一个通用的消息传输协议，MQTT 并非专门针对敌手环境设计，例如，该协议中没有定义详细规范的授权流程，仅提供了简单的辅助认证功能：客户端可以在 CONNECT 消息中携带 username 和 password 字段来作为认证凭据。为了保护诸如智能门锁、安全摄像头、火灾报警器等敏感物联网设备，物联网云平台通常会自己定制安全措施来认证 MQTT 客户端并授权客户端所能发布和订阅的主题。我们通过调研 8 个现有主流物联网云平台，总结出已被广泛部署的安全措施如下。

（1）认证机制。MQTT 可工作于 WebSocket 和 TLS 之上，不同的传输层协议自身具有的认证功能为云平台认证 MQTT 客户端提供了方便；同时，不同的云平台提供商还可能提供其他综合云服务，例如 AWS 还提供身份、存储、计算等其他通用云服务，这些其他功能的差异也导致云平台部署了多种不同的认证措施。

　　　Web 认证机制。MQTT 作为应用层协议需在传输层连接建立后开始会话，因此部分平台利用 Web 技术中的认证机制在客户端开启 MQTT 会话前对其进行认证。例如，AWS IoT 会在 WebSocket 连接建立时利用 HTTP 的 Cookie 等信息来对客户端进行认证，这允许物联网平台在已有技术架构上方便地验证来自第三方身份提供商的身份，例如 AWS 就用此法对来自 Amazon Cognito 的身份进行验证。该方法常被用于认证移动 APP 客户端。

　　　客户端证书。云平台预分配给客户端一个自己信任的 CA 签名证书，在客户端建立 TLS 连接时使用 TLS 客户端认证模式来对客户端进行认证；物联网设备容易在出厂时内置一个证书，因此这种方式常被用来认证设备客户端。

　　　MQTT 认证。云平台可以利用 MQTT 提供的 username 与 password 机制来对客户端进行认证。设备厂商在平台上和客户端上配置相应的用户名与密码，在 MQTT 会话开始时，客户端在开始 MQTT 连接时的 CONNECT 消息中携带相应的用户名和密码，而云会在收到该消息时进行认证。

（2）授权机制。如上文所述，在 MQTT 中消息代理基于主题转发消息，因此，物联网云平台要限制物联网设备只被授权用户访问，就需要限制客户端所能访问的 MQTT 主题。具体而言，物联网云平台会根据设置的安全策略来限制客户端的具体能力，而不同物联网云平台给设备厂商提供了不同粒度的能力来定制安全策略。尽管不同的物联网云平台有不同的访问控制设计，但是一个物联网设备通常具有唯一的与其关联的一组主题，该设备仅允许向该组主题收发消息，本文称其为"设备关联主题"；而用户权限通常根据其可访问的设备被动态配置，即根据用户绑定的设备自动授予设备关联主题权限。例如，一个智能门锁的一个关联主题是 device/lock/uuid/status，其中 uuid 是设备唯一标识；只有绑定了这个设备的用户会被动态地分配该主题的订阅、发布权限，而其他用户对该主题的访问将被拒绝。

三、物联网云平台 MQTT 安全措施实践分析

接下来，我们将讲述对基于 MQTT 通信的物联网云平台安全措施的实践分析工作。我们

通过系统性地分析协议中的每一个关键实体——身份、消息、主题和会话，来试图理解这些安全相关的实体是否得到了有效的保护、是否能被敌手在物联网应用场景下恶意利用。为了说明攻击的严重性，我们购买了相应平台下的物联网设备并开展了真实的 PoC 攻击实验，相关攻击演示视频已在线公开。

这里我们考虑敌手能够购买并逆向分析物联网设备与对应 APP 的实现逻辑，并与普通用户一样注册云平台账号、使用云平台的服务。同时，我们还考虑设备所有权转换的场景，敌手能够在自己合法拥有设备时对其进行使用与非物理破坏性分析（例如可以嗅探流量，而不能拆解硬件外壳），这在当今的消费物联网应用场景下是十分常见的，例如宾馆和民宿旅客会共享房间的门锁和房中的设备，用户家中也会有不同的访客。注意，敌手并不能在用户使用设备时嗅探流量，设备、云服务和用户手机中的 APP 均是可信的，没有恶意软件和可利用的内存漏洞。

需要强调的是，所有的攻击实验均是在符合学术道德伦理和相关行业规范下执行的。更重要的是，我们负责任地将所有发现的问题在成果公开数月前都上报给了对应的设备厂商和物联网云平台提供商，并帮助他们共同提高相关产品的安全性，保障广大用户的信息安全。

1. MQTT 消息授权漏洞

在设备共享和权限撤销的应用场景中，用户应仅被授予临时访问权限，而不能影响过去和未来与该设备绑定的其他用户使用，也不能获得其他用户使用设备时的信息。然而，MQTT 协议最初没有针对存在敌手的消费物联网场景设计，再加上物联网云平台厂商对该类问题缺乏理解，导致云平台在对 MQTT 消息进行授权时极易出现安全问题。下面我们将详细讨论遗嘱消息（Will Message）和保留消息（Retained Message）带来的设备非法访问问题。

（1）未授权的 Will Message。起初，使用 MQTT 的物联网设备常工作于网络不稳定的区域，处于偏远地区的物联网设备也常会出现各种原因的故障，那么一个自然的需求就是及时地知道这些异常并做出响应。针对此需求，MQTT 协议特别设计了适用于该场景的特殊消息类型——Will Message。一个客户端在发送 CONNECT 开始连接时可以向消息代理注册一个特殊的 Will Message，该消息与 PUBLISH 消息一样可以指定要发表的主题并携带任意的内容，一旦代理发现客户端异常地断开连接（断开连接时没有收到客户端发来的 DISCONNECT 消息），代理将向订阅该主题的客户端发送之前注册的 Will Message。

利用此机制，设备管理员即可及时知道哪些设备出现了故障。然而，当设备的所有权被从一个恶意用户转移至另一个用户时，或用户的临时权限需要撤销时，这个异常处理特性的设计就带来了新的安全隐患。在该场景下，一个恶意的曾经拥有权限的用户（以下简称"前用户"）可以在有权限时注册一个携带控制指令的 Will Message，然后在丧失控制权后且设备被其他合法用户使用时触发该消息发送至设备。例如，一个宾馆旅客只要获得过一次智能门锁的控制权，仍然可以在离店之后打开此门锁，尽管他的权限已被撤销且该房间已经入住他人。具体而言，尽管敌手对该设备的权限已经被撤销，即消息代理已经根据更新的安全策略拒绝转发他发送的常规 PUBLISH 消息至该设备的关联主题，但只要敌手控制客户端异常地断开连接，敌手注册的 Will Message 仍然会被消息代理正常发送。通过控制客户端断开的时机，在上面的例子中，敌手便可以随心所欲地打开智能门锁。另外，尽管一个 MQTT 客户端只能触发一次 Will Message，但是只要敌手同时保持多个 MQTT 客户端并注册多条 Will Message，他便能够利用此方法在未来继续随心所欲地控制设备多次。

要解决 Will Message 带来的问题，一种显而易见的办法是在客户端的权限被撤销时同时删除其注册的 Will Message，然而对物联网云平台来说这并非易事。由于 MQTT 协议在设计时并没有提供专门让消息代理变更 Will Message 的功能，物联网云平台无法简单地基于协议原有状态机来对客户端进行限制；这需要开发人员深入地理解协议并找到所有相关状态，通过对协议自身的状态机进行扩展来获得撤销权限的能力。据我们所知，关于如何找全一个通用协议中所有的相关敏感状态并确定如何保护这些状态，目前没有一个公认的系统化方法，而在我们研究到的所有商业物联网云平台中也没有发现这种做法。

为验证 Will Message 漏洞所带来的实际影响，此工作基于 AWS IoT 的扫地机器人 iRobot Roomba 690 进行 PoC 攻击测试，如图 3 所示。首先，在攻击者拥有设备使用权时，他通过流量分析了解对应移动 APP 的工作流程，据此编写了 Python 脚本向设备关联主题注册了 Will Message 消息，消息的内容为"开始工作"；之后，受害者（例如宾馆相同房间的后来旅客）对设备进行了重置，并将设备绑定到了自己的账号上，攻击者的脚本因此已不能再通过发送 PUBLISH 消息来控制设备；此时，攻击者停止脚本运行断开其与消息代理的连接，扫地机器人在受害者无任何操作的情况下开始工作，即执行了攻击者之前注册的 Will Message 中携带的命令。为了证明攻击者可以多次进行越权控制，我们尝试了同时保有10个注册了Will Message

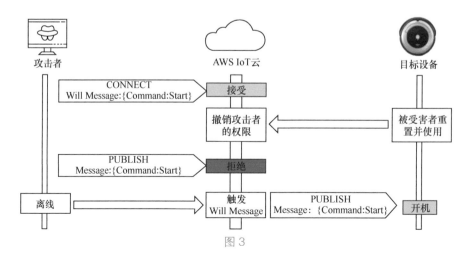

图 3

的客户端脚本，并观察到每一个客户端断线均可独立地触发控制指令。

通过仔细研究 MQTT 协议标准和与 MQTT 协议标准技术委员会进行沟通，本文发现此问题的本质原因在于 MQTT 的设计原则：协议规定 Will Message 在被代理接受注册时，就承诺了将在未来发送，发送方已经不在代理的考虑范围内了。换言之，MQTT 是"发布 - 订阅"设计模式的，消息接收方与发送方是解耦合的。然而，物联网应用场景下消息接收方的安全需求在 MQTT 协议设计时并没有考虑。MQTT 协议的设计更适合于可信的应用场景，而应用于消费物联网领域权限需要临时撤销的敌手环境时，就需要使用者基于协议额外加固安全措施。本文首次揭示出这种设计与应用场景差异所带来的安全风险，并进一步实践证明了该风险被现有的设计者们低估，给真实的用户带来了实际安全隐患。除了 Will Message，其他 MQTT 特性也带来了类似的风险，如下所述。

（2）未授权的 Retained Message。MQTT 协议是一个即时通信协议，若消息代理发送 PUBLISH 消息时客户端不在线，订阅者将无法及时收到消息。例如，低功耗传感器每几小时上报一次状态，则管理员为及时得到最新传感器数据不得不一直保持其客户端在线状态。为了解决此问题，MQTT 协议特别设计了 Retained Message：客户端可以在发送普通 PUBLISH 消息时设置 retained 标志位，消息代理在收到此消息后会将最新的一条 Retained Message 保存在对应的主题上，并将该消息发送给任何新订阅此主题的客户端。利用该特性，设备管理员就可以在每次订阅时得到传感器上报的最新状态，而不用一直保持在线。

类似于 Will Message，在消费物联网的敌手环境下，前用户可以像利用 Will Message 一样利用 Retained Message 来达到越权控制设备的目的。一个潜在攻击场景如图 4 所示，宾馆的前旅客（敌手）可以在其拥有访问控制权限时发送控制指令至门锁的关联主题上，定时设置在凌晨 3 点开门；敌手离店后重置设备丧失控制权，当新的旅客（受害者）入住时，受害者会重新配置并绑定设备；当设备重新上线时将重新订阅其关联主题，并收到敌手注册的 Retained Message 命令。

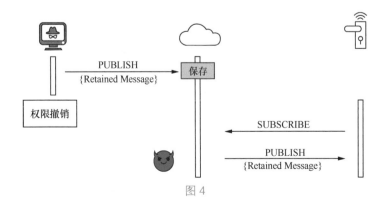

图 4

漏洞披露声明：本文中的相关安全问题在公开前均报告给了受影响的厂商并获得了认可与致谢，包括亚马逊、IBM、百度、涂鸦智能等。AWS 为解决 Will Message 带来的问题，特与我们举行了在线会议来讨论相关风险与解决方案；Eclipse Mosquitto 相关漏洞被分配了国际通用漏洞编号 CVE-2018-12546，并已于 1.5.5 版本修复。

2. MQTT 会话管理漏洞

MQTT 通信建立于客户端与消息代理之间的会话之上。因此，当一个客户端的权限发生变更时（例如访问设备的权限被撤销），其权限变更应当作用于客户端已建立的会话之上，特别是与安全密切相关的订阅会话和连接会话。然而，研究发现实际上物联网云平台的实现并没有满足这种安全期望，如下所述。

（1）订阅会话管理漏洞。MQTT 协议标准出于安全考虑明确建议，消息代理应当对客户端的行为进行授权检查。根据标准中的建议，物联网云平台均在实现安全策略时对客户端的主动行为进行了管理。例如，当一个物联网设备被重置时，云会撤销其前用户的所有权限，前用户的客户端再在会话中主动向消息代理发出 SUBSCRIBE 订阅设备的关联主题请求或向设备主题发送 PUBLISH 消息时，均会被消息代理拒绝。

但是，MQTT 协议标准并没有任何建议或提示涉及客户端的会话该如何安全地管理。因此，尽管会话直接影响了 MQTT 系统的安全性，但是多数物联网云平台并没有将会话管理纳入安全策略中，这给该平台下的设备与用户带来了极大的安全与隐私风险：当客户端建立连接并成功订阅一个主题后，即使该客户端在权限被撤销后不能发送 SUBSCRIBE 消息订阅该主题，消息代理仍然会一直维持其订阅会话。换言之，某设备的前用户（敌手）可以通过在丢失权限后保持订阅会话继续接收设备向关联主题发送的消息，无论该设备是否已经被新的用户（受害者）绑定。根据设备种类的不同，攻击者可能获得受害者设备上的各种隐私信息，如生活习惯、健康状况数据等。

（2）会话生命周期管理漏洞。在 MQTT 协议中，只存在客户端与服务器两种角色，不同的客户端对服务器来讲均是相同的。而在物联网环境中，MQTT 客户端表示两种角色：当利用物联网设备的凭证认证时表现为"设备"，当使用用户的凭证认证时表现为"用户"。从物联网云平台访问控制的角度看，这两种角色被以两种不同的模式管理："设备"被当作资源，"用户"被当作访问资源的主体。这种不同角色的区分在设备共享与权限撤销的场景中具体表现为：当设备被重置或被新用户绑定时，前用户 MQTT 客户端的权限会被撤销从而无法再向设备关联主题发送或订阅消息；另外，设备仍然能继续保有自己的权限访问其关联主题。这种设计产生了一个潜在的攻击场景，前用户（敌手）能够在具有设备访问控制权限时获得设备的认证凭证（已有工作证明设备的身份能够被流量分析和逆向工程轻易地获取），然后编写 MQTT 客户端以设备的身份接入消息代理来收取受害者的消息和发送虚假的状态至设备关联主题来欺骗受害者。为应对这种模仿设备攻击的威胁，部分主流物联网云平台选择动态更新设备的凭证。例如，涂鸦智能平台的解决方案中，每当设备被新用户绑定时，其原设备身份凭证将会过期，因此前用户（敌手）无法再通过原设备身份凭证来模仿设备。

然而，我们发现敌手可以利用 MQTT 的会话管理缺陷来绕过物联网云平台针对上述模仿设备攻击的防护方案。首先，敌手在获取设备的认证信息后构建客户端以设备的身份连入消息代理，并订阅设备关联主题；随后，新用户绑定设备，设备的认证凭证会进行更新。然而，由于物联网云平台对 MQTT 连接会话的管理疏忽，尽管敌手不能再次以之前的认证凭证模仿设备建立新的连接，但是保持的 MQTT 会话仍然有效——"设备"角色的权限不变，因此敌手能够利用此客户端向设备关联主题发送虚假设备状态欺骗用户。敌手模拟设备伪造状态或事件会带来严重的后果，甚至危害人身安全，例如罪犯可以利用虚假的消息来伪造防盗门的关闭状态或天然气阀的关闭状态，并关闭相关的报警器。伪造的设备事件还可能间接地通过联动规则平台如 IFTTT 来控制其他敏感设备。

造成该攻击的根本原因在于：物联网云平台仅基于客户端的主动行为实施访问控制。例如，当一个 SUBSCRIBE 请求到来时，云会检查该客户端有没有订阅相应主题的权限，而设备的 MQTT 客户端的连接会话、订阅会话本身不产生任何主动行为，因此并没有被相应地更新。对物联网云平台提供商而言，一种安全的解决办法是及时更新该客户端的会话状态，或结束与该客户端的原有会话。然而，MQTT 标准并没有考虑客户端的会话状态需要因权限变化而更新的情况，也没有提供相关的安全建议。更糟糕的是，在 MQTT 3.1.1 版本的设计中，仅有 MQTT 客户端能够主动发送消息来结束会话（发送 DISCONNECT 来结束连接会话，发送 UNSUBSCRIBE 来取消订阅从而结束订阅会话），为更新客户端的会话状态云平台不得不扩展协议本身设计的状态机，这给物联网云平台在消费物联网敌手环境下保护用户信息安全带来了严峻的挑战。这种信任客户端的设计又再次论证了 MQTT 协议能很好地工作于可信的环境，而这种设计与消费物联网敌手环境的差异带来了新的安全风险。我们首次发现了物联网云平台缺乏在权限变更情景下对 MQTT 会话可靠而安全的管理，且该安全风险被 MQTT 协议的设计者和厂商严重低估。

漏洞披露声明：我们在公开披露相关漏洞前将相关问题报告给了受影响的相关厂商并得到了认可与致谢，包括涂鸦智能、阿里巴巴、百度、IBM、微软等。由于对相关实际产品的影响，微软安全应急响应中心对本文研究团队进行了在线公开致谢。

3.MQTT 身份管理漏洞

物联网云平台使用平台设计的身份来对 MQTT 客户端进行认证，例如 AWS IoT 中允许使用 TLS 认证客户端证书；同时，每一个客户端在协议中被 ClientId 所标识。于是，一个客户端便同时拥有两个层次的身份标识：平台层身份和协议层身份。一个用户可能拥有多个控制端设备，如智能手机与平板电脑，每个设备都有自己的 ClientId，而每个设备还可能会被多个用户共享。这两层身份复杂的关系是否得到了妥善的管理，密切关系着使用 MQTT 通信的安全性。

（1）ClientId 劫持攻击。ClientId 在协议中标识了客户端的身份与会话，MQTT 协议规定当一个新连接客户端与已连接客户端具有相同的 ClientId 时，消息代理会断开具有相同 ClientId 的已连接客户端。在敌手环境中，MQTT 协议中这种敏感的状态转移（检测到冲突 ClientId 时断开一个客户端）应当得到恰当的保护。然而，我们发现主流物联网平台对客户端 ClientId 的认证并不完善，没有把 ClientId 当作一个令牌保持机密性。敌手能够由此利用其合法的平台层身份通过认证并用其他客户端的 ClientId 来建立 MQTT 会话，使目标设备断开连接。通过 PoC 攻击实验，本文在许多主流物联网云平台上证实了该问题，受影响的厂商包括亚马逊、IBM、百度等。

事实上，敌手利用 ClientId 不仅能够开展拒绝服务攻击，在某些特殊情况下还能够劫持目标客户端的订阅会话。为减少通信开销，CONNECT 消息中设置了一个 CleanSession 标志位，当该标志位为 0 时，MQTT 消息代理会在该客户端断开连接后继续保存其会话，包括已订阅的主题、未完成传送的消息等内容；当该客户端使用相同 ClientId 再次连接消息代理时，便可恢复之前的会话。

当客户端的 ClientId 暴露给敌手后，敌手便可以利用此机制来恢复受害者的订阅会话，越权接收发送给目标客户端的消息。我们通过白盒测试的方法成功地在 IBM 和百度的物联网云平台上实现了窃取会话攻击，模拟敌手收到了发给目标客户端的原本不被允许订阅的消息，实践证实了在物联网云平台中存在身份管理问题——客户端只要通过平台层身份认证便可以使用任意的协议层身份。正是由于云平台提供商没有认识到 MQTT 中 ClientId 这种敏感实体的重要性，缺少对平台层身份和协议层身份进行关联控制的安全策略，导致恶意用户能以目标客户端的 ClientId 恢复其会话并窃取消息。

（2）获得 ClientId。在上述攻击中，一个前提是敌手能够获得目标客户端的 ClientId。接下来我们将讨论实际中获得 ClientId 的可行性。通过研读相关设备厂商和物联网云平台的开发文档以及 MQTT 协议标准，我们发现 ClientId 并没有被作为秘密来保护，敌手能够通过猜解和设备共享两种方式获得 ClientId。

猜解。ClientId 是在客户端连接消息代理时 CONNECT 消息中的一个特殊字段，由客户端在连接时指定，消息代理会根据协议对 ClientId 进行基本格式检查，例如是否仅包含数字和字母。当两个客户端使用相同的 ClientId 连接时，第一个客户端连接将按 MQTT 协议标准规定被消息代理断开；同时，MQTT 客户端的实现一般都会在连接异常时自动重连。由此，敌手可以利用如下的方法来判断一个 ClientId 是否正在被其他客户端使用：使用目标客户端的 ClientId 连接消息代理，由于两个具有相同 ClientId 的客户端会相互竞争，若该 ClientId 已经被其他客户端使用，那么敌手的客户端将周期性地掉线；否则，敌手的客户端将保持连接。

　　在拥有了识别 ClientId 是否被使用的有效方法后，接下来问题在于如何找到正在被使用的 ClientId。我们发现，ClientId 并没有被厂商作为秘密保护，MQTT 标准文档的描述中仅说明 ClientId 是唯一的，而非随机或秘密的。因此，物联网云平台提供商给他们的客户（设备厂商）提出了便捷管理 ClientId 的建议。例如，MQTT 最初的发明者 IBM 建议使用设备 48 比特的 MAC 地址来作为 ClientId 以确保其唯一性；部分厂商在不了解 ClientId 所带来的安全影响的情况下，也推荐选择不随机的源作为 ClientId，如每个设备唯一的序列号。由于厂商构建 ClientId 的格式随机性不足，敌手很容易获得其他客户端正在使用中的已分配 ClientId。对 MAC 地址来说，来自相同网卡厂商的 MAC 地址前 24 比特是相同的，而剩下 24 比特的随机性不足以抵抗暴力猜解。与之类似，序列号也极易被大规模猜解。因此，敌手可购买与目标设备同一款类型的设备来获得一个序列号，并将该已知序列号作为种子，在其周边进行暴力搜索获得同批次的其他设备的序列号。

　　设备共享。一旦设备被用户合法访问过一次（例如部署于酒店、租赁公寓中的物联网设备），用户很容易通过查看其 MAC 地址、序列号或网络嗅探等方法获得设备的永久 ClientId。注意，该类方法并不需要对设备进行拆解破坏。对敌手而言，他由此能够随时开展远程攻击使目标设备断开与消息代理的连接，造成拒绝服务攻击或窃取发送给设备的消息。

　　我们选取了构建于 AWS IoT 平台的 iRobot Roomba 690 扫地机器人作为实验对象，在符合学术道德规范的前提下开展了 PoC 拒绝服务攻击实验，成功枚举出了真实设备的 ClientId 并证实了大规模拒绝服务攻击的可行性。详细实验细节请参看论文原文。目前，AWS 已为构建智慧城市提供物联网云平台服务，若敌手对智慧城市的基础设施开展大规模拒绝服务攻击，将会极大地危害社会稳定与公共安全。更糟糕的是，我们发现拒绝服务攻击的问题并非仅存在于 AWS IoT，而是普遍存在于基于 MQTT 的商用物联网云平台中。

　　本文认为，该安全漏洞的根本原因在于实践中对 ClientId 的不安全管理。首先，MQTT 协议标准仅强调了 ClientId 的唯一性，并没有将其作为秘密，甚至允许 ClientId 的长度仅有短短 1 字节。更重要的是，厂商在存在敌手的物联网环境中应用通用消息传输协议时并没有意识到 ClientId 带来的安全风险。即使 MQTT 标准描述 ClientId 标识着客户端的身份，其功能也类似于 Web 的会话 Cookie，但是，正如本文所揭示的，没有物联网云平台和设备厂商将其像用户身份凭证一样安全地管理。物联网云平台中有两层身份需要管理——平台层身份和协议层身份，与其他组件或服务相结合更给身份管理带来了复杂性，如多因素认证、AWS Cognito、单点登录等。物联网厂商目前已投入了大量精力来管理平台层身份及其安全性，但是，对平台层身份的保护仅保证了只有认证过的平台用户可以建立 MQTT 连接，并不能保证仅授权用户才能在 MQTT 连接中使用某 ClientId，导致任何通过平台认证的用户可以使用任何 ClientId。协议层身份的引入给物联网云平台厂商带来了新的安全挑战。

　　事实上，AWS IoT 允许厂商定制安全策略去限制客户端的 ClientId。然而，通过对 GitHub

上 AWS IoT 项目的测量和 AWS IoT 官方博客的研究，我们发现网络中充斥着大量存在漏洞的教程。这或许是诱使出现此安全漏洞的另一个原因。详细测量结果可参见论文原文。

漏洞披露声明：我们将发现的安全问题在公开前均报告给了受影响的厂商，并获得了认可。

4. MQTT 主题授权漏洞

由于安全指南的缺失和独特的物联网敌手环境，厂商对 MQTT 协议中的消息、会话和身份缺乏充分的保护。然而，即使对协议中明确需要保护的实体——"主题"，物联网云平台所做的保护仍然不够：我们发现物联网云平台由于缺乏对消费物联网环境中威胁模型充分的认识，出于效率开发等因素，使敌手能够获得非法访问其他主题的能力。在实际中，该问题给系统的安全性和用户的隐私带来了极大的危害。

（1）设备关联主题机密性的错误假设。应用 MQTT 协议至物联网场景时，物联网云平台需要自行添加协议中缺失的安全措施，特别是管理哪些客户端能在哪些主题进行发布和订阅操作。在实践中，一个物联网平台往往要管理来自上百个设备厂商的数百万个设备和用户，客户端的权限会随着用户的操作而动态变更，这给实现高效的访问控制带来了挑战。我们发现有物联网厂商在实现主题访问控制时采取了便捷的方案，却不经意引入了严重的安全问题。例如，服务数十家设备厂商的某物联网云平台将设备关联的 MQTT 主题设计为随机字符串，主题访问控制的安全性也依赖于主题的机密性，只有获得设备主题名称的用户才能够订阅对应的设备消息。

这种将要保护的资源描述符设计为随机字符串的做法在 Web 系统中广为使用，例如 Google Drive 支持为要共享的文件生成一个带有权限的随机 URL，用户将此链接分享给要分享的用户，任何知道此链接的用户便可访问该文件。然而，在消费物联网的设备共享场景中，设备关联主题的机密性却难以得到保证，敌手临时获得设备的合法使用权非常容易，而通过分析自己移动 APP 的流量可以轻易获得设备的关联主题。同时，厂商倾向于将设备的唯一标识如序列号、MAC 地址等作为主题的一部分，而这些唯一标识符并非随机源，易于被暴力猜解。因此，由"设备关联主题是秘密"这样错误的安全假设，敌手能够在设备主人不知情的情况下订阅设备关联主题，越权获得设备发送的信息。敌手窃取设备泄露的信息后，除了能直接获得设备状态，还能够推断出设备主人的生活规律、同居关系等隐私信息。

（2）MQTT 主题描述语法带来的安全问题。为了减少通信流量和方便使用，MQTT 协议提供了通配符语法来简化订阅流程。主题的语法的详细描述参见协议标准，这里仅简单介绍。在 MQTT 中，"/"作为主题层级分隔符被用来分割主题的每一层，给主题空间提供分等级的结构；"#"是一个匹配主题中任意层次数的通配符，例如订阅 /deviceID/# 可以同时收到 /deviceID/cmd、/deviceID/status、/deviceID/status/history 多个主题；"+"只匹配主题的一层，例如订阅 /deviceID/+ 可以同时收到 /deviceID/cmd、/deviceID/status 两个主题。在通配符的帮助下，设备的主人便可以使用通配符 # 或 + 来在一条订阅消息 SUBSCRIBE 中同时订阅多个主题，例如直接订阅设备关联的主题 /deviceID/# 即可在不知道设备具体关联主题名称的情况下，同时订阅设备上报的各种状态。

　　研究发现，MQTT 主题灵活的语法给物联网云平台下的用户带来了巨大的安全隐患。不仅互联网上开放的消息代理对订阅通配符操作未加保护，本应有严格保护的大型商业物联网云平台也存在处理不当的情况。例如，阿尔法物联网云平台就没有限制使用通配符订阅 MQTT 主题。该平台下的任何合法用户均可以向消息代理发送 SUBSCRIBE 订阅主题通配符 # 来订阅所有主题，接收到所有设备的消息，其中甚至包括个人可识别信息等敏感内容。在上面的例子中，阿尔法平台的安全策略应当只允许用户访问其授权设备的关联主题，但是订阅请求中的 # 会被 MQTT 消息代理解析为订阅了平台中的所有主题，导致越权访问。令人吃惊的是，由灵活的 MQTT 主题描述语法带来的访问控制问题在实际中似乎非常普遍。AWS IoT 平台同样也存在类似问题。在 AWS IoT 中，设备厂商可以为用户与设备自行配置灵活的安全策略，该策略由 AWS IoT 负责正确实施。通过白盒测试发现，即使平台的用户设置策略明确拒绝客户端去访问某个主题，如 deviceId/cmd，MQTT 主题描述语法使得 AWS 并没有正确地解析该策略：虽然用户发出的订阅 deviceId/cmd 主题的 SUBSCRIBE 消息会被拒绝，但是该用户仍然能够通过订阅 deviceId/# 来从该受保护的主题接收消息。AWS 的安全策略解析器没有考虑 MQTT 主题语法中的通配符，给 MQTT 主题相关的安全策略实施带来了安全隐患。

　　不仅是物联网云平台提供商没能正确地处理灵活的 MQTT 主题描述语法，我们发现设备厂商也会犯类似的错误，例如使用 AWS IoT 服务的设备厂商 iRobot。经过对 iRobot 移动 APP 的分析，我们发现其在 AWS IoT 的安全策略中使用了通配符来方便用户对设备的管理，类似于 /[deviceModel]/[deviceId]/+，其中 deviceId 和 deviceModel 是用户购买的 iRobot 设备的唯一标识和型号，用户能够在满足此规则的主题上任意发布和订阅消息。由于该策略配置给予了用户移动 APP 客户端过多的权限，一个恶意的 iRobot 用户能够创建符合该格式的任意主题进行通信，例如 /[deviceModel]/[deviceId]/Attack，这使得恶意用户能够利用 iRobot 购买的云服务来构建隐蔽、免费的僵尸网络命令与控制信道：恶意用户作为僵尸主发送消息至该隐藏的主题，所有的僵尸设备订阅该主题来获得控制指令。更重要的是，该僵尸网络的流量会隐藏在设备厂商 iRobot 的 MQTT 流量中规避检查，并且因为所有的通信是使用的 iRobot 在 AWS IoT 上部署的服务，所产生的相关费用也会被计入 iRobot 公司的账单中。出于学术道德原因，我们没有对此进行真实的大规模实验，在漏洞公开前 iRobot 已得到了我们的报告并认可了相关问题。

　　我们首次证明了在实践中实施的访问控制策略并没有正确处理 MQTT 主题的解析语法，在消费物联网敌手环境中，该错误会带来严重的安全、隐私问题，甚至经济损失。我们的研究再一次说明，由于缺乏物联网场景下正确处理 MQTT 资源的安全指南，在没有保护的 MQTT 协议之上构建安全的物联网通信充满了前所未有的挑战。

我们在阿尔法物联网平台中对上述问题进行了 PoC 攻击实验。我们构建的客户端以 TLS 加密连接至阿尔法平台域名的 1885 端口，并以研究人员的合法账号身份用通配符 # 订阅了主题，随后脚本立即收到了来自相关隐私设备如门锁、摄像头的大量消息。在 IRB 的批准下，我们通过对收集了 3 周的信息进行处理分析（做了匿名化处理），发现潜在的敌手能够推断出该平台下用户的同居关系、行为习惯，甚至个人可识别信息。泄露 MQTT 消息的危害详见论文原文。

另外，由于泄露的消息主题中包含了设备的 ClientId，结合利用基于 ClientId 的拒绝服务攻击，敌手能够轻易地让该消息代理下任意设备断开连接。考虑到用户的真实身份和设备类型能够被敌手从泄露的消息中推断得出，该问题给该平台下所有用户的信息安全和人身财产安全带来了极其严重的危害。

5. 安全问题对各平台的影响

本文度量工作选择了具有较高知名度的物联网云平台服务，如 AWS IoT Core、IBM Watson IoT、阿里巴巴物联网云平台、Microsoft Azure IoT Hub 等，详见表 1。截至论文研究工作完成时（约 2019 年 2 月），这些平台均使用 MQTT 3.1.1 版本。为了测试每一个物联网云平台的安全性，我们注册了各平台的账号，利用其提供的开发文档和 SDK 构建了模拟设备和 APP，并利用构建的终端在属于研究人员的私有云结点上测试我们发现的安全问题——身份管理（如 ClientId）、消息授权（如 Will Message 和 Retained Message)、会话管理和主题授权这 4 个方面。另外，由于苏宁和涂鸦这两个物联网云平台的 SDK 不能开放获取（要求面向企业的商务洽谈），因此我们选择购买了基于这两个物联网云平台的设备进行测试。对 8 个物联网云平台的度量结果如表 1 所示，证实了我们发现安全问题的普遍性。详细的度量结果与讨论可参看论文原文。

表1

安全问题		阿里巴巴	AWS	百度	谷歌	IBM[1]		微软	苏宁	涂鸦
身份管理		√	×	×	√	√	×	×	×	×
消息授权	Will Message	N/A	×	×	N/A	N/A	×	×	N/A	×
	Retained Message	N/A	N/A	×	N/A	N/A	N/A	N/A	N/A	N/A
主题授权		√	×	√	√	√	√	√	×	√
会话管理	订阅会话	×	√	×	N/A	N/A	×	×	×	×
	连接会话	√	×	×	√	√	×	×	×	×

注：× 表示存在该漏洞，√表示无可利用漏洞。

N/A 表示平台不支持相关 MQTT 功能，或由于权限粒度过粗无法进行测试，例如，由于平台不支持撤销客户端的订阅权限，无法充分测试订阅会话撤销漏洞。

1. 左右两栏分别表示"设备"类型客户端和"用户"类型客户端的安全问题。

↘ 四、防御措施

研究证实，现阶段物联网云平台不能有效地填补 MQTT 协议与复杂消费物联网应用场景安全需求之间的空白。在物联网应用中，一条基本的安全需求是用户仅能在拥有权限期间访问设备。然而，我们发现该安全需求并没有被 MQTT 协议设计涵盖，导致协议中的身份、消息、会话均没有得到物联网云平台有效的保护。接下来，我们将讨论保护协议中关键实体的设计原则，提出一个适用于物联网场景的访问控制模型，并对提出的防御措施进行仿真实验。

1. 管理协议中的身份与会话

在应用一个通用的消息传输协议至复杂的存在敌手的物联网系统中时，一个关键的原则是：协议层的身份（如 ClientId）应该同平台层身份一样被认证，并且当该身份作为安全令牌（如会话令牌）使用时，其机密性应当得到保护。

研究发现物联网平台在 MQTT 连接时均对客户端平台层身份进行了严格的认证检查，例如 AWS IoT 要求验证客户端的 X.509 证书。由此，作为一种轻量且有效的防御手段，物联网云平台可建立 MQTT 客户端的 ClientId 与该客户端平台层身份的对应关系，直接要求其平台层身份凭证（PlatformID）作为 ClientId 的一部分；若平台层身份过长（如 X.509 证书）不便于通信传输，可使用客户端平台层身份经哈希运算后较短的结果作为 ClientId 来保证其一一对应关系。例如，可以要求用户客户端的 ClientId 以其平台层身份为前缀，后接每个设备唯一的随机码，即 PlatformID:DeviceUniqueCode。该方法既便于进行两层身份的映射管理，又通过设备唯一随机码确保了 ClientId 的唯一性，可以满足一个平台身份同时保持多个 MQTT 连接的需求。然而，若已出厂的设备已硬编码了 ClientId，物联网平台并不易在保持兼容性的情况下升级至该方案。由此，一个更通用的方法是在云端维护每个客户端的平台层身份与其允许使用的 ClientId 集合的映射。当客户端尝试使用一个未授权的 ClientId 时，根据云端维护的合法映射关系拒绝其建立 MQTT 连接。我们暂不详细讨论"如何设计一个高效的平台层身份与协议层身份映射方案，并对其进行优化和仿真评估"这一话题，其将被留作未来工作解决。

根据前文攻击案例的分析，我们为如何管理协议中的会话提出了如下原则：当主体（如用户）的权限更新时，对所有协议透明的状态（如连接会话）和协议中的状态（如订阅状态）均应当进行相应的更新。换言之，系统在保证安全策略实施时，除了对客户端主动产生的行为（如客户端发送至消息代理的 PUBLISH 消息）进行验证，还应考虑维护在系统中的会话等状态信息。不过，若协议自身没有提供管理会话的接口，在不影响可用性的前提下正确地更新协议中的会话状态需要开发人员深入理解协议及协议实现细节，这给安全实践带来了挑战。因此，构建一个方便安全的协议应用场景需要包括协议设计者、厂商开发者在内的多方共同参与。

2. 面向消息的访问控制模型

在物联网系统中，使用通信协议的目的在于传输消息，因此构建安全措施关键也在于保护消息传输协议中携带的消息：系统应该控制主体发送或接收消息的权限，并且考虑主体接收消息时的安全要求。

研究发现，该原则的前者通常被业界所熟知并能正确地实施，但是后者却没有在 MQTT 协议设计考虑中，特别是在设备分享与权限撤销的场景中对消息接收方的安全要求。为了填补这项空白，本文提出了针对物联网通信的基于 UCON 的加强访问控制模型——面向消息的访问控制模型（MOUCON）。MOUCON 的核心思想非常简单，类似 Linux 操作系统将文件作为资源检查用户对文件的读、写权限，MOUCON 模型将消息作为资源（客体 o），根据主体（s）的属性来进行权限检查。其具体定义可参考论文原文，其中关键的规则如下式：

$$allowed(s, o, R) \Rightarrow (o.\text{URI} \in s.\text{URI}_r) \wedge (o.\text{URI} \in o.\text{source.URI}_w)$$

通俗地讲，若消息发送方已不具备向某主题发送消息的权限，这个消息应该被拒绝接收。根据此规则，在我们发现的 MQTT 消息授权漏洞案例中，敌手所发送的 Retained Message 和 Will Message 在被消息代理转发时，消息代理会发现此时敌手已经不具备向设备关联主题发布消息的权限，并拒绝转发该消息，因为其违反了 $o.\text{URI} \in o.\text{source.URI}\_w$。当然，该访问控制规则的实施未必实现在消息代理，只要消息中携带了消息源信息，亦可实现在客户端。以每个消息为中心进行访问控制检查，同样也可以避免会话管理疏忽导致的消息发送至未授权方的情况，因为敌手（消息接收方）不具有接收该主题消息的权限，即不满足（$o.\text{URI} \in s.\text{URI}\_r$），消息代理会拒绝转发相应消息。

↘ 五、总结

本论文的研究工作首次系统性地分析了物联网云平台在部署通用消息传输协议——MQTT 时的安全问题。尽管 MQTT 协议是一个较为简单的消息传输协议，但是，本论文的研究工作揭示出，将该面向可信环境的协议应用至复杂、存在敌手的物联网场景会面临诸多安全风险，而填补协议与应用场景间安全需求的空白对物联网厂商来说也是一个巨大的挑战。我们发现了关于 MQTT 协议的 4 类关键实体——消息、会话、身份、主题在主流物联网平台实践部署中的安全漏洞，并用真实的 PoC 实验证实了其危害性。根据研究发现的安全问题，我们针对保护协议中的身份和会话提出了相应的设计原则，并为保障物联网通信提出了面向消息的加强访问控制模型 MOUCON。

本论文中相关安全问题已报告给了受影响的厂商和组织，大部分问题已得到修复。相信本论文的研究工作发现的安全问题与所提出的防御方案将会在实践中有效地帮助物联网生态系统中各参与方构建更安全的物联网应用，提供安全的用户与物联网设备交互服务。

↘ 作者简介

　　贾岩，南开大学网络空间安全学院师资博士后，2020 年 12 月毕业于西安电子科技大学。他感兴趣的研究方向为挖掘真实网络和系统中设计与实现的新型漏洞，目前主要关注 IoT、智能家居安全，研究成果发表于 IEEE S&P、USENIX Security、ESORICS、Blackhat 等知名国际会议。他获得众多厂商和组织的认可与致谢，包括亚马逊、苹果、IBM、微软、OASIS 标准组织、三星等。

智能家居云平台实体间交互状态安全分析

周　威

本文的论文原文 "Discovering and Understanding the Security Hazards in the Interactions between IoT Devices，Mobile Apps，and Clouds on Smart Home Platforms"，作者是 Wei Zhou, Yan Jia, Yao Yao, Lipeng Zhu, Le Guan, Yuhang Mao, Peng Liu and Yuqing Zhang，来自中国科学院大学国家入侵防范中心，西安电子科技大学，美国佐治亚大学，美国宾夕法尼亚州立大学。

一、物联网云平台架构

现阶段随着物联网技术的发展，智能家居也得到了广泛应用。为了方便集中管理众多的智能家居设备，国内外许多知名的 IT 厂商如三星、阿里巴巴、京东和小米等均推出了自己的智能家居云平台。虽然各家厂商在实现上有细节上的差别，但整体架构基本相似。云平台整体架构如图 1 所示，云平台主要包括三大交互实体（云服务、移动 APP、物联网设备）。云服务作为整个智能家居云平台的核心主要负责设备管理、远程指令转发，以及设备联动服务等；物联网设备常见连接云的方式有两种，具备互联网功能的设备大多可以直接和云服务建立连接，而只能通过 zigbee 或者蓝牙的连接的小型设备需要通过一个中间路由（Gateway/Hub）来和云进行交互；移动 APP 为用户提供操作设备的接口如连接、断开和注销设备等。

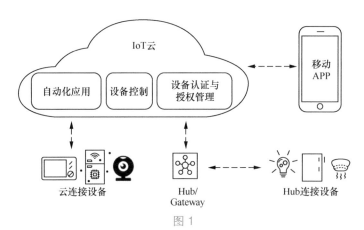

图 1

另外，为了方便对大量的物联网设备进行部署，这些智能家居平台往往会开发设备端交互 SDK，这些 SDK 包括一些常用的交互指令和协议实现，这样物联网设备应用开发的时候只需要将这些 SDK 和特定的设备功能进行结合即可，大大缩短了设备开发周期。

二、常见物联网云平台交互过程

通过进一步对云平台三方交互过程进行分析，论文总结了常见设备使用周期（从设备首次连接到设备注销）过程涉及的基本交互步骤。注意，由于在设备注册和绑定步骤实现上的差别，论文将云平台分为了两类，但其原理相似，这里只介绍其中的 Type1，另一种详见论文。

（1）设备发现：APP 一般通过广播的方式和设备进行识别和连接。

（2）提供 WiFi 证书：为了使设备可以通过互联网和云服务进行交互，APP 需要向设备提供 WiFi 证书，其主要方法包括自建热点、WiFi 直连和 SmartConfig。

（3）设备注册：设备通过向云发送其独一无二的物理信息如 MAC 地址来完成设备注册，并从云端获取设备标识码设备 ID。云端也会记录此 ID 作为此设备的标识用于后续交互。

（4）设备绑定：为了保证只有设备所有者有控制对应设备的权限，用户需要通过 APP 申请设备绑定。然后云将此用户信息和设备 ID 进行绑定，后续云平台只允许此用户才可以控制对应 ID 的设备，拒绝其他用户对此 ID 设备的控制命令。

（5）设备登录：完成设备绑定后，设备申请和云建立并维持一个长连接，同时，如果长时间和云没有交互会自动重新进行连接。

（6）设备使用：完成（1）～（5）步骤后，设备处于正常工作状态时可以接受并执行云和用户的远程操作指令。

（7）设备注销：当用户不想再使用此设备，如转让给他人，其可以用 APP 向云发送申请解绑设备的操作。然后云平台解除其与设备的绑定关系，并重置设备使三方实体均回到初始状态。

通过分析每个步骤中智能家居平台三方实体的交互过程，从而得到三方实体各自交互过程中的正常工作状态转换模型，如图 2 所示。注意，三方实体的工作状态并不是相互独立而是通过交互存在一定的对应关系。

在图 2 中，红色代表 Type1 智能家居平台特有的交互请求和状态，蓝色代表 Type2 智能家居平台特有的交互请求和状态，黑色代表共有的交互请求和状态。

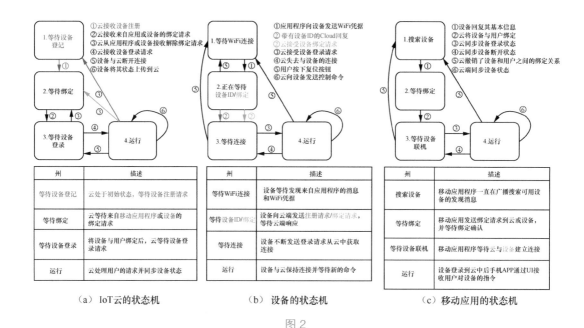

（a）IoT云的状态机　　　　　（b）设备的状态机　　　　　（c）移动应用的状态机

图2

三、云平台安全分析方法

首先为了分析三方交互的细节，我们采用逆向、中间人和其他证书绕过等方法解密了三方通信。然后为了检查云平台三方交互过程中是否存在异常请求和工作状态，需要发送非正常的设备请求。为了实现此目的，我们通过利用和修改原有通信 SDK，构建一个模拟真实设备交互的"幽灵"设备，从而实现无论云和 APP 处于任何状态，都可以发送任意设备请求。

四、漏洞总结与分析

通过对云平台认证、授权和状态管理的实验，我们在五大知名智能家居平台发现了 4 种常见的安全漏洞，如图 3 所示。

- F1 不充分的状态防护：通过实验发现，云平台在接收设备请求的时候，并不检查此时设备和自身的工作状态。例如当云处于绑定后的正常工作的状态，其仍然可以接受相同设备的申请注册的请求（F1.1），并返回相同的设备 ID。相似的云也可以接受 F1.2 设备绑定（Only in Type 2 platform）和 F1.3 设备登录请求。

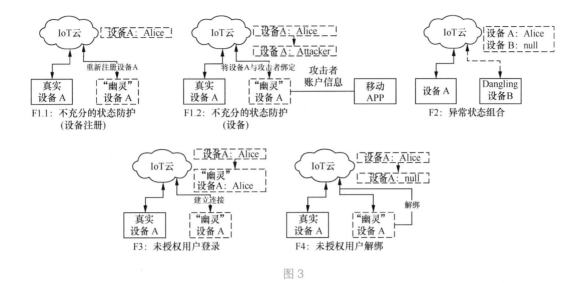

图 3

- F2 异常状态组合：在正常工作状态时，三方实体的工作状态并不是相互独立的而是存在一定的对应关系。例如待设备完成绑定登录后，三方实体均应维持在其 running 状态。但通过实验测试，论文发现在某些条件下，三方的工作状态并不总是这样的规律。如果在用户在 APP 发送解绑设备请求到云以后，未重置设备，那么此时，某些云平台虽然解除了用户和设备的绑定关系，但仍然和设备处于连接关系，也就是此时设备仍然处于 running 状态，仍然可以接受远程指令，而云和 APP 已经回到了初始工作状态。
- F3 未授权用户登录：通过实验发现，某些云平台只针对敏感操作对设备请求进行授权验证，而针对其他的设备操作并不会对其进行授权验证。
- F4 未授权用户解绑：我们还发现某些平台不仅支持从 APP 端发送解绑设备的请求，同时设备端也可以发送解绑请求，而对于设备端的解绑请求往往并不会验证用户信息。

五、漏洞组合利用

我们通过巧妙的组合利用这些漏洞可以实现一系列的远程攻击如表 1 所示，这里选取其中 Type1 平台上最具代表性且严重的设备劫持和设备"替换攻击"进行介绍。对于其他攻击，感兴趣的读者可以查看论文原文。

表1

	平台	已识别的缺陷	被利用的缺陷	适用的攻击
Type 1 平台	Alink	F1.1,F1.3,F2,F3,F4	F1.1,F1.3,F2,F3,F4	远程设备劫持
			F1.1,F1.3,F3	远程设备替换
			F1.1,F1.3,F3,F4	远程设备DoS
			F1.1	非法设备占用
	Joylink[1]	F1.1,F1.3,F2,F3	F1.1,F1.3,F3	远程设备替换
			F1.1	非法设备占用
Type 2平台	KASA	F1.2,F1.3,F3	F1.2,F3	远程设备劫持
			F1.3,F3	远程设备替换
			F1.2	远程设备DoS
	MIJIA	F1.2,F1.3,F3	F1.2,F3	远程设备劫持
			F1.3,F3	远程设备替换
			F1.2	远程设备 DoS
	SmartThings[2]	F1.2,F1.3	F1.2	远程设备 DoS

注：1.Joylink 平台不支持设备端解除绑定请求。

　　2.SmartThings 云对设备登录请求进行授权检查。

1. 设备身份"替换"攻击

图 4 从左到右依次代表的实体为攻击目标的真实设备：使用此设备的用户 Alice、云服务、攻击者 Trudy 和受攻击者控制可以发送任意设备请求的"幽灵"设备。

攻击步骤如下。

（1）由图 4 中 T.1 可知，首先在用户完成 A.1 到 A.3 正常用户的初始化操作后，攻击者利用"幽灵"设备发送相同的设备注册请求到云，由于漏洞 F1.1，云会接受此请求并返回和真实一样的设备 ID 到"幽灵"设备。

（2）由图 4 中 T.2 可知，"幽灵"设备利用此设备 ID 频繁地去和云建立、维持连接（F3 和 F1.3），由于"幽灵"设备和真实设备的 ID 一样，而针对相同的设备 ID 云只维持一条连接，因此攻击者利用"幽灵"设备"挤掉"了原来的真实设备。此时，用户在 APP 端虽然看见设备仍然保持在线，但和云建立连接的已经从真实设备被替换为被攻击者控制的"幽灵"设备。

攻击影响如下。

（1）由于此时用户实际控制的设备变成了"幽灵"设备，攻击者可以利用此漏洞去收集用户发送给设备的任何请求，从而窃取和分析用户的一些生活习惯。例如，用户每次大概在什么时间去打开和关闭家中的智能插销，从而判断用户的在家时间。

（2）攻击者可以进一步利用伪造的"幽灵"设备上传虚假设备信息，从而产生更为严重的危害。现在许多云平台支持一些设备联动的自动化控制，例如当烟雾器报警后自动打开屋内的门窗。而攻击者通过"幽灵"设备替换真的烟雾报警器并和云建立连接后，上传一个超过报警阈值的浓度，云会根据用户设定的联动规则自动打开门窗。

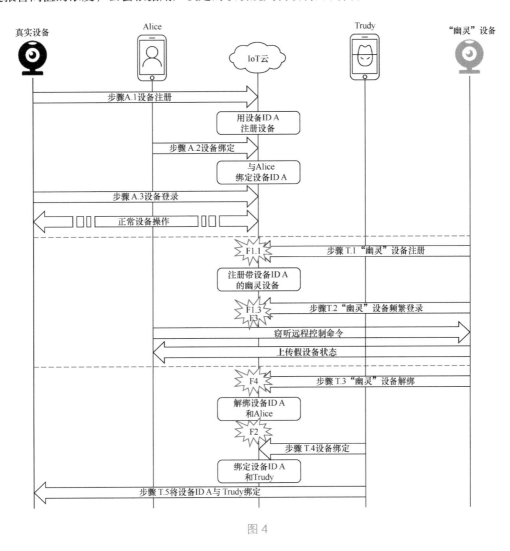

图 4

2. 设备劫持攻击

如果此云平台还存在 F4 和 F2 的漏洞，攻击者可以在上一个设备身份替换攻击的基础上进一步实施设备劫持攻击。

攻击步骤如下。

（1）由图 4 中 T.3 可知，当"幽灵"设备和云建立连接后，其可以向云发送解绑请求。由于 F4，云会无条件接收此请求，从而解绑了原始用户但仍然保持着和"幽灵"设备的连接（F2）。

（2）由图 4 中 T.4 可知，由于此时云回到了没有用户绑定的初始状态，攻击者可以发送设备绑定请求，云会将此设备 ID 的所有权转为攻击者所有。然后攻击者只需要断开"幽灵"设备，真实设备会自动重新连接云。此时，攻击者就可以远程控制用户的真实设备，完成设备劫持。

攻击危害是攻击者可以通过远程劫持用户的敏感设备，如摄像头等，直接窃取用户隐私。同时，虽然用户可以发觉自身设备的异常操作，但在 APP 端并没有任何攻击痕迹，所以用户一般认为是设备或者云故障，很难察觉设备已经被攻击者控制。

六、缓解方案

论文最后简单提及一些有效的缓解方案，如在设备注册和登录阶段增加随机数，以及证书来加强认证。同时，设备状态的同步和管理往往被智能家居平台所忽略，因此在论文中，我们建议在三方交互过程中也应传递各自的即时工作状态信息，然后云作为中心对三方的工作状态进行实时的监控和管理，从而防止攻击者利用非正常的工作状态来实施非法操作。

作者简介

周威，华中科技大学网络空间安全学院副研究员。他的研究领域包括物联网安全、嵌入式系统安全、可信计算等。他在 USENIX Security、ESORICS 等国际学术会议和期刊发表论文近 10 篇。

基于增强进程仿真的物联网设备固件高效灰盒测试系统

郑尧文

本文的论文原文 "FIRM-AFL: High-Throughput Greybox Fuzzing of IoT Firmware via Augmented Process Emulation"，发表于 USENIX Security 2019，作者是 Yaowen Zheng, Ali Davanian, Heng Yin, Chengyu Song, Hongsong Zhu, Limin Sun，来自中国科学院信息工程研究所、加州大学河滨分校和中国科学院大学。本文较原文有所删减，详细内容可参见论文原文。

一、论文背景

2020 年，物联网设备数量将全面超过全球人口，当前，黑客极容易利用物联网设备漏洞侵入物联网设备，构建大规模的僵尸网络（如 Mirai、VPNFilter 和 Prowli）。因此在黑客发现物联网设备漏洞之前挖掘并修复漏洞是极其重要的任务。而模糊测试是一种高效的漏洞挖掘技术手段，它通过随机产生测试用例使系统或程序崩溃以发现安全漏洞。

将模糊测试用于物联网设备固件漏洞挖掘面临两个挑战：

（1）当前模糊测试工具大多针对通用平台程序和库，在测试物联网设备专用程序时面临底层硬件不支持或系统资源不符的问题。

（2）全系统仿真可以保证物联网设备专用测试的正常执行环境，但在系统态仿真下进行模糊测试，存在执行性能低的问题（通用程序测试效率可到达上千次每秒，而在全系统下不到 100 次每秒）。

二、增强进程仿真

论文首先分析了全系统仿真的性能瓶颈，主要包含系统调用、代码指令翻译、内存地址访问 3 个方面的性能瓶颈。在此基础上，论文提出系统态仿真与用户态仿真相结合的增强进程仿真架构（如图 1 所示），以提高固件程序执行效率，为后续与通用模糊测试引擎集成，提高物联网设备固件程序模糊测试的效率打下基础。

在图 1 中，增强仿真架构的核心思想是结合 QEMU 的系统态仿真和用户态仿真，让普通指令的翻译和执行在QEMU用户态仿真下进行，而系统调用在系统态仿真下进行（能正确使用固件内核资源），既保证了系统态仿真的高兼容性，也保证了用户态仿真的高性能。为了实现系统态与用户态在迁移过程中内存状态的高效同步，我们提出内存映射共享技术。而为了实现双态迁移过程执行的准确

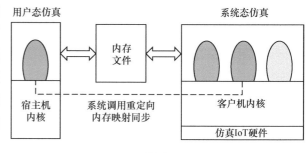

图 1

性，我们提出系统调用重定向技术，保证系统调用准确地执行。

1. 内存映射共享技术

系统采用以内存页为单位对同一物理内存进行映射的方式完成用户态和系统态之间的内存共享。最开始由系统态完成固件系统的初始化和被测程序的启动，保证完整的程序执行环境，之后转由用户态执行。在用户态仿真下对某内存页进行第一次访问时，由于系统将用户态最初所有虚拟页与物理页解除映射，因此会产生段错误。接着用户态捕获该错误，并向系统态询问该虚拟页在系统态下对应的物理页，并在用户下进行映射。通过该方法有效避开系统态下有较大开销的内存访问管理，同时，相比直接拷贝内存的方法，该方法可以有效减少系统态与用户态仿真之间的内存状态同步的开销。在此基础上，为了进一步降低内存同步开销，系统将对代码页等进行灰盒测试前的预映射，避免每次测试过程需要重复映射这些内存页，进一步提高灰盒测试的吞吐率。

2. 系统调用重定向技术

系统让用户态仿真完成用户态的代码翻译和执行，当遇到系统调用，将挂起用户态并将当前 CPU 状态传输给系统态。接着，系统态陷入内核执行系统调用，同时实时对执行的每一个代码块进行插桩分析。当程序 PC 从内核态回到用户态，且与触发系统调用时处在同一个线程中，表示系统调用已完成。此时，系统态将控制权交还给用户态。在此基础上，文件操作相关的系统调用是将固件中包含的文件目录直接在宿主机上进行配置。对于文件目录写操作，或已存在文件的读写操作，用户态直接执行，不交给系统态执行。

↘ 三、灰盒测试系统实现

在增强进程仿真的基础上，我们使用 AFL 作为灰盒测试引擎，用于产生测试输入。AFL 是代码覆盖率导向的灰盒模糊测试工具。其中，核心引擎 AFL-Fuzz 会从测试用例队列中选择测试用例，进行随机变异生成输入，并输入测试程序。对于测试子进程的创建，AFL 启动 fork server，并由它在指定位置（通常是 main 函数）使用 fork 系统调用创建子进程进行测

试，减少重新启动程序的开销，从而加速模糊测试过程。对于代码覆盖信息的收集，AFL 在 QEMU 中代码块结束位置进行插桩，将执行过的代码块 PC 进行编码并存入位图。

为了让 AFL 实现对增强进程仿真中 IoT 程序的测试，论文设计并实现了如图 2 所示的灰盒测试系统。在初始化过程中，系统将 Firmadyne 和 DECAF 两个工具与增强进程仿真架构结合。其中 Firmadyne 实现固件的硬件与系统支持，保证顺利启动 IoT 固件镜像。DECAF 用于实时获取系统中所有进程的状态信息，保证可以检测到程序测试开始的位置。对于测试子进程的创建，在系统仿真与用户仿真端，采用 copy-on-write 轻量级快照机制来存储被写的内存页，用于下一轮模糊测试之后的状态恢复，取代 fork 系统调用创建子进程的方法。对于程序的输入注入，系统对网络相关的系统调用进行插桩并实现输入注入。对于代码覆盖信息的收集，由于系统仿真端只进行内存映射查找和系统调用执行，因此只在用户态下进行插桩收集。

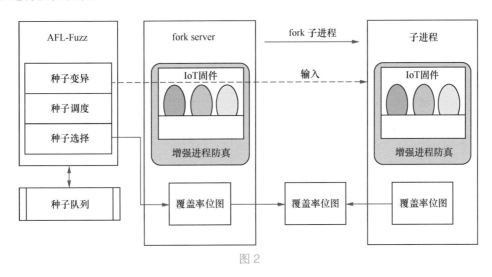

图 2

四、系统效果

我们从系统透明性、高效性、系统优化能力、漏洞挖掘能力 4 个方面对系统进行了评估。

1. 有效性评估

有效性评估将本系统与系统态仿真进行对比，分析程序执行结果是否一致。若一致，则认为系统能够正确执行 IoT 程序。我们使用 nbench（CPU 性能测试集）和 120 个 IoT HTTP 程序进行评测，结果显示 nbench 能够正确输出结果，IoT HTTP 程序的系统调用序列也与系统态仿真下一致。

2. 高效性评估

高效性评估将本系统与用户态仿真进行对比，分析程序在增强进程仿真下执行是否高效。论文使用 nbench（CPU 性能测试集）与 lmbench（系统调用性能测试集）进行评测。通过结果分析，由于 nbench 的程序较为简单，其执行效率基本与用户态仿真下相同。对于 lmbench，除了网络系统调用，其余系统调用的执行效率接近用户态仿真。

3. 系统优化能力评估

我们通过 7 个 IoT 程序，评估本系统是否有效地解决了系统调用（瓶颈 1）、代码指令翻译（瓶颈 2）、内存地址访问（瓶颈 3）带来的性能瓶颈问题。图 3 为全系统仿真与增强进程仿真的对比结果。在增强进程仿真下，用户空间代码执行时间（绿条）和代码翻译时间（蓝条）有很大的缩减，成功解决瓶颈 3 与瓶颈 2。图 4 为在增强进程仿真的基础上，部署选择性系统调用优化，文件操作相关的系统调用在用户态直接执行，系统调用时间（黄条）有很大的缩减，成功解决瓶颈 1。

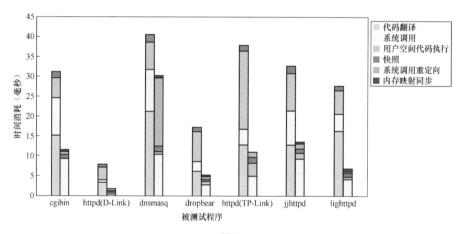

图 3

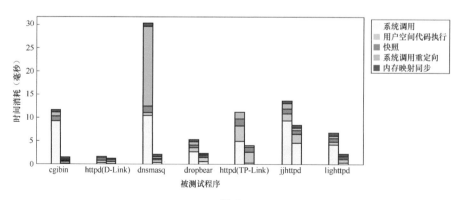

图 4

4. 漏洞挖掘能力评估

我们在 Firmadyne 的固件数据集上测试，最终在表 1 所示固件中发现 15 个已知漏洞和 2 个未知漏洞。实验对每个固件进行 10 轮测试，并与全系统仿真进行对比，得到图 5 的结果（虚线为 10 轮结果的 95% 置信度的上下限，实线为中位数结果）。通过与系统态仿真第一次发现崩溃时间的中位数进行比较，漏洞发现的性能平均提升了 3~13 倍。

表1

Exploit ID	厂商	型号	固件版本	设备类型	程序名称	全系统第一程序崩溃发现时间	FIRM-AFL第一程序崩溃发现时间
CVE-2018-19242	Trendnet	TEW-632BRP	1.010B32	路由器	httpd	3小时18分钟	21分钟
CVE-2013-0230	Trendnet	TEW-632BRP	1.010B32	路由器	miniupnpd	>24小时	9小时16分钟
CVE-2018-19241	Trendnet	TV-IP110WN	V.1.2.2	摄像头	video.cgi	19小时13分钟	4小时55分钟
CVE-2018-19240	Trendnet	TV-IP110WN	V.1.2.2	摄像头	network.cgi	2小时43分钟	15分钟
CVE-2017-3193	DLink	DIR-850L	1.03	路由器	hnap	21小时3分钟	2小时54分钟
CVE-2017-13772	TPink	WR940N	V4	路由器	httpd	>24小时	>24小时
EDB-ID-24926	DLink	DIR-815	1.01	路由器	hedwig.cgi	16小时38分钟	1小时22分钟
EDB-ID-38720	DLink	DIR-817LW	1.00B05	路由器	hnap	4小时26分钟	1小时29分钟
EDB-ID-38718	DLink	DIR-825	2.02	路由器	httpd	>24小时	6小时4分钟
CVE-2016-1558	DLink	DAP-2695	1.11.RC044	路由器	httpd	16小时24分钟	2小时32分钟
CVE-2018-10749	DLink	DSL-3782	1.01	路由器	tcapi	247秒	20秒
CVE-2018-10748	DLink	DSL-3782	1.01	路由器	tcapi	252秒	22秒
CVE-2018-10747	DLink	DSL-3782	1.01	路由器	tcapi	249秒	20秒
CVE-2018-10745	DLink	DSL-3782	1.01	路由器	tcapi	236秒	25秒
CVE-2018-8941	DLink	DSL-3782	1.01	路由器	tcapi	281秒	24秒

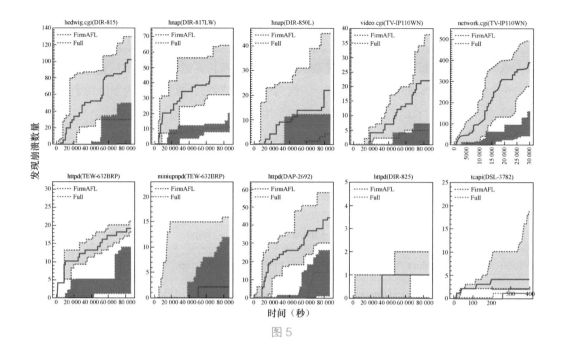

图 5

五、总结

本文分析了全系统仿真的性能瓶颈所在，并提出了增强进程仿真框架，利用系统态仿真的高兼容性与用户态仿真的高效性，提高 IoT 设备固件程序灰盒测试的性能。通过在 Firmadyne 等数据集进行评估，我们发现灰盒测试吞吐率相比系统态仿真提高了 3~13 倍，且能有效发现设备固件的真实漏洞。

作者简介

郑尧文，博士在读，本科毕业于四川大学，现就读于中国科学院信息工程研究所。他的主要研究方向为物联网安全、漏洞挖掘。